Gakken

高校入試の最重要問題 数学

改訂版

MATHEMATICS

目次
高校入試の最重要問題
【数学】

平面図形

空間図形

確率とデータの活用

この本の使い方

この本は，ムダなく，効率よく高校入試対策をしたい受験生のための
過去問題集です。学習進度やレベルに合わせて，解く問題が選べます。
自分に合った使い方で効率よく力をつけて，合格を勝ち取ってください。
応援しています!

本書の構成

本書は，分野ごとに

弱点チェック ＋ **項目別「まとめページ＋実戦トレーニング」**

で構成されています。
以下，本書のおすすめの使い方を紹介していきます。

1 出る順に解く。

この本は，出題頻度順に項目を配列してあります。よく出る項目を優先して解くことができるので，効率よく力がつきます。各項目の始めには，重要点や重要解法をまとめた「まとめページ」があります。問題を解く前に読んでおくと効果的です。

●各項目の出題率です。
●よく出る問題形式など，入試情報がのっています。

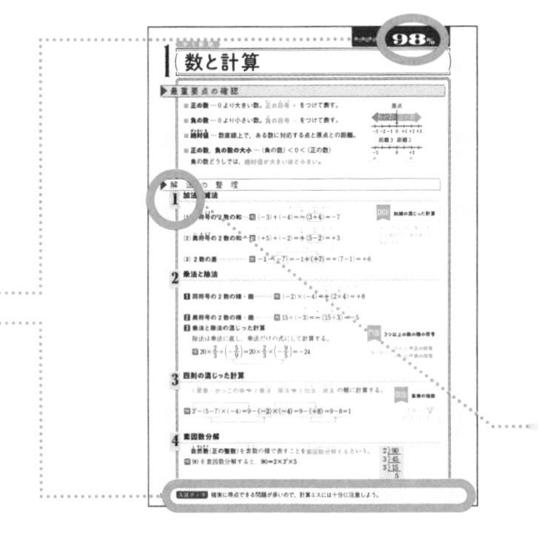

2 ニガテな項目を確認する。

各分野の始めには，一問一答の「弱点チェック」があります。
まずこのページで，自分のニガテな項目はどこかをチェックしましょう。ニガテな項目があったら，優先的にその項目を勉強して，ニガテを克服しておきましょう。

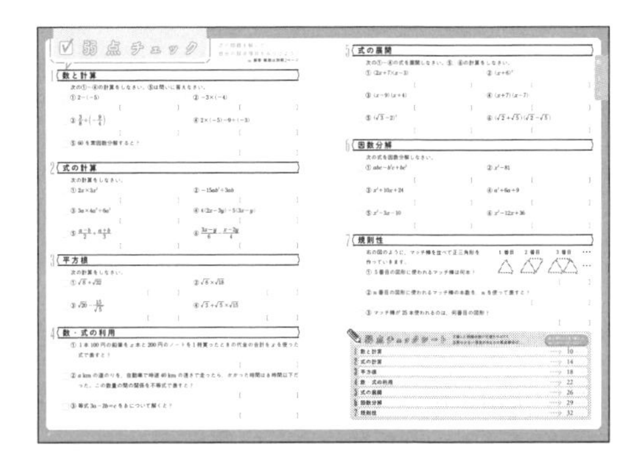

3 「お急ぎ」マークを解く。

特によく出る重要な問題には，お急ぎ! マークがついています。時間のない人や，入試直前に総復習をするときは，優先的にこの問題に取り組むと効率よく学習できます。

4 正答率の高い問題から解く。

正答率 75.0%

正答率が高い問題は，多くの受験生が正解している基礎的な問題です。みんなが解ける問題は，確実に解けるようにしておきましょう。

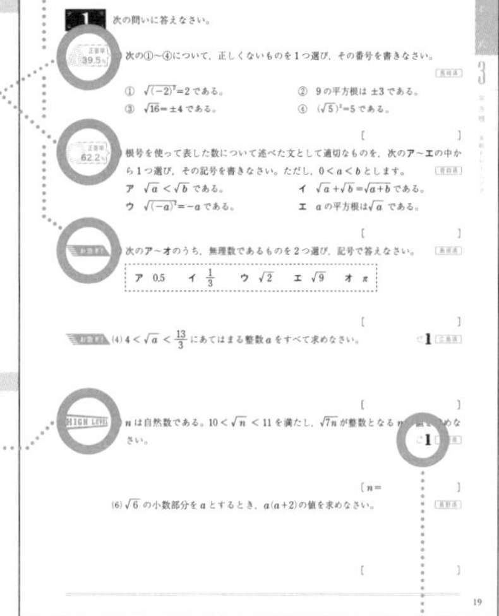

5 正答率の低い問題を解く。

正答率 30.0%

基礎が定着してきたら，低正答率の問題や，ハイレベル問題［HIGH LEVEL］に挑戦すればレベルアップ！
みんなに差をつけましょう。

6 まとめページを再確認する。

問題についている マークは，「まとめページ」の番号とリンクしています。わからない問題があったらこのページにもどって復習しましょう。

［別冊］解答と解説

別冊の解答と解説は巻末から取り外して使います。
詳しい解説やミス対策が書いてあります。
間違えた問題は解説をよく読んで，確実に解けるようにしましょう。

高校入試問題の掲載について
・問題の出題意図を損なわない範囲で，解答形式を変更したり，問題の一部を変更・省略したりしたところがあります。
・問題指示文，表記，記号などは全体の統一のため，変更したところがあります。
・解答・解説は，各都道府県発表の解答例をもとに，編集部が制作したものです。
・出題率は，各都道府県発表の情報をもとに，編集部が制作したものです。

ダウンロード特典について

1 「リアル模試」を本番さながらに解いてみよう!

本書の巻末には模擬試験が2回分ついていますが，「まだ解き足りない!」「最後の仕上げをしたい!」という人のために，「本番形式」（本番に近いサイズ，解答用紙つき）の「リアル模試」1回分をダウンロードできるようにしました。
静かな場所で，時間を計って，本番さながらの環境で取り組んでみましょう。解答解説もあります。

2 他教科の「弱点チェック」ができる!

「高校入試の最重要問題」シリーズの各教科（英語・理科・社会・国語）の「弱点チェック」問題をダウンロードして解くことができます（英語は文法編のみ）。
解いてみて不安な部分があれば，他教科の「最重要問題」シリーズで学習しましょう!

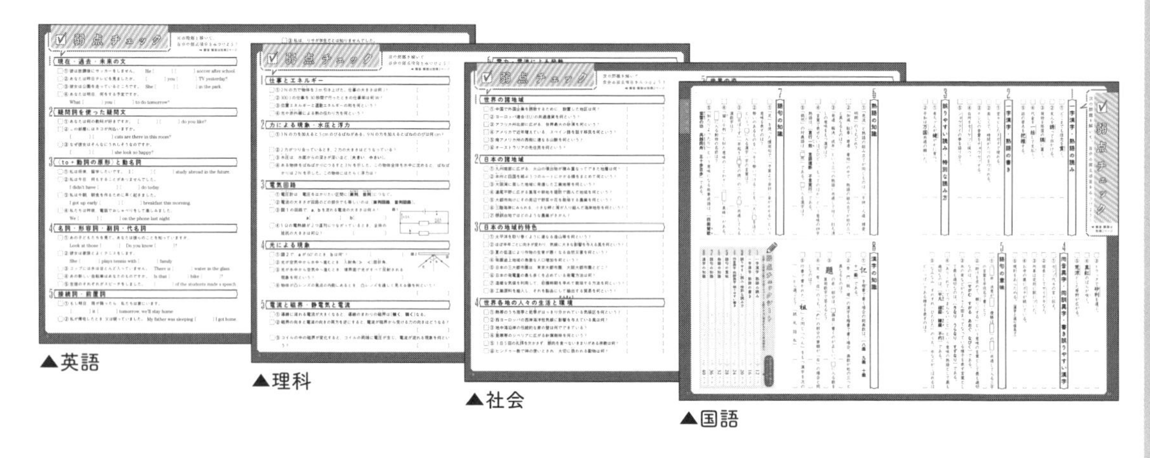

▲英語　▲理科　▲社会　▲国語

URL **https://gbc-library.gakken.jp/**

上記URLにアクセスして，GakkenIDでログイン後（お持ちでない方はGakkenIDの取得が必要になります），以下のID，PWを登録すると上記特典（リアル模試，他教科弱点チェック）をご覧になれます。

【ID】3dwqg　【PW】nux63wh7

※IDとパスワードの無断転載・複製を禁じます。サイトアクセス・ダウンロード時の通信料はお客様のご負担になります。
サービスは予告なく終了する場合があります。

数と式

弱点チェック

次の問題を解いて，
自分の弱点項目をみつけよう！

➡ 解答・解説は別冊2ページ

1 数と計算

次の①〜④の計算をしなさい。⑤は問いに答えなさい。

□ ① $2-(-5)$ [　　　]

□ ② $-3\times(-4)$ [　　　]

□ ③ $\frac{3}{8}\div\left(-\frac{9}{4}\right)$ [　　　]

□ ④ $2\times(-5)-9\div(-3)$ [　　　]

□ ⑤ 60 を素因数分解すると？ [　　　]

2 式の計算

次の計算をしなさい。

□ ① $2x\times3x^2$ [　　　]

□ ② $-15ab^2\div3ab$ [　　　]

□ ③ $3a\times4a^3\div6a^2$ [　　　]

□ ④ $4(2x-3y)-5(3x-y)$ [　　　]

□ ⑤ $\frac{a-b}{2}+\frac{a+b}{3}$ [　　　]

□ ⑥ $\frac{3x-y}{6}-\frac{x-2y}{4}$ [　　　]

3 平方根

次の計算をしなさい。

□ ① $\sqrt{8}+\sqrt{32}$ [　　　]

□ ② $\sqrt{6}\times\sqrt{18}$ [　　　]

□ ③ $\sqrt{20}-\frac{15}{\sqrt{5}}$ [　　　]

□ ④ $\sqrt{3}+\sqrt{5}\times\sqrt{15}$ [　　　]

4 数・式の利用

□ ① 1本100円の鉛筆を x 本と200円のノートを1冊買ったときの代金の合計を x を使った式で表すと？

[　　　]

□ ② a km の道のりを，自動車で時速 40 km の速さで走ったら，かかった時間は b 時間以下だった。この数量の間の関係を不等式で表すと？

[　　　]

□ ③ 等式 $3a-2b=c$ を b について解くと？

[　　　]

5 式の展開

次の①～④の式を展開しなさい。⑤，⑥の計算をしなさい。

□ ① $(2x+7)(x-3)$

[　　　　　　　　]

□ ② $(x+6)^2$

[　　　　　　　　]

□ ③ $(x-9)(x+4)$

[　　　　　　　　]

□ ④ $(x+7)(x-7)$

[　　　　　　　　]

□ ⑤ $(\sqrt{3}-2)^2$

[　　　　　　　　]

□ ⑥ $(\sqrt{2}+\sqrt{5})(\sqrt{2}-\sqrt{5})$

[　　　　　　　　]

6 因数分解

次の式を因数分解しなさい。

□ ① $abc-b^2c+bc^2$

[　　　　　　　　]

□ ② x^2-81

[　　　　　　　　]

□ ③ $x^2+10x+24$

[　　　　　　　　]

□ ④ a^2+6a+9

[　　　　　　　　]

□ ⑤ $x^2-3x-10$

[　　　　　　　　]

□ ⑥ $x^2-12x+36$

[　　　　　　　　]

7 規則性

右の図のように，マッチ棒を並べて正三角形を作っていきます。

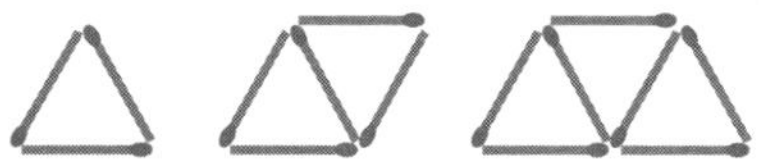

1 番目　2 番目　3 番目　…

□ ① 5番目の図形に使われるマッチ棒は何本？

[　　　　　　　　]

□ ② n 番目の図形に使われるマッチ棒の本数を，n を使って表すと？

[　　　　　　　　]

□ ③ マッチ棒が 25 本使われるのは，何番目の図形？

[　　　　　　　　]

弱点チェックシート

正解した問題の数だけ塗りつぶそう。
正解の少ない項目があなたの弱点部分だ。

弱点項目から取り組む人は，このページへGO!

	項目							
1	数と計算	1	2	3	4	5		→ 10ページ
2	式の計算	1	2	3	4	5	6	→ 14ページ
3	平方根	1	2	3	4			→ 18ページ
4	数・式の利用	1	2	3				→ 22ページ
5	式の展開	1	2	3	4	5	6	→ 26ページ
6	因数分解	1	2	3	4	5	6	→ 29ページ
7	規則性	1	2	3				→ 32ページ

中１範囲　　出題率 98%

1 数と計算

最重要点の確認

■ **正の数**…0より大きい数。**正の符号**(せいのふごう) ＋ をつけて表す。

■ **負の数**…0より小さい数。**負の符号**(ふのふごう) － をつけて表す。

■ **絶対値**(ぜったいち)…数直線上で，ある数に対応する点と原点との距離。

■ **正の数，負の数の大小**…(負の数)＜0＜(正の数)

負の数どうしでは，**絶対値が大きいほど小さい**。

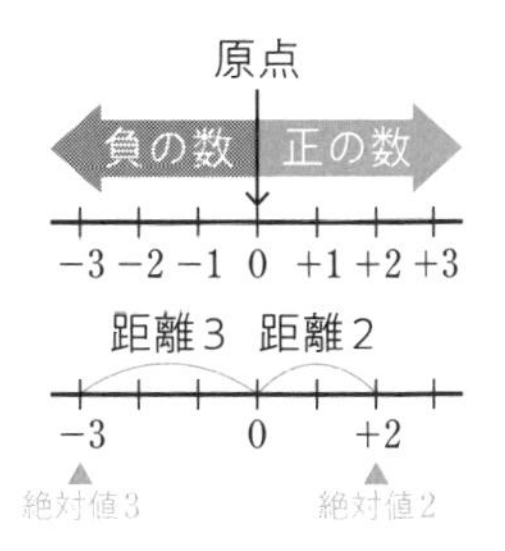

解法の整理

1 加法と減法

(1) **同符号**(どうふごう)**の2数の和**…例 $(-3)+(-4)=-(3+4)=-7$（共通の符号，絶対値の和）

(2) **異符号**(いふごう)**の2数の和**…例 $(+5)+(-2)=+(5-2)=+3$（絶対値の大きいほうの符号，絶対値の差）

(3) **2数の差**……………例 $-1-(-7)=-1+(+7)=+(7-1)=+6$（ひく数の符号を変えて加法に直す。）

CHECK! 加減の混じった計算

かっこのない式に直してから，正の数どうし，負の数どうしをまとめる。

2 乗法と除法

1 同符号の2数の積・商………例 $(-2)\times(-4)=+(2\times4)=+8$（正の符号，絶対値の積）

2 異符号の2数の積・商………例 $15\div(-3)=-(15\div3)=-5$（負の符号，絶対値の商）

3 乗法と除法の混じった計算

除法は乗法に直し，乗法だけの式にして計算する。

例 $20\times\frac{2}{3}\div\left(-\frac{5}{9}\right)=20\times\frac{2}{3}\times\left(-\frac{9}{5}\right)=-24$

CHECK! 3つ以上の数の積の符号

負の数が｛偶数個 ➡ **正の符号**／奇数個 ➡ **負の符号**｝

3 四則の混じった計算

①**累乗**(るいじょう)**・かっこの中** ➡ ②**乗法**(じょうほう)**・除法**(じょほう) ➡ ③**加法**(かほう)**・減法**(げんぽう) の順に計算する。

例 $3^2-(5-7)\times(-4)=9-(-2)\times(-4)=9-(+8)=9-8=1$

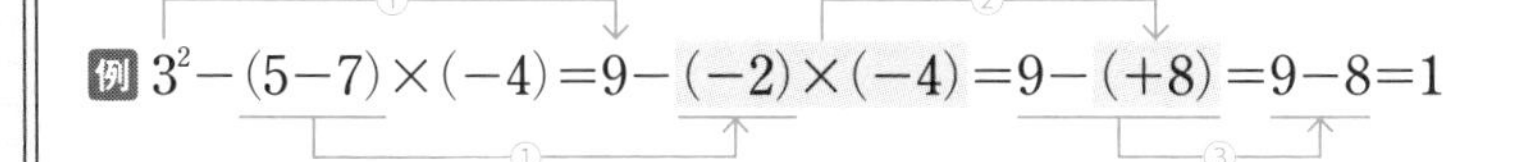

CHECK! 累乗の指数

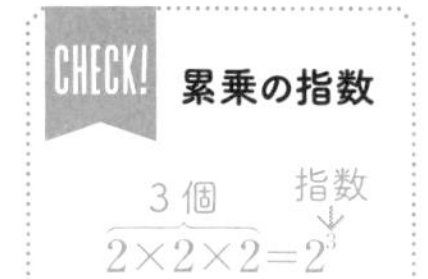

4 素因数分解

自然数(しぜんすう)**(正の整数)**を素数(そすう)の積で表すことを**素因数分解**(そいんすうぶんかい)**する**という。

例 90を素因数分解すると，$90=2\times3^2\times5$

```
2) 90
3) 45
3) 15
    5
```

　入試データ　確実に得点できる問題が多いので，計算ミスには十分に注意しよう。

実戦トレーニング

➡ 解答・解説は別冊2ページ

1 次の計算をしなさい。

↩1

正答率 97.3%
(1) $-6+(-9)$ 神奈川県・改
[　　　]

(2) $3+(-7)$ 兵庫県
[　　　]

お急ぎ！
(3) $-8-5$ 大分県
[　　　]

(4) $-7-(-3)$ 徳島県・改
[　　　]

正答率 84.3%
(5) $\frac{1}{2}-\frac{5}{6}$ 福島県
[　　　]

(6) $-\frac{5}{6}-\frac{3}{4}$ 神奈川県・改
[　　　]

(7) $2-11+5$ 新潟県
[　　　]

(8) $6-5-(-2)$ 広島県
[　　　]

お急ぎ！
(9) $-7-(-2)-1$ 山形県
[　　　]

(10) $3+(-6)-(-8)$ 高知県
[　　　]

2 次の計算をしなさい。

↩2

お急ぎ！
(1) $8\times(-7)$ 三重県
[　　　]

(2) $-\frac{2}{3}\times\left(-\frac{3}{4}\right)$ 鳥取県
[　　　]

(3) $\frac{7}{6}\times(-12)$ 福島県
[　　　]

(4) $(-0.4)\times\frac{3}{10}$ 青森県
[　　　]

正答率 98.8%
(5) $14\div(-7)$ 栃木県
[　　　]

(6) $10\div\left(-\frac{5}{4}\right)$ 沖縄県
[　　　]

お急ぎ！
(7) $-12\div\left(-\frac{6}{7}\right)$ 大阪府
[　　　]

(8) $\frac{3}{8}\div\left(-\frac{1}{6}\right)$ 宮崎県
[　　　]

3 次の計算をしなさい。

⮣3

正答率 91.0%

(1) $-3\times(5-8)$ 秋田県

[ ]

(2) $\left(\frac{1}{3}-\frac{3}{4}\right)\div\frac{5}{6}$ 山形県

[ ]

お急ぎ！

(3) $6+8\times(-3)$ 静岡県

[ ]

(4) $12-6\div(-3)$ 滋賀県

[ ]

正答率 89%

(5) $\frac{4}{5}\div(-4)+\frac{8}{5}$ 山梨県

[ ]

(6) $\frac{1}{2}+\frac{7}{9}\div\frac{7}{3}$ 鹿児島県

[ ]

お急ぎ！

(7) $3-7\times(5-8)$ 愛知県

[ ]

(8) $\frac{10}{3}+2\div\left(-\frac{3}{4}\right)$ 和歌山県

[ ]

4 次の計算をしなさい。

⮣3

お急ぎ！

(1) $(3^2-1)\div(-2)$ 長崎県

[ ]

(2) $(-6)^2-3^2$ 山梨県

[ ]

正答率 90.7%

(3) $-9+(-2)^3\times\frac{1}{4}$ 千葉県

[ ]

(4) $-3^2-6\times5$ 京都府

[ ]

お急ぎ！

(5) $7+3\times(-2^2)$ 大分県

[ ]

(6) $18-(-4)^2\div8$ 大阪府

[ ]

(7) $(-2)^2\times3+(-15)\div(-5)$ 青森県

[ ]

(8) $-6^2+4\div\left(-\frac{2}{3}\right)$ 京都府

[ ]

5 次の問いに答えなさい。

お急ぎ！ (1) 絶対値が7より小さい整数は全部で何個あるか求めなさい。 鹿児島県

[　　　　　　　　]

正答率 69.8% (2) n を自然数とします。次の条件を満たす整数の個数を n を用いて表しなさい。
「絶対値が n より小さい。」 大阪府

[　　　　　　　　]

6 次の問いに答えなさい。

お急ぎ！ (1) a は正の数とします。次の文字式のうち，式の値が a の値よりも小さくなる文字式はどれですか。次の**ア**～**エ**からすべて選び，その記号を書きなさい。 高知県

ア $a+\left(-\frac{1}{2}\right)$　**イ** $a-\left(-\frac{1}{2}\right)$　**ウ** $a\times\left(-\frac{1}{2}\right)$　**エ** $a\div\left(-\frac{1}{2}\right)$

[　　　　　　　　]

(2) 2つの整数 m，n について，計算の結果がいつも整数になるとは限らないものを，次の**ア**～**エ**から1つ選び，記号で答えなさい。 山口県

ア $m+n$　**イ** $m-n$　**ウ** $m\times n$　**エ** $m\div n$

[　　　　　　　　]

7 次の問いに答えなさい。

→4

お急ぎ！ (1) $84n$ の値が，ある自然数の2乗となるような自然数 n のうち，最も小さいものを求めなさい。 長野県

[　　　　　　　　]

(2) $\frac{3780}{n}$ が自然数の平方となるような，最も小さい自然数 n の値を求めなさい。 神奈川県・改

[　　　　　　　　]

HIGH LEVEL (3) 2つの整数148，245を自然数 n で割ったとき，余りがそれぞれ4，5となる自然数は全部で何個あるか，求めなさい。 秋田県

[　　　　　　　　]

中1・2範囲

出題率 91%

2 式の計算

解法の整理

1 多項式の加法・減法

かっこをはずし，同類項をまとめる。

CHECK! 同類項
多項式の項の中で，文字の部分が同じ項。

1 加法…$+(\ )$は，そのままかっこをはずす。

例 $(3x+2y)+(x-5y)=3x+2y+x-5y$

$=(3+1)x+(2-5)y=4x-3y$

2 減法…$-(\ )$は，かっこの中の各項の符号を変えて，かっこをはずす。

例 $(a-4b)-(2a-9b)=a-4b-2a+9b=(1-2)a+(-4+9)b=-a+5b$

2 単項式の乗法・除法

1 乗法…係数の積に文字の積をかける。

例 $4x\times(-2xy)=4\times(-2)\times x\times x\times y=-8x^2y$

2 除法…わる式を逆数にして，乗法に直して計算する。

例 $6ab^2\div\frac{2}{3}ab=6ab^2\div\frac{2ab}{3}=6ab^2\times\frac{3}{2ab}=9b$

CHECK! 累乗の指数の計算法則
$a^m\times a^n=a^{m+n}$，$(a^m)^n=a^{mn}$，
$(ab)^n=a^nb^n$
$m>n$ のとき，$a^m\div a^n=a^{m-n}$
$m<n$ のとき，$a^m\div a^n=\frac{1}{a^{n-m}}$

3 乗法と除法の混じった計算

…答えの符号を決め，乗法だけの式に直して計算する。

例 $2x^2\times6xy^2\div(-4xy)=-(2x^2\times6xy^2\div4xy)=-\left(2x^2\times6xy^2\times\frac{1}{4xy}\right)$

$=-\frac{2x^2\times6xy^2}{4xy}=-3x^2y$

3 (数)×(多項式)の加法・減法

分配法則を使ってかっこをはずし，同類項をまとめる。

例 $4(3a-b)-5(2a+b)=12a-4b-10a-5b=2a-9b$

CHECK! 分配法則

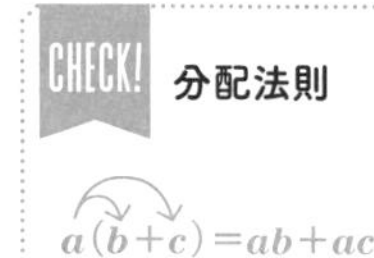

4 分数の形の式の加法・減法

通分して，分子の計算をする。

例 $\frac{3x-5y}{2}-\frac{4x-7y}{3}=\frac{3(3x-5y)-2(4x-7y)}{6}=\frac{9x-15y-8x+14y}{6}=\frac{x-y}{6}$

（もとの分子に( )をつけて符号のミスを防ぐ。）

5 式の値

代入する式を簡単にしてから，文字に数を代入する。

例 $x=2$，$y=-4$ のとき，
$5(3x+2y)-3(4x+3y)$の値を求めなさい。

解法 $5(3x+2y)-3(4x+3y)=15x+10y-12x-9y=3x+y$
$3x+y$ に x，y の値を代入して，$3\times2+(-4)=6-4=2$  答

CHECK! 負の数の代入
( )をつけて代入し，符号のミスを防ぐ。

入試データ 分数の形の式の計算で，方程式のように分母をはらってしまうミスが目立つ。

実戦トレーニング

➡ 解答・解説は別冊4ページ

1 次の計算をしなさい。 ↪2

(1) $5x\times(-x^2)$ 大阪府

[　　　　　]

(2) $\frac{1}{6}xy\times(-18x)$ 山梨県

[　　　　　]

(3) $2a\times(-3a)^2$ 沖縄県

[　　　　　]

(4) $(-4a)^2\times3b$ 山口県

[　　　　　]

お急ぎ!

(5) $28x^3y^2\div4x^2y$ 佐賀県

[　　　　　]

(6) $-6a^3b^2\div(-4ab)$ 群馬県

[　　　　　]

(7) $6a^2b^3\div\frac{3}{5}ab^2$ 石川県

[　　　　　]

(8) $8a^2b^3\div(-2ab)^2$ 新潟県

[　　　　　]

2 次の計算をしなさい。 ↪2

(1) $a^2\times ab^2\div a^3b$ 秋田県

[　　　　　]

(2) $5y\times8x^3y\div10xy$ 富山県

[　　　　　]

お急ぎ!

(3) $6ab\div(-9a^2b^2)\times3a^2b$ 熊本県

[　　　　　]

(4) $24ab^2\div(-6a)\div(-2b)$ 青森県

[　　　　　]

お急ぎ!

(5) $5x^2\div(-4xy)^2\times32xy^2$ 愛知県

[　　　　　]

(6) $-15a^2b\div3ab^2\times(-2b)^2$ 滋賀県

[　　　　　]

(7) $6xy^2\div\left(-\frac{3}{5}xy\right)\div(-2x)^3$ 22 埼玉県

[　　　　　]

(8) $\left(\frac{3}{4}ab\right)^2\div\frac{9}{8}a^2b\times(-2b)$ 大阪府

[　　　　　]

3

次の計算をしなさい。

↱1

正答率 91.2%

(1) $\frac{2}{3}a+\frac{1}{4}a$ 栃木県

[ ]

(2) $\frac{4}{5}x-\frac{2}{3}x$ 三重県

[ ]

お急ぎ！ (3) $\frac{1}{3}x+y-2x+\frac{1}{2}y$ 青森県

[ ]

(4) $(6x+y)-(9x+7y)$ 山口県

[ ]

4

次の計算をしなさい。

↱3

(1) $(15x+20)\div5$ 岩手県

[ ]

(2) $18\times\frac{5x-2y}{6}$ 徳島県・改

[ ]

正答率 35.8%

(3) $x-3+6(x+1)$ 大阪府

[ ]

(4) $-4(2x-y)+5x-2y$ 佐賀県

[ ]

お急ぎ！ (5) $3(a-2b)+4(-a+3b)$ 宮崎県

[ ]

(6) $2(6x-8y)+3(5y-4x)$ 愛知県

[ ]

お急ぎ！ (7) $7(2x-y)-(x-5y)$ 山梨県

[ ]

(8) $3(a-3b)-4(-a+2b)$ 新潟県

[ ]

お急ぎ！ (9) $3(4x+y)-5(x-2y)$ 広島県

[ ]

(10) $6\left(\frac{2}{3}a-\frac{3}{2}b\right)-(a-3b)$ 千葉県

[ ]

5

ある式に $3a-5b$ をたす計算を間違えて，ある式から $3a-5b$ をひいてしまったために，答えが $-2a+4b$ となりました。正しく計算したときの答えを求めなさい。 徳島県・改

[ ]

6 次の計算をしなさい。

⮌4

お急ぎ！ (1) $\frac{x+3y}{4}+\frac{7x-5y}{8}$ 熊本県

[　　　　　]

(2) $\frac{2x-5y}{3}+\frac{x+3y}{2}$ 愛媛県

[　　　　　]

正答率 82.9% (3) $\frac{x+2y}{3}+\frac{x-y}{5}$ 大分県

[　　　　　]

(4) $\frac{x+6y}{3}+\frac{3x-4y}{2}$ 茨城県

[　　　　　]

お急ぎ！ (5) $\frac{2x-3}{6}-\frac{3x-2}{9}$ 愛知県

[　　　　　]

(6) $2x-y-\frac{5x+y}{3}$ 青森県

[　　　　　]

(7) $\frac{2x+y}{3}-\frac{x+5y}{7}$ 静岡県

[　　　　　]

(8) $\frac{3a-b}{4}-\frac{a-2b}{6}$ 大阪府

[　　　　　]

7 次の問いに答えなさい。

⮌5

お急ぎ！ (1) $a=-6$ のき，$-2a+14$ の値を求めなさい。 大阪府

[　　　　　]

正答率 88.1% (2) $a=4$ のとき，$6a^2\div3a$ の値を求めなさい。 広島県

[　　　　　]

正答率 84.3% (3) $a=7$，$b=-3$ のとき，a^2+2ab の値を求めなさい。 北海道

[　　　　　]

(4) $x=\frac{1}{5}$，$y=-\frac{3}{4}$ のとき，$(7x-3y)-(2x+5y)$ の値を求めなさい。 京都府

[　　　　　]

中３範囲

出題率 68%

3 平方根

最重要点の確認

(a>0, b>0)

■ **平方根の意味**

2乗すると a になる数を，a の**平方根**(へいほうこん)という。a の平方根➡ $+\sqrt{a}$ と $-\sqrt{a}$

■ **平方根の大小**… $a<b$ ならば，$\sqrt{a}<\sqrt{b}$，$-\sqrt{a}>-\sqrt{b}$

■ **根号のついた数の変形**… $a\sqrt{b}=\sqrt{a^2b}$

■ **乗法** $\sqrt{a}\times\sqrt{b}=\sqrt{ab}$

■ **除法** $\dfrac{\sqrt{a}}{\sqrt{b}}=\sqrt{\dfrac{a}{b}}$

■ **加法** $m\sqrt{a}+n\sqrt{a}=(m+n)\sqrt{a}$

■ **減法** $m\sqrt{a}-n\sqrt{a}=(m-n)\sqrt{a}$

解法の整理

1 平方根の大小の比べ方

それぞれの数を根号(こんごう)のついた数で表し，根号の中の数を比べる。

例 4，$\sqrt{15}$，$3\sqrt{2}$ の大小を，不等号(ふとうごう)を使って表しなさい。

解法 $4=\sqrt{4^2}=\sqrt{16}$，$3\sqrt{2}=\sqrt{3^2\times2}=\sqrt{18}$

$15<16<18$ だから，$\sqrt{15}<\sqrt{16}<\sqrt{18}$

よって，$\sqrt{15}<4<3\sqrt{2}$ ……答

2 根号のついた数の加減

根号の中の数が異なるときは，**根号の中の数をできるだけ簡単(かんたん)な数に変形**してみる。

例 $\sqrt{12}+\sqrt{27}-\sqrt{48}=2\sqrt{3}+3\sqrt{3}-4\sqrt{3}=(2+3-4)\sqrt{3}=\sqrt{3}$

3 分母の有理化

分母にある根号のついた数を**分母と分子にかける**。

例 $\dfrac{6}{\sqrt{2}}=\dfrac{6\times\sqrt{2}}{\sqrt{2}\times\sqrt{2}}=\dfrac{6\sqrt{2}}{2}=3\sqrt{2}$

CHECK! 分母の有理化

$\dfrac{a}{\sqrt{b}}=\dfrac{a\times\sqrt{b}}{\sqrt{b}\times\sqrt{b}}=\dfrac{a\sqrt{b}}{b}$

4 $\sqrt{(自然数)\times n}$ が自然数になる n の値

根号の中の数が，ある自然数の2乗になるように n の値(あたい)を定める。

例 $\sqrt{252n}$ が自然数となる最小の自然数 n の値を求めなさい。

解法 252を素因数分解(そいんすうぶんかい)すると，$252=2^2\times3^2\times7$

よって，$2^2\times3^2\times7\times n$ がある自然数の2乗になる最小の自然数 n は，$n=7$ ……答

5 近似値

例 ある数 a の小数第1位を四捨五入した近似値(きんじち)が8とすると，

a の真(しん)の値(あたい)の範囲(はんい)は，$7.5\leqq a<8.5$

入試データ 計算問題では，根号の中の数をできるだけ簡単な数に直して答えること。

実戦トレーニング

➡解答・解説は別冊6ページ

 次の問いに答えなさい。

正答率 39.5%
(1) 次の①～④について，正しくないものを1つ選び，その番号を書きなさい。 長崎県

① $\sqrt{(-2)^2}=2$ である。　② 9の平方根は ±3 である。

③ $\sqrt{16}=\pm4$ である。　④ $(\sqrt{5})^2=5$ である。

[　　　　]

正答率 62.2%
(2) 根号を使って表した数について述べた文として適切なものを，次の**ア**～**エ**の中から1つ選び，その記号を書きなさい。ただし，$0<a<b$ とします。 青森県

ア $\sqrt{a}<\sqrt{b}$ である。　**イ** $\sqrt{a}+\sqrt{b}=\sqrt{a+b}$ である。

ウ $\sqrt{(-a)^2}=-a$ である。　**エ** a の平方根は $\sqrt{a}$ である。

[　　　　]

お急ぎ！
(3) 次の**ア**～**オ**のうち，無理数であるものを2つ選び，記号で答えなさい。 島根県

ア 0.5　**イ** $\frac{1}{3}$　**ウ** $\sqrt{2}$　**エ** $\sqrt{9}$　**オ** π

[　　　　]

お急ぎ！
(4) $4<\sqrt{a}<\frac{13}{3}$ にあてはまる整数 a をすべて求めなさい。 ↻1 広島県

[　　　　]

HIGH LEVEL
(5) n は自然数である。$10<\sqrt{n}<11$ を満たし，$\sqrt{7n}$ が整数となる n の値を求めなさい。 ↻1 秋田県

[$n=$　　　　]

(6) $\sqrt{6}$ の小数部分を a とするとき，$a(a+2)$ の値を求めなさい。 長野県

[　　　　]

2 次の計算をしなさい。 2

お急ぎ！ (1) $3\sqrt{2}+\sqrt{8}$ 沖縄県

[ ]

(2) $\sqrt{54}-2\sqrt{6}$ 佐賀県

[ ]

正答率 87.0% (3) $\sqrt{45}-\sqrt{5}+\sqrt{20}$ 広島県

[ ]

(4) $\sqrt{50}+\sqrt{8}-\sqrt{18}$ 宮崎県

[ ]

3 次の計算をしなさい。 2, 3

お急ぎ！ (1) $\dfrac{6}{\sqrt{2}}+\sqrt{8}$ 滋賀県

[ ]

(2) $7\sqrt{3}-\dfrac{9}{\sqrt{3}}$ 山梨県

[ ]

(3) $\dfrac{3}{\sqrt{2}}-\dfrac{2}{\sqrt{8}}$ 愛知県

[ ]

(4) $5\sqrt{6}-\sqrt{24}+\dfrac{18}{\sqrt{6}}$ 鳥取県

[ ]

4 次の計算をしなさい。 3

(1) $\sqrt{12}\times\sqrt{45}$ 福島県

[ ]

(2) $3\div\sqrt{6}\times\sqrt{8}$ 21 東京都

[ ]

正答率 78.6% (3) $\sqrt{6}\times\sqrt{3}-\sqrt{8}$ 茨城県

[ ]

(4) $\sqrt{48}-3\sqrt{2}\times\sqrt{24}$ 京都府

[ ]

お急ぎ！ (5) $\sqrt{32}+2\sqrt{3}\div\sqrt{6}$ 石川県

[ ]

(6) $\dfrac{12}{\sqrt{6}}+3\sqrt{3}\times(-\sqrt{2})$ 高知県

[ ]

お急ぎ！ (7) $\dfrac{\sqrt{10}}{4}\times\sqrt{5}+\dfrac{3}{\sqrt{8}}$ 熊本県

[ ]

(8) $\dfrac{6}{\sqrt{3}}+\sqrt{15}\div\sqrt{5}$ 島根県

[ ]

5 次の計算をしなさい。 ↩3

(1) $\sqrt{7}(9-\sqrt{21})-\sqrt{27}$ 静岡県

[　　　　　　　　]

(2) $(\sqrt{18}+\sqrt{14})\div\sqrt{2}$ 福岡県

[　　　　　　　　]

(3) $\sqrt{3}\times\left(\frac{\sqrt{15}}{3}\right)^2-\frac{5-\sqrt{6}}{\sqrt{3}}$ 東京都立八王子東高

[　　　　　　　　]

(4) $\sqrt{3}(\sqrt{15}+\sqrt{3})-\frac{10}{\sqrt{5}}$ 大阪府

[　　　　　　　　]

(5) $\sqrt{8}\times\sqrt{6}+\frac{\sqrt{12}}{3}-\frac{4}{\sqrt{3}}-\sqrt{\left(-\frac{2}{\sqrt{3}}\right)^2}$ 東京都立新宿高

[　　　　　　　　]

6 次の問いに答えなさい。 ↩4

お急ぎ! (1) $\sqrt{56n}$ が自然数となるような，最も小さい自然数 n を求めなさい。 新潟県

[　　　　　　　　]

HIGH LEVEL (2) n を2けたの自然数とするとき，$\sqrt{300-3n}$ の値が偶数となる n の値をすべて求めなさい。 大阪府

[　　　　　　　　]

7 次の問いに答えなさい。

(1) ある数 a の小数第1位を四捨五入すると，14になりました。このとき，a の値の範囲を不等号を使って表しなさい。 ↩5 和歌山県

[　　　　　　　　]

(2) 地球の直径は約12700kmです。有効数字が1，2，7であるとして，この距離を整数部分が1けたの数と，10の何乗かの積の形で表すと次のようになります。

ア と イ にあてはまる数を書きなさい。 21 埼玉県

ア $\times 10^{\text{イ}}$ km

ア[　　　　]，イ[　　　　]

中1～3範囲

出題率 67%

4 数・式の利用

最重要点の確認

■ 文字式の積の表し方

❶ 記号×をはぶく。……………………………… $a\times b=ab$，$y\times z\times x=xyz$

❷ 文字と数との積では，数を文字の前に書く。… $x\times5=5x$，$n\times(-1)\times m=-mn$

❸ 同じ文字の積は累乗の指数を使って表す。…… $a\times a=a^2$，$x\times x\times2\times x=2x^3$

■ 文字式の商の表し方

記号÷は使わないで，分数の形で書く。………… $x\div3=\dfrac{x}{3}$，$(a-b)\div4=\dfrac{a-b}{4}$

■ **等式**(とうしき) … 等号＝を使って，2つの数量が等しい関係を表した式。

■ **不等式**(ふとうしき) … 不等号 ＞，＜，≧，≦ を使って，2つの数量の大小関係を表した式。

解法の整理

1 数量の関係

1 (代金)＝(単価)×(個数) …… 例 50円切手 x 枚の代金 … $50\times x=50x$(円)

2 (道のり)＝(速さ)×(時間)

例 時速40kmで x 時間走ったときに進む道のり … $40\times x=40x$(km)

3 (平均)＝(合計)÷(個数)

例 男子5人の平均点が a 点，女子4人の平均点が b 点の全体の平均点 … $\dfrac{5a+4b}{9}$(点)

2 割合の表し方

1 a%にあたる量 …… 例 200gの a%にあたる量は，$200\times\dfrac{a}{100}=2a$(g)

2 b 割にあたる量 …… 例 500円の b 割にあたる量は，$500\times\dfrac{b}{10}=50b$(円)

x 円の a%引き

→ $x\times\left(1-\dfrac{a}{100}\right)$(円)

または，$x\times(1-0.01a)$(円)

3 いろいろな整数の表し方(n を整数とする)

1 偶数 ➡ $2n$，奇数 ➡ $2n+1$(または $2n-1$)

2 ある数 a の倍数 ➡ an …………… 例 3の倍数 … $3n$，5の倍数 … $5n$

3 連続する3つの整数 ➡ n，$n+1$，$n+2$ (または，$n-1$，n，$n+1$)

4 p でわると q 余る数 ➡ $pn+q$ …… 例 4でわると3余る数 … $4n+3$

5 2けたの自然数 ➡ 十の位の数が x，一の位の数が y の2けたの自然数 ➡ $10x+y$

4 等式の変形

等式の性質を使って，**(解く文字)＝～ の形に式を変形すること。**

例 等式 $a-2b=3c$ を b について解きなさい。

解法 a を移項して，$-2b=3c-a$，両辺を -2 でわって，$b=\dfrac{a-3c}{2}$ ……答

入試データ 数量の関係を表した等式や不等式が表す意味を問う問題も出題される。

実戦トレーニング

➡ 解答・解説は別冊8ページ

1 次の問いに答えなさい。

1, 4

お急ぎ！ (1) 50本の鉛筆を，7人の生徒に1人 a 本ずつ配ると，b 本余りました。このとき，b を a の式で表しなさい。　高知県

[　　　　　　　　　　]

(2) 1本 x 円の鉛筆を3本買うのに，1000円札を1枚出したら，おつりは y 円でした。このときの数量の間の関係を，等式で表しなさい。ただし，消費税は考えないものとします。　岩手県

[　　　　　　　　　　]

正答率 31.1% (3) ある高校で，スキー研修に参加する生徒に対して，スキーの経験があるかどうかを調べたところ，男子 a 人の生徒のうちの $\frac{2}{5}$，女子 b 人のうちの $\frac{1}{4}$ がスキーの経験があると答え，スキーの経験がある生徒の合計は35人でした。このとき，b を a の式で表しなさい。　高知県

[　　　　　　　　　　]

(4) ある数 x を3倍した数は，ある数 y から4をひいて5倍した数より小さい。これらの数量の関係を不等式で表しなさい。　富山県

[　　　　　　　　　　]

お急ぎ！ (5) A地点からB地点まで，はじめは毎分60mで a m歩き，途中から毎分100mで b m走ったところ，20分以内でB地点に到着しました。この数量の関係を不等式で表しなさい。　栃木県

[　　　　　　　　　　]

(6) ある動物園の入園料は，おとな1人が a 円，子ども1人が b 円です。このとき，入園料についての不等式「$4a+5b \leqq 7000$」はどんなことを表しているか，入園料という語句を用いて説明しなさい。　鳥取県

〈説明〉

2

次の等式を〔　〕の中の文字について解きなさい。 ↱4

お急ぎ！ (1) $3a-2b+5=0$ 〔b〕 鹿児島県

(2) $b=\dfrac{5a+4}{7}$ 〔a〕 大阪府

[　　　　　　　]　　[　　　　　　　]

正答率 88.9% (3) $a=\dfrac{2b-c}{5}$ 〔c〕 栃木県

(4) $3(4x-y)=6$ 〔y〕 香川県

[　　　　　　　]　　[　　　　　　　]

3

34 人の団体 X と 40 人の団体 Y が，博物館に行きます。この博物館の 1 人分の入館料は a 円で，40 人以上の団体の入館料は 20%引きになります。このとき，団体 X と団体 Y では，入館料の合計はどちらが多くかかりますか。あてはまる方を◯で囲み，その理由を，ことばや式を用いて，簡単に書きなさい。ただし，消費税は考えないものとします。 ↱2 岩手県

[
団体 X　・　団体 Y

〈理由〉
]

4

お急ぎ！

2 つの続いた偶数 4，6 について，$4\times6+1$ を計算すると 25 になり，5 の 2 乗となります。このように，「2 つの続いた偶数の積に 1 を加えると，その 2 つの偶数の間の奇数の 2 乗となる。」ことを文字 n を使って証明しなさい。ただし，証明は「n を整数とし，2 つの続いた偶数のうち，小さいほうの偶数を $2n$ とすると，」に続けて完成させなさい。 ↱3 長崎県

[
〈証明〉

n を整数とし，2 つの続いた偶数のうち，小さいほうの偶数を $2n$ とすると，

よって，2 つの続いた偶数の積に 1 を加えると，その 2 つの偶数の間の奇数の 2 乗となる。
]

右の図のように，線分 AB 上に点 C があり，AC＝CB＝3cm です。線分 AC 上に点 P をとります。このとき，AP を 1 辺とする正方形の面積と PB を 1 辺とする正方形の面積の和は，PC を 1 辺とする正方形の面積と CB を 1 辺とする正方形の面積の和の 2 倍に等しくなります。このことを，線分 AP の長さを $x$cm として，x を使った式を用いて説明しなさい。ただし，点 P は点 A，C と重ならないものとします。　広島県

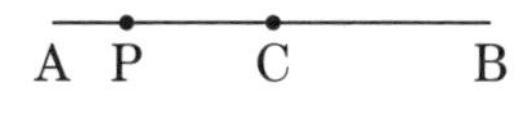

〈説明〉

m を 2 けたの自然数とします。m の十の位の数と一の位の数との和を n とするとき，$11n-2m$ の値が 50 以上 60 以下である m の値をすべて求めなさい。　3　大阪府

［　　　　　　　］

次の文章中の［ I ］にあてはまる式を書きなさい。また，［ II ］にあてはまる数を書きなさい。

> 1 から 9 までの 9 個の数字から異なる 3 個の数字を選び，3 けたの整数をつくるとき，つくることができる整数のうち，1 番大きい数を A，1 番小さい数を B とする。例えば，2，4，7 を選んだときは，A＝742，B＝247 となる。
> A－B＝396 となる 3 個の数字の選び方が全部で何通りあるかを，次のように考えた。選んだ 3 個の数字を，a，b，$c$$(a>b>c)$とするとき，A－B を a，b，c を使って表すと，［ I ］となる。この式を利用することにより，A－B＝396 となる 3 個の数字の選び方は，全部で［ II ］通りであることがわかる。

3　愛知県

I［　　　　　　　］，II［　　　　　　　］

中３範囲　　出題率 46%

5 式の展開

解法の整理

1 (単項式)×(多項式)

分配法則を使ってかっこをはずす。

例 $-3a(a-4b+7)=-3a\times a+(-3a)\times(-4b)+(-3a)\times7=-3a^2+12ab-21a$

2 (多項式)÷(単項式)

1 多項式のすべての項を単項式でわる。

例 $(6a^2b+8ab^2)\div2ab=\dfrac{6a^2b}{2ab}+\dfrac{8ab^2}{2ab}=3a+4b$

2 わる式の逆数をかける形に直す。

例 $(15x^2-35xy)\div(-5x)=(15x^2-35xy)\times\left(-\dfrac{1}{5x}\right)=-3x+7y$

3 (多項式)×(多項式)

例 $(2x+3)(x-4)$

$=2x\times x+2x\times(-4)+3\times x+3\times(-4)$

$=2x^2-8x+3x-12=2x^2-5x-12$

展開の基本公式

$(a+b)(c+d)=\underset{①}{ac}+\underset{②}{ad}+\underset{③}{bc}+\underset{④}{bd}$

4 乗法公式の利用

例 $(x+2)(x+3)=x^2+(2+3)x+2\times3$

$=x^2+5x+6$

例 $(x+5)^2=x^2+2\times5\times x+5^2=x^2+10x+25$

例 $(x-8)^2=x^2-2\times8\times x+8^2=x^2-16x+64$

例 $(x+6)(x-6)=x^2-6^2=x^2-36$

CHECK! **乗法公式**

$(x+a)(x+b)=x^2+(a+b)x+ab$
$(x+a)^2=x^2+2ax+a^2$
$(x-a)^2=x^2-2ax+a^2$
$(x+a)(x-a)=x^2-a^2$

5 四則の混じった計算

まず，多項式の乗法の部分を展開し，同類項をまとめる。

例 $(2x-1)(x+3)+(x-2)^2$

$=2x^2+6x-x-3+(x^2-4x+4)$

$=2x^2+5x-3+x^2-4x+4$

$=3x^2+x+1$

例 $(x+2)(x-5)-(x+3)(x-3)$

$=x^2-3x-10-(x^2-9)$

$=x^2-3x-10-x^2+9$

$=-3x-1$

展開したあと，ひく式全体を( )でくくっておく。

6 根号をふくむ式の展開

根号のついた数を１つの文字とみて，乗法公式にあてはめて計算する。

例 $(\sqrt{2}+5)(\sqrt{2}-3)=(\sqrt{2})^2+(5-3)\sqrt{2}+5\times(-3)=2+2\sqrt{2}-15=2\sqrt{2}-13$

$(x+a)(x+b)\quad=\quad x^2\quad+\quad(a+b)x\quad+\quad ab$

入試データ 根号をふくむ式の展開は，ていねいに計算してミスのないように気をつける。

実戦トレーニング

➡ 解答・解説は別冊9ページ

1 次の計算をしなさい。

↩ 1, 2, 3, 4

お急ぎ！ (1) $(9a-b)\times(-4a)$ 山口県

[　　　　]

(2) $(-6xy^2+8xy)\div(-2xy)$ 山形県

[　　　　]

正答率 95.8% (3) $(x+5)(x+4)$ 栃木県

[　　　　]

(4) $(2x+y)^2$ 沖縄県

[　　　　]

お急ぎ！ (5) $(3x-y)^2$ 鳥取県

[　　　　]

(6) $(a+3)(a-3)$ 山口県

[　　　　]

2 次の計算をしなさい。

↩ 5

(1) $(x-3y)(x+4y)-xy$ 秋田県

[　　　　]

(2) $(x-2)^2+3(x-1)$ 千葉県

[　　　　]

お急ぎ！ (3) $(2x-3)^2-4x(x-1)$ 熊本県

[　　　　]

(4) $(a+3)^2-(a+4)(a-4)$ 和歌山県

[　　　　]

正答率 89.2% (5) $(x-2)(x-5)-(x-3)^2$ 神奈川県・改

[　　　　]

(6) $(x+7)(x-4)-(x-4)^2$ 奈良県

[　　　　]

お急ぎ！ (7) $(a-3)(a+3)+(a+4)(a+6)$ 愛媛県

[　　　　]

(8) $(x+1)(x-1)-(x+3)(x-8)$ 大阪府

[　　　　]

お急ぎ！ (9) $(x+2)(x+8)-(x+4)(x-4)$ 奈良県

[　　　　]

(10) $(2x+1)^2-(2x-1)(2x+3)$ 愛知県

[　　　　]

3 次の計算をしなさい。

6

(1) $(\sqrt{3}+2\sqrt{7})(2\sqrt{3}-\sqrt{7})$ 三重県

[　　　　　　]

(2) $(\sqrt{5}+3)(\sqrt{5}-2)$ 青森県

[　　　　　　]

正答率 75.2% (3) $(2\sqrt{3}-1)^2$ 千葉県

[　　　　　　]

(4) $(\sqrt{5}-\sqrt{3})(\sqrt{20}+\sqrt{12})$ 愛知県

[　　　　　　]

お急ぎ! (5) $(\sqrt{7}-2)(\sqrt{7}+3)-\sqrt{28}$ 山形県

[　　　　　　]

(6) $(\sqrt{6}-2)(\sqrt{3}+\sqrt{2})+\dfrac{6}{\sqrt{2}}$ 熊本県

[　　　　　　]

お急ぎ! (7) $\dfrac{\sqrt{10}}{\sqrt{2}}-(\sqrt{5}-2)^2$ 愛媛県

[　　　　　　]

(8) $\sqrt{2}(\sqrt{3}-\sqrt{2})^2-\dfrac{4(2-\sqrt{6})}{\sqrt{2}}$ 東京都立青山高

[　　　　　　]

HIGH LEVEL (9) $\left(\dfrac{\sqrt{5}+\sqrt{3}}{\sqrt{2}}\right)^2+\left(\dfrac{\sqrt{5}+\sqrt{3}}{\sqrt{2}}\right)\left(\dfrac{\sqrt{5}-\sqrt{3}}{\sqrt{2}}\right)-\left(\dfrac{\sqrt{5}-\sqrt{3}}{\sqrt{2}}\right)^2$ 東京都立国立高

[　　　　　　]

4 次の問いに答えなさい。

正答率 88.2% (1) $a=\dfrac{2}{7}$ のとき，$(a-5)(a-6)-a(a+3)$ の式の値を求めなさい。 静岡県

[　　　　　　]

お急ぎ! (2) $x=\sqrt{6}+\sqrt{3}$，$y=\sqrt{6}-\sqrt{3}$ のとき，x^2y+xy^2 の値を求めなさい。 神奈川県・改

[　　　　　　]

(3) $\sqrt{11}$ の整数部分を a，小数部分を b とするとき，a^2-b^2-6b の値を求めなさい。 22 埼玉県

[　　　　　　]

中3範囲

出題率 43%

因数分解

最重要点の確認

■ **因数分解の公式**

$x^2+(a+b)x+ab=(x+a)(x+b)$　　$x^2+2ax+a^2=(x+a)^2$

$x^2-2ax+a^2=(x-a)^2$　　$x^2-a^2=(x+a)(x-a)$

解法の整理

1 共通因数をくくり出す

$ma+mb+mc=m(a+b+c)$

例 $6a^2+9ab-15a=3a\times2a+3a\times3b+3a\times(-5)=3a(2a+3b-5)$

2 因数分解の公式の利用

例 $x^2+5x-14=x^2+\{7+(-2)\}x+7\times(-2)$
$=(x+7)(x-2)$

例 $x^2+8x+16=x^2+2\times4\times x+4^2=(x+4)^2$

例 $x^2-18x+81=x^2-2\times9\times x+9^2=(x-9)^2$

例 $x^2-25=x^2-5^2=(x+5)(x-5)$

CHECK! **和が $a+b$，積が ab になる2数**

①まず，積に着目する。
$ab>0$ → a，b は同符号。
$ab<0$ → a，b は異符号。
②次に，和に着目する。
①にあう2数について，その和が $a+b$ となるものを見つける。

3 共通因数をくくり出してから公式を利用

例 $3a^2-3b^2=3(a^2-b^2)=3(a+b)(a-b)$

例 $x^3-2x^2y-8xy^2=x(x^2-2xy-8y^2)=x(x+2y)(x-4y)$

4 式を展開・整理してから因数分解

例 $(x-2)(x+3)-3(x-1)=x^2+x-6-3x+3=x^2-2x-3=(x+1)(x-3)$

5 式の一部分を1つの文字におきかえる

例 $(a+1)^2-6(a+1)+9=M^2-6M+9=(M-3)^2=(a+1-3)^2=(a-2)^2$

共通部分 $a+1$ を M とおく。　M を $a+1$ にもどす。

6 式の値

代入する**式を因数分解してから文字に数を代入**すると，計算が簡単になる場合がある。

例 $x=\sqrt{5}+1$ のとき，x^2-2x+1 の値を求めなさい。

解法 代入する式を因数分解すると，$x^2-2x+1=(x-1)^2$
この式に $x=\sqrt{5}+1$ を代入して，
$(x-1)^2=\{(\sqrt{5}+1)-1\}^2=(\sqrt{5})^2=5$ ……答

入試データ 共通因数をくくり出す形の式は，さらに公式で因数分解できるものが多い。

実戦トレーニング

➡解答・解説は別冊11ページ

1 次の式を因数分解しなさい。

1, 2

(1) $xy-6x+y-6$ 香川県

[　　　　　　　　]

(2) $x^2-8x+12$ 愛媛県

[　　　　　　　　]

お急ぎ! (3) x^2-36 岩手県

[　　　　　　　　]

(4) $x^2-8x+16$ 栃木県

[　　　　　　　　]

正答率 92% (5) $x^2+2x-35$ 佐賀県

[　　　　　　　　]

(6) x^2-x-20 22 埼玉県

[　　　　　　　　]

お急ぎ! (7) x^2-16y^2 群馬県

[　　　　　　　　]

(8) $9x^2-12x+4$ 兵庫県

[　　　　　　　　]

2 次の式を因数分解しなさい。

3

お急ぎ! (1) ax^2-9a 鳥取県

[　　　　　　　　]

(2) $3x^2-6x-45$ 青森県

[　　　　　　　　]

3 次の式を因数分解しなさい。

4

お急ぎ! (1) $(x-5)(x+3)-2x+10$ 神奈川県・改

[　　　　　　　　]

(2) $(x+1)(x-3)+4$ 香川県

[　　　　　　　　]

HIGH LEVEL (3) $\dfrac{(2x-6)^2}{4}-5x+15$ 20 東京都立日比谷高

[　　　　　　　　]

(4) $(x+5)(x-2)-3(x-3)$ 愛知県

[　　　　　　　　]

4 次の式を因数分解しなさい。

⮡5

お急ぎ！ (1) $(x+y)^2+7(x+y)+12$ 長崎県

[　　　　　　]

(2) $2(a+b)^2-8$ 大阪府

[　　　　　　]

(3) $(x-3)^2+2(x-3)-15$ 長野県

[　　　　　　]

(4) $(x+6)^2-5(x+6)-24$ 神奈川県・改

[　　　　　　]

5 次の問いに答えなさい。

⮡6

(1) $x=23$, $y=18$ のとき，$x^2-2xy+y^2$ の値を求めなさい。 山形県

[　　　　　　]

お急ぎ！ (2) $a=41$, $b=8$ のとき，a^2-25b^2 の式の値を求めなさい。 静岡県

[　　　　　　]

(3) $x=\sqrt{2}+3$ のとき，x^2-6x+9 の値を求めなさい。 奈良県

[　　　　　　]

(4) $x=\sqrt{7}+4$ のとき，$x^2-8x+12$ の値を求めなさい。 大分県

[　　　　　　]

お急ぎ！ (5) $x=5+\sqrt{3}$, $y=5-\sqrt{3}$ のときの，式 $x^2+2xy+y^2$ の値を求めなさい。 岐阜県

[　　　　　　]

中1〜3範囲

出題率 19%

7 規則性

解法の整理

1 数の並び方の問題

例 右のように，自然数を1から順に1つずつ，1段に7つずつ規則的に並べていく。

1段目	1	2	3	4	5	6	7
2段目	8	9	10	11	12	13	14
3段目	15	16	17	18	19	20	21
⋮				⋮			
n 段目	……						

(1) n 段目の右端の数を n を使って表しなさい。

解法 右端の数は，1段目から順に

7, 14, 21, …

と7の倍数になっているから，n 段目の右端の数は，$7n$ ……答

(2) n 段目の左端の数を n を使って表しなさい。

解法 n 段目の左端の数は，$(n-1)$段目の右端の数に1加えた数である。

$(n-1)$段目の右端の数は $7(n-1)$ だから，$7(n-1)+1=7n-7+1=7n-6$ ……答

(3) n 段目の7つの数の和を n を使って表しなさい。

解法 n 段目の数は，左端から順に，$7n-6$，$7n-5$，$7n-4$，…，$7n$ だから，

$(7n-6)+(7n-5)+(7n-4)+(7n-3)+(7n-2)+(7n-1)+7n=49n-21$ ……答

2 図形の並び方の問題

例 右の図のように，●を1段目に1個，2段目に3個，3段目に5個，4段目に7個，…とピラミッド状に規則的に並べていく。

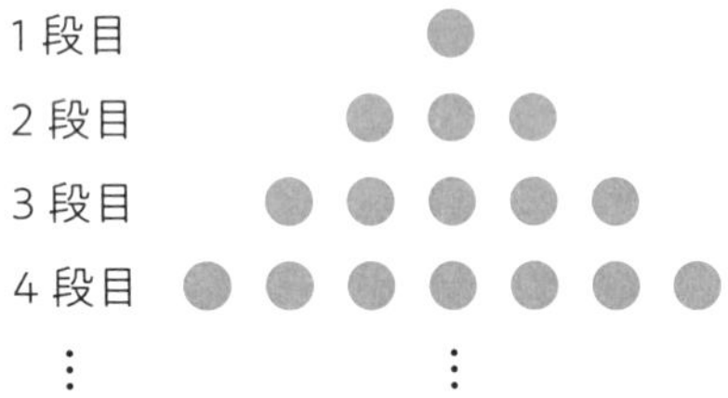

1段目 ●
2段目 ● ● ●
3段目 ● ● ● ● ●
4段目 ● ● ● ● ● ● ●
⋮

(1) n 段目に並ぶ●の数を n を使って表しなさい。

解法 ●の数は，1段目から順に

1, 3, 5, 7, …

と2個ずつ増えていくから，$1+(n-1)\times2=1+2n-2=2n-1$(個) ……答

(2) n 段目まで並べたとき，●の総数を n を使って表しなさい。

解法 段の数と●の総数との関係を表にまとめると，右の表のようになる。

段の数	1	2	3	4	…
●の総数	1	4	9	16	…

●の総数は，1段目から順に

1, 4, 9, 16, …と増えていくから，n^2(個) ……答

(3) ●の総数が169個になるとき，いちばん下の段に並ぶ●の数を求めなさい。

解法 ●の総数が169個になるのは，$n^2=169$，$n=\pm13$

n は自然数だから，$n=13$

これより，13段目まで並べたときである。

したがって，13段目の●の数は，$2\times13-1=25$(個) ……答

入試データ 規則性に関する問題は，文字式や方程式との融合問題で出題されることが多い。

実戦トレーニング

➡ 解答・解説は別冊12ページ

同じ大きさの正三角形の板がたくさんあります。これらの板を，重ならないようにすき間なくしきつめて，大きな正三角形を作り，上の段から順に1段目，2段目，3段目，…とします。右の図のように，1段目の正三角形の板には1を書き，2段目の正三角形の板には，左端の板から順に2，3，4を書きます。3段目の正三角形の板には，左端の板から順に5，6，7，8，9を書きます。4段目以降の正三角形の板にも同じように，連続する自然数を書いていきます。例えば，4段目の左端の正三角形の板に書かれている数は10であり，4段目の右端の正三角形の板に書かれている数は16です。このとき，次の問いに答えなさい。

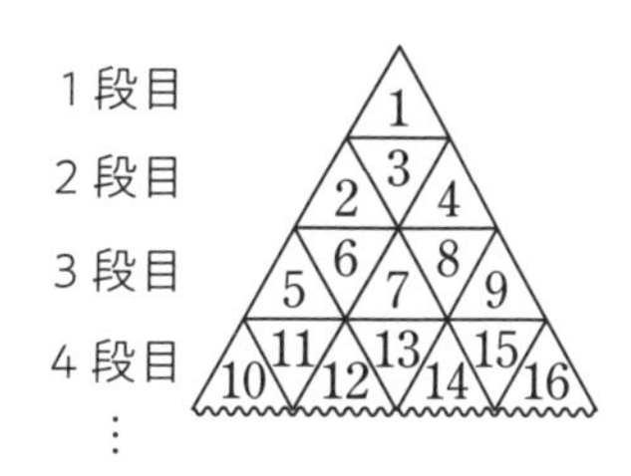

1 京都府

(1) 7段目の左端の正三角形の板に書かれている数と7段目の右端の正三角形の板に書かれている数をそれぞれ求めなさい。

7段目の左端の正三角形の板に書かれている数[　　　　　　　　]

7段目の右端の正三角形の板に書かれている数[　　　　　　　　]

(2) n段目の左端の正三角形の板に書かれている数とn段目の右端の正三角形の板に書かれている数の和が1986でした。このとき，nの値を求めなさい。

[$n=$　　　　　　　　]

2

次の文章は，連続する2つの自然数の間にある，分母が5で分子が自然数である分数の和について述べたものです。文章中の[Ⅰ]，[Ⅱ]，[Ⅲ]にあてはまる数をそれぞれ書きなさい。また，[Ⅳ]にあてはまる式を書きなさい。

1 愛知県

1から2までの間にある分数の和は

$$\frac{6}{5}+\frac{7}{5}+\frac{8}{5}+\frac{9}{5}=6$$

2から3までの間にある分数の和は[Ⅰ]

3から4までの間にある分数の和は[Ⅱ]

4から5までの間にある分数の和は[Ⅲ]

また，nが自然数のとき，nから$n+1$までの間にある分数の和は[Ⅳ]である。

Ⅰ[　　　　]，Ⅱ[　　　　]，Ⅲ[　　　　]，Ⅳ[　　　　]

3

1, 4, 7, 10, 13, 16, …のように1から3ずつ増える整数を**図**のように並べていきます。次の問いに答えなさい。

1 島根県

図

	1列目	2列目	3列目	4列目	5列目
1行目	1	4	7	10	13
2行目	16	19	22	25	28
3行目	31	34	37	40	43
⋮	…	…	…	…	…

(1) 太郎さんは，**図**の2行目の5つの数の和を計算し

$16+19+22+25+28=110=5\times22$

となった結果から，次のことが成り立つと予想しました。

予想 「各行の5つの数の和は，その行の3列目の数の5倍である。」

このことを，花子さんが，次のように説明しました。［ア］，［イ］に適する式を書きなさい。また，［ウ］にその説明の続きを書き，説明を完成させなさい。

説明

ある行の1列目の整数をnとすると，5つの数は小さい順に

n，［ア］，$n+6$，$n+9$，［イ］と表せるわね。だから，

［ウ］

したがって，「各行の5つの数の和は，その行の3列目の数の5倍である。」という予想は正しそうね。

ア［　　　　］，イ［　　　　］

ウ［　　　　］

正答率 18.5％

(2) 20行目の5つの数の和を求めなさい。

［　　　　］

4

お急ぎ！

いくつかの碁石を，縦と横が等間隔になるように置き，正方形の形に並べることを考えます。右の図のように，最初に黒い碁石を4つ並べて1番目の正方形とし，その外側に白い碁石を並べて2番目の正方形を作ります。次に内側の黒い碁石を取り，いくつかの黒い碁石を加えて外側に並べ，3番目の正方形を作ります。このように，3番目以降は，内側の石を取り，その石と同じ色の石をいくつか加えて外側に並べ，次の正方形を作っていきます。次の問いに答えなさい。

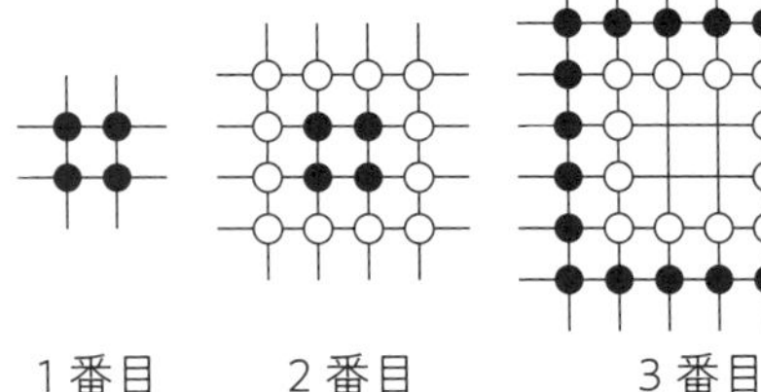

2 群馬県

(1) 4番目の正方形を作ったとき，外側に並んでいる白い石の個数を求めなさい。

［　　　　］

(2) n番目の正方形を作ったとき，外側に並んでいる石の個数を，nを用いた式で表しなさい。

［　　　　］

(3) 黒い石と白い石が，それぞれ300個ずつあります。これらの石を使って図のように正方形を作っていったところ，何番目かの正方形を作ったときに，どちらかの色の石をちょうど使い切ることができ，もう一方の色の石は，いくつかが使われずに残りました。このとき，次の①，②の問いに答えなさい。

① どちらかの色の石をちょうど使い切ったのは，何番目の正方形を作ったときか，求めなさい。ただし，答えを求める過程を書くこと。

（答）　　　番目

② 使われずに残った石について，その石の色と残った個数をそれぞれ求めなさい。

石の色[　　　　]，残った個数[　　　　]

5

右の**図1**のように，1辺が1cmの正方形を1番目の図形とします。1番目の図形を4個すきまなく並べて作った1辺が2cmの正方形を2番目の図形，1番目の図形を9個すきまなく並べて作った1辺が3cmの正方形を3番目の図形とします。以下，この作業を繰り返して4番目の図形，5番目の図形，…を作っていきます。このとき，次の問いに答えなさい。

図1

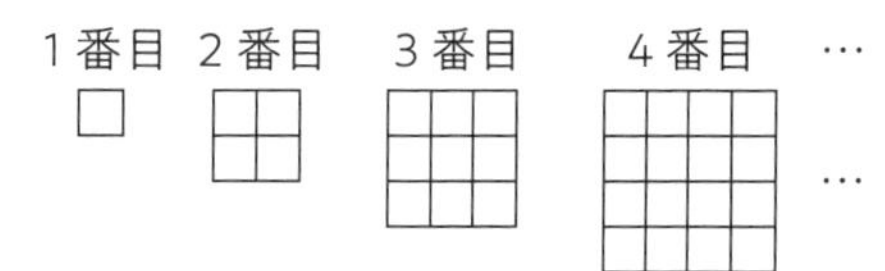

2 富山県

(1) 4番目の図形には，右の**図2**のように1辺が2cmの正方形が全部で9個ふくまれています。5番目の図形には，1辺が2cmの正方形が何個ふくまれているか求めなさい。

[　　　　]

図2

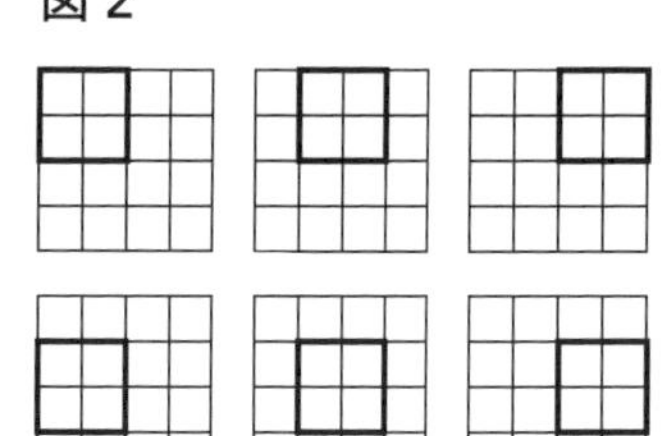

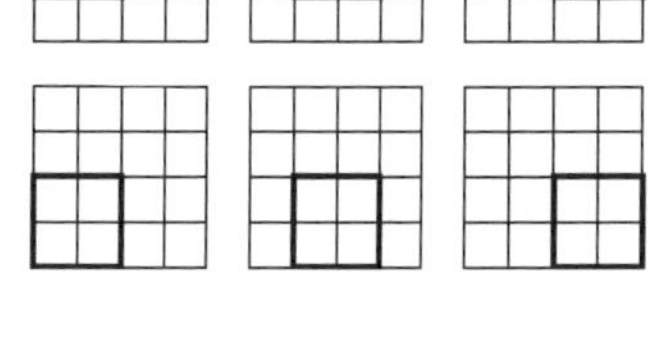

(2) 5番目の図形には，1辺が1cm，2cm，3cm，4cm，5cmの正方形がふくまれています。この5番目の図形には，正方形は全部で何個ふくまれているか求めなさい。

[　　　　]

(3) 1辺が2cmの正方形が全部で169個ふくまれている図形は，何番目の図形か求めなさい。また，求めた図形に，1辺が8cmの正方形は何個ふくまれているか求めなさい。

[　　　　番目]，[　　　　個]

\ よく出る /

平方根の計算ランキング

1位 分母に根号をふくむ式

➡ 問題 P.20、21

例 $\dfrac{2}{\sqrt{3}}=\dfrac{2\times\sqrt{3}}{\sqrt{3}\times\sqrt{3}}$
$=\dfrac{2\times\sqrt{3}}{3}$

2位 加減

➡ 問題 P.20

例 $\sqrt{8}+\sqrt{18}-\sqrt{32}$
$=2\sqrt{2}+3\sqrt{2}-4\sqrt{2}$
$=(2+3-4)\sqrt{2}=\sqrt{2}$

3位 四則混合

➡ 問題 P.20、21

累乗・かっこの中 ➡ 乗法・除法 ➡ 加法・減法

の順に計算。

4位 乗法公式の利用

➡ 問題 P.28

例 $(\sqrt{7}+\sqrt{5})(\sqrt{7}-\sqrt{5})$
$=(\sqrt{7})^2-(\sqrt{5})^2$
$=7-5=2$

式の計算の3大ミスとその対策

[1] 単項式の乗除

➡ 問題 P.15

ミス 答えの符号のミス

対策 負の数 { 偶数個 → ＋ / 奇数個 → － } ▶ 答えの符号を決めてから計算！

例 $(-a)\times(+5a)\times(-a)$

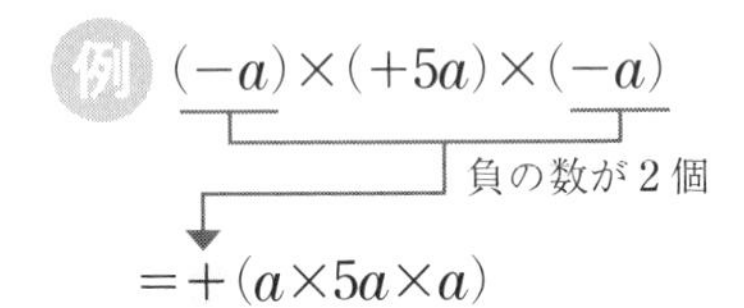

$=+(a\times5a\times a)$

[2] 負の数×多項式

➡ 問題 P.16

ミス かっこをはずすときの符号のミス

対策 (　)の前が負の数
⬇
(　)の中の各項の符号を変える！

例 $-(x+y-z)$
$=-x-y+z$

[3] 分数の形の式の加減

➡ 問題 P.17

ミス 分母をはらうミス

対策 式の計算…通分する。
方程式……分母をはらう。 } を区別！

例 $\dfrac{a+b}{2}+\dfrac{a-b}{3}$

誤 ➡ $5a+b$ ✕

正 ➡ $\dfrac{5a+b}{6}$

方程式

弱点チェック

次の問題を解いて，
自分の弱点項目をみつけよう！

➡ 解答・解説は別冊13ページ

1 2次方程式

次の2次方程式を解きなさい。

□ ① $(x-2)^2=7$ [　　]

□ ② $x^2+3x-2=0$ [　　]

□ ③ $x^2+5x=0$ [　　]

□ ④ $x^2-7x+12=0$ [　　]

□ ⑤ $(x+3)(x-5)=9$ [　　]

□ ⑥ $(2x+1)(x-2)=3$ [　　]

2 連立方程式の利用

2けたの自然数があります。各位の数の和は13で，十の位の数と一の位の数を入れかえた数は，もとの自然数よりも27小さいです。

□ ① 十の位の数をx，一の位の数をyとして，各位の数の和が13であることから式をつくると？ [　　]

□ ② 十の位の数と一の位の数を入れかえた数は，もとの自然数よりも27小さいことから式をつくると？ [　　]

□ ③ 2つの式を連立方程式として解くと，x，yの値は？ [　　]

□ ④ もとの自然数は？ [　　]

3 連立方程式

次の連立方程式を解きなさい。

□ ① $\begin{cases} x+y=-2 \\ x-y=6 \end{cases}$ [　　]

□ ② $\begin{cases} 2x-y=7 \\ y=x-4 \end{cases}$ [　　]

□ ③ $\begin{cases} x+2y=-4 \\ 3x+y=-7 \end{cases}$ [　　]

□ ④ $\begin{cases} 2y-8=x \\ 3x+5y=-2 \end{cases}$ [　　]

□ ⑤ $\begin{cases} 2(x+y)=-3x-y \\ 4x+3y=3 \end{cases}$ [　　]

□ ⑥ $\begin{cases} \frac{3}{4}x+\frac{5}{6}y=-4 \\ 0.2x+0.3y=-2 \end{cases}$ [　　]

4 1次方程式の利用

1個250円のケーキと1個150円のクッキーを合わせて12個買ったら，代金の合計は2300円でした。

□ ① ケーキをx個買ったとして，クッキーの個数をxを使った式で表すと？

[　　　　]

□ ② 代金の合計から方程式をつくると？

[　　　　]

□ ③ 買ったケーキとクッキーの個数は？

ケーキ[　　　　]，クッキー[　　　　]

5 2次方程式の利用

2つの自然数があり，その和は20で，積は96です。

□ ① 2つの自然数のうち，一方の数をxとして方程式をつくると？

[　　　　]

□ ② 方程式を解いて，xの値を求めると？

[　　　　]

□ ③ 2つの自然数は何と何？

[　　　　]

6 1次方程式

次の①～⑤の方程式を解きなさい。⑥の比例式を解きなさい。

□ ① $3x-1=2x-3$ [　　　　]

□ ② $5x-2=3x+4$ [　　　　]

□ ③ $2(x+5)=7x+30$ [　　　　]

□ ④ $0.4x+2=0.6x-4$ [　　　　]

□ ⑤ $\frac{2x-1}{3}+\frac{x+4}{6}=7$ [　　　　]

□ ⑥ $x:15=6:9$ [　　　　]

弱点チェックシート

正解した問題の数だけ塗りつぶそう。
正解の少ない項目があなたの弱点部分だ。

弱点項目から取り組む人は，このページへGO!

	項目							
1	2次方程式	1	2	3	4	5	6	→ 40ページ
2	連立方程式の利用	1	2	3	4			→ 44ページ
3	連立方程式	1	2	3	4	5	6	→ 48ページ
4	1次方程式の利用	1	2	3				→ 51ページ
5	2次方程式の利用	1	2	3				→ 55ページ
6	1次方程式	1	2	3	4	5	6	→ 59ページ

中３範囲

出題率 74%

1 2次方程式

解法の整理

1 平方根の考え方を利用した解き方

1 $ax^2=b$ の形 ➡ $x=\pm\sqrt{\dfrac{b}{a}}$

例 $4x^2=9$，$x^2=\dfrac{9}{4}$，$x=\pm\sqrt{\dfrac{9}{4}}=\pm\dfrac{3}{2}$

2 $(x+a)^2=b$ の形 ➡ $x=-a\pm\sqrt{b}$

例 $(x-1)^2=3$，$x-1=\pm\sqrt{3}$，$x=1\pm\sqrt{3}$

3 $x^2+px+q=0$ の形 ➡ $(x+m)^2=n$ に変形

例 $x^2+6x+3=0$，$x^2+6x=-3$，$x^2+6x+9=-3+9$，$(x+3)^2=6$，$x=-3\pm\sqrt{6}$

2 解の公式を利用した解き方

2次方程式 $ax^2+bx+c=0(a\neq0)$ の解は，$x=\dfrac{-b\pm\sqrt{b^2-4ac}}{2a}$

例 $3x^2+5x+1=0$ の解は，$x=\dfrac{-5\pm\sqrt{5^2-4\times3\times1}}{2\times3}=\dfrac{-5\pm\sqrt{25-12}}{6}=\dfrac{-5\pm\sqrt{13}}{6}$

3 因数分解を利用した解き方

因数分解して，(左辺)=0 の形に変形 ➡ $(x+a)(x+b)=0$ ならば，$x=-a$，$x=-b$

例 $x^2-4x-12=0$ —左辺を因数分解→ $(x+2)(x-6)=0$ —$x+2=0$，$x-6=0$→ $x=-2$，$x=6$

4 いろいろな2次方程式の解き方

まず，$ax^2+bx+c=0$ の形に整理する。

1 かっこのある方程式

分配法則や乗法公式でかっこをはずす。

例 $2(x^2-4)=(x+2)(x-6)$

$2x^2-8=x^2-4x-12$

$x^2+4x+4=0$

$(x+2)^2=0$

$x=-2$

2 係数に小数や分数をふくむ方程式

両辺を何倍かして係数を整数に直す。

例 $0.3x^2-\dfrac{6}{5}x-18=0$

$3x^2-12x-180=0$ （×10）

$x^2-4x-60=0$ （÷3）

$(x+6)(x-10)=0$

$x=-6$，$x=10$

5 2次方程式の解と係数

方程式に解を代入して，求める文字についての方程式をつくる。

例 2次方程式 $x^2+ax-21=0$ の1つの解が3であるとき，a の値ともう1つの解を求めなさい。

解法 $x^2+ax-21=0$ に $x=3$ を代入して，

$3^2+3a-21=0$，$3a=12$，$a=4$ ……答

$x^2+4x-21=0$ を解くと，

$(x+7)(x-3)=0$，$x=-7$，$x=3$ 答

CHECK! **2次方程式の解の個数**

一般に，2次方程式の解の個数は2個だが，解が1個の場合や，解がない場合もある。

入試データ 入試では，解の公式を利用して解く2次方程式の出題が増えている。

実戦トレーニング

➡ 解答・解説は別冊13ページ

1 次の2次方程式を解きなさい。 ↱1

(1) $3x^2-36=0$ 徳島県・改

[　　　　]

(2) $(x-2)^2-4=0$ 山口県

[　　　　]

お急ぎ! (3) $(x+8)^2=2$ 21 東京都

[　　　　]

(4) $(x+1)^2=72$ 京都府

[　　　　]

2 2次方程式 $x^2+2x-14=0$ の解を求めなさい。ただし,「$(x+▲)^2=●$」の形に変形して平方根の考え方を使って解き，解を求める過程がわかるように，途中の式も書くこと。 ↱1 高知県

正答率 16.2%

[　　　　]

3 次の2次方程式を解きなさい。 ↱2

お急ぎ! (1) $x^2+3x+1=0$ 沖縄県

[　　　　]

(2) $x^2-7x+8=0$ 佐賀県

[　　　　]

正答率 80% (3) $2x^2+9x+8=0$ 山梨県

[　　　　]

(4) $2x^2+5x-2=0$ 三重県

[　　　　]

お急ぎ! (5) $x^2+4x+1=0$ 栃木県

[　　　　]

(6) $x^2-6x+2=0$ 奈良県

[　　　　]

(7) $4x^2+6x-1=0$ 22 東京都

[　　　　]

(8) $5x^2+4x-1=0$ 愛媛県

[　　　　]

4 次の２次方程式を解きなさい。

3

正答率 73.7%

(1) $x^2+3x+2=0$ 秋田県

[　　　　　]

(2) $x^2-8x+15=0$ 大阪府

[　　　　　]

お急ぎ！

(3) $x^2+5x-14=0$ 和歌山県

[　　　　　]

(4) $x^2-14x+49=0$ 徳島県

[　　　　　]

(5) $x^2=9x$ 青森県

[　　　　　]

(6) $x^2-10x=-21$ 宮崎県

[　　　　　]

正答率 74.1%

(7) $x^2=x+12$ 滋賀県

[　　　　　]

(8) $x^2+7x=2x+24$ 静岡県

[　　　　　]

5 次の２次方程式を解きなさい。

4

正答率 71.9%

(1) $2x(x-1)-3=x^2$ 長崎県

[　　　　　]

(2) $(x+3)(x-7)+21=0$ 茨城県

[　　　　　]

お急ぎ！

(3) $(x-2)(x+2)=x+8$ 福岡県

[　　　　　]

(4) $(x-2)(x-3)=38-x$ 静岡県

[　　　　　]

(5) $(x-3)^2=-x+15$ 愛知県

[　　　　　]

(6) $(2x+1)^2-3x(x+3)=0$ 愛知県

[　　　　　]

HIGH LEVEL

(7) $\frac{1}{4}(x-4)^2=10-x$ 東京都立青山高

[　　　　　]

(8) $x^2+0.3(2x-3)=\frac{4}{5}x(x+1)$ 東京都立西高

[　　　　　]

6 次の2次方程式を解きなさい。

4

お急ぎ！ (1) $(2x-6)^2+4x(x-3)=0$ 22 東京都立日比谷高

[　　　　　　　]

(2) $2(x+3)^2-3(x+3)-3=0$ 22 埼玉県

[　　　　　　　]

お急ぎ！ (3) $(x-2)^2=7(x-2)+30$ 東京都立立川高

[　　　　　　　]

(4) $(2x-1)^2-6=5(2x-1)$ 東京都立国立高

[　　　　　　　]

HIGH LEVEL (5) $\frac{1}{2}(2x-3)^2+\frac{1}{3}(3-2x)=\frac{1}{6}$ 東京都立西高

[　　　　　　　]

(6) $4(x-1)^2+5(x-1)-1=0$ 東京都立八王子東高

[　　　　　　　]

7 次の問いに答えなさい。

5

お急ぎ！ (1) x についての2次方程式 $-x^2+ax+21=0$ の解の1つが3であるとき，a の値を求めなさい。 香川県

[　　　　　　　]

正答率 73.9% (2) x についての2次方程式 $x^2-8x+2a+1=0$ の解の1つが $x=3$ であるとき，a の値を求めなさい。また，もう1つの解を求めなさい。 栃木県

[$a=$　　　　　　　]，[$x=$　　　　　　　]

(3) x についての2次方程式 $x^2+24x+p=0$ を解くと，1つの解はもう1つの解の3倍になりました。p の値を求めなさい。 東京都立立川高

[　　　　　　　]

連立方程式の利用

最重要点の確認

- 十の位の数が x，一の位の数が y の２けたの自然数 ➡ $10x+y$
- x の a%増加した量 ➡ $x\times\left(1+\frac{a}{100}\right)$，$x$ の b%減少した量 ➡ $x\times\left(1-\frac{b}{100}\right)$
- a%の食塩水 xg に含まれる食塩の重さ → $x\times\frac{a}{100}$(g)

解法の整理

1 速さに関する問題

例 太郎さんは，A町から峠をこえてB町まで21kmの道のりを歩いた。A町から峠までは時速4km，峠からB町までは時速6kmで歩いて，全体で4時間かかった。A町から峠までの道のりと峠からB町までの道のりをそれぞれ求めなさい。

解法 A町から峠までの道のりを $x$km，峠からB町までの道のりを $y$kmとして，連立方程式をつくる。

道のりの関係

$$\begin{cases} x+y=21 \\ \frac{x}{4}+\frac{y}{6}=4 \end{cases}$$

かかった時間の関係

これを解くと，$x=6$，$y=15$

解の検討　$0<x<21$，$0<y<21$

CHECK! 速さ・道のり・時間の関係
速さ×時間＝道のり
道のり÷速さ＝時間
道のり÷時間＝速さ

A町から峠までは6km，峠からB町までは15km ……答

2 割合に関する問題

例 ある中学校の昨年度の生徒数は男女合わせて300人であった。今年度は，昨年度と比べて，男子は10%減少，女子は20%増加で，全体では2%増加した。今年度の男子，女子の生徒数をそれぞれ求めなさい。

解法 **昨年度の男子の人数を x 人，女子の人数を y 人**として，連立方程式をつくる。

昨年度の全体の人数

$$\begin{cases} x+y=300 \\ x\times\left(1-\frac{10}{100}\right)+y\times\left(1+\frac{20}{100}\right)=300\times\left(1+\frac{2}{100}\right) \end{cases}$$

今年度の男子の人数　今年度の女子の人数　今年度の全体の人数

CHECK! 求めるものを x，yとしなくてもよい
今年度の男子，女子の人数を x，y とするより，昨年度の男子，女子の人数を x，y とするほうが立式が簡単。

これを解くと，$x=180$，$y=120$

解の検討　x，y は自然数

今年度の男子の人数は，$180\times\frac{90}{100}=162$(人)

今年度の女子の人数は，$120\times\frac{120}{100}=144$(人)

求める答えは今年度の男子，女子の人数であることを忘れずに！

男子 162人，女子 144人 ……答

入試データ　入試では，答えだけでなく解き方の過程を書かせる問題も多く出題される。

実戦トレーニング

➡ 解答・解説は別冊16ページ

1 かすみさんは1週間に1回，50円硬貨か500円硬貨のどちらか1枚を貯金箱へ入れて貯金することにしました。100回貯金を続けたところで，貯金箱を割らずに貯金した金額を調べようと考え，重さを量ったところ貯金箱全体の重さは804gありました。50円硬貨1枚の重さは4gで，500円硬貨1枚の重さは7gです。また，貯金箱だけの重さは350gで，貯金を始める前の貯金箱には硬貨は入っていませんでした。このとき，かすみさんが貯金した金額を求めなさい。ただし，用いる文字が何を表すかを示して方程式をつくり，それを解く過程も書くこと。 岩手県

（答）貯金した金額　　　　　円

2 右の表は，ドーナツとクッキーをそれぞれ1個作るのに必要な材料のうち，小麦粉とバターの量を表したものです。表をもとに，ドーナツx個，クッキーy個を作ったところ，小麦粉380g，バター75gを使用していました。x，yについての連立方程式をつくり，ドーナツとクッキーをそれぞれ何個作ったか，求めなさい。 青森県

	小麦粉	バター
ドーナツ1個	26g	1.5g
クッキー1個	8g	4g

連立方程式［　　　　］

［ドーナツ　　　　個，クッキー　　　　個］

3 ある3けたの自然数Xがあり，各位の数の和は15です。また，Xの百の位の数と一の位の数を入れかえてつくった数をYとすると，XからYをひいた値は396でした。十の位の数が7のとき，Xを求めなさい。 23 埼玉県

［　　　　］

4

お急ぎ！

ある道の駅では，大きい袋と小さい袋を合わせて40枚用意し，すべての袋を使って，仕入れたりんごをすべて販売することにしました。まず，大きい袋に5個ずつ，小さい袋に3個ずつ入れたところ，りんごが57個余りました。そこで，大きい袋は7個ずつ，小さい袋は4個ずつにしたところ，すべてのりんごをちょうど入れることができました。大きい袋をx枚，小さい袋をy枚として連立方程式をつくり，大きい袋と小さい袋の枚数をそれぞれ求めなさい。ただし，途中の計算も書くこと。 〔栃木県〕

（答）大きい袋　　　　枚，小さい袋　　　　枚

5

お急ぎ！

花子さんは，学校の遠足で動物園に行きました。行きと帰りは同じ道を通り，帰りは途中にある公園で休憩しました。行きは午前9時に学校を出発し，分速80mで歩いたところ，動物園に午前9時50分に着きました。帰りは午後2時に動物園を出発し，動物園から公園までは分速70mで歩きました。公園で10分間休憩し，公園から学校までは分速60mで歩いたところ，午後3時10分に学校に着きました。このとき，学校から公園までの道のりと，公園から動物園までの道のりは，それぞれ何mであったか，方程式をつくって求めなさい。なお，途中の計算も書くこと。 →1 〔石川県〕

（答）{ 学校から公園までの道のり　　　　m
公園から動物園までの道のり　　　　m

6

ある観光地で，大人2人と子ども5人がロープウェイに乗車したところ，運賃の合計は3800円でした。また，大人5人と子ども10人が同じロープウェイに乗車したところ，全員の運賃が2割引となる団体料金が適用され，運賃の合計は6800円でした。このとき，大人1人の割引前の運賃をx円，子ども1人の割引前の運賃をy円として連立方程式をつくり，大人1人と子ども1人の割引前の運賃をそれぞれ求めなさい。ただし，途中の計算も書くこと。 →2 〔栃木県〕

（答）大人　　　　円，子ども　　　　円

7 正答率38.5%

Sさんは，2つの水槽A，Bで，合わせて86匹のメダカを飼育していました。水の量に対してメダカの数が多かったので，水だけが入った水槽Cを用意し，水槽Aのメダカの$\frac{1}{5}$と，水槽Bのメダカの$\frac{1}{3}$を，それぞれ水槽Cに移しました。移した後のメダカの数は，水槽Cの方が水槽Aより4匹少なかったそうです。このとき，水槽Cに移したメダカは全部で何匹でしたか。方程式をつくり，計算の過程を書き，答えを求めなさい。 静岡県

[(答) 匹]

8 お急ぎ！

ある高校の昨年度の全校生徒数は500人でした。今年度は昨年度と比べて，市内在住の生徒数が20％減り，市外在住の生徒数が30％増えましたが，全校生徒数は昨年度と同じ人数でした。今年度の市内在住の生徒数を求めなさい。 2 21 埼玉県

[ ]

9

4％の食塩水と9％の食塩水があります。この2つの食塩水を混ぜ合わせて，6％の食塩水を600g作ります。4％の食塩水は何g必要ですか。 2 高知県

[ ]

10 正答率13.0%

中川さんは，ミルクティーとコーヒー牛乳を作ろうと考えています。ミルクティーは，紅茶と牛乳を2：1の割合で混ぜ，コーヒー牛乳は，コーヒーと牛乳を1：1の割合で混ぜます。牛乳をちょうど350mL使い，ミルクティーとコーヒー牛乳を同じ量だけ作るとき，紅茶とコーヒーはそれぞれ何mL必要ですか。 広島県

紅茶[ ]，コーヒー[ ]

中２範囲　出題率 30%

3 連立方程式

最重要点の確認

■ 連立方程式の解き方の手順

加減法 または 代入法

連立方程式の解

解法の整理

1 加減法と代入法

1 加減法

例 $\begin{cases} 5x+2y=8 & \cdots\cdots① \\ 4x+3y=5 & \cdots\cdots② \end{cases}$

yを消去

①×3　　$15x+6y=24$

②×2　$-)\ 8x+6y=10$

$7x \quad =14$

xについての1次方程式　$x=2$

②に $x=2$ を代入して，

$4\times2+3y=5$，$3y=-3$，$y=-1$

2 代入法

例 $\begin{cases} 7x-3y=9 & \cdots\cdots① \\ x=y-1 & \cdots\cdots② \end{cases}$

①に②を代入して，

$7(y-1)-3y=9$ ◀xを消去

$7y-7-3y=9$

$4y=16$

$y=4$

②に $y=4$ を代入して，

$x=4-1=3$

2 いろいろな連立方程式の解き方

1 かっこのある連立方程式

例 $\begin{cases} 2(x+3y)=5y+1 \\ 5x-y=2(x-y) \end{cases}$ ―かっこをはずして整理する。→ $\begin{cases} 2x+y=1 \\ 3x+y=0 \end{cases}$

2 係数に小数や分数をふくむ連立方程式

例 $\begin{cases} 0.4x+0.7y=1 \\ \frac{1}{2}x+\frac{y+5}{3}=2 \end{cases}$ ―両辺に10をかける。／両辺に6をかける。（係数を整数に直して整理する。）→ $\begin{cases} 4x+7y=10 \\ 3x+2y=2 \end{cases}$

3 $A=B=C$ の形の連立方程式

$\begin{cases} A=B \\ A=C \end{cases}$　$\begin{cases} A=B \\ B=C \end{cases}$　$\begin{cases} A=C \\ B=C \end{cases}$　のいずれかの組み合わせをつくって解く。

3 連立方程式の解と係数

例 連立方程式 $\begin{cases} ax+by=1 \\ ax-by=5 \end{cases}$ の解が，$x=3$，$y=1$ のとき，a，b の値を求めなさい。

解法 連立方程式に $x=3$，$y=1$ を代入して，$\begin{cases} 3a+b=1 \\ 3a-b=5 \end{cases}$ これを解くと，$a=1$，$b=-2$ ……答

入試データ 加減法を利用して解く簡単な形の連立方程式が最も多く出題される。

実戦トレーニング

➡ 解答・解説は別冊18ページ

1 次の連立方程式を解きなさい。

1

正答率 33.1% (1) $\begin{cases} 7x+y=19 \\ 5x+y=11 \end{cases}$ 大阪府

[　　　　]

(2) $\begin{cases} 5x+y=1 \\ -x+6y=37 \end{cases}$ 21 東京都

[　　　　]

お急ぎ！ (3) $\begin{cases} 5x+2y=4 \\ 3x-y=9 \end{cases}$ 岐阜県

[　　　　]

(4) $\begin{cases} 2x+3y=7 \\ 3x-y=-17 \end{cases}$ 千葉県

[　　　　]

(5) $\begin{cases} x-3y=5 \\ 3x+5y=1 \end{cases}$ 島根県

[　　　　]

(6) $\begin{cases} 2x+3y=1 \\ 8x+9y=7 \end{cases}$ 23 東京都

[　　　　]

お急ぎ！ (7) $\begin{cases} 3x+5y=2 \\ -2x+9y=11 \end{cases}$ 23 埼玉県

[　　　　]

(8) $\begin{cases} 4x+3y=-7 \\ 3x+4y=-14 \end{cases}$ 京都府

[　　　　]

お急ぎ！ (9) $\begin{cases} y=x-6 \\ 3x+4y=11 \end{cases}$ 宮崎県

[　　　　]

(10) $\begin{cases} 2x+y=11 \\ y=3x+1 \end{cases}$ 北海道

[　　　　]

正答率 88.6% (11) $\begin{cases} x=4y+1 \\ 2x-5y=8 \end{cases}$ 22 東京都

[　　　　]

(12) $\begin{cases} x+3y=1 \\ y=2x-9 \end{cases}$ 富山県

[　　　　]

2 次の連立方程式を解きなさい。 ↱2

正答率 74.0%

(1) $\begin{cases} x+y=9 \\ 0.5x-\dfrac{1}{4}y=3 \end{cases}$ 秋田県

[　　　　　　]

(2) $\begin{cases} 0.2x+0.8y=1 \\ \dfrac{1}{2}x+\dfrac{7}{8}y=-2 \end{cases}$ 神奈川県・改

[　　　　　　]

(3) $\begin{cases} 0.2x-\dfrac{4}{5}y=1.8 \\ 0.4(x-4y)=\dfrac{y+1}{5} \end{cases}$ 東京都立新宿高

[　　　　　　]

(4) $\begin{cases} \dfrac{1-2x}{3}=1+\dfrac{x}{4}+y \\ x+4y=8 \end{cases}$ 東京都立八王子東高

[　　　　　　]

3 次の連立方程式を解きなさい。 ↱2

お急ぎ！ (1) $2x+y=5x+3y=-1$ 滋賀県

[　　　　　　]

(2) $x-16y+10=5x-14=-8y$ 大阪府

[　　　　　　]

4 次の問いに答えなさい。 ↱3

お急ぎ！ (1) 連立方程式 $\begin{cases} ax+by=-11 \\ bx-ay=-8 \end{cases}$ の解が $x=-6$, $y=1$ であるとき，a, b の値を求めなさい。 茨城県

[$a=$　　　　, $b=$　　　　]

(2) 連立方程式 $\begin{cases} 2x-3y=18 \\ ax+by=20 \end{cases}$ と $\begin{cases} 5x+2y=7 \\ bx-ay=10 \end{cases}$ が同じ解をもつとき，a, b の値を求めなさい。 東京都立新宿高

[$a=$　　　　, $b=$　　　　]

中1範囲

出題率 16%

4 1次方程式の利用

最重要点の確認

■ **代金＝単価×個数**

■ **売り値＝原価×(1＋利益の割合)**

（利益の割合：原価に対する割合）

原価 x 円の品物に a％の利益を見こんでつけた値段 ➡ $x\times\left(1+\frac{a}{100}\right)$（円）　（$\frac{a}{100}$ は または $0.01a$）

定価 y 円の品物の b 割引きの値段 ➡ $y\times\left(1-\frac{b}{10}\right)$（円）　（$\frac{b}{10}$ は または $0.1b$）

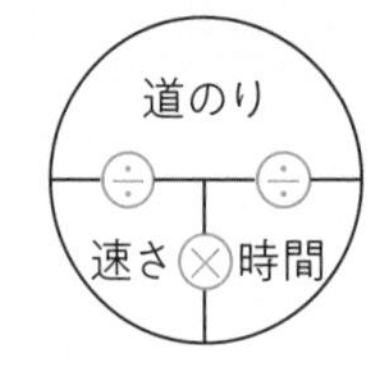

■ **道のり＝速さ×時間　(時間＝道のり÷速さ，速さ＝道のり÷時間)**

■ **平均点＝合計点÷人数(回数)**

解法の整理

1 分配，過不足に関する問題

例 何人かの子どもに画用紙を配るのに，1人に3枚ずつ配ると6枚余り，1人に4枚ずつ配ると2枚不足する。子どもの人数を求めなさい。

解法 子どもの人数を x 人として，画用紙の枚数を**x を使った2通りの式で表す。**

↓

1人に3枚ずつ配った場合 … $3x+6$（枚）
1人に4枚ずつ配った場合 … $4x-2$（枚）

↓

2つの数量が等しいことから方程式をつくり，解く。

$3x+6=4x-2$，$-x=-8$，$x=8$　　8人 ……答

（解の検討　x は自然数）

解の検討

個数，人数，金額などを求める問題では，**小数や分数，負の数**などの解は問題にあてはまらない。

2 割合に関する問題

例 ある品物を，原価の50％増しの定価をつけて販売したが売れなかったので，定価の2割引きにして売ったら，利益は1200円だった。この品物の原価を求めなさい。

解法 原価を x 円とする。

定価…$x\times(1+0.5)=1.5x$（円），売り値…$1.5x\times(1-0.2)=1.2x$（円）

（50％増し→＋0.5　2割引き→－0.2）

$1.2x-x=1200$，$0.2x=1200$，$x=6000$　　6000円 ……答

（解の検討　x は自然数）

入試データ　求めるものが1つのときは，それを x として1次方程式で表すことを考える。

実戦トレーニング

解答・解説は別冊20ページ

1 正答率 69.7%

連続する3つの整数の和が2022となるとき，この連続する3つの整数のうち最も小さい整数を求めなさい。 大阪府

[　　　　　　　]

2 お急ぎ！

A班の生徒と，A班より5人少ないB班の生徒で体育館にイスを並べました。A班の生徒はそれぞれ3脚ずつ並べ，B班の生徒はそれぞれ4脚ずつ並べたところ，A班の生徒が並べたイスの総数はB班の生徒が並べたイスの総数より3脚多くなりました。このとき，A班の生徒の人数を求めなさい。 1 神奈川県・改

[　　　　　　　]

3

チョコレートが何個かと，それを入れるための箱が何個かあります。1個の箱にチョコレートを30個ずつ入れたところ，すべての箱にチョコレートを入れてもチョコレートは22個余りました。そこで，1個の箱にチョコレートを35個ずつ入れていったところ，最後の箱はチョコレートが32個になりました。このとき，箱の個数を求めなさい。 1 茨城県

[　　　　　　　]

4 正答率 94.3%

5人の生徒が反復横とびを行い，その回数をそれぞれ記録しました。

	Aさん	Bさん	Cさん	Dさん	Eさん
Bさんの回数との差(回)	$+5$	0	-3	-6	$+2$

右の表は，それぞれの生徒の回数とBさんの回数との差を，Bさんの回数を基準として示したものであり，それぞれの生徒の回数がBさんの回数より多い場合は正の数，少ない場合は負の数で表しています。この5人の反復横とびの回数の平均値は47.6回です。Bさんの反復横とびの回数を求めなさい。 大阪府

[　　　　　　　]

5 ある高校では，中学生を対象に1日体験学習を各教室で実施することにしました。使用できる教室の数と参加者の人数は決まっています。1つの教室に入る参加者を15人ずつにすると，34人が教室に入れません。また，1つの教室に入る参加者を20人ずつにすると，14人の教室が1つだけでき，さらに使用しない教室が1つできます。このとき，使用できる教室の数をxとして方程式をつくり，使用できる教室の数を求めなさい。ただし，途中の計算も書くこと。 ⮣1 栃木県

[

(答)使用できる教室の数]

6 右の表は，写真店A店とB店の写真のプリント料金をそれぞれまとめたものです。A店とB店でそれぞれ同じ枚数の写真をプリントします。ある枚数の写真をプリントするとA店とB店のどちらに頼んでも税抜きの料金が同じになります。このときの写真の枚数を次のように求めました。求め方が正しくなるように，**ア**には方程式をつくって解く過程を，**イ**にはあてはまる数を書きなさい。ただし，写真は1枚以上プリントするものとする。 秋田県

写真のプリント料金

店	料金(税抜き)
A店	写真1枚につき24円。
B店	1枚から30枚までは，写真1枚につき30円。31枚目からは写真1枚につき15円。

30枚まではA店のほうが安い。31枚以上の場合を考える。A店とB店でそれぞれx枚プリントしたときとして方程式をつくって解くと，

[**ア**]

$x \geqq 31$であるから，この解は適している。
したがって，[**イ**]枚のとき，同じ料金になる。

ア [ ]

イ [ ]

7 ある観光地で，5月の観光客数は4月の観光客数に比べて5%増加し，8400人でした。このとき，4月の観光客数を求めなさい。

2 沖縄県

[　　　　　　]

8 お急ぎ！

ある洋品店では，ワイシャツを定価の3割引きで買うことができる割引券を配布しています。割引券1枚につきワイシャツ1着だけが割引きされます。この割引券を3枚使って同じ定価のワイシャツを5着買ったところ，代金が8200円でした。このときワイシャツ1着の定価を求めなさい。ただし，消費税は考えないものとします。

2 茨城県

[　　　　　　]

9 お急ぎ！

Aさんは，午後1時ちょうどに家を出発して，1500m離れた公園に向かいました。はじめは毎分50mの速さで歩いていましたが，途中から毎分90mの速さで走ったところ，午後1時24分ちょうどに公園に着きました。このとき，Aさんが走り始めた時刻を求めなさい。

22 埼玉県

[　　　　　　]

10 正答率 70.0%

紅茶が450mL，牛乳が180mLあります。紅茶と牛乳を5：3の割合で混ぜて，ミルクティーを作ります。紅茶を全部使ってミルクティーを作るには，牛乳はあと何mL必要か，求めなさい。

秋田県

[　　　　　　]

11 お急ぎ！

ある動物園では，大人1人の入園料が子ども1人の入園料より600円高いです。大人1人の入園料と子ども1人の入園料の比が5：2であるとき，子ども1人の入園料を求めなさい。

神奈川県・改

[　　　　　　]

中３範囲　　出題率 13%

5 2次方程式の利用

最重要点の確認

■ **解の検討** … 一般に，２次方程式の解は２つあるが，そのうちの**一方が答えとして適さないことが多い**ので，**解の検討を必ず行う**こと。
このとき，答えのとりうる値の範囲に注意する。

■ **連続する３つの整数** ➡ 真ん中の数を x とすると，$x-1$，x，$x+1$

■ **長方形の周の長さ＝(縦の長さ＋横の長さ)×2** から，
縦の長さ＋横の長さ＝長方形の周の長さ÷2

解法の整理

1 整数に関する問題

例 ある自然数に 2 を加えた数と，この自然数から 3 をひいた数との積が 36 になる。この自然数を求めなさい。

解法 求める自然数を x とすると，$(x+2)(x-3)=36$
これを解いて，$x=-6$，$x=7$
x は自然数だから，$x=7$ ……答

解の検討 $x=-6$ は問題に適していない。

2 平面図形に関する問題

例 周の長さが 20cm で，面積が 21cm^2 の長方形の縦と横の長さをそれぞれ求めなさい。

解法 縦の長さを $x$cm とすると，横の長さは $(10-x)$cm と表せるから，$x(10-x)=21$
これを解いて，$x=3$，$x=7$

解の検討 $0 < x < 10$ だから，どちらも問題に適している。

縦の長さが 3cm のとき，横の長さは，$10-3=7$(cm) ……答
縦の長さが 7cm のとき，横の長さは，$10-7=3$(cm) ……答

3 空間図形に関する問題

例 右の図のように，横が縦より 8cm 長い長方形の厚紙の 4 すみから，1 辺が 2cm の正方形を切り取り，点線で折り曲げて直方体の容器をつくったら，容器の容積は 168cm^3 になった。もとの長方形の縦の長さを求めなさい。

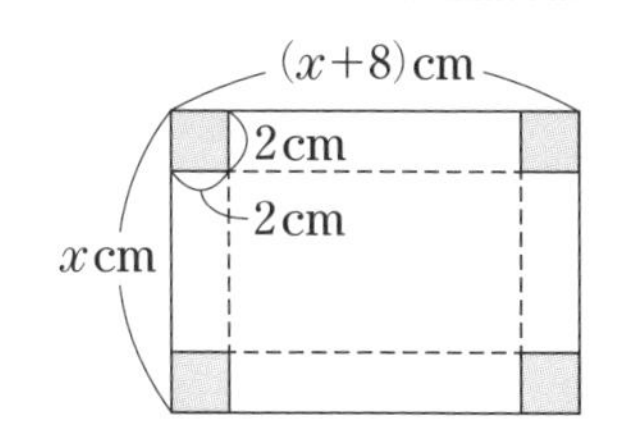

解法 もとの長方形の縦の長さを $x$cm とすると，
$(x-2\times2)\times\{(x+8)-2\times2\}\times2=168$
これを解いて，$x=\pm10$

解の検討 $x>4$ だから，$x=-10$ は問題に適していない。

$x>4$ だから，$x=10$
よって，縦の長さは 10cm ……答

入試データ 入試で出題される問題の多くは，整数に関する問題と図形に関する問題。

実戦トレーニング

➡ 解答・解説は別冊21ページ

1 次の問いに答えなさい。

↩1

お急ぎ! (1) ある正の整数から3をひいて，これを2乗すると64になります。この正の整数を求めなさい。ただし，解答欄の書き出しに続けて，答えを求めるまでの過程も書きなさい。 〔岡山県〕

ある正の整数を x とすると，

(2) ある素数 x を2乗したものに52を加えた数は，x を17倍した数に等しい。このとき，素数 x を求めなさい。ただし，x についての方程式をつくり，答えを求めるまでの過程も書きなさい。 〔佐賀県〕

(答)素数 x は

お急ぎ! (3) 連続する2つの自然数があります。この2つの自然数の積は，この2つの自然数の和より55大きいです。このとき，連続する2つの自然数を求めなさい。 〔新潟県〕

[　　　　　　　　]

(4) 連続する3つの自然数があります。最も小さい自然数の2乗と中央の自然数の2乗の和が，最も大きい自然数の10倍より5大きくなりました。この連続する3つの自然数を求めなさい。ただし，用いる文字が何を表すかを最初に書いてから方程式をつくり，答えを求める過程も書くこと。 〔愛媛県〕

(答)

次のように，自然数を一定の規則にしたがって1段目と2段目にそれぞれ並べました。このとき，ア，イにあてはまる自然数を求めなさい。 愛知県

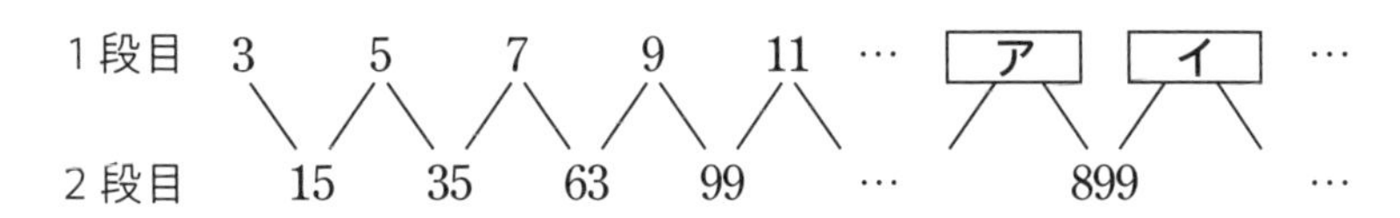

ア[ ]，イ[ ]

縦の長さが横の長さの2倍より3cm長い長方形があるとき，次の問いに答えなさい。

2 千葉県

(1) 横の長さを$x$cmとするとき，長方形の面積をxを使って表しなさい。

[ ]

(2) 長方形の面積が7cm^{2}であるとき，横の長さを求めなさい。

[ ]

1辺の長さが$x$cmの正方形があります。この正方形の縦の長さを4cm長くし，横の長さを5cm長くして長方形をつくったところ，できた長方形の面積は210cm^{2}でした。xの値を求めなさい。

2 大阪府

[ ]

5 お急ぎ!

右の図のように，AB=20cm，AD=10cmの長方形ABCDの紙に，幅が$x$cmのテープを，辺ABに平行に2本，辺ADに平行に4本はりつけました。図中の▒は，テープがはられている部分を示しています。テープがはられていない部分すべての面積の和が，長方形ABCDの面積の36%であるとき，xの値はいくらですか。xの値を求める過程も，式と計算を含めて書きなさい。

2 香川県

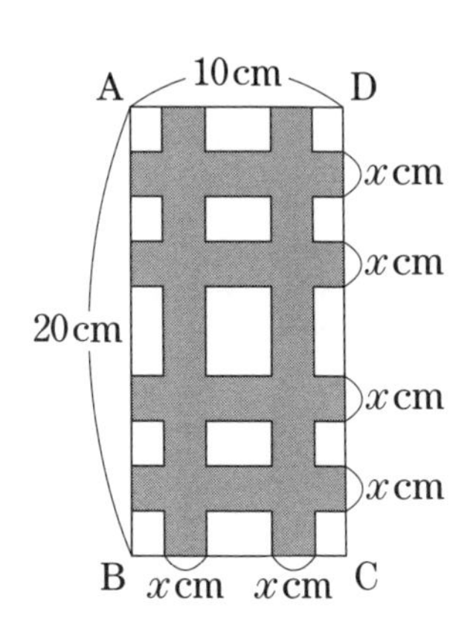

[

(答)xの値]

6

右の図のような，縦4cm，横7cm，高さ2cmの直方体Pがあります。直方体Pの縦と横をそれぞれ$x$cm($x>0$)長くした直方体Qと，直方体Pの高さを$x$cm長くした直方体Rをつくります。直方体Qと直方体Rの体積が等しくなるとき，xの方程式をつくり，xの値を求めなさい。ただし，途中の計算も書くこと。 3 栃木県

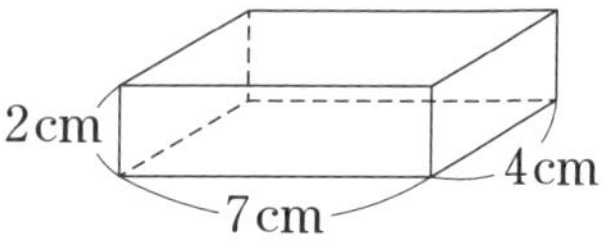

2cm
4cm
7cm

（答）

7

お急ぎ！

図1のような，長方形の紙があります。この紙の4すみから，**図2**のように1辺が，$x$cmの正方形を切り取り，縦の長さを8cm，横の長さを12cmの長方形を底面とする**図3**のような直方体をつくります。**図1**の長方形の紙の面積と，**図2**の斜線部の長方形の面積の比が，2：1になるとき，xの長さを求めなさい。ただし，xの長さを求めるために方程式をつくり，答えを求めるまでの過程も書きなさい。 3 滋賀県

図1

図2

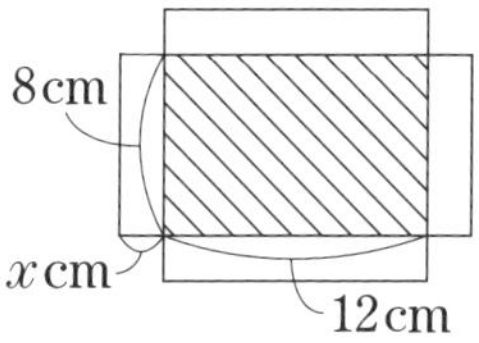

8cm
$x$cm
12cm

図3

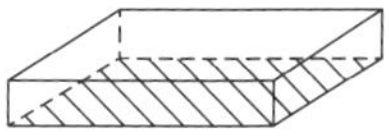

（答） cm

8

底面が正方形で，高さが3cmの直方体があります。この直方体の表面積が80cm^{2}であるとき，底面の正方形の1辺の長さを求めなさい。ただし，底面の正方形の1辺の長さを$x$cmとして，xについての方程式と計算過程も書くこと。 3 鹿児島県

（答） cm

中1範囲

出題率 12%

6 1次方程式

最重要点の確認

■ 等式の性質

$A=B$ ならば $A+C=B+C$

$A=B$ ならば $A-C=B-C$

$A=B$ ならば $A\times C=B\times C$

$A=B$ ならば $A\div C=B\div C$ $(C\neq 0)$

移項

一方の辺にある項を，**符号を変えて**，他方の辺に移すこと。

$3x+4=1-2x$

$3x+2x=1-4$

解法の整理

1 1次方程式の解き方の手順

例 $5x-6=3x+2$

❶ 文字の項を左辺に，数の項を右辺に**移項**する。 → $5x-3x=2+6$

❷ 両辺を計算して，$ax=b$ **の形に整理**する。 → $2x=8$

❸ 両辺を x **の係数** a **でわる**。 → $x=4$

2 いろいろな1次方程式の解き方

1 かっこのある方程式

分配法則を利用して，かっこをはずす。

例 $3(x-6)=3-4x$

$3x-18=3-4x$

$7x=21$

$x=3$

2 係数に小数をふくむ方程式

両辺に **10，100，…などをかけて**，係数を整数に直す。

例 $0.5x-0.3=x+0.7$

$(0.5x-0.3)\times 10=(x+0.7)\times 10$

$5x-3=10x+7$

$-5x=10$

$x=-2$

3 係数に分数をふくむ方程式

両辺に**分母の最小公倍数をかけて**，係数を整数に直す。

例 $\dfrac{x+4}{2}=\dfrac{x}{3}+1$

$\dfrac{x+4}{2}\times 6=\left(\dfrac{x}{3}+1\right)\times 6$

$3(x+4)=2x+6$

$3x+12=2x+6$

$x=-6$

3 比例式の解き方

比例式の性質 $a:b=c:d$ ならば $ad=bc$ を利用する。

例 $x:9=2:3$ のときの x の値は，$x\times 3=9\times 2$，$3x=18$，$x=6$

入試データ 移項するときや，−(　)のかっこをはずすとき，符号のミスが多い。

実戦トレーニング

➡ 解答・解説は別冊23ページ

1 次の方程式を解きなさい。

1

お急ぎ! (1) $4x+5=x-1$ 群馬県

[ ]

(2) $4x+3=x-6$ 沖縄県

[ ]

(3) $7x-2=x+1$ 22 埼玉県

[ ]

(4) $2x+7=1-x$ 熊本県

[ ]

2 次の方程式を解きなさい。

2

正答率 87.3% (1) $5x-7=9(x-3)$ 22 東京都

[ ]

(2) $1.3x+0.6=0.5x+3$ 23 埼玉県

[ ]

(3) $0.16x-0.08=0.4$ 京都府

[ ]

(4) $\frac{3}{2}x+1=10$ 秋田県

[ ]

(5) $x-7=\frac{4x-9}{3}$ 千葉県

[ ]

(6) $\frac{5-3x}{2}-\frac{x-1}{6}=1$ 鳥取県

[ ]

3 次の比例式で，x の値を求めなさい。

3

お急ぎ! (1) $3:8=x:40$ 沖縄県

[ ]

(2) $x:12=3:2$ 大阪府

[ ]

4 x についての方程式 $7x-3a=4x+2a$ の解が $x=5$ であるとき，a の値を求めなさい。

正答率 82.1%

鹿児島県

[$a=$]

関数

☑ 弱点チェック

次の問題を解いて，
自分の弱点項目をみつけよう！

➡ 解答・解説は別冊24ページ

1 関数 $y=ax^2$

y は x の2乗に比例し，$x=-2$ のとき $y=12$ です。

□ ① y を x の式で表すと？ [　　　　]

□ ② $x=3$ のときの y の値は？ [　　　　]

□ ③ $y=6$ のときの x の値は？ [　　　　]

□ ④ x の変域が $-3 \leqq x \leqq 2$ のときの y の変域は？ [　　　　]

□ ⑤ x の値が2から5まで増加するときの変化の割合は？ [　　　　]

2 放物線と直線

右の図のように，直線 ℓ と，関数 $y=x^2$ のグラフとの交点をP，x 軸との交点をQ，y 軸との交点をRとします。点Pの x 座標は2，点Rの y 座標は8です。

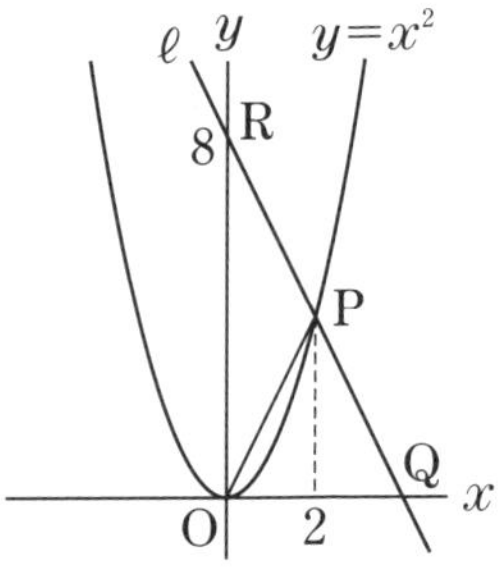

□ ① 点Pの y 座標は？ [　　　　]

□ ② 直線 ℓ の式は？ [　　　　]

□ ③ 点Qの x 座標は？ [　　　　]

□ ④ △OPRの面積は？ [　　　　]

3 1次関数の利用

右のグラフは，Pさんが家を出発して，途中，公園で休けいして，図書館まで歩いたようすを表しています。

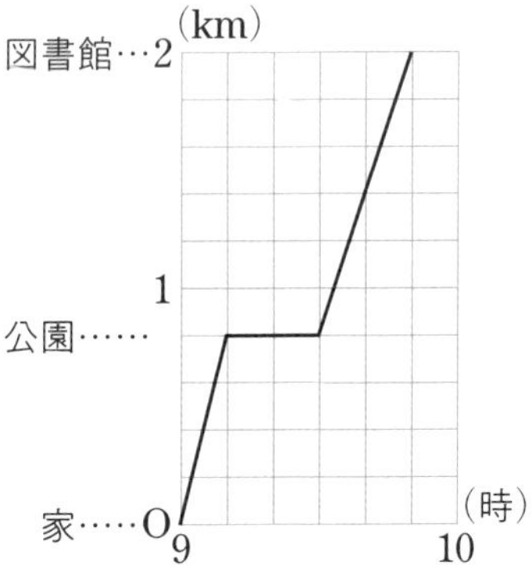

□ ① グラフの傾きは何を表している？ [　　　　]

□ ② 公園で休けいしたのは何分間？ [　　　　]

□ ③ 家から公園までの道のりは何m？ [　　　　]

□ ④ 公園から図書館までの歩いた速さは分速何m？ [　　　　]

4 比例・反比例

□ ① y は x に比例し，$x=8$ のとき $y=4$ である。y を x の式で表すと？ [　　　　]

□ ② y は x に反比例し，$x=-3$ のとき $y=6$ である。y を x の式で表すと？ [　　　　]

5 1次関数

次の1次関数の式を求めなさい。

□① グラフの傾きが -1 で，切片が9である。 [　　　　]

□② $x=2$ のとき $y=7$，$x=-1$ のとき $y=-8$ である。 [　　　　]

□③ グラフが直線 $y=-2x$ に平行で，点$(-6,\ 5)$を通る。 [　　　　]

6 関数 $y=ax^2$ の利用

右の図の正方形ABCDで，点Pは辺AB上をAからBまで毎秒2cmの速さで進み，Bに着いたら止まります。点Qは辺BC上をBからCまで毎秒1cmの速さで進み，Cに着いたら止まります。2点P，Qが点A，Bを同時に出発してから x 秒後の△APQの面積を y cm² とします。

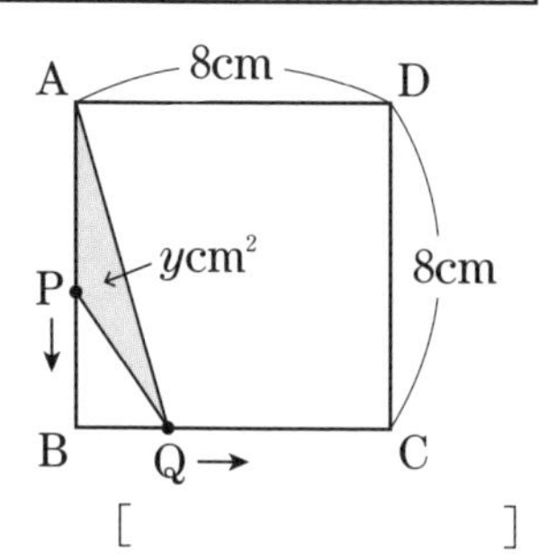

□① 3秒後の△APQの面積は？ [　　　　]

□② $0 \leqq x \leqq 4$ のとき，y を x の式で表すと？ [　　　　]

□③ $4 \leqq x \leqq 8$ のとき，y を x の式で表すと？ [　　　　]

7 直線と図形

右の図で，直線 ℓ は $y=-x+9$，直線 m は $y=\frac{1}{2}x-3$，直線 n は $x=2$ です。点Pは ℓ と m の交点，点A，Bはそれぞれ ℓ，m と n との交点です。

□① 線分ABの長さは？ [　　　　]

□② 点Pの座標は？ [　　　　]

□③ 点Pを通り△PABの面積を2等分する直線の式は？ [　　　　]

弱点チェックシート

正解した問題の数だけ塗りつぶそう。
正解の少ない項目があなたの弱点部分だ。

弱点項目から取り組む人は，このページへGO！

1	関数 $y=ax^2$	1	2	3	4	5	→ 64ページ
2	放物線と直線	1	2	3	4		→ 67ページ
3	1次関数の利用	1	2	3	4		→ 72ページ
4	比例・反比例	1	2				→ 76ページ
5	1次関数	1	2	3			→ 79ページ
6	関数 $y=ax^2$ の利用	1	2	3			→ 82ページ
7	直線と図形	1	2	3			→ 85ページ

中３範囲

出題率 69%

1 関数 $y=ax^2$

最重要点の確認

■ **y が x の２乗に比例する関数の式** … $y=$ **a** x^2 （a は定数，$a \neq 0$）

↑ 比例定数

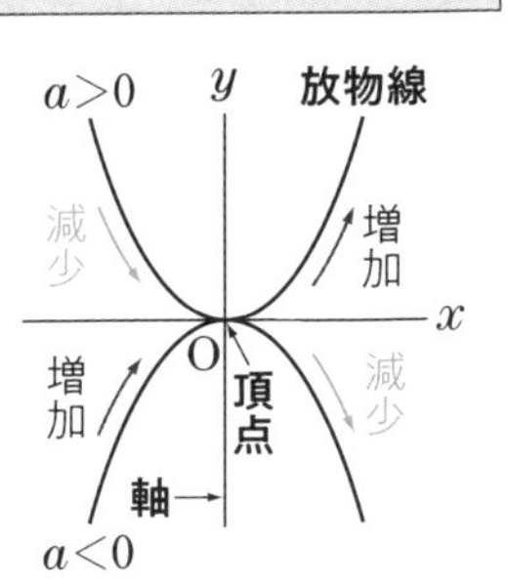

■ **関数 $y=ax^2$ のグラフ**

原点を通り，y 軸について対称な**放物線**。

・$a>0$ のとき，グラフは x 軸の**上側**にあり，**上に開いた形**。

・$a<0$ のとき，グラフは x 軸の**下側**にあり，**下に開いた形**。

解法の整理

1 関数 $y=ax^2$ の式の求め方

求める式を $\boldsymbol{y=ax^2}$ とおき，**x，y の値を代入して**，a の値を求める。

例 y は x の２乗に比例し，$x=3$ のとき $y=18$ である。y を x の式で表しなさい。

解法 $y=ax^2$ に $x=3$，$y=18$ を代入して，$18=a\times3^2$，$a=2$　よって，$y=2x^2$ ……答

2 関数 $y=ax^2$ のグラフ上の点

関数 $y=ax^2$ のグラフが**点 $(p,\ q)$ を通る**。 ➡ $\boldsymbol{q=ap^2}$ が成り立つ。

3 関数 $y=ax^2$ の変域

関数 $y=ax^2$ で，x の変域に０をふくむとき，y の値の最大値または最小値は０になる。

・$a>0$ のとき，y の最小値は０

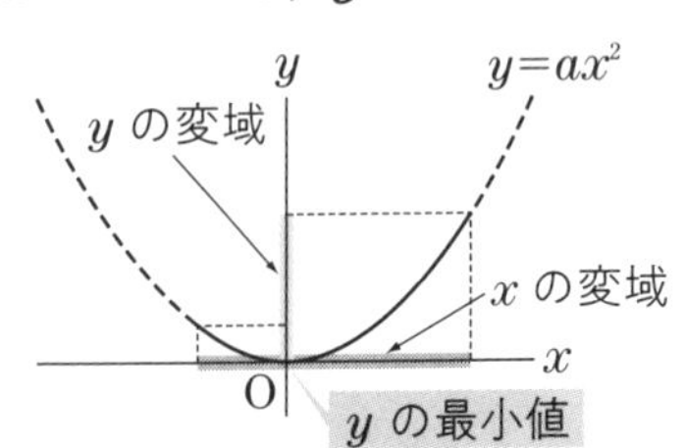

・$a<0$ のとき，y の最大値は０

y
y の最大値
O
x
x の変域
y の変域
y=ax²

変域の求め方

関数 $y=ax^2$ の変域は，**簡単なグラフ**をかいて，y の値の最大値・最小値を見つける。

4 関数 $y=ax^2$ の変化の割合

$$\text{変化の割合}=\frac{y\text{の増加量}}{x\text{の増加量}}$$

関数 $y=ax^2$ の変化の割合は**一定ではない**。

例 関数 $y=2x^2$ で，x の値が１から４まで増加するときの変化の割合を求めなさい。

解法 $\dfrac{2\times4^2-2\times1^2}{4-1}=\dfrac{30}{3}=10$ ……答

CHECK! **変化の割合の簡単な求め方**

関数 $y=ax^2$ で，x の値が p から q まで増加するときの変化の割合は，

$a(p+q)$

入試データ 関数 $y=ax^2$ の変化の割合や変域から，関数の式を求める問題も出題される。

実戦トレーニング

➡解答・解説は別冊24ページ

1 お急ぎ！

関数 $y=ax^2$ の特徴やそのグラフについていえることとして，適切なものを次の**ア**～**オ**からすべて選び，記号を書きなさい。ただし，a は0ではない。 長野県

ア 関数 $y=ax^2 (a>0)$ について，x の値が0のとき，y の値は最小となる。

イ 比例定数 a の絶対値が大きくなると，グラフの開き方は大きくなる。

ウ 関数 $y=ax^2$ の変化の割合は，1次関数とは異なり，一定ではない。

エ 関数 $y=ax^2$ のグラフは，双曲線といわれる曲線である。

オ 2つの関数 $y=ax^2$ と $y=-ax^2$ のグラフは，x 軸について対称である。

[　　　　　　　　]

2 次の問いに答えなさい。 ↩1

(1) y は x の2乗に比例し，$x=3$ のとき $y=-18$ です。このとき，y を x の式で表しなさい。 和歌山県

[　　　　　　　　]

(2) x と y の関係が $y=ax^2$ で表され，$x=-2$ のとき，$y=8$ です。$x=3$ のときの y の値を求めなさい。ただし，答えを求める過程を書くこと。 群馬県

[　　　　　　　　(答) $y=$　　　　]

(3) 右の**表**は，関数 $y=ax^2$ について，x と y の関係を表したものです。このとき a の値および**表**の b の値を求めなさい。 滋賀県

表

x	…	-6	…	4	…
y	…	b	…	6	…

[$a=$　　　　, $b=$　　　　]

3 A，Bは関数 $y=x^2$ のグラフ上の点で，x 座標がそれぞれ -3，6のとき，直線ABに平行で原点を通る直線の式を求めなさい。 ↩2 愛知県

[　　　　　　　　]

4 次の問いに答えなさい。

→3

正答率 78.4%

(1) 関数 $y=-\frac{1}{4}x^2$ について，x の変域が $-2 \leqq x \leqq 4$ のときの y の変域は $a \leqq y \leqq b$ です。このときの a，b の値をそれぞれ求めなさい。 神奈川県・改

[$a=$ ， $b=$]

(2) 関数 $y=ax^2$ について，x の変域が $-2 \leqq x \leqq 3$ のとき，y の変域は $-6 \leqq y \leqq 0$ です。このとき，a の値を求めなさい。 青森県

[$a=$]

(3) 関数 $y=2x^2$ について，x の変域が $a \leqq x \leqq a+4$ のとき，y の変域は $0 \leqq y \leqq 18$ となりました。このとき，a の値をすべて求めなさい。 23 埼玉県

[$a=$]

5 次の問いに答えなさい。

→4

お急ぎ！

(1) 関数 $y=-\frac{1}{2}x^2$ について，x の値が 2 から 6 まで増加するときの変化の割合を求めなさい。 京都府

[ ]

(2) 関数 $y=x^2$ について，x の値が a から $a+3$ まで増加するときの変化の割合が 13 です。このとき，a の値を求めなさい。 石川県

[$a=$]

正答率 85.2%

(3) 関数 $y=ax^2$ について，x の値が 1 から 4 まで増加するときの変化の割合が -3 でした。このときの a の値を求めなさい。 神奈川県・改

[$a=$]

お急ぎ！

(4) 関数 $y=ax^2$（a は定数）と $y=6x+5$ について，x の値が 1 から 4 まで増加するときの変化の割合が同じであるとき，a の値を求めなさい。 愛知県

[$a=$]

中３範囲　出題率 68%

2 放物線と直線

解法の整理

1 放物線と x 軸，y 軸に平行な直線

例 右の図で，放物線 $y=x^2$ と直線 $y=4$ との交点 A，B の座標は，

$y=4$ を $y=x^2$ に代入して，$4=x^2$，$x=\pm 2$

よって，A$(-2,\ 4)$，B$(2,\ 4)$

例 右の図で，放物線 $y=-\frac{1}{2}x^2$ と直線 $x=2$ との交点 C の座標は，

$x=2$ を $y=-\frac{1}{2}x^2$ に代入して，$y=-\frac{1}{2}\times 2^2=-2$

よって，C$(2,\ -2)$

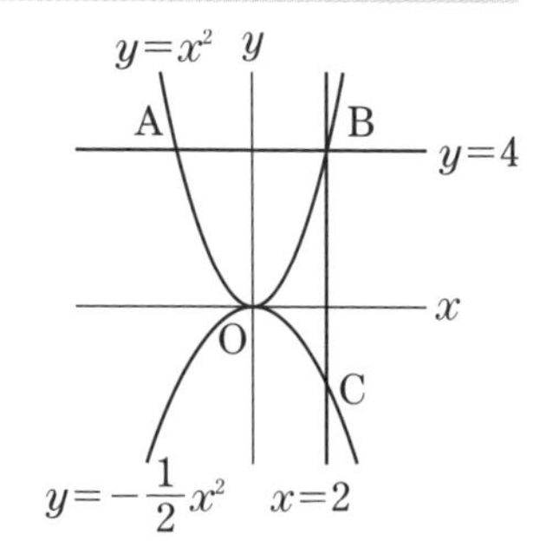

2 放物線と直線との交点

例 右の図のように，放物線 $y=ax^2$ と直線 $y=bx+c$ が２点 A，B で交わっている。

点 A は $y=ax^2$ 上の点だから，$8=a\times 4^2$ が成り立つ。

これより，$a=\frac{1}{2}$ ←放物線の式は，$y=\frac{1}{2}x^2$

点 B も放物線上の点だから，$y=\frac{1}{2}\times(-2)^2$ が成り立つ。

これより，$y=2$ だから，B$(-2,\ 2)$

以上から，２点 A，B の座標が決まるので，

直線 AB の式を求めることができる。

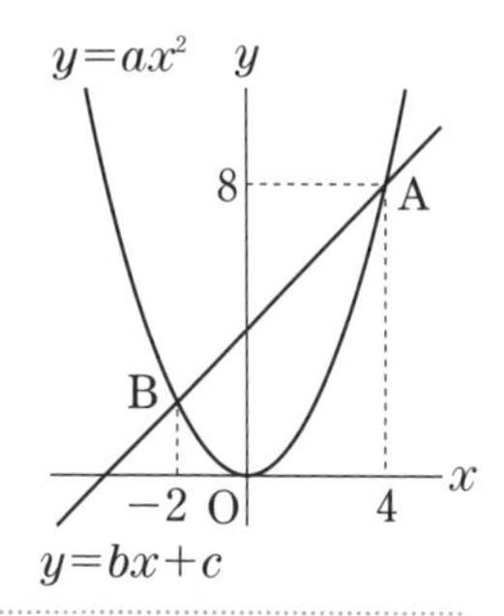

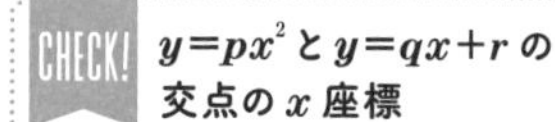

$y=px^2$ と $y=qx+r$ の交点の x 座標

２次方程式 **$px^2=qx+r$ の解**である。

3 放物線と三角形の面積

x 軸，y 軸に平行な線分を三角形の底辺や高さとする。

1 右の図で，△AOB の面積は，

$$\triangle AOB=\triangle AOC+\triangle BOC$$
$$=\frac{1}{2}\times OC\times AH+\frac{1}{2}\times OC\times BK=\frac{1}{2}\times OC\times(AH+BK)$$

（AH：A の x 座標の絶対値　BK：B の x 座標の絶対値）

2 右の図で，△AOC と △BOC の面積の比は，

底辺 OC が共通だから，△AOC：△BOC＝AH：BK ←面積の比は高さの比に等しい。(p.116)

4 グラフ上の点の表し方

関数 $y=ax^2$ のグラフ上の点 P の座標は，x 座標を t とおくと，y 座標は at^2 だから，$(t,\ at^2)$ と表すことができる。

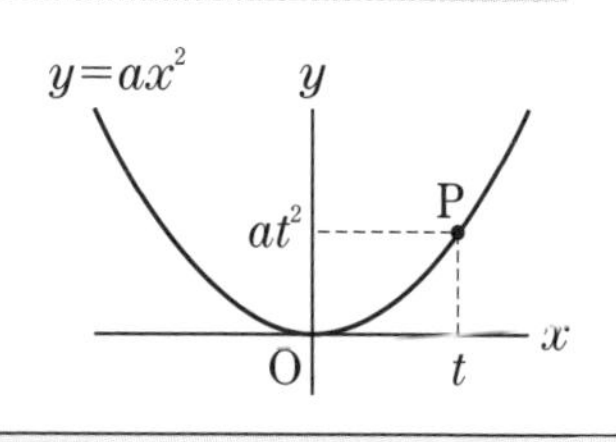

入試データ　放物線と直線に関する問題は，大問形式で出題され，難しい問題も多い。

実戦トレーニング

➡ 解答・解説は別冊25ページ

1 お急ぎ！

右の図のように，関数 $y=\frac{1}{4}x^2$ のグラフがあります。また，方程式 $y=-3$ のグラフ上を $x>0$ の範囲で動く点A，$x<0$ の範囲で動く点Bがあります。点Aを通り y 軸に平行な直線と，関数 $y=\frac{1}{4}x^2$ のグラフとの交点をC，点Bを通り y 軸に平行な直線と，関数 $y=\frac{1}{4}x^2$ のグラフとの交点をDとします。次の問いに答えなさい。 1,3 広島県

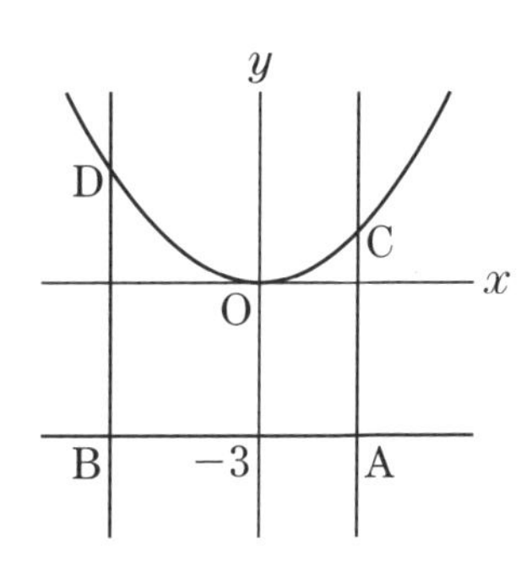

正答率 34.4%

(1) 点Aの x 座標が4，△OBAの面積が9となるとき，点Bの x 座標を求めなさい。

[　　　　　　]

正答率 10.7%

(2) 四角形DBACが正方形となるような点Aの x 座標をすべて求めなさい。

[　　　　　　]

2

右の図のように，2つの関数 $y=x^2$，$y=ax^2$ $(0<a<1)$ のグラフがあります。$y=x^2$ のグラフ上で x 座標が2である点をAとし，点Aを通り x 軸に平行な直線が $y=x^2$ のグラフと交わる点のうち，Aと異なる点をBとします。また，$y=ax^2$ のグラフ上の点で x 座標が4である点をCとし，点Cを通り x 軸に平行な直線が $y=ax^2$ のグラフと交わる点のうち，Cと異なる点をDとします。このとき，次の問いに答えなさい。 1,3 栃木県

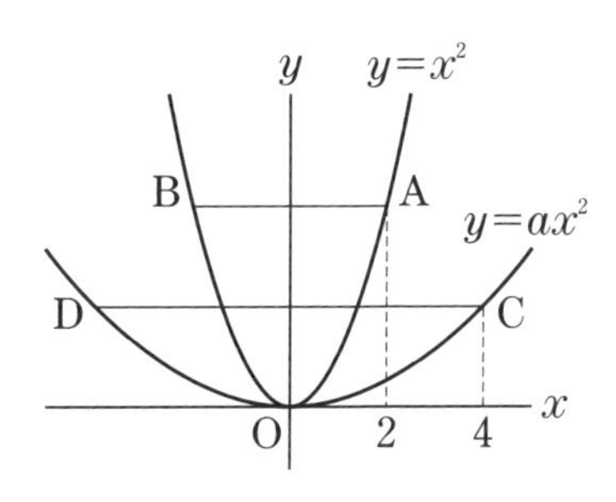

正答率 80.7%

(1) $y=x^2$ のグラフと x 軸について対称なグラフを表す式を求めなさい。

[　　　　　　]

(2) △OABと△OCDの面積が等しくなるとき，a の値を求めなさい。

[$a=$　　　　　　]

正答率 12.2%

(3) 直線ACと直線DOが平行になるとき，a の値を求めなさい。ただし，途中の計算も書くこと。

[

(答) $a=$　　　　　　]

3 正答率 23.8%

右の図において，m は関数 $y=\frac{1}{2}x^2$ のグラフを表し，n は関数 $y=ax^2$（a は負の定数）のグラフを表します。A は m 上の点であり，その x 座標は 3 です。B は，A を通り y 軸に平行な直線と x 軸との交点です。C は x 軸上の点であり，CB=AB です。C の x 座標は，B の x 座標より小さいです。D は C を通り y 軸に平行な直線と m との交点です。E は C を通り y 軸に平行な直線と n との交点です。DE=2cm です。

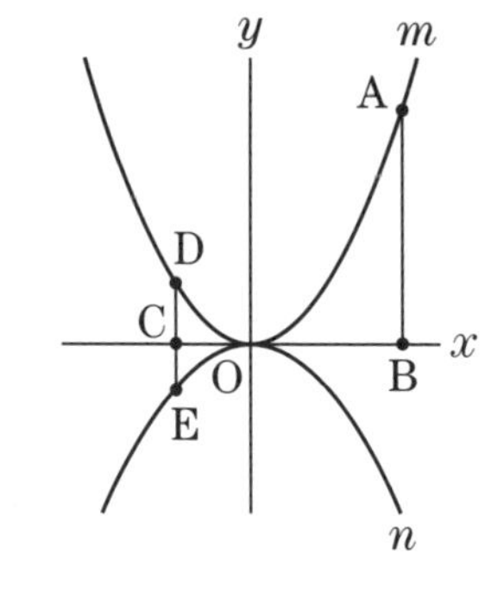

a の値を求めなさい。答えを求める過程がわかるように，途中の式を含めた求め方も書くこと。ただし，原点 O から点(1, 0)までの距離，原点 O から点(0, 1)までの距離はそれぞれ 1cm であるとします。

1 大阪府

［　　（答）$a=$　　］

4 お急ぎ！

右の図のように，関数 $y=\frac{1}{2}x^2$ のグラフ上に 2 点 A，B があり，A の x 座標は 4 で，B の y 座標は A の y 座標より大きくなっています。A，B から x 軸に垂線をひいて，x 軸との交点をそれぞれ C，D とします。また，A，B から y 軸に垂線をひいて，y 軸との交点をそれぞれ E，F とします。このとき，次の問いに答えなさい。ただし，右の図は，B の x 座標が A の x 座標より大きい場合について示しています。次の問いに答えなさい。

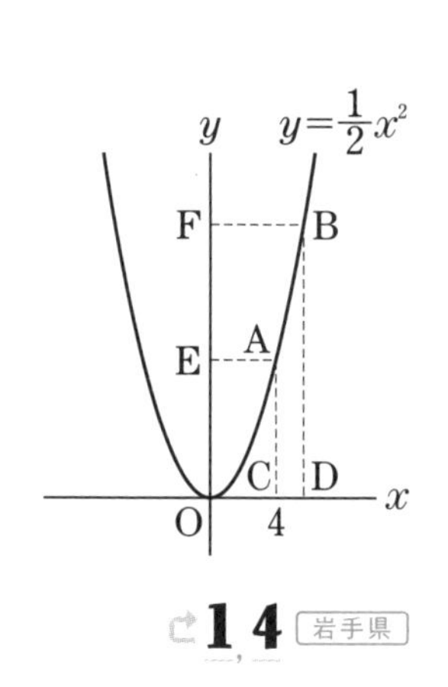

1, 4 岩手県

(1) 点 A の y 座標を求めなさい。

［　　］

HIGH LEVEL (2) 点 A，C，D，B，F，E，A の順に，これらの点を結んだ線分でできる図形の周の長さが 35 となるとき，B の x 座標が，A の x 座標より大きい場合と小さい場合について，B の x 座標をそれぞれ求めなさい。

A の x 座標より大きい場合［　　］

A の x 座標より小さい場合［　　］

5
お急ぎ！

右の図で，2点A，Bは関数$y=x^2$のグラフ上の点であり，点Aのx座標は-3，点Bのx座標は2です。直線ABとx軸との交点をCとします。このとき，点Cの座標を求めなさい。

2 茨城県

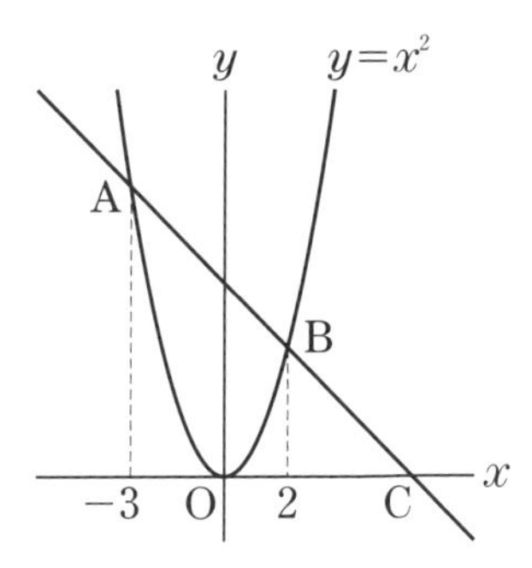

[　　　　　　　　]

6

右の図において，mは関数$y=ax^2$(aは正の定数)のグラフを表し，nは関数$y=-\frac{3}{8}x^2$のグラフを表します。Aはn上の点であり，そのx座標は負です。Bは，直線AOとmとの交点のうちOと異なる点です。Cは，Aを通りx軸に平行な直線とBを通りy軸に平行な直線との交点です。

Cの座標は(7，-6)です。aの値を求めなさい。

2 大阪府

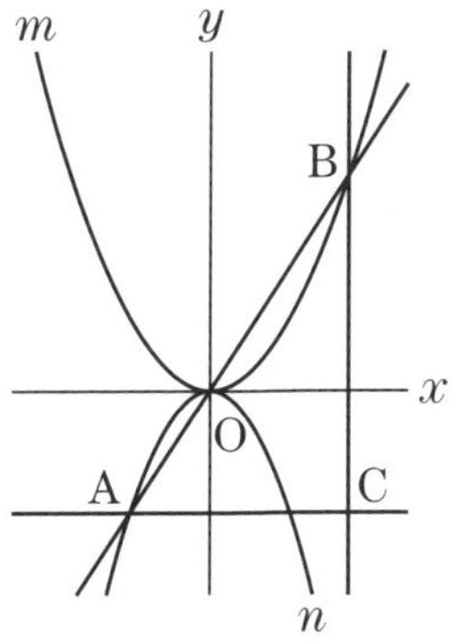

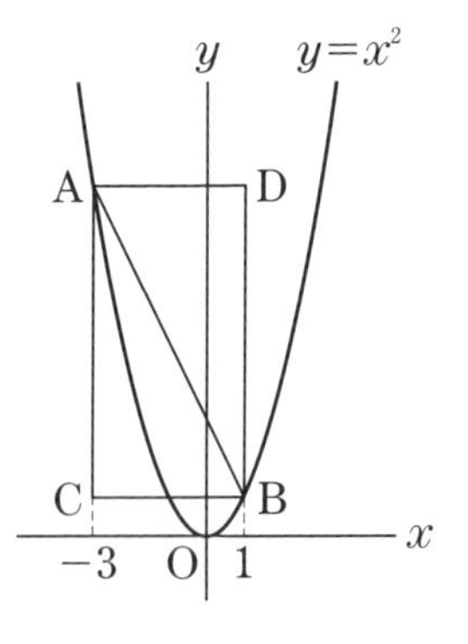

[　　　　　　　　]

7
お急ぎ！

右の図のように，関数$y=x^2$のグラフ上に2点A，Bがあり，それぞれのx座標が-3，1です。また，四角形ACBDは，線分ABを対角線とし，辺ADとx軸が平行であり，辺ACとy軸が平行である長方形です。このとき，長方形ACBDの面積を2等分し，傾きが$\frac{1}{2}$である直線の式を求めなさい。

2 山口県

[　　　　　　　　]

8
HIGH LEVEL

右の図で，Oは原点，A，Bは関数$y=\frac{1}{4}x^2$のグラフ上の点で，点Aのx座標は正，y座標は9，点Bのx座標は-4です。また，Cはy軸上の点で，直線CAはx軸と平行です。点Cを通り，四角形CBOAの面積を2等分する直線の式を求めなさい。

3 愛知県

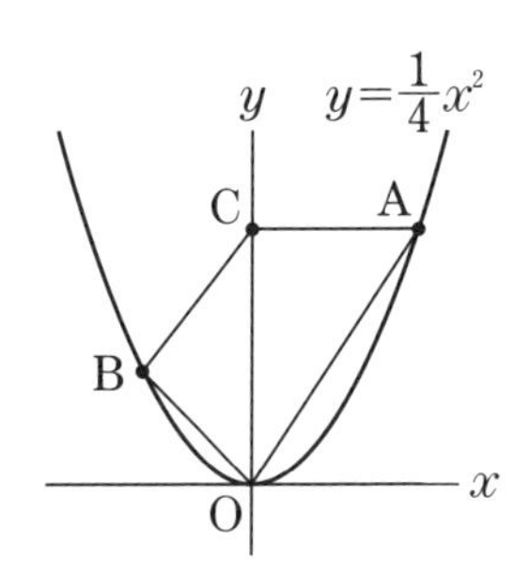

[　　　　　　　　]

9 お急ぎ！

図1，図2は，関数 $y=ax^2$ のグラフと，点B(0, 6)を通り，傾きが負の数である直線の2つの交点を，それぞれA，Cとしたものです。また，直線と x 軸の交点をDとします。

3 長野県

図1

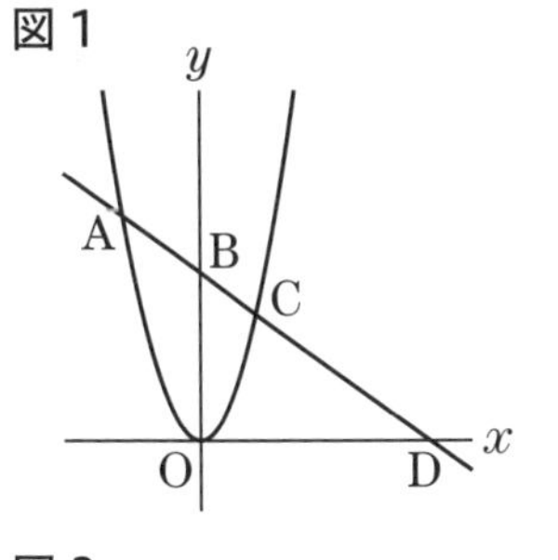

(1) 図1について，$a=1$，AB：BD＝1：3のとき，点Aの座標を求めなさい。

[　　　　　　　　　　]

図2

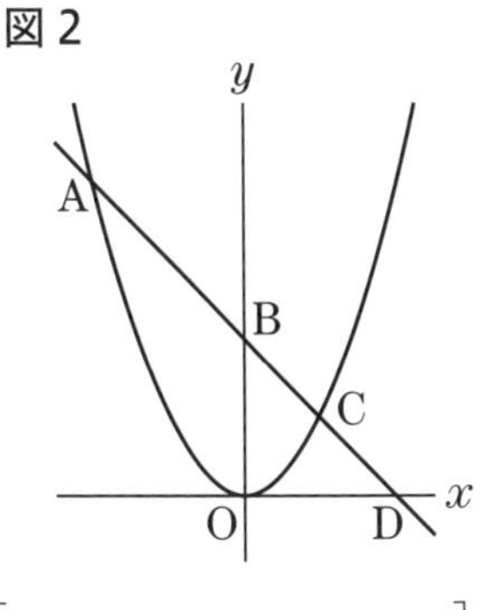

(2) 図2について，直線の傾きが -1 で，OCとACが垂直に交わるとき，△AOCの面積は27です。x 軸上に点Pをとり，△APCの周の長さが最も短くなるとき，点Pの x 座標を求めなさい。

[　　　　　　　　　　]

10

右の図のように，2つの関数 $y=ax^2$（a は定数）…㋐，$y=-x^2$…㋑ のグラフがあります。点Aは関数㋐のグラフ上にあり，Aの座標は(4, 4)です。2点B，Cは関数㋑のグラフ上にあり，Bの x 座標は -2 で，線分BCは x 軸と平行です。また，点Dは線分BCと y 軸との交点です。このとき，次の問いに答えなさい。 熊本県

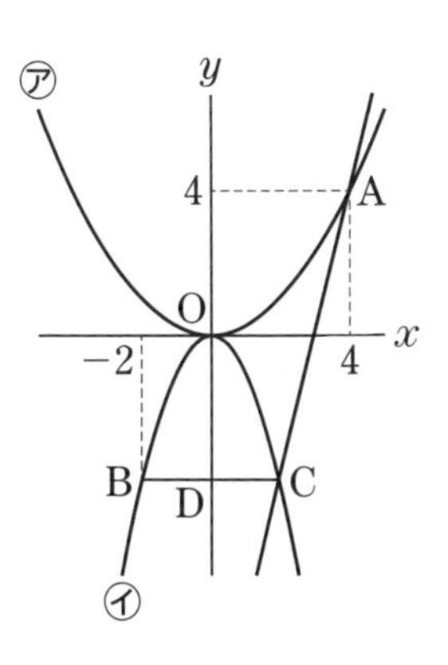

(1) a の値を求めなさい。

[$a=$　　　　　　　　]

(2) 直線ACの式を求めなさい。

[　　　　　　　　　　]

(3) 点Aから y 軸にひいた垂線と y 軸との交点をHとします。線分AH上に点Pを，線分AC上に点Qを，QA＝QPとなるようにとるとき，Pの x 座標を t として，

①点Qの x 座標を，t を使った式で表しなさい。

[　　　　　　　　　　]

HIGH LEVEL ②△QHDの面積が，△PHQの面積の3倍となるような t の値をすべて求めなさい。

[$t=$　　　　　　　　]

中2範囲　出題率 42%

3 1次関数の利用

解法の整理

1 時間と道のりのグラフ

グラフの傾きは，単位時間あたりに進む道のり，すなわち，速さを表す。

例 家から900m離れた駅まで，兄は徒歩で，弟は自転車で行った。右のグラフは，そのときのようすを，兄が家を出発してからx分後の家からの道のりをymとして表したものである。グラフから次のようなことがわかる。

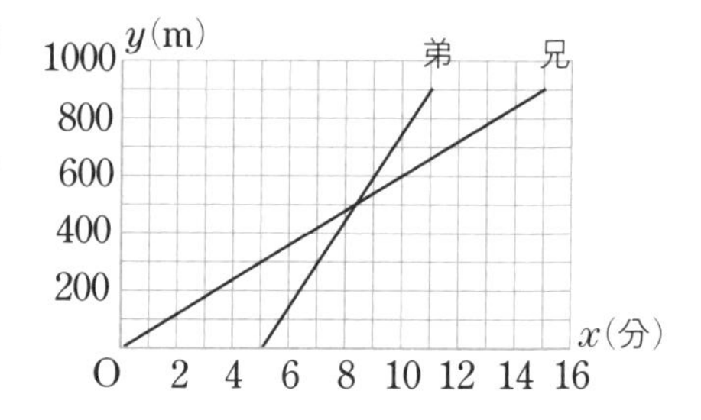

1 **兄の速さ** … 900÷15＝60 より，**分速 60m**

兄のxとyの関係を表す式 … $\boldsymbol{y=60x}$

2 **弟の速さ** … 900÷(11－5)＝150 より，**分速 150m**

弟のxとyの関係を表す式 … $y=150x+b$，$0=150\times5+b$ より，$b=-750$

したがって，$\boldsymbol{y=150x-750}$

3 **2直線の交点の座標** $\begin{cases} x\text{座標} \cdots \text{弟が兄に追いつく時間} \\ y\text{座標} \cdots \text{弟が兄に追いつく地点} \end{cases}$

連立方程式 $\begin{cases} y=60x \\ y=150x-750 \end{cases}$ を解くと，$x=8\frac{1}{3}$，$y=500$

兄が出発してから8分20秒後に，家から500mの地点で，弟は兄に追いつく。

2 図形の辺上を動く点と面積

例 右の図の長方形ABCDで，点PはAを出発して毎秒1cmの速さで，辺上をB，Cを通ってDまで動く。点PがAを出発してからx秒後の△APDの面積を$y$cm²とする。yをxの式で表しなさい。

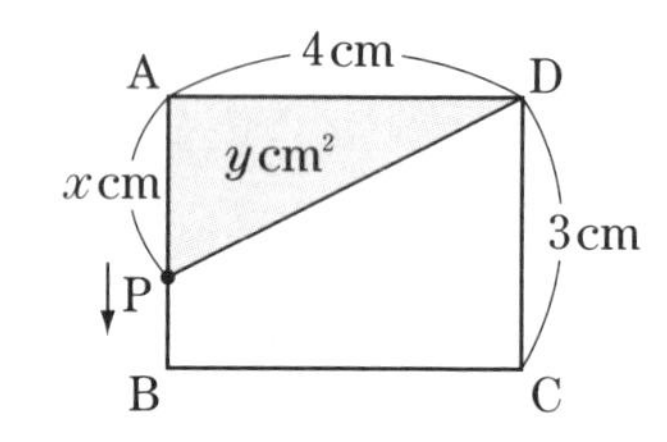

解法 次の3つの場合に分けて，x，yの関係を考える。

①**点Pが辺AB上に**あるとき

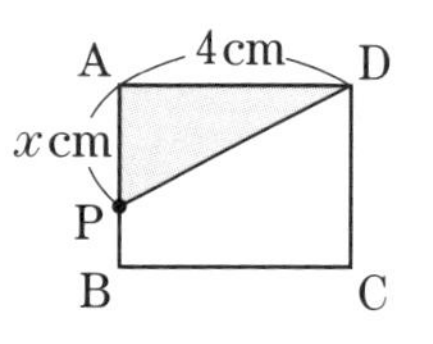

xの変域は，$0\leqq x\leqq3$
式は，$y=\frac{1}{2}\times4\times x$ より，
$y=2x$ ……答

②**点Pが辺BC上に**あるとき

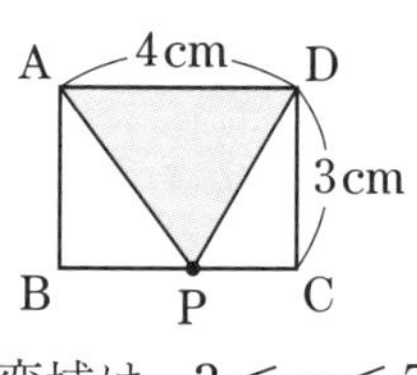

xの変域は，$3\leqq x\leqq7$
式は，$y=\frac{1}{2}\times4\times3$ より，
$y=6$ ……答

③**点Pが辺CD上に**あるとき

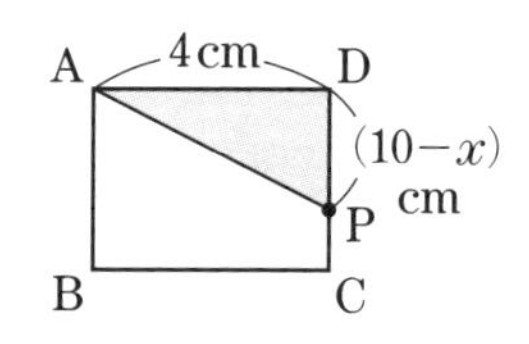

xの変域は，$7\leqq x\leqq10$
式は，$y=\frac{1}{2}\times4\times(10-x)$
より，
$y=-2x+20$ ……答

入試データ 問題文が長文になることが多いので，図や表を用いて数量の関係を理解する。

実戦トレーニング

➡ 解答・解説は別冊28ページ

1 お急ぎ!

P地点とQ地点があり，この2地点は980m離れています。Aさんは9時ちょうどにP地点を出発してQ地点まで，Bさんは9時6分にQ地点を出発してP地点まで，同じ道を歩いて移動しました。図は，AさんとBさんのそれぞれについて，9時x分におけるP地点からの距離をymとして，xとyの関係を表したグラフです。次の問いに答えなさい。

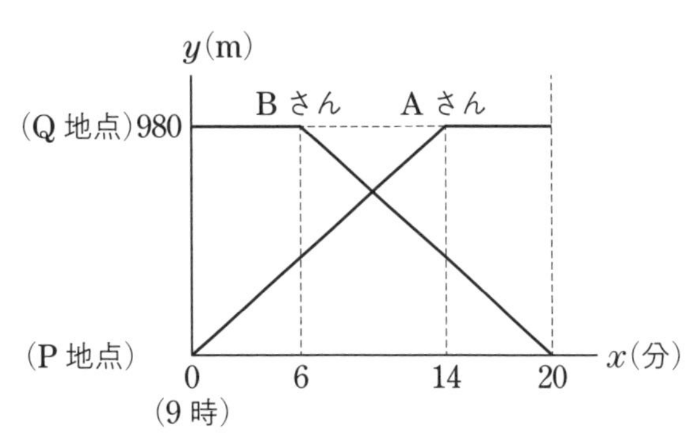

↻1 兵庫県

正答率 94.8%

(1) 9時ちょうどから9時14分まで，Aさんは分速何mで歩いたか，求めなさい。

[　　　　　　　　]

(2) 9時6分から9時20分までのBさんについて，yをxの式で表しなさい。ただし，xの変域は求めなくてよい。

[　　　　　　　　]

(3) AさんとBさんがすれちがったのは，P地点から何mか，求めなさい。

[　　　　　　　　]

正答率 13.0%

(4) Cさんは9時ちょうどにP地点を出発して，2人と同じ道を自転車に乗って分速300mでQ地点まで移動しました。Cさんが出発してから2分後の地点に図書館があり，Cさんがその図書館に立ち寄ったので，9時12分にAさんからCさんまでの距離と，CさんからBさんまでの距離が等しくなりました。Cさんが図書館にいた時間は何分何秒か，求めなさい。

[　　　　　　　　]

2

長さ25mのプールで，妹と姉が，同じスタートラインから別々のレーンをクロールで泳ぎ始め，一定の速さで動き，2往復してゴールしました。妹は，スタートしてから100秒後にゴールし，姉は，妹より28秒遅くスタートして，8秒遅くゴールしました。右の図は，妹のスタートから計測を始めたx秒後の妹と姉の位置を，それぞれのスタート地点からの距離ymで表したグラフです。ただし，妹と姉の身長や折り返しのターンにかかる時間は考えないものとします。

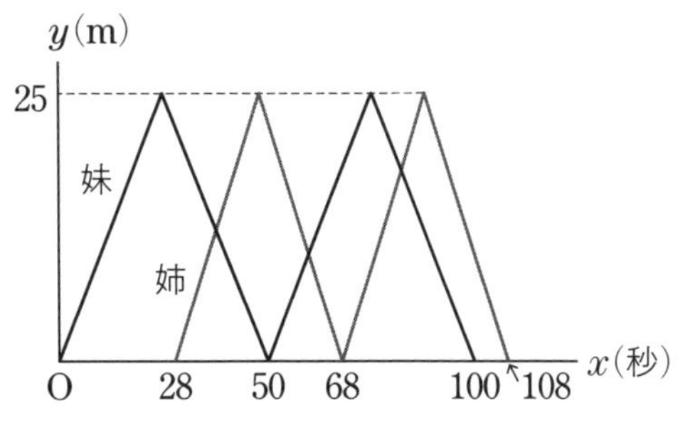

↻1 熊本県

(1) グラフから，妹と姉は3回すれちがっていることがわかります。2回目にすれちがったのは，妹がスタートしてから何秒後か，求めなさい。

［　　　　　　　秒後］

HIGH LEVEL (2) 次の日，妹と姉は同じプールを泳いで2往復しました。妹は，前の日と同じ速さで泳いで2往復しました。姉は妹がスタートしてからa秒後にスタートし，最初平泳ぎで毎秒bmの速さで1往復し，続けてクロールで前の日と同じ速さで1往復して，妹より8秒遅くゴールしました。妹と姉は，泳いでいる間に3回すれちがっており，2回目にすれちがったのは，妹がスタートして58秒後でした。aとbの値をそれぞれ求めなさい。

［a=　　　　，b=　　　　］

3 お急ぎ！

H市の工場では，2種類の燃料A，Bを同時に使って，ある製品を作っています。燃料A，Bはそれぞれ一定の割合で消費され，燃料Aについては，1時間あたり30L消費されます。また，この工場では，燃料自動補給装置を導入して，無人で長時間の自動運転を可能にしています。この装置は，燃料A，Bの残量がそれぞれ200Lになると，ただちに，15時間一定の割合で燃料を補給するように設定されています。上の図は，燃料A，Bについて，「ある時刻」からx時間後の燃料の残量をyLとして，「ある時刻」から80時間後までのxとyの関係をグラフに表したものです。このとき，次の問いに答えなさい。 茨城県

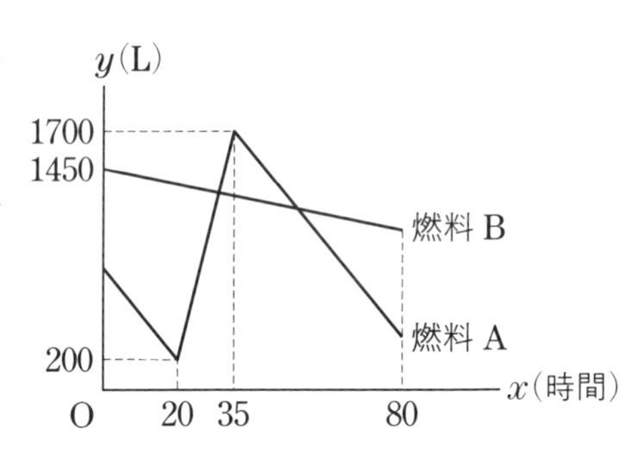

(1)「ある時刻」の燃料Aの残量は何Lであったか求めなさい。

［　　　　　　　］

正答率 6.9% (2)「ある時刻」の20時間後から35時間後までの間に，燃料Aは1時間あたり何L補給されていたか求めなさい。

［　　　　　　　］

正答率 18.0% (3)「ある時刻」から80時間後に燃料A，Bの残量を確認したところ，燃料Aの残量は燃料Bの残量より700L少なかった。このとき，燃料Bが「ある時刻」から初めて補給されるのは「ある時刻」から何時間後か求めなさい。

［　　　　　　　時間後］

右の図のように，AB=10cm，BC=8cm，AC=6cm である直角三角形ABC があり，点P はB を出発して，辺BA，AC 上をB から C まで動きます。点P がB から $x$cm 動いたときの △PBC の面積を $y$cm^2 とします。このとき，次の問いに答えなさい。

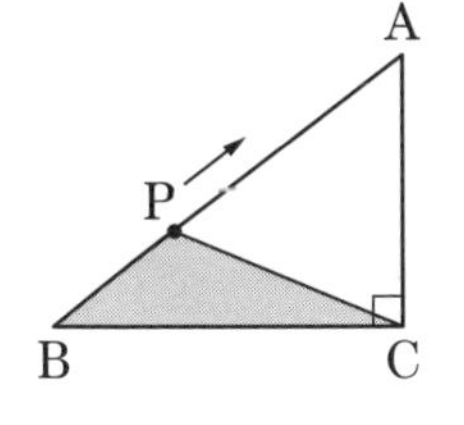

2 山梨県

(1) 点P がB から 5cm 動いたときの △PBC の面積を求めなさい。

[　　　　　　　　]

(2) x と y の関係を表すグラフをかきなさい。

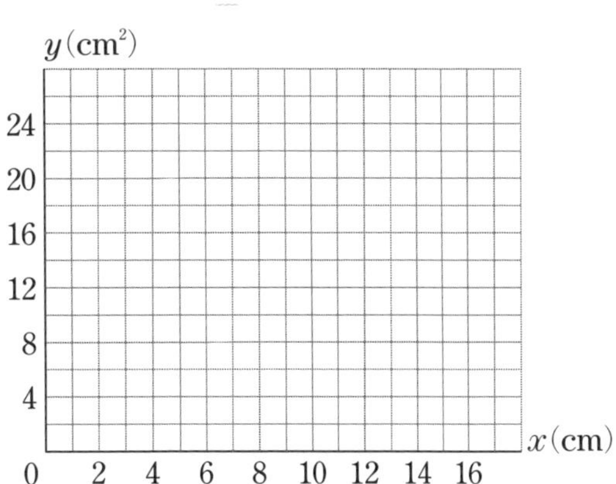

正答率 19%

(3) △PBC の面積が 20cm^2 となる x の値をすべて求めなさい。

[x=　　　　　　　　]

5

図1 のように，4 点O(0, 0)，A(6, 0)，B(6, 6)，C(0, 6) を頂点とする正方形OABC があります。2 点P，Q は，それぞれO を同時に出発し，P は毎秒 3cm の速さで，辺OC，CB，BA 上をA まで動きます。Q は毎秒 1cm の速さで，辺OA 上をA まで動きます。ただし，原点O から点(1, 0)までの距離，および原点O から点(0, 1)までの距離は 1cm とします。次の問いに答えなさい。

2 和歌山県

図1

(1) P，Q が出発してから A に到着するのはそれぞれ何秒後か，求めなさい。

P[　　　　　秒後]，Q[　　　　　秒後]

(2) P，Q が出発してから 1 秒後の直線PQ の式を求めなさい。

[　　　　　　　　]

(3) △OPQ がPO=PQ の二等辺三角形となるのは，P，Q が出発してから何秒後か，求めなさい。

[　　　　　秒後]

(4) 図2 のように，P，Q が出発してから 5 秒後のとき，△OPQ と △OPD の面積が等しくなるように点D を線分AP 上にとります。このとき，点D の座標を求めなさい。

図2

[　　　　　　　　]

中１範囲

出題率 41%

4 比例・反比例

最重要点の確認

■ 比例

比例の式 … $y = ax$ $(a \neq 0)$ ←比例定数 a

比例のグラフ … 原点を通る直線

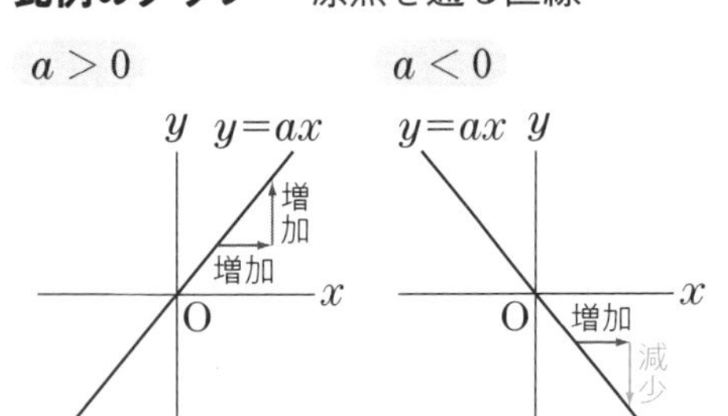

■ 反比例

反比例の式 … $y = \dfrac{a}{x}$ $(a \neq 0)$ ←比例定数 a

反比例のグラフ … 双曲線

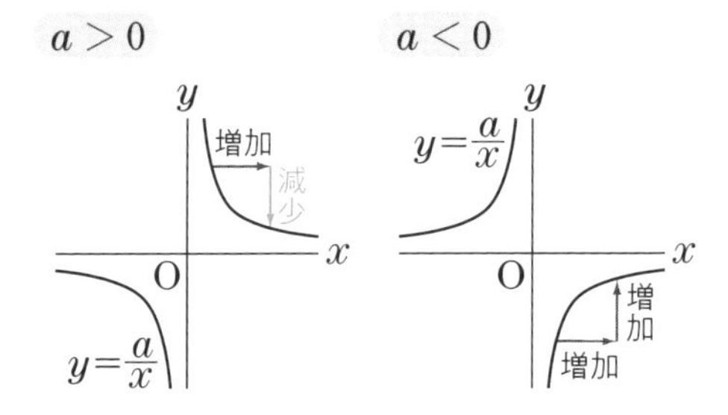

解法の整理

1 比例の式，反比例の式の求め方

比例ならば ➡ $y = ax$
反比例ならば ➡ $y = \dfrac{a}{x}$
とおいて，x，y の値を代入して，a の値を求める。

例 y は x に比例し，$x=2$ のとき $y=-8$ である。y を x の式で表しなさい。

解法 $y=ax$ に $x=2$，$y=-8$ を代入して，$-8=2a$，$a=-4$　よって，$y=-4x$ …… 答

例 y は x に反比例し，$x=3$ のとき $y=4$ である。y を x の式で表しなさい。

解法 $y=\dfrac{a}{x}$ に $x=3$，$y=4$ を代入して，$4=\dfrac{a}{3}$，$a=12$　よって，$y=\dfrac{12}{x}$ …… 答

2 変域

例 $y=-2x$ で，x の変域が $-3 \leqq x \leqq 1$ のとき，y の変域は，$-2 \leqq y \leqq 6$

例 $y=\dfrac{6}{x}$ で，x の変域が $1 \leqq x \leqq 2$ のとき，y の変域は，$3 \leqq y \leqq 6$

3 比例のグラフと反比例のグラフの交点の座標

右の図のように，$y=ax$ のグラフと $y=\dfrac{b}{x}$ のグラフとの交点を A，B とする。

点 A と点 B は原点 O について対称だから，

A(p，q) のとき，**B($-p$，$-q$)**

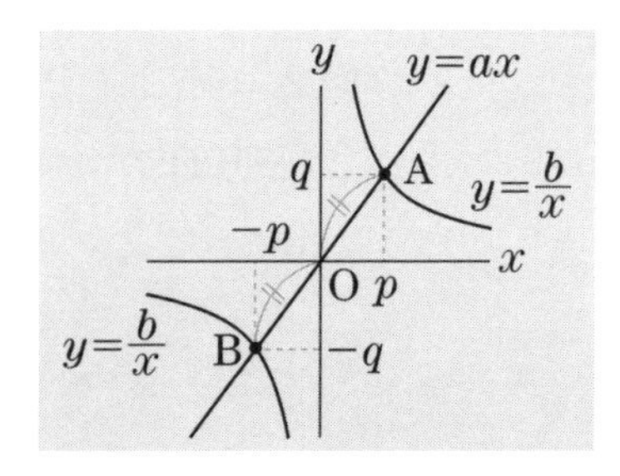

入試データ 反比例の式を求める問題がよく出題される。

実戦トレーニング

➡ 解答・解説は別冊30ページ

1 次の問いに答えなさい。

↩1

(1) y は x に比例し，$x=10$ のとき，$y=-2$ です。このとき，$y=\frac{2}{3}$ となる x の値を求めなさい。

三重県

［$x=$　　　　　　　］

(2) y は x に反比例し，$x=2$ のとき $y=9$ です。$x=-3$ のときの y の値を求めなさい。

福岡県

［$y=$　　　　　　　］

2 右の図は，反比例の関係 $y=\frac{a}{x}$ のグラフです。ただし，a は正の定数とし，点Oは原点とします。次の問いに答えなさい。

↩2 岡山県

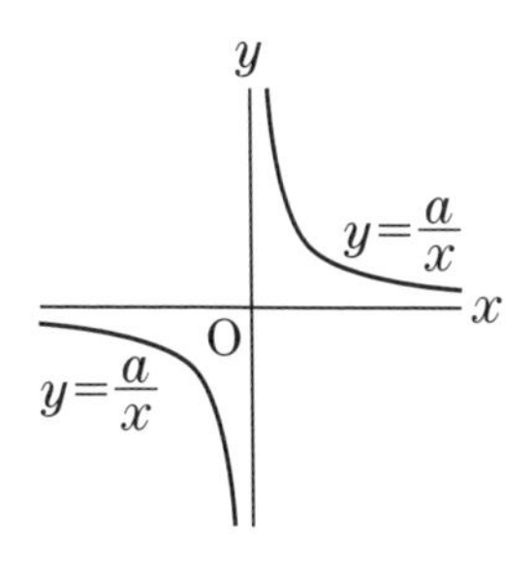

正答率 80.0%

(1) y が x に反比例するものは，**ア**～**エ**のうちではどれですか。あてはまるものをすべて答えなさい。

ア　面積が 20cm^2 の平行四辺形の底辺 $x$cm と高さ $y$cm

イ　1辺が x cm の正六角形の周の長さ $y$cm

ウ　1000m の道のりを毎分 xm の速さで進むときにかかる時間 y 分

エ　半径 $x$cm，中心角 $120°$ のおうぎ形の面積 $y\text{cm}^2$

［　　　　　　　］

正答率 85.0%

(2) グラフが点(4, 3)を通るとき，次の問いに答えなさい。

① a の値を求めなさい。

［$a=$　　　　　　　］

② x の変域が $3 \leqq x \leqq 8$ のとき，y の変域を求めなさい。

［　　　　　　　］

正答率 15.5%

(3) a は6以下の正の整数とします。グラフ上の点のうち，x 座標と y 座標がともに整数である点が4個となるような a の値を，すべて求めなさい。

［$a=$　　　　　　　］

3

お急ぎ!

右の図において，①は関数 $y=\frac{a}{x}$ のグラフ，②は関数 $y=bx$ のグラフです。①のグラフ上に x 座標が 3 である点 A をとり，四角形 ABCD が正方形となるように，3 点 B，C，D をとると，2 点 B，C の座標は，それぞれ (7，2)，(7，6) となりました。このとき，次の問いに答えなさい。

→3 山形県

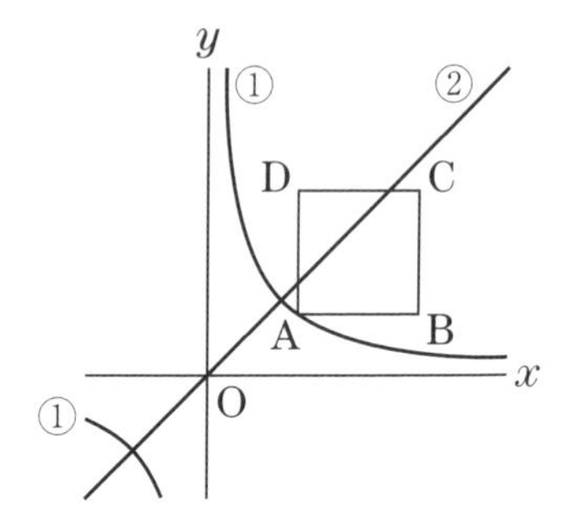

(1) a の値を求めなさい。

[$a=$]

(2) 関数 $y=bx$ のグラフが四角形 ABCD の辺上の点を通るとき，b のとる値の範囲を，不等号を使って表しなさい。

[ ]

4

右の図において，①は原点 O を通る直線，②は関数 $y=\frac{6}{x}$ のグラフです。①と②は 2 つの交点をもつものとし，そのうちの x 座標が正である点を A とします。AO=AB となる点 B を x 軸上にとり，△AOB をつくります。このとき，次の問いに答えなさい。

→3 高知県

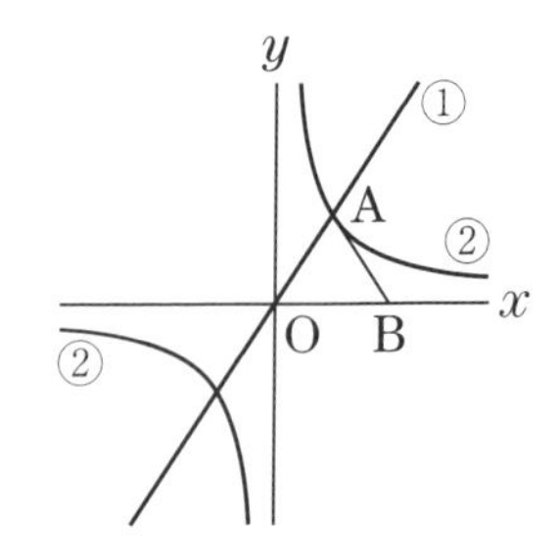

正答率 71.3%

(1) 点 A の x 座標が 2 のとき，点 A の y 座標を求めなさい。

[ ]

正答率 7.5%

(2) △AOB が直角二等辺三角形となるときの直線①の式を求めなさい。

[ ]

正答率 1.6%

(3) △AOB の面積は，点 A が②のグラフ上のどの位置にあっても，常に同じ値であることがいえます。点 A の x 座標を m とすると，m がどんな値であっても，△AOB の面積は一定であることを，ことばと式を使って説明しなさい。

[ ]

5

HIGH LEVEL

右の図で，O は原点，A，B は関数 $y=\frac{5}{x}$ のグラフ上の点で，点 A，B の x 座標はそれぞれ 1，3 であり，C，D は x 軸上の点で，直線 AC，BD はいずれも y 軸と平行です。また，E は線分 AC と BO との交点です。四角形 ECDB の面積は △AOB の面積の何倍か，求めなさい。

愛知県

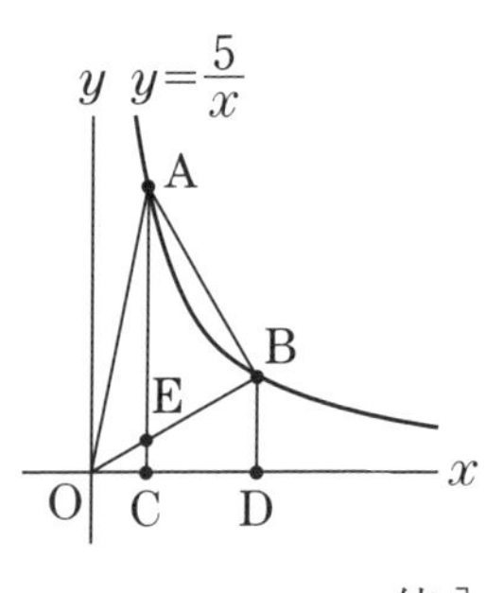

[倍]

5 1次関数

最重要点の確認

■**1次関数の式** … $y=ax+b$
（ax：xに比例する部分，b：定数部分）

変化の割合 $=\dfrac{y\text{の増加量}}{x\text{の増加量}}=a$（一定）

■**1次関数 $y=ax+b$ のグラフ**

傾き（かたむ）**が a** … x の増加量１に対する y の増加量

切片（せっぺん）**が b** … グラフと y 軸との交点の y 座標

$a>0$ のとき，**右上がり**
$a<0$ のとき，**右下がり**　の直線

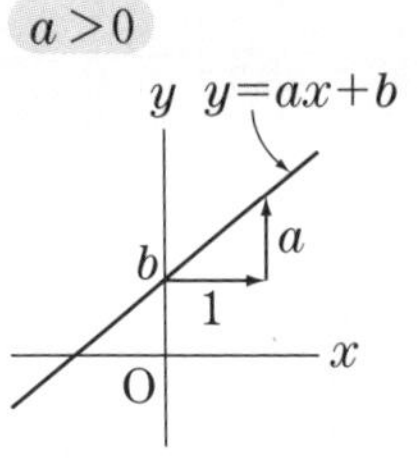

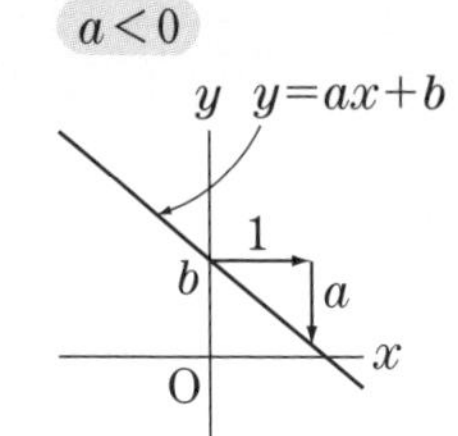

解法の整理

1 直線の式の求め方

1 傾きとグラフが通る１点から式を求める

求める式を $y=$(傾き)$\times x+b$ とおき，**通る１点の座標の値を代入して**，b の値を求める。

2 グラフが通る２点から式を求める

求める式を $y=ax+b$ とおき，**通る２点の座標の値をそれぞれ代入して**，a，b についての連立方程式をつくり，解く。

例 ２点$(2,\ -7)$，$(-1,\ 8)$を通る直線の式を求めなさい。

解法 $y=ax+b$ に２点の座標の値を代入して，$-7=2a+b$……①，$8=-a+b$……②

①，②を連立方程式として解くと，$a=-5$，$b=3$　よって，$y=-5x+3$ ……**答**

2 1次関数のグラフ

1 平行な２直線の傾きは等しい ➡ ２直線 $y=ax+b$，$y=cx+d$ が**平行** ➡ $a=c$

2 直線 $y=ax+b$ と x 軸との交点 ➡ $y=ax+b$ に $y=0$ **を代入**。

3 変域

１次関数 $y=ax+b$ で，x の変域が $p\leqq x\leqq q$ のとき，y の変域は，

$a>0$ ならば，$ap+b\leqq y\leqq aq+b$
$a<0$ ならば，$aq+b\leqq y\leqq ap+b$

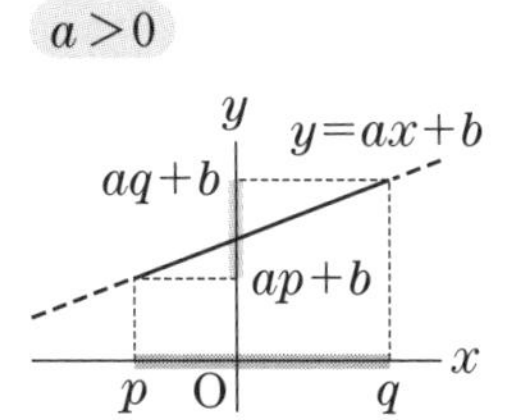

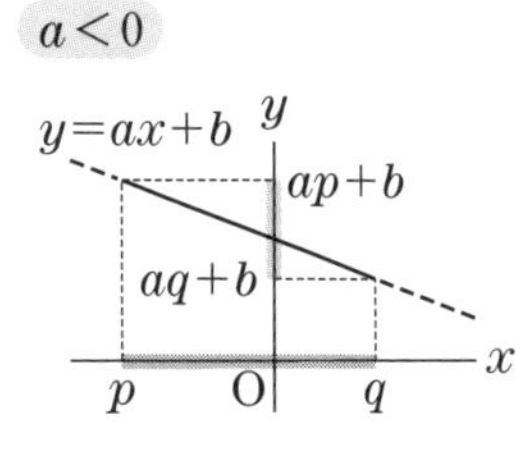

4 2直線の交点の座標

２直線 $y=ax+b$，$y=cx+d$ の交点Pの座標の求め方

連立方程式 $\begin{cases} y=ax+b \\ y=cx+d \end{cases}$ **を解く。** ➡ $x=p$，$y=q$ ➡ $\mathrm{P}(p,\ q)$

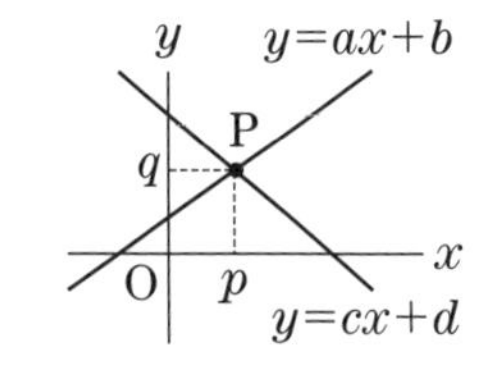

入試データ 関数の総合問題の中で，２点を通る直線の式を求める問題がよく出題される。

実戦トレーニング

➡ 解答・解説は別冊32ページ

1 次の**ア**から**エ**までの中から，y が x の1次関数であるものをすべて選んで，記号を書きなさい。

愛知県

ア　1辺の長さが $x$cm である立方体の体積 $y$cm^3

イ　面積が 50cm^2 である長方形の縦の長さ $x$cm と横の長さ $y$cm

ウ　半径が $x$cm である円の周の長さ $y$cm

エ　5％の食塩水 xg に含まれる食塩の量 yg

[　　　　　　　　]

2 1次関数 $y=-3x+5$ について述べた文として正しいものを，次の**ア**～**エ**から1つ選び，記号で答えなさい。

お急ぎ！

↱3 鳥取県

ア　グラフは点$(-3,\ 5)$を通る直線である。

イ　x の値が2倍になるとき，y の値も2倍になる。

ウ　x の変域が $1 \leqq x \leqq 2$ のとき，y の変域は $-1 \leqq y \leqq 2$ である。

エ　x の値が1から3まで変わるとき，y の増加量は -3 である。

[　　　　　　　　]

3 次の問いに答えなさい。

↱1

お急ぎ！

(1) 1次関数 $y=\frac{5}{2}x+a$ のグラフは，点$(4,\ 3)$を通ります。このグラフと y 軸との交点の座標を求めなさい。

徳島県・改

[　　　　　　　　]

(2) 関数 $y=ax+b$ について，x の値が2増加すると y の値が4増加し，$x=1$ のとき $y=-3$ です。このとき，a，b の値をそれぞれ求めなさい。

青森県

[$a=$　　　　，$b=$　　　　]

お急ぎ！

(3) Aは2点$(-3,\ -8)$，$(1,\ 4)$を通る直線上の点で，x 座標が3です。このとき，点Aの y 座標を求めなさい。

愛知県

[$y=$　　　　　　]

4 次の問いに答えなさい。

(1) 次の方程式について，そのグラフが点(1, −2)を通るものは，**ア**〜**エ**のうちどれですか。あてはまるものをすべて答えなさい。 岡山県

ア $3x-y-1=0$　**イ** $3x+2y+1=0$　**ウ** $3y+6=0$　**エ** $x+1=0$

[　　　　　　]

(2) 方程式 $2x+3y=-6$ のグラフをかきなさい。

➡2 秋田県

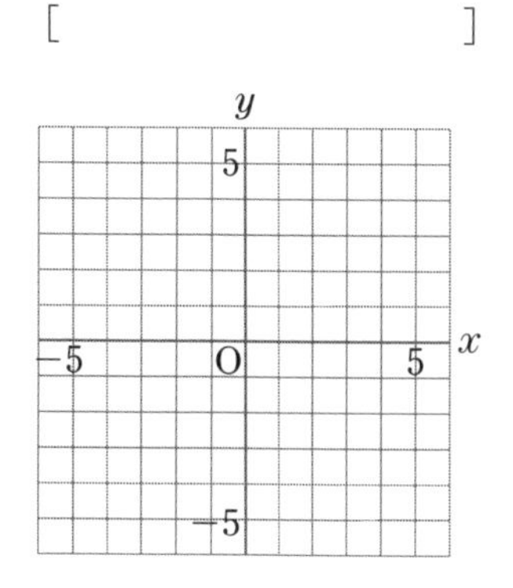

5 a，bは0でない定数とします。右の図において，ℓは2元1次方程式 $ax+by=1$ のグラフを表します。次の**ア**〜**エ**のうち，a，bについて述べた文として正しいものを1つ選び，記号を○で囲みなさい。 大阪府

正答率 86.0%

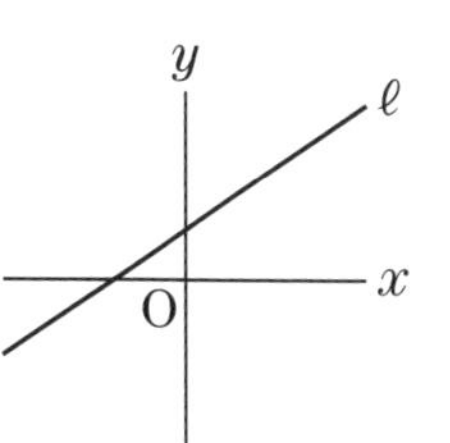

ア aは正の数であり，bも正の数である。

イ aは正の数であり，bは負の数である。

ウ aは負の数であり，bは正の数である。

エ aは負の数であり，bも負の数である。

[**ア**　**イ**　**ウ**　**エ**]

6 次の問いに答えなさい。

お急ぎ! (1) 2直線 $y=3x-5$，$y=-2x+5$ の交点の座標を求めなさい。

[　　　　　　]

お急ぎ! (2) 関数 $y=-2x+1$ について，xの変域が $-1 \leqq x \leqq 2$ のときのyの変域を求めなさい。

➡3 長崎県

[　　　　　　]

HIGH LEVEL (3) 1次関数 $y=ax+4$ において，xの変域が $-3 \leqq x \leqq 6$ のとき，yの変域は $2 \leqq y \leqq 5$ です。定数aの値を求めなさい。

➡3 22 東京都立日比谷高

[$a=$　　　　　　]

中３範囲　　出題率 15%

6 関数 $y=ax^2$ の利用

▶解法の整理

1 ２つの動点と面積

動点が図形のどの辺上を動くかによって，式が変化する。

例 右の図の正方形ABCDで，点P，QはAを同時に出発して，それぞれ矢印の方向に辺上を動く。PはBを通ってCまで毎秒2cmの速さで，QはDまで毎秒1cmの速さで動くとき，２点P，QがAを出発してからx秒後の△APQの面積を$y$cm²とする。yをxの式で表しなさい。

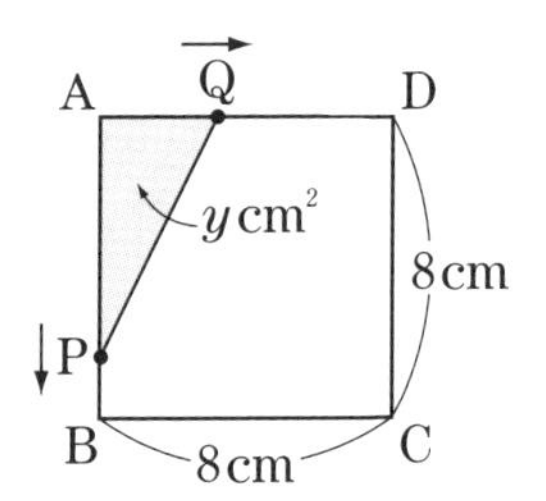

解法

①点Pが辺AB上，点Qが辺AD上にあるとき

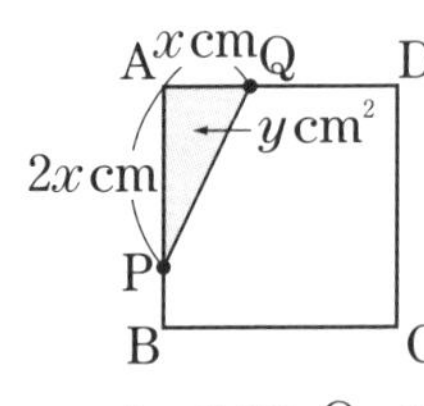

➡ $y=\frac{1}{2}\times x\times 2x=x^2$ $(0\leqq x\leqq 4)$ ……答

└ $\triangle APQ=\frac{1}{2}\times AQ\times AP$

②点Pが辺BC上，点Qが辺AD上にあるとき

➡ $y=\frac{1}{2}\times x\times 8=4x$ $(4\leqq x\leqq 8)$ ……答

└ $\triangle APQ=\frac{1}{2}\times AQ\times AB$

2 重なる図形の面積

重なる部分の図形の形で場合分けをする。

例 右の図のような，直角二等辺三角形ABCと長方形PQRSがある。４点B，C，Q，Rは同一直線上にあり，点Cと点Qが重なっている。△ABCを矢印の方向に点CがRに重なるまで移動するとき，点Cが移動した長さを$x$cm，△ABCと長方形PQRSの重なる部分の面積を$y$cm²とする。yをxの式で表しなさい。

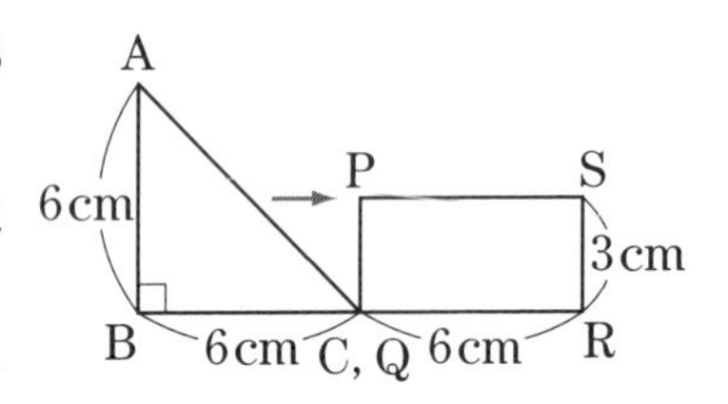

解法

①$0\leqq x\leqq 3$のとき，重なる部分は直角二等辺三角形。

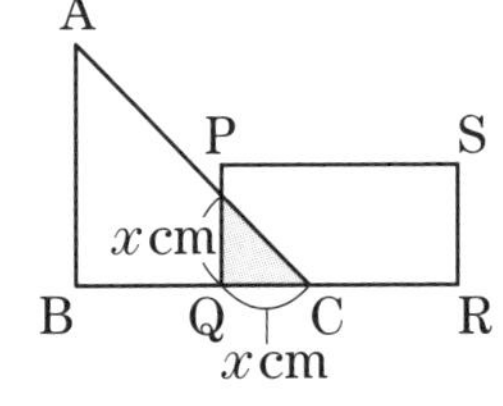

➡ $y=\frac{1}{2}\times x\times x$

$=\frac{1}{2}x^2$ $(0\leqq x\leqq 3)$ ……答

②$3\leqq x\leqq 6$のとき，重なる部分は台形。

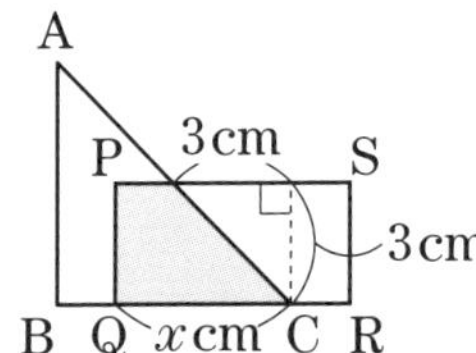

➡ $y=3\times x-\frac{1}{2}\times 3\times 3$

$=3x-\frac{9}{2}$ $(3\leqq x\leqq 6)$ ……答

入試データ 動点に関する問題は，図形の頂点を通過するときに着目した場合分けがポイント。

実戦トレーニング

➡ 解答・解説は別冊34ページ

右の図のような台形ABCDがあります。点P，Qが同時にAを出発して，Pは秒速2cmで台形の辺上をAからBまで動き，Bで折り返してAまで動いて止まり，Qは秒速1cmで台形の辺上をAからDを通ってCまで動いて止まります。P，QがAを出発してからx秒後の△APQの面積を$y$cm²とします。このとき，次の問いに答えなさい。

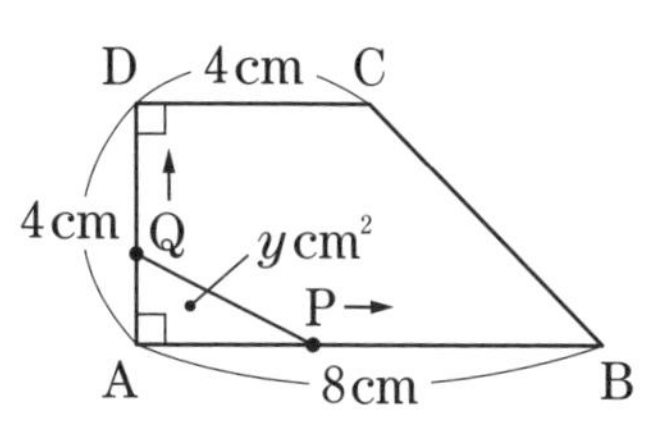

1 岐阜県

(1) 表中の**ア**，**イ**にあてはまる数を求めなさい。

x(秒)	0	…	4	…	6	…	8
y(cm²)	0	…	**ア**	…	**イ**	…	0

ア[　　　　]，**イ**[　　　　]

(2) xの変域を次の㋐，㋑とするとき，yをxの式で表しなさい。

㋐ $0 \leqq x \leqq 4$のとき

[　　　　]

㋑ $4 \leqq x \leqq 8$のとき

[　　　　]

(3) xとyの関係を表すグラフをかきなさい。($0 \leqq x \leqq 8$)

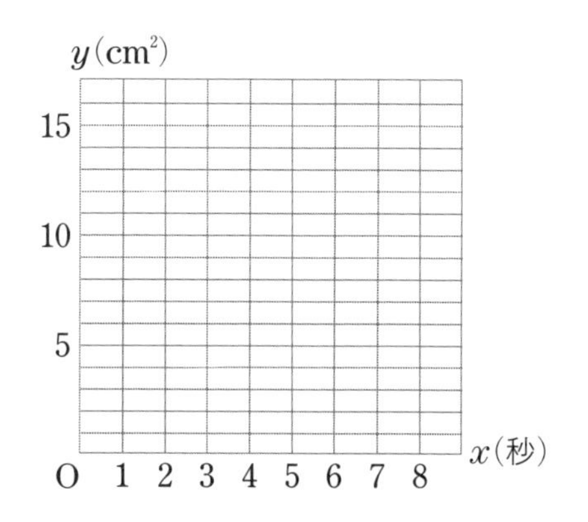

(4) △APQの面積と，台形ABCDから△APQを除いた面積の比が，3：5になるのは，P，QがAを出発してから何秒後と何秒後であるか求めなさい。

[　　　　秒後，　　　　秒後]

右の**図1**のように，直線ℓ上に台形ABCDと台形EFGHがあり，点Cと点Fが重なっています。台形ABCD∽台形EFGHで，相似比は2：3です。台形EFGHを固定し，台形ABCDを直線ℓにそって，矢印の向きに毎秒1cmの速さで動かし，点Aが辺HG上にくるまで移動させます。**図2**のように，x秒後に2つの台形が重なってできる図形の面積を$y$cm²とします。このとき，次の問いに答えなさい。

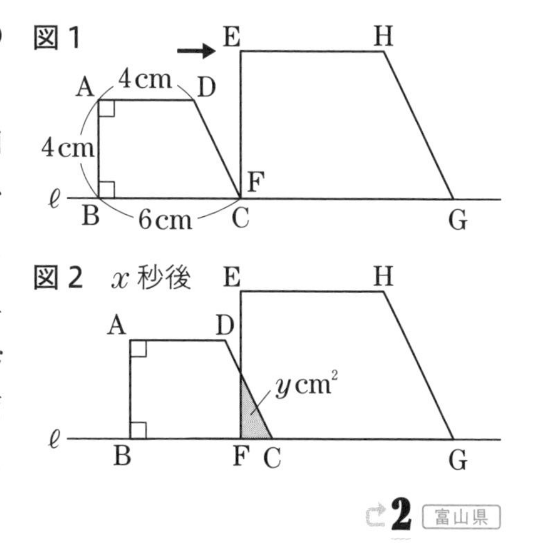

2 富山県

(1) $x=1$ のとき，y の値を求めなさい。

［$y=$　　　　　　　　］

(2) 台形ABCDを動かしはじめてから，点Aが辺HG上にくるまでの x の変域を求めなさい。
また，そのときの x と y の関係を表したグラフをかきなさい。

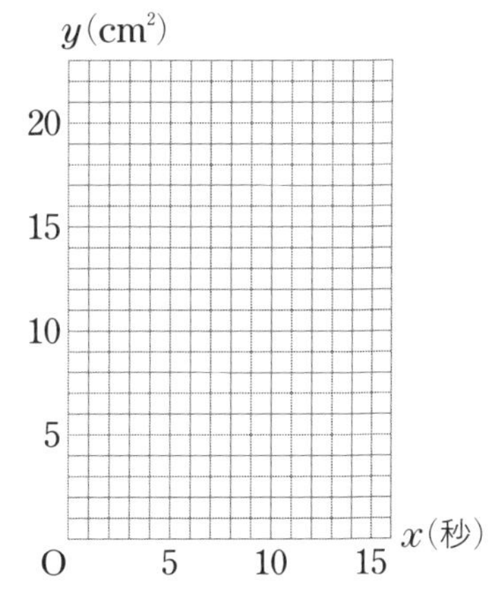

x の変域［　　　　　　　　］

(3) 重なってできる図形の面積が台形ABCDの面積の半分となる x の値は2つあります。その値をそれぞれ求めなさい。

［$x=$　　　　，$x=$　　　　］

3

右の**図1**のように，AB=10cm，BC=$a$cmの長方形ABCDと，∠P=90°，PQ=PR=$b$cmの直角二等辺三角形PQRがあります。長方形ABCDの辺ABと直角二等辺三角形PQRの辺PQは直線 ℓ 上にあり，点Aと点Qは同じ位置にあります。この状態から，右の**図2**のように，直角二等辺三角形PQRを直線 ℓ にそって，矢印の向きに，点Qが点Bに重なるまで移動させます。
AQ=$x$cmのときの，2つの図形が重なっている部分の面積を $y$cm² とします。このとき，次の問いに答えなさい。

図1

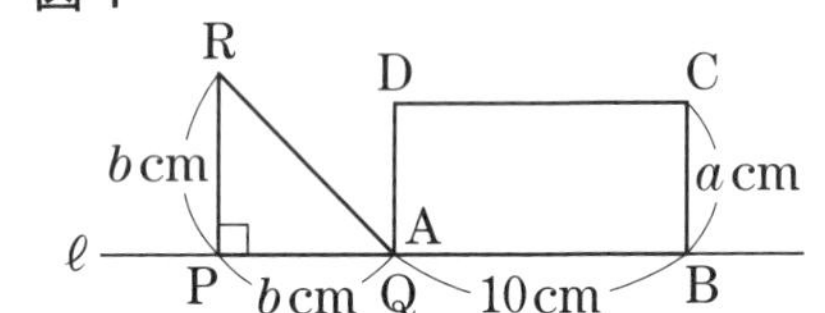

図2

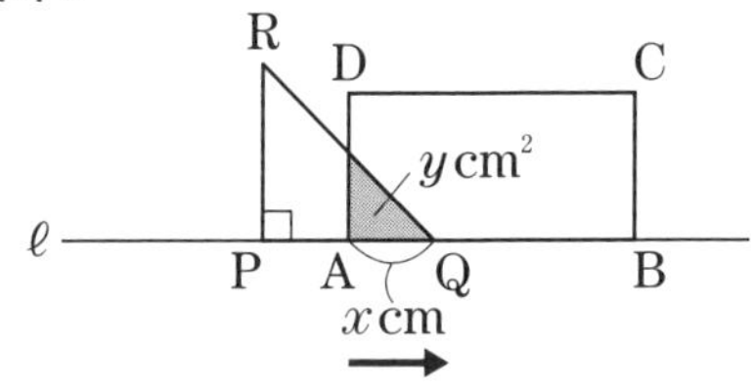

2 愛媛県

(1) $a=5$，$b=6$ とします。$x=3$ のとき，y の値を求めなさい。

［$y=$　　　　　　　　］

(2) x と y の関係が右の**図3**のようなグラフで表され，
$0 \leqq x \leqq 4$ では原点を頂点とする放物線，
$4 \leqq x \leqq 10$ では右上がりの直線の一部分と，x 軸に平行な直線の一部分であるとき，

図3

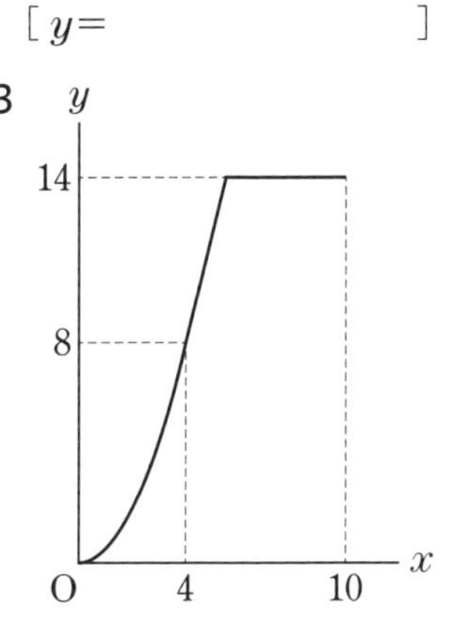

① $0 \leqq x \leqq 4$ のとき，y を x の式で表しなさい。

［　　　　　　　　］

② a，b の値をそれぞれ求めなさい。

［$a=$　　　　，$b=$　　　　］

中2範囲

出題率 12%

7 直線と図形

解法の整理

1 点の移動

点$(a,\ b)$から**右へ** p，上へ q 進んだところにある点の座標(ざひょう) ➡ $(a+p,\ b+q)$

2 対称な点の座標

点$(a,\ b)$と，
- x 軸(じく)について対称(たいしょう)な点の座標 ➡ $(a,\ -b)$
- y 軸について対称な点の座標 ➡ $(-a,\ b)$
- 原点について対称な点の座標 ➡ $(-a,\ -b)$

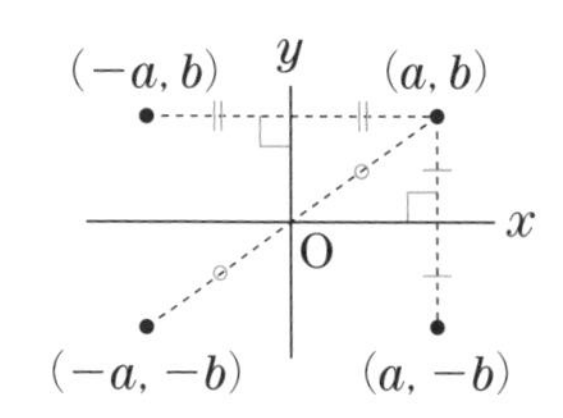

3 中点の座標

座標平面上の2点A$(a,\ b)$，B$(c,\ d)$を結ぶ線分ABの**中点の座標** ➡ $\left(\dfrac{a+c}{2},\ \dfrac{b+d}{2}\right)$

4 座標平面上の線分の長さ

例 右の図で，直線 ℓ は $y=x-1$，m は $y=-\dfrac{1}{2}x+7$ である。
直線 $x=4$ と ℓ との交点をA，m との交点をBとすると，
A(4，3)，B(4，5)より，AB＝$\boxed{5-3}$＝2
点Bの y 座標－点Aの y 座標

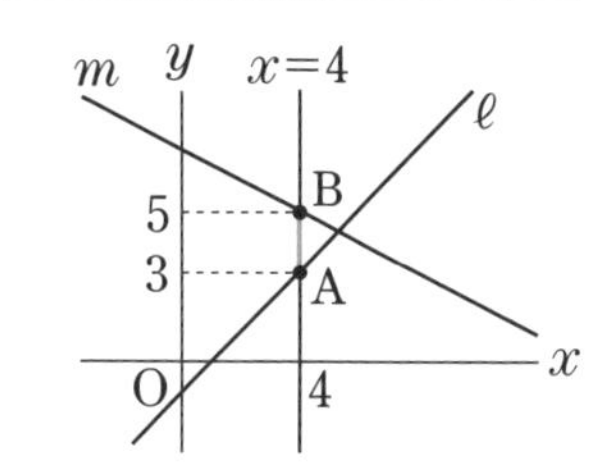

5 座標平面上の三角形の面積を2等分する直線の式

点Aを通り△ABCの面積を2等分する直線の式の求め方

線分BCの中点Mの座標を求める。 → 2点A，Mを通る直線の式を求める。

BM＝CMより，△ABM＝△ACM

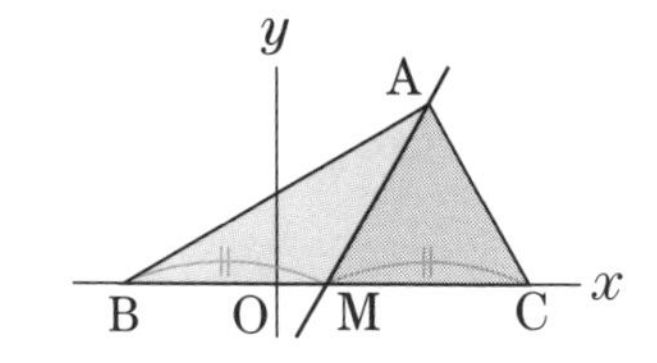

6 等しい面積の三角形をつくる

△ABC＝△ABPとなるような点Pの座標の求め方(点Pは y 軸上の負の部分にある点)

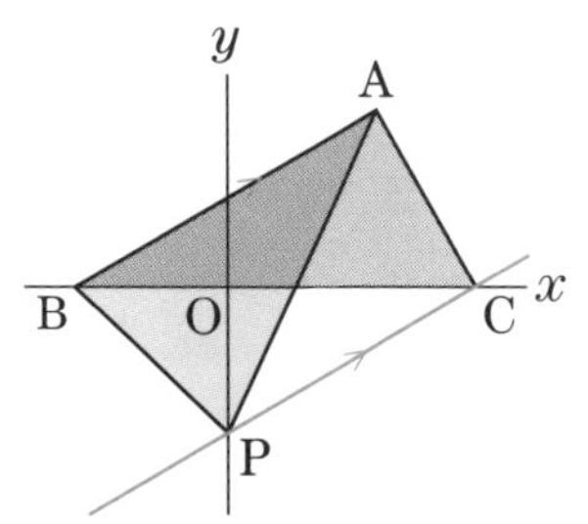

△ABCと△ABPは，底辺ABが共通だから，高さを等しくする。

⬇

点Cを通り，ABに平行な直線をひき，y 軸との交点をPとする。

CHECK! 平行線と面積

$\ell /\!/ m$ のとき，
△PAB＝△QAB

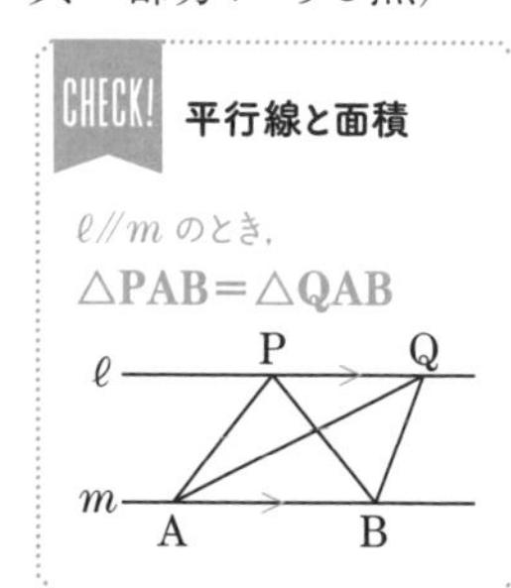

入試データ 座標平面上の図形を扱った問題では，まず三角形，次に四角形がよく出題される。

実戦トレーニング

➡ 解答・解説は別冊35ページ

1 お急ぎ！

右の図のように，2直線 ℓ，m があり，ℓ，m の式はそれぞれ $y=\frac{1}{2}x+4$，$y=-\frac{1}{2}x+2$ です。ℓ と y 軸との交点，m と y 軸との交点をそれぞれA，Bとします。また，ℓ と m との交点をPとします。このとき，次の問いに答えなさい。

4 福島県

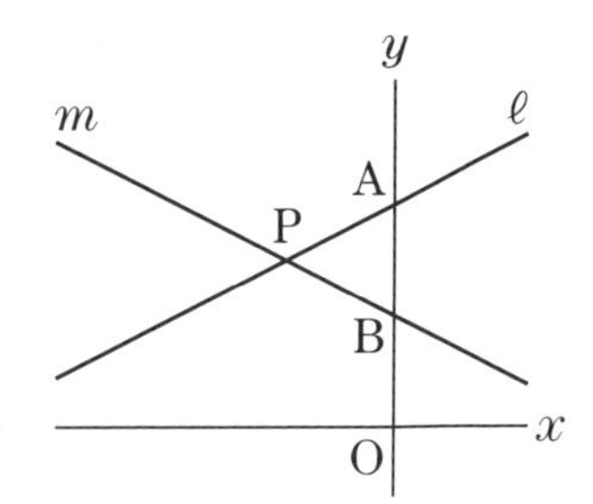

正答率 67.2%

(1) 点Pの座標を求めなさい。

[　　　　　　　　]

(2) y 軸上に点Qをとり，Qの y 座標を t とします。ただし，$t>4$ とします。Qを通り x 軸に平行な直線と ℓ，m との交点をそれぞれR，Sとします。

① $t=6$ のとき，△PRSの面積を求めなさい。

[　　　　　　　　]

正答率 4.7%

② △PRSの面積が△ABPの面積の5倍になるときの t の値を求めなさい。

[$t=$　　　　　　　　]

2

右の図のように，直線 $y=\frac{1}{2}x+2$ と直線 $y=-x+5$ が点Aで交わっています。直線 $y=\frac{1}{2}x+2$ 上に x 座標が10である点Bをとり，点Bを通り y 軸と平行な直線と直線 $y=-x+5$ との交点をCとします。また，直線 $y=-x+5$ と x 軸との交点をDとします。このとき，次の問いに答えなさい。

4 京都府

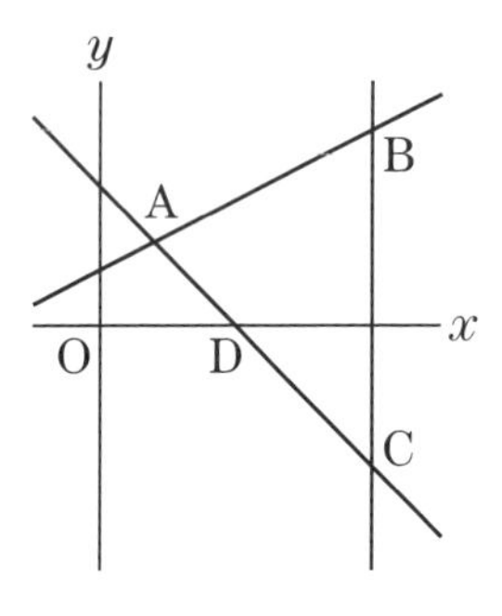

(1) 2点B，Cの間の距離を求めなさい。また，点Aと直線BCとの距離を求めなさい。

2点B，Cの間の距離[　　　　　　]，点Aと直線BCとの距離[　　　　　　]

(2) 点Dを通り△ACBの面積を2等分する直線の式を求めなさい。

[　　　　　　　　]

3

右の**図1**のように，関数 $y=\dfrac{a}{x}$，関数 $y=x+5$，関数 $y=-\dfrac{1}{3}x+b$ のグラフがあります。関数 $y=\dfrac{a}{x}$ と関数 $y=x+5$ のグラフは2点A，Bで交わり，x 座標の大きい方の点をA，小さい方の点をBとします。点Aの x 座標は1です。また，関数 $y=x+5$ のグラフと x 軸との交点をCとし，関数 $y=-\dfrac{1}{3}x+b$ のグラフは点Cを通ります。次の問いに答えなさい。

6 大分県

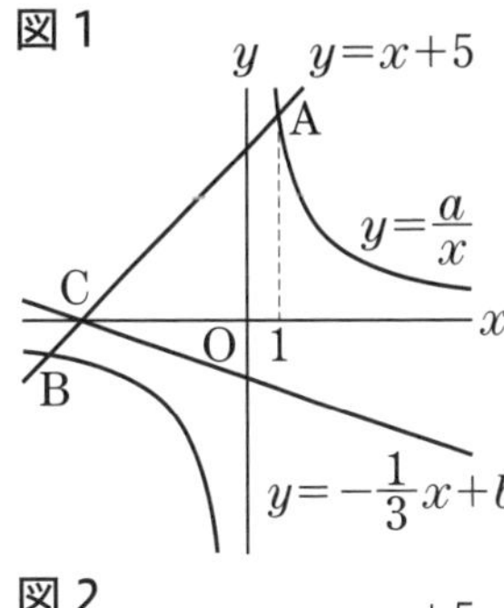

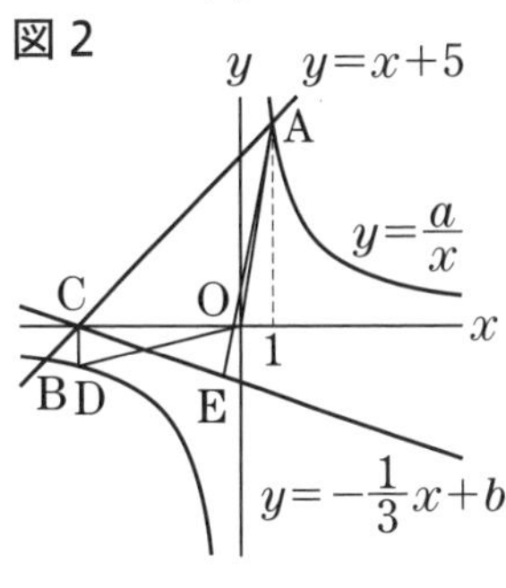

(1) a の値を求めなさい。

[$a=$　　　　　　]

(2) b の値を求めなさい。

[$b=$　　　　　　]

HIGH LEVEL (3) 右の**図2**のように，関数 $y=\dfrac{a}{x}$ のグラフ上に，x 座標が点Cと同じである点Dをとります。また，関数 $y=-\dfrac{1}{3}x+b$ のグラフ上に，四角形ACDOの面積と△ACEの面積が等しくなるように点Eをとります。点Eの x 座標を求めなさい。ただし，点Eの x 座標は点Cの x 座標より大きいものとします。

[　　　　　　]

4

お急ぎ！

右の図のように，直線 $y=4x$ 上の点Aと直線 $y=\dfrac{1}{2}x$ 上の点Cを頂点にもつ正方形ABCDがあります。点Aと点Cの x 座標は正で，辺ABが y 軸と平行であるとき，次の問いに答えなさい。

3, 4 千葉県

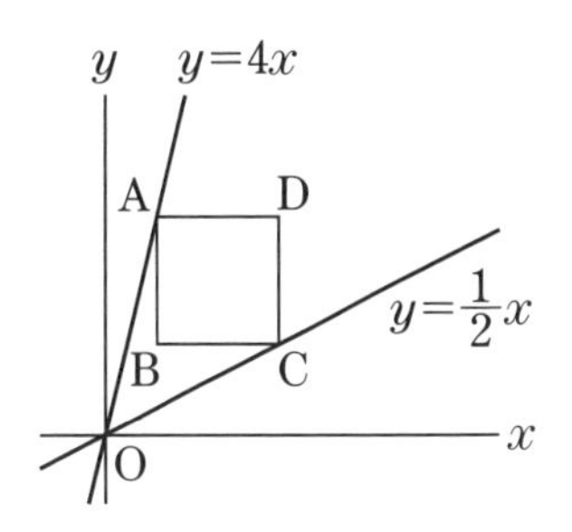

(1) 点Aの y 座標は8であるとき，次の問いに答えなさい。

① 点Aの x 座標を求めなさい。

[　　　　　　]

② 2点A，Cを通る直線の式を求めなさい。

[　　　　　　]

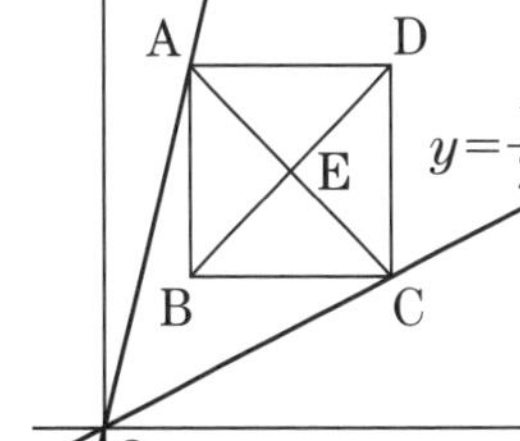

HIGH LEVEL (2) 正方形ABCDの対角線ACと対角線BDの交点をEとします。点Eの x 座標が13であるとき，点Dの座標を求めなさい。

[　　　　　　]

＼ よく出る ／

関数の問題ランキング

1位 関数の式を求める

➡問題 P.65，77，80 など

出題率 高

1次関数
$y=ax+b$

▼

y が x の2乗に比例する関数
$y=ax^2$

▼

反比例
$y=\frac{a}{x}$

▼

比例
$y=ax$

出題率 低

2位 関数 $y=ax^2$ の変化の割合

➡問題 P.66 など

$$\text{変化の割合}=\frac{y\text{の増加量}}{x\text{の増加量}}$$

関数 $y=ax^2$ の変化の割合は一定ではない。

（1次関数 $y=ax+b$ の変化の割合は a の値で一定。）

3位 変域

➡問題 P.66，81 など

$y=ax^2$ の変域

$a>0$　　$a<0$

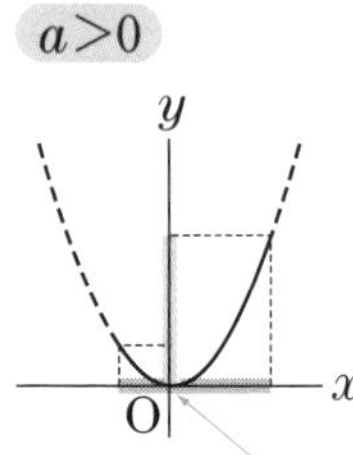

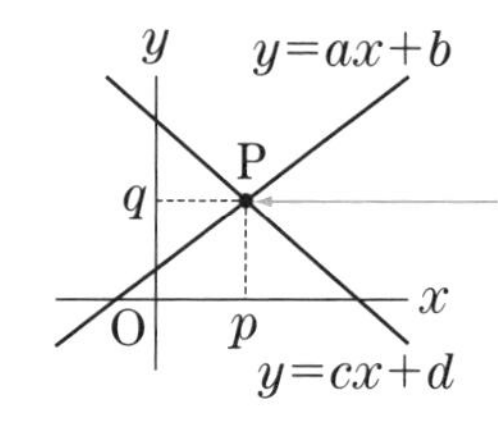

x の変域に 0 を含むときに注意！

$y=ax+b$ の変域

$a>0$　　$a<0$

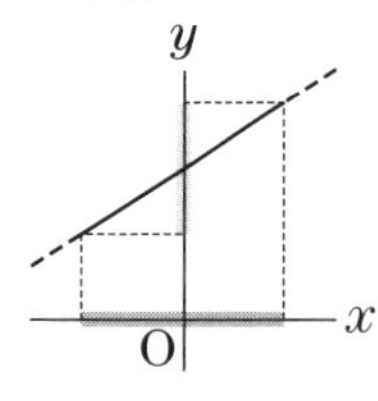

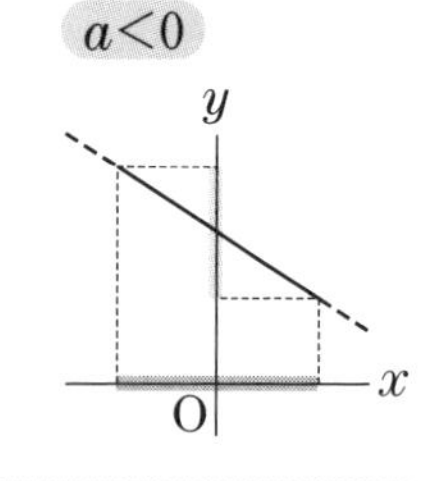

4位 直線の交点の座標

➡問題 P.81 など

2直線 $y=ax+b$ と $y=cx+d$ の交点の座標

y　$y=ax+b$
P
q
O　p　x
$y=cx+d$

連立方程式
$\begin{cases} y=ax+b \\ y=cx+d \end{cases}$ の解
$x=p,\ y=q$

直線 $y=ax+b$ と x 軸，y 軸との交点の座標

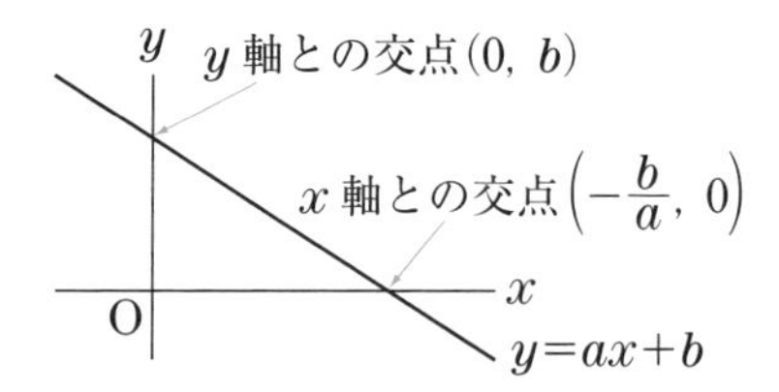

平面図形

☑ 弱点チェック

次の問題を解いて，
自分の弱点項目をみつけよう！

➡ 解答･解説は別冊37ページ

1 円とおうぎ形

右の図のおうぎ形で，

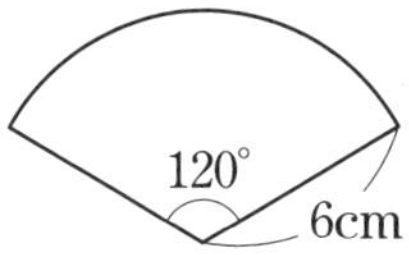

☐ ① 弧の長さは？

[　　　　]

☐ ② 面積は？

[　　　　]

120°
6cm

右の図の円Oで，

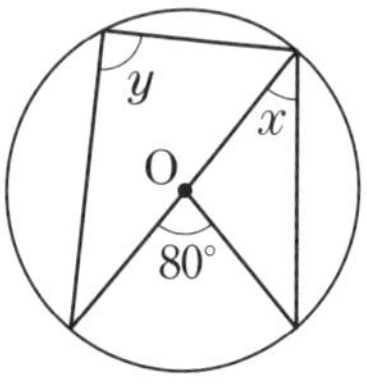

☐ ③ $\angle x$ の大きさは？

[　　　　]

☐ ④ $\angle y$ の大きさは？

[　　　　]

y
x
O
80°

2 図形の相似

次の ☐ にあてはまる数やことばを入れて，三角形の相似条件を完成させなさい。

☐ ① ☐ 組の辺の ☐ がすべて等しい。　[　　　　],[　　　　]

☐ ② ☐ 組の辺の比と ☐ がそれぞれ等しい。　[　　　　],[　　　　]

☐ ③ ☐ 組の ☐ がそれぞれ等しい。　[　　　　],[　　　　]

3 作図

次の ☐ にあてはまることばを書きなさい。

☐ ① 2点A，Bから等しい距離にある点は，線分ABの ☐ 上にある。

[　　　　]

☐ ② ∠AOBの2辺OA，OBから等しい距離にある点は，∠AOBの ☐ 上にある。

[　　　　]

4 平面図形と三平方の定理

次の図の x の値を求めなさい。

☐ ①

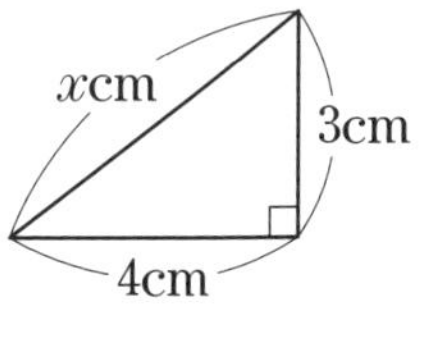

$x$cm
3cm
4cm

☐ ②

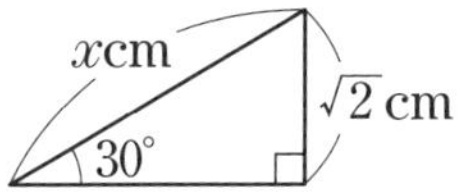

$x$cm
$\sqrt{2}$ cm
30°

☐ ③

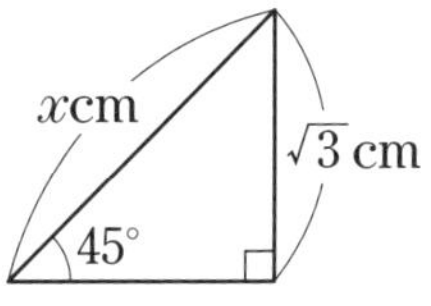

$x$cm
$\sqrt{3}$ cm
45°

[　　　　]　[　　　　]　[　　　　]

5 三角形

次の ☐ にあてはまる数やことばを入れて，三角形の合同条件を完成させなさい。

☐ ① ☐ 組の ☐ がそれぞれ等しい。　[　　　　],[　　　　]

☐ ② ☐ 組の辺とその間の ☐ がそれぞれ等しい。　[　　　　],[　　　　]

☐ ③ ☐ 組の辺とその ☐ の角がそれぞれ等しい。　[　　　　],[　　　　]

6 平面図形の基本性質

右の図で，$\ell /\!/ m$ のとき，

□ ① $\angle x$ の大きさは？ [　　　]

□ ② $\angle y$ の大きさは？ [　　　]

□ ③ $\angle z$ の大きさは？ [　　　]

z
x
y
ℓ
m
65°
75°

□ ④ 六角形の内角の和は？ [　　　]

□ ⑤ 正六角形の 1 つの内角の大きさは？ [　　　]

□ ⑥ 正八角形の 1 つの外角の大きさは？ [　　　]

7 四角形

次の □ にあてはまることばを入れて，平行四辺形になるための条件を完成させなさい。

□ ① 2 組の対辺がそれぞれ □ である。 [　　　]

□ ② 2 組の □ がそれぞれ等しい。 [　　　]

□ ③ 2 組の □ がそれぞれ等しい。 [　　　]

□ ④ □ がそれぞれの □ で交わる。 [　　　], [　　　]

□ ⑤ 1 組の対辺が □ で，その □ が等しい。 [　　　], [　　　]

8 平行線と線分の比

次の図の x の値を求めなさい。

□ ①

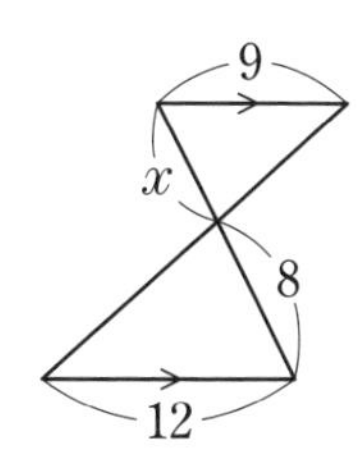

[　　　]

□ ②

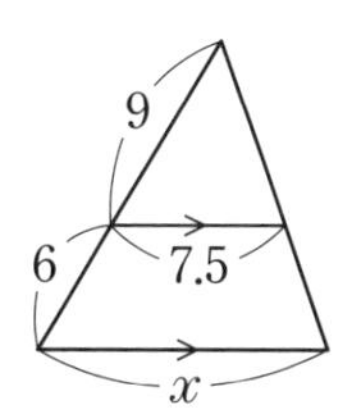

[　　　]

□ ③

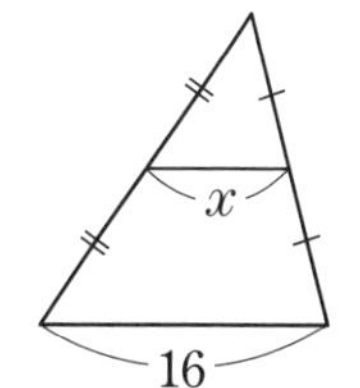

[　　　]

弱点チェックシート

正解した問題の数だけ塗りつぶそう。
正解の少ない項目があなたの弱点部分だ。

弱点項目から取り組む人は，このページへGO！

1	円とおうぎ形	1	2	3	4			92 ページ
2	図形の相似	1	2	3				97 ページ
3	作図	1	2					102 ページ
4	平面図形と三平方の定理	1	2	3				105 ページ
5	三角形	1	2	3				109 ページ
6	平面図形の基本性質	1	2	3	4	5	6	113 ページ
7	四角形	1	2	3	4	5		116 ページ
8	平行線と線分の比	1	2	3				119 ページ

中1・3範囲

出題率 84%

1 円とおうぎ形

解法の整理

1 おうぎ形の弧の長さと面積

半径 r，中心角 $x°$，円周率を π とすると，

弧の長さ $\ell=2\pi r\times\frac{x}{360}$

面積 $S=\pi r^2\times\frac{x}{360}$

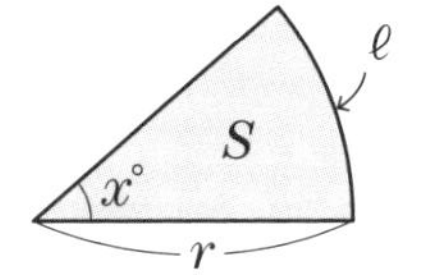

CHECK! 弧の長さから求める場合

半径 r，弧の長さ ℓ のおうぎ形の面積 S

$S=\frac{1}{2}\ell r$

2 円周角の定理

1つの弧に対する**円周角の大きさは一定**であり，その弧に対する**中心角の大きさの半分**である。

例 右の図で，$\angle\mathrm{APB}=\angle\mathrm{AQB}=\frac{1}{2}\angle\mathrm{AOB}$

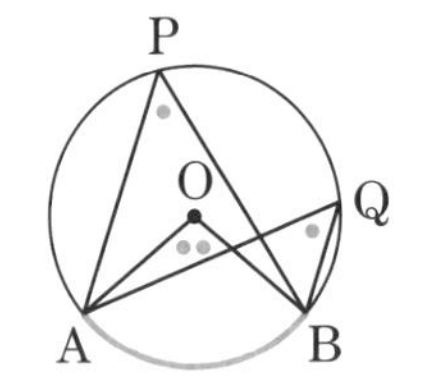

CHECK! 円周角と弧の定理

①1つの円で，等しい円周角に対する弧は等しい。

②1つの円で，等しい弧に対する円周角は等しい。

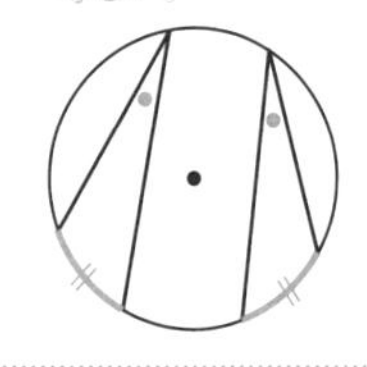

3 半円の弧に対する円周角

半円の弧に対する円周角は 90° である。

例 右の図で，

$\angle\mathrm{APB}=\frac{1}{2}\angle\mathrm{AOB}=\frac{1}{2}\times180°=90°$

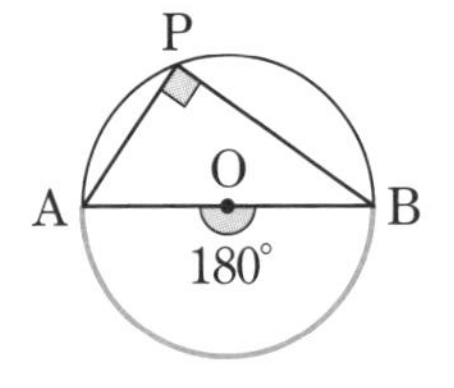

4 円周角の定理の逆

2点P，Qが直線ABについて同じ側にあって，

∠APB＝∠AQB

ならば，**4点A，B，P，Qは1つの円周上にある。**

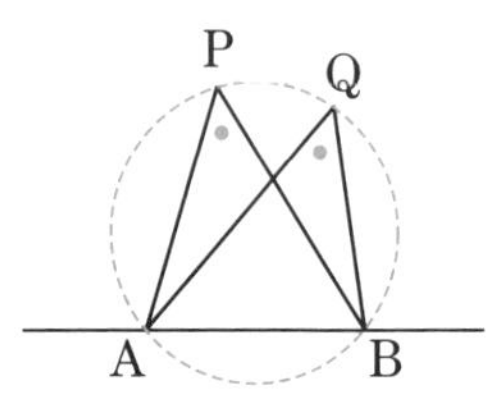

5 円と接線

1 円の接線は，接点を通る半径に垂直である。

例 右の図で，

ℓ⊥OA

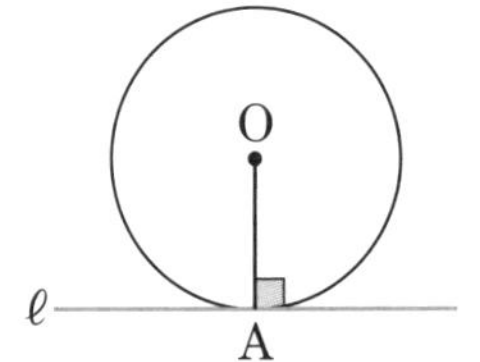

2 円外の1点からその円にひいた**2つの接線の長さは等しい。**

例 右の図で，

PA＝PB

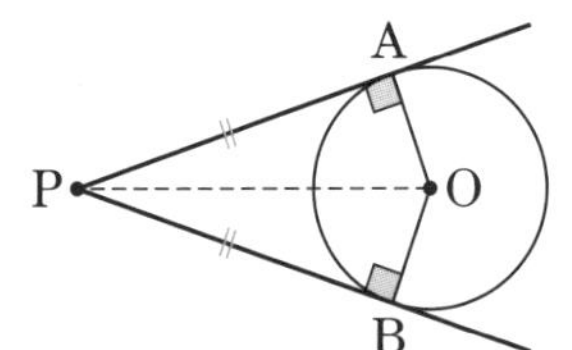

CHECK! 接線と接点

直線 ℓ が円Oと円周上の1点Aだけで交わるとき，ℓ は円Oに**接する**といい，ℓ を円Oの**接線**，Aを**接点**という。

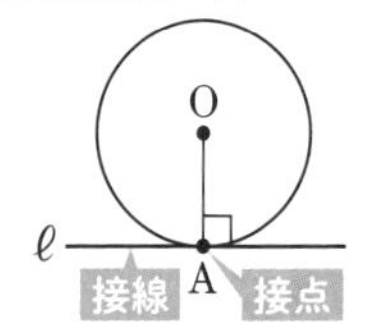

入試データ 円周角の定理を利用する図形の証明問題もよく出題される。

実戦トレーニング

➡解答・解説は別冊37ページ

円周率は π とします。

1 次の図で，$\angle x$ の大きさを求めなさい。点 O は円の中心です。 2, 3, 5

(1) 沖縄県

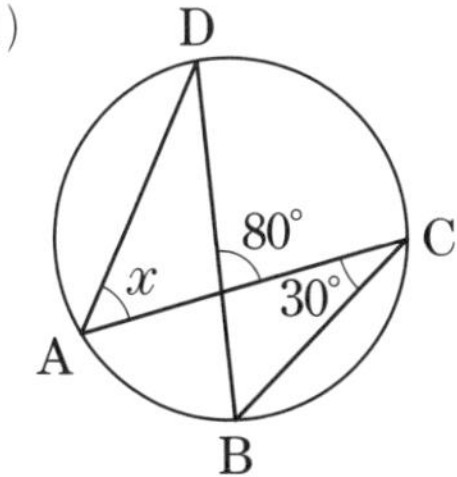

[　　　　]

(2) 栃木県

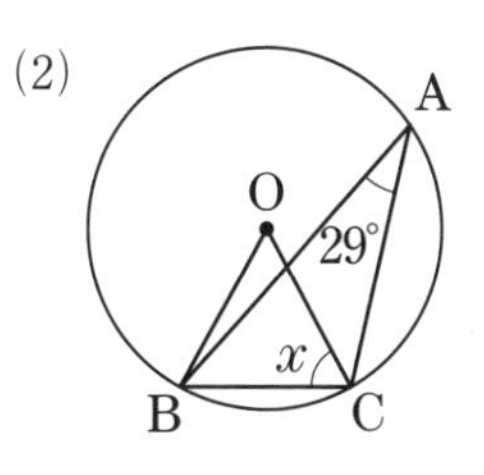

[　　　　]

正答率 72.6% (3) 鳥取県

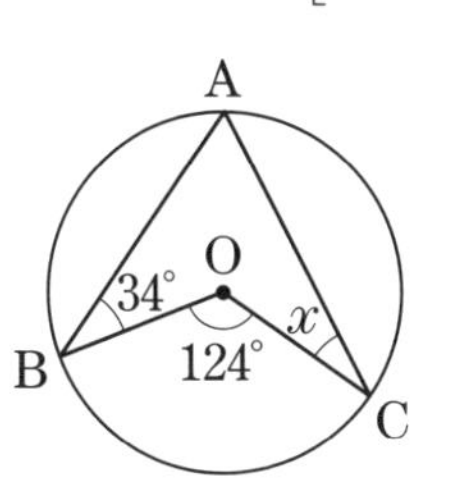

[　　　　]

(4) 京都府

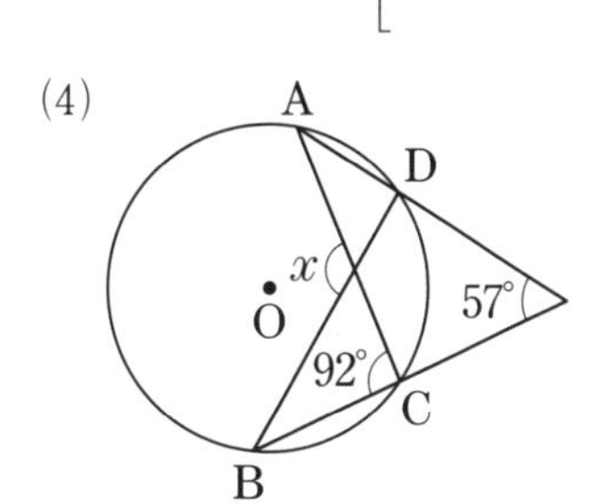

[　　　　]

(5) 香川県

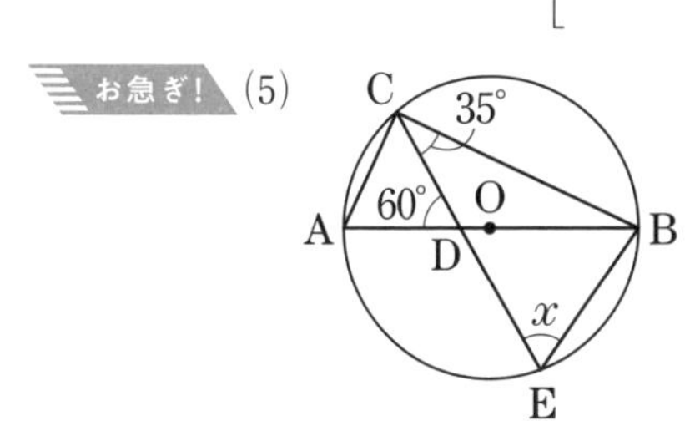

[　　　　]

(6) 和歌山県

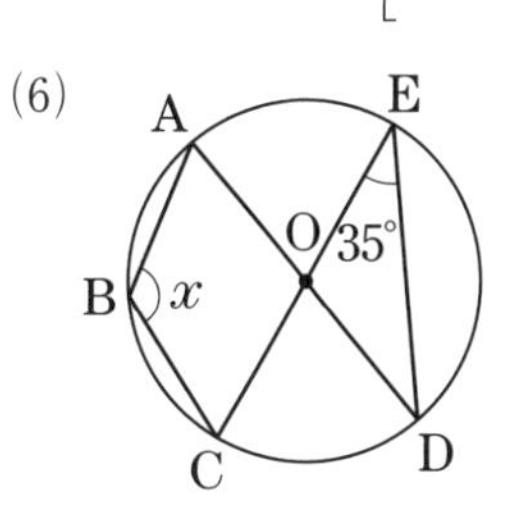

[　　　　]

正答率 66.1% (7) PB は円 O の接線，点 B は接点　新潟県・改

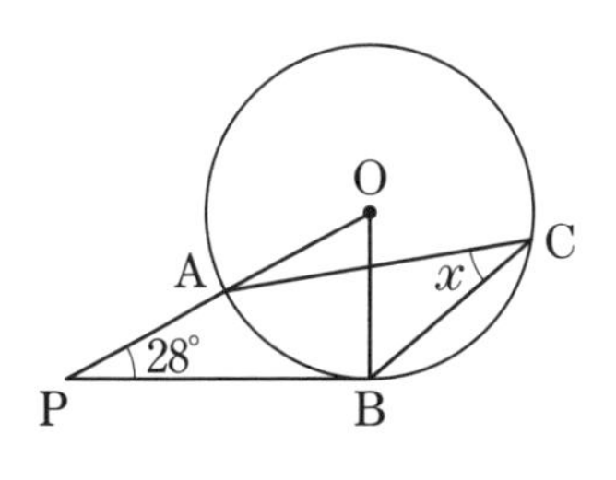

[　　　　]

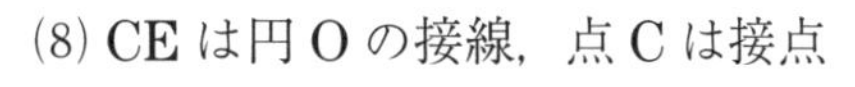

(8) CE は円 O の接線，点 C は接点　愛知県・改

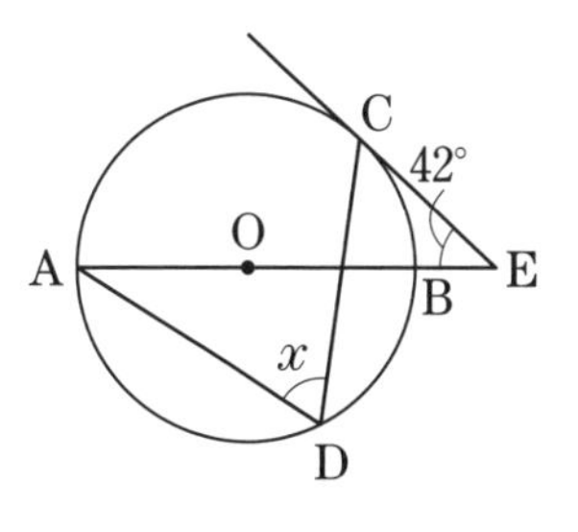

[　　　　]

2

正答率 65.6%

次のア～ウの四角形ABCDのうち，4点A，B，C，Dが1つの円周上にあるものを1つ選び，記号で答えなさい。 4 島根県

ア
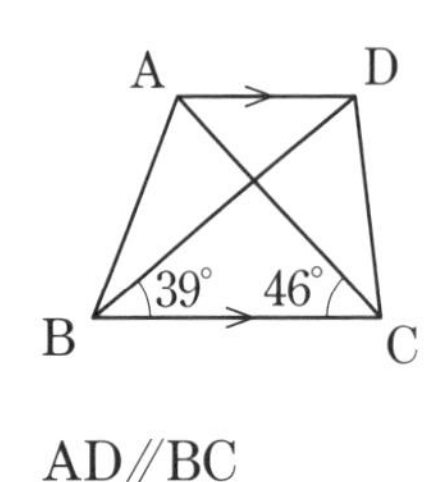

AD∥BC

イ
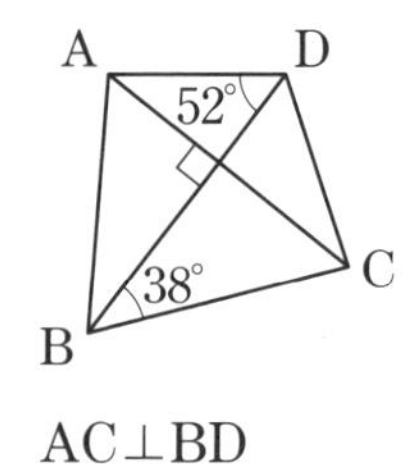

AC⊥BD

ウ
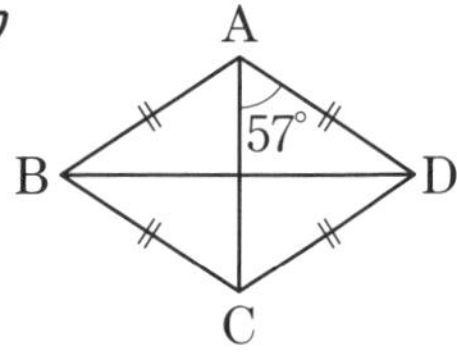

AB＝BC＝CD＝DA

[　　　　　]

3

お急ぎ！

右の図のように，四角形ABCDがあり，対角線ACと対角線BDの交点をEとします。∠ABE＝34°，∠BAD＝90°，∠BCE＝56°，∠BEC＝80°であるとき，∠CDEの大きさは何度ですか。 4 高知県

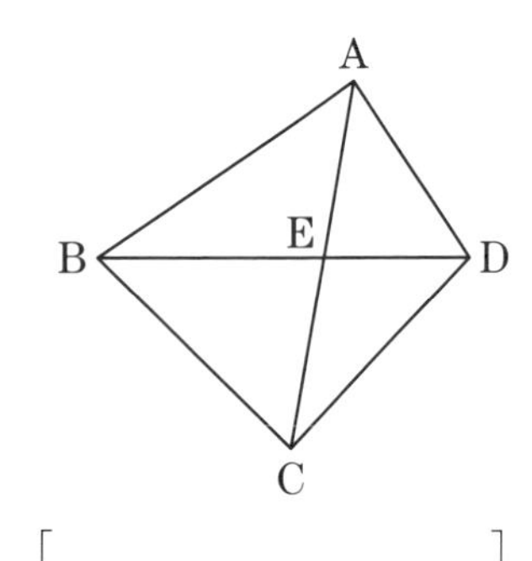

[　　　　　]

4

次の問いに答えなさい。 1, 2

正答率 73.0%

(1) 右の図は，半径が9cm，中心角が60°のおうぎ形です。このおうぎ形の弧の長さを求めなさい。 栃木県

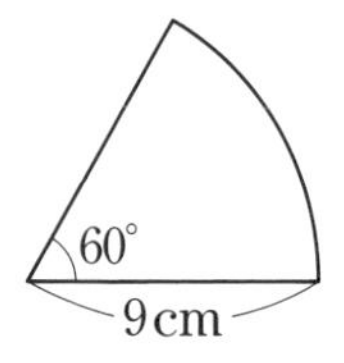

[　　　　　]

(2) 半径が5cm，中心角が72°のおうぎ形の面積を求めなさい。 福島県

[　　　　　]

お急ぎ！

(3) 右の図のように，円Oの周上に3点A，B，Pがあり，∠APB＝75°です。円周角∠APBに対する$\overset{\frown}{AB}$の長さが4πcmであるとき，円Oの周の長さを求めなさい。 京都府

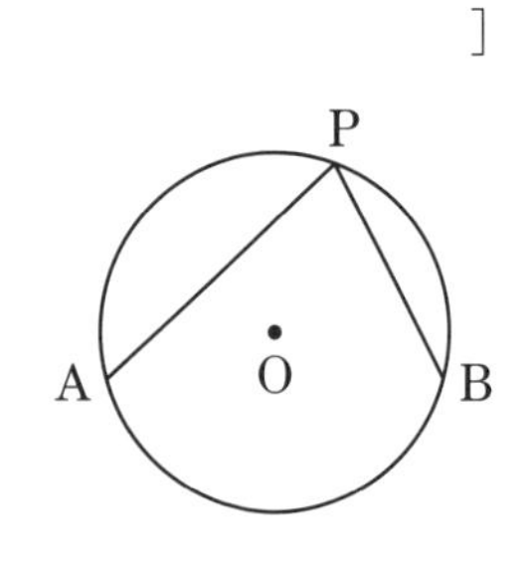

[　　　　　]

5

お急ぎ！

右の図で，C，D は AB を直径とする半円 O の周上の点であり，E は直線 AC と BD との交点です。半円 O の半径が 5cm，$\overset{\frown}{CD}$ の長さが 2πcm のとき，∠CED の大きさは何度ですか，求めなさい。

1, 2, 3 愛知県

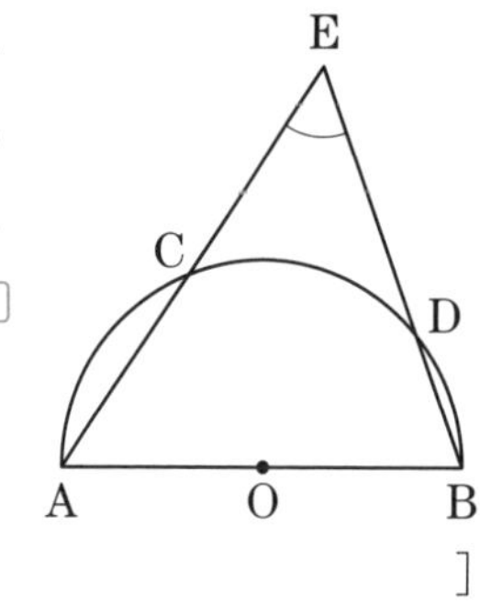

[　　　　　　　　]

6

お急ぎ！

正答率 34%

右の図のように，円 O の周上に異なる 3 点 A，B，C があり，線分 AB は円 O の直径となっています。点 B を通る円 O の接線をひき，直線 AC との交点を D とします。このとき，△ABC∽△ADB であることを証明しなさい。

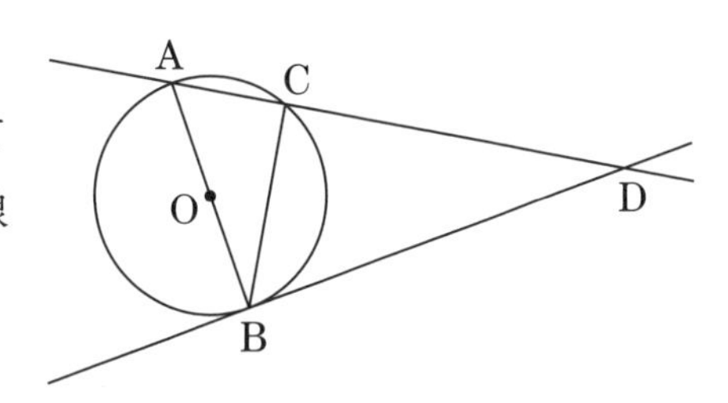

3, 5 岩手県

〈証明〉

7

右の図において，3 点 A，B，C は円 O の円周上の点です。∠ABC の二等分線と円 O との交点を D とし，BD と AC との交点を E とします。$\overset{\frown}{AB}$ 上に AD＝AF となる点 F をとり，FD と AB との交点を G とします。このとき，次の問いに答えなさい。

2 静岡県

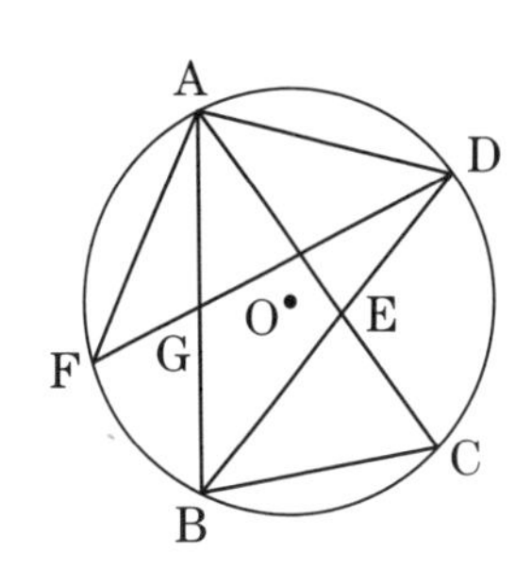

正答率 23.7%

(1) △AGD∽△ECB であることを証明しなさい。

〈証明〉

正答率 12.1%

(2) $\overset{\frown}{AF}$：$\overset{\frown}{FB}$＝5：3，∠BEC＝76° のとき，∠BAC の大きさを求めなさい。

[　　　　　　　　]

8

お急ぎ！

右の図のように，円周上に異なる点A，B，C，D，Eがあり，AC＝AE，$\overset{\frown}{BC}=\overset{\frown}{DE}$ です。線分BEと線分AC，ADとの交点をそれぞれ点F，Gとします。このとき，次の問いに答えなさい。ただし，$\overset{\frown}{BC}$，$\overset{\frown}{DE}$ は，それぞれ短い方の弧を指すものとします。

⮣2 富山県

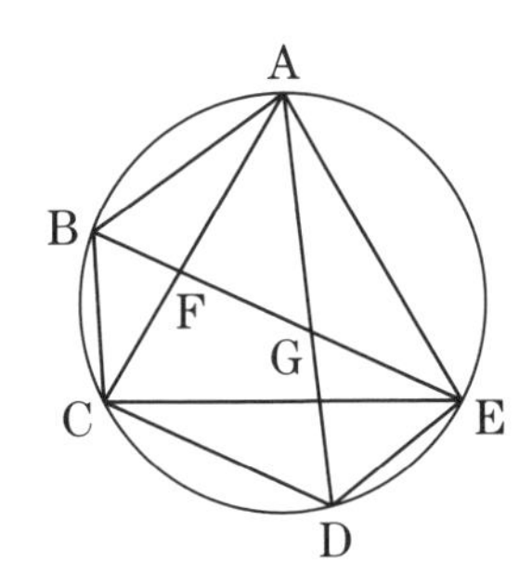

(1) △ABC≡△AGEを証明しなさい。

〈証明〉

(2) AB＝4cm，AE＝6cm，DG＝3cmとするとき，次の問いに答えなさい。

① 線分AFの長さを求めなさい。

［　　　　　］

② △ABGと△CEFの面積比を求めなさい。

［　　　　　］

9

右の図において，3点A，B，Cは円Oの円周上の点であり，BCは円Oの直径です。$\overset{\frown}{AC}$ 上に∠OAC＝∠CADとなる点Dをとり，BDとOAとの交点をEとします。点Cを通りODと平行な直線と円Oとの交点をFとし，DFとBCとの交点をGとします。このとき，次の問いに答えなさい。

⮣1，2 静岡県

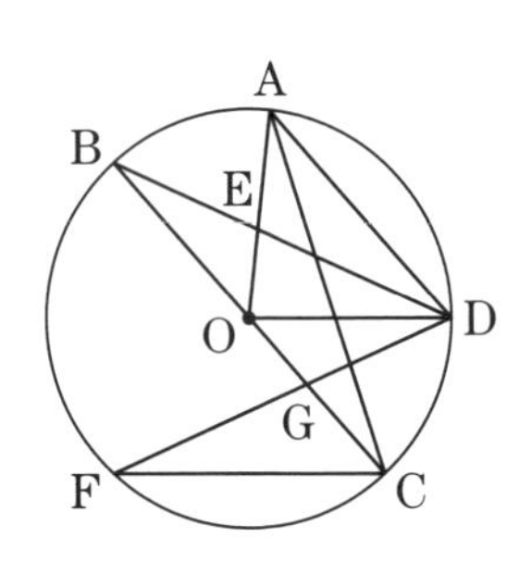

正答率 22.8%

(1) △BOE≡△DOGであることを証明しなさい。

〈証明〉

正答率 7.4%

(2) ∠BGF＝72°，円Oの半径が6cmのとき，小さい方の $\overset{\frown}{AD}$ の長さを求めなさい。

［　　　　　］

2 図形の相似

最重要点の確認

■三角形の相似(そうじ)条件

❶ **3組の辺の比**がすべて等しい。

$a : a' = b : b' = c : c'$

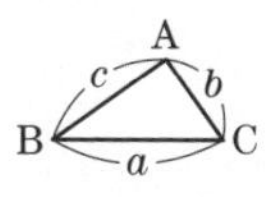

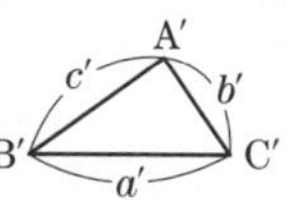

❷ **2組の辺の比とその間の角**がそれぞれ等しい。

$a : a' = c : c'$，$\angle B = \angle B'$

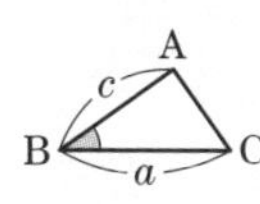

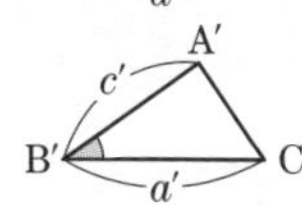

❸ **2組の角**がそれぞれ等しい。

$\angle B = \angle B'$，$\angle C = \angle C'$

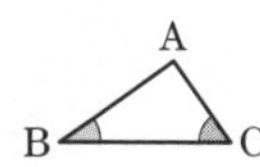

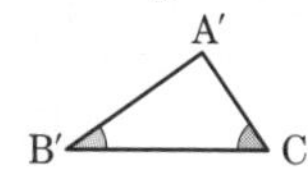

解法の整理

1 相似な図形の性質

1 対応する線分の長さの比は，すべて等しい。

2 対応する角の大きさは，それぞれ等しい。

例 右の図で，△ABC∽△DEF のとき，辺 EF，辺 AC の長さをそれぞれ求めなさい。

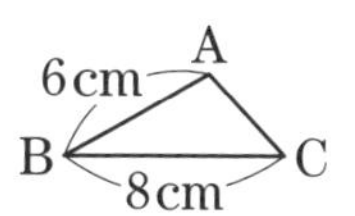

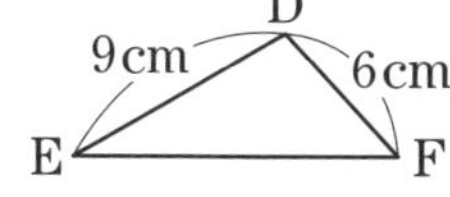

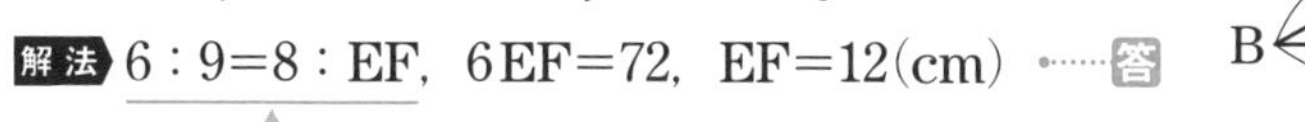

解法 $6 : 9 = 8 : \text{EF}$，$6\text{EF} = 72$，$\text{EF} = 12$(cm) ……答
AB : DE＝BC : EF

$6 : 9 = \text{AC} : 6$，$36 = 9\text{AC}$，$\text{AC} = 4$(cm) ……答
AB : DE＝AC : DF

2 相似の証明

1 例 右の図の △ABC と △ADB において，

$\text{AB} : \text{AD} = 12 : 9 = 4 : 3$

$\text{AC} : \text{AB} = (9+7) : 12 = 16 : 12 = 4 : 3$

$\angle \text{BAC} = \angle \text{DAB}$（共通な角）

2組の辺の比とその間の角がそれぞれ等しいから，△ABC∽△ADB

2 例 右の図の △ABE と △DCE において，

$\angle \text{AEB} = \angle \text{DEC}$（対頂角）

$\angle \text{BAE} = \angle \text{CDE}$（円周角の定理）

2組の角がそれぞれ等しいから，△ABE∽△DCE

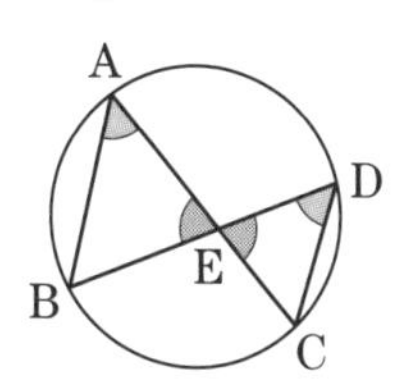

3 相似な図形の面積の比，体積の比

1 相似な図形の周の長さの比と面積の比 … 相似比が $m : n$ ならば，周の長さの比は $m : n$，面積の比は $m^2 : n^2$

2 相似な立体の表面積の比と体積の比 … 相似比が $m : n$ ならば，表面積の比は $m^2 : n^2$，体積の比は $m^3 : n^3$

入試データ　三角形の相似の証明では，「2組の角がそれぞれ等しい」が最も多く利用される。

実戦トレーニング

➡ 解答・解説は別冊40ページ

1 次の問いに答えなさい。

↩1

正答率 85.7%

(1) 右の図で，△ABC∽△DEF であるとき，x の値を求めなさい。 栃木県

A, B, C, 5cm, 2cm, D, E, F, $x$cm, 4cm

［x＝　　　　　　］

お急ぎ！

(2) 右の図で，D は △ABC の辺 AB 上の点で，∠DBC＝∠ACD です。AB＝6cm，AC＝5cm のとき，線分 AD の長さは何 cm か，求めなさい。 愛知県

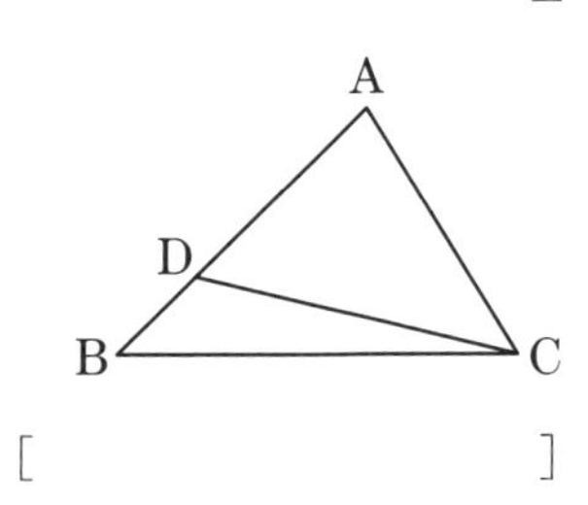

［　　　　　　］

2

お急ぎ！

右の図のように，△ABC があります。点 D，E は，それぞれ辺 AB，AC 上の点であり，DE∥BC です。このとき，△ABC∽△ADE となることを証明しなさい。 ↩2 秋田県

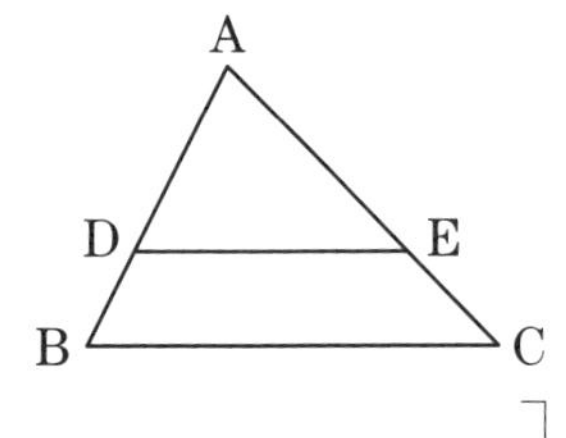

〈証明〉

3

正答率 14.0%

右の図のように，線分 AB を直径とする半円があり，点 O は線分 AB の中点です。$\overset{\frown}{AB}$ 上に，A と B と異なる点 C をとります。$\overset{\frown}{BC}$ 上に AC∥OD となるような点 D をとり，線分 BC と線分 AD との交点を E とします。このとき，△AEC∽△ABD であることを証明しなさい。

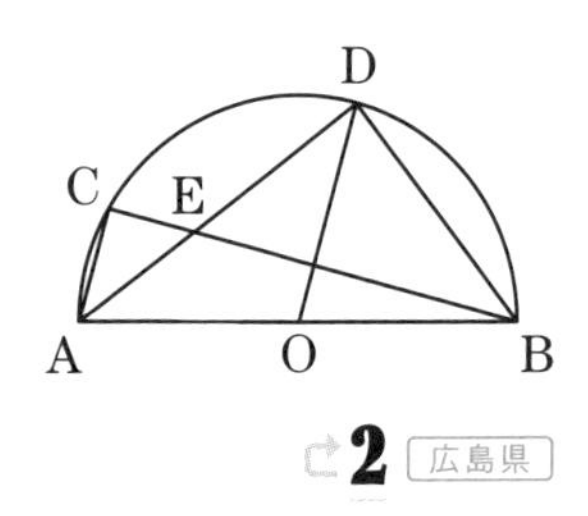

↩2 広島県

〈証明〉

4 次の問いに答えなさい。

2, 3

お急ぎ！ 正答率 35.5%

(1) △ABC と △DEF は相似であり，その相似比は 3：5 です。このとき，△DEF の面積は △ABC の面積の何倍か求めなさい。

栃木県

[　　　　]

お急ぎ！

(2) 右の図のように，AD∥BC の台形 ABCD があります。辺 BC 上に点 E，辺 CD 上に点 F を，BD∥EF となるようにとります。また，線分 BF と線分 ED との交点を G とします。BG：GF＝5：2 となるとき，△ABE の面積 S と △GEF の面積 T の比を，最も簡単な整数の比で表しなさい。

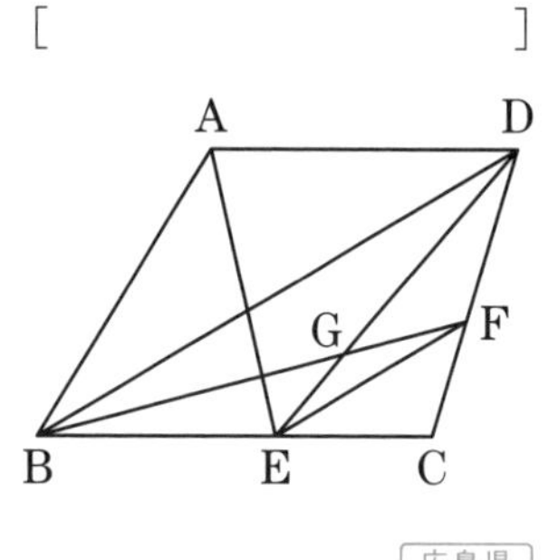

広島県

[S：T＝　　　　]

(3) 相似な 2 つの立体 F，G があります。F と G の相似比が 3：5 であり，F の体積が 81πcm^3 のとき，G の体積を求めなさい。

佐賀県

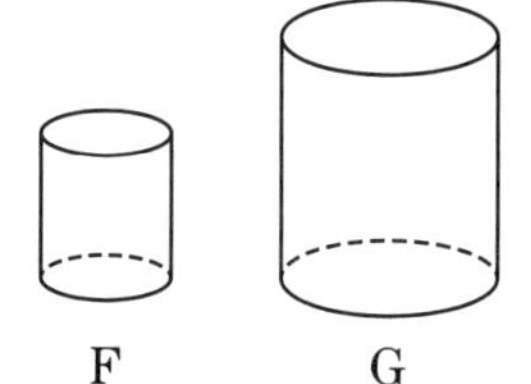

[　　　　]

お急ぎ！

(4) 右の図のように，頂点が A，底面が 1 辺の長さ 5cm の正方形 BCDE で，高さが 6cm の正四角錐があります。辺 AB を 3 等分する点を，頂点 A に近い方から順に，F，G とします。同様に，辺 AC，AD，AE をそれぞれ 3 等分する点を，頂点 A に近い方から順に H，I，J，K，L，M とし，4 点 F，H，J，L，F をこの順に結び，4 点 G，I，K，M，G をこの順に結びます。立体 FHJL－GIKM の体積は何 cm^3 ですか。

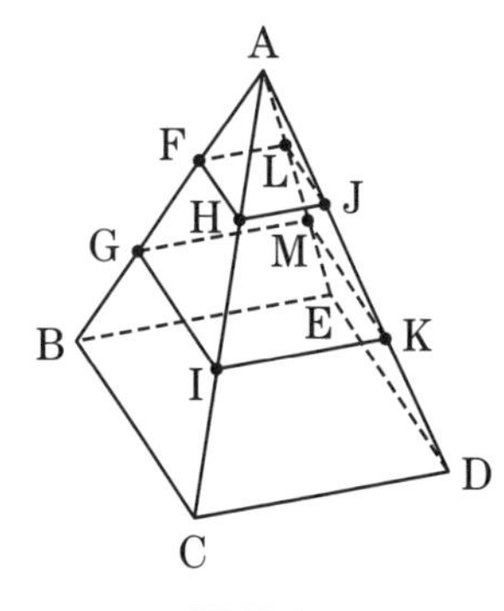

東京都立八王子東高

[　　　　]

5

ある店で，同じ味のアイスクリームをS，M，Lの3種類のサイズで販売しており，価格は右の表のとおりです。これらのアイスクリームをすべて円柱とみなして考えると，Sサイズと Mサイズは相似な立体で，相似比は3：4です。また，Mサイズと Lサイズの底面の半径の比は4：5で，Lサイズの高さはMサイズの2倍です。このとき，最も割安なサイズを求め，その理由を数や式を用いて説明しなさい。

サイズ	S	M	L
価格(円)	160	320	960

3 22 埼玉県

〈説明〉

(答)

6

正答率 23.3%

右の図において，正三角形ABCと正三角形DEFの辺の交点をG，H，I，J，K，Lとするとき，△AGL∽△BIHであることを証明しなさい。

2 鹿児島県

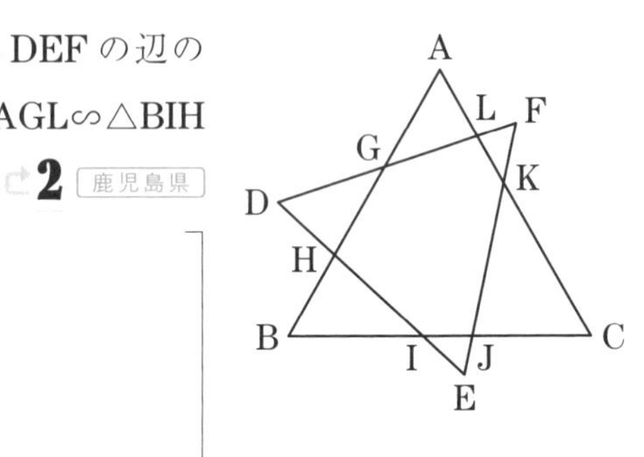

〈証明〉

7

お急ぎ！

右の図のように，正方形ABCDの辺BC上に点Eをとり，辺CD上に∠AEF=90°となるように点Fをとります。ただし，点Eは点B，Cと一致しないものとします。このとき，次の問いに答えなさい。

1，2 山梨県

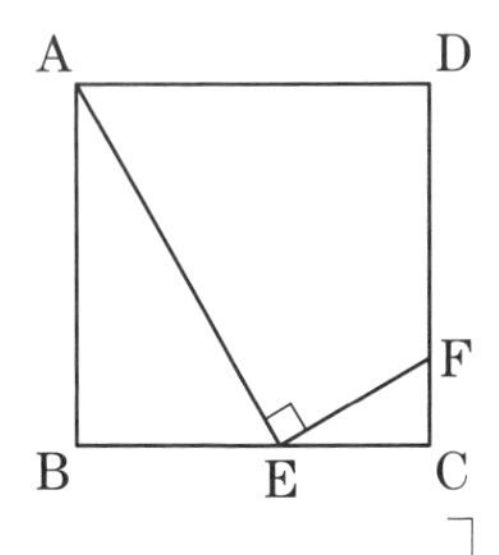

正答率 19%

(1) △ABE∽△ECFとなることを証明しなさい。

〈証明〉

正答率 5%

(2) 点Fを通り，直線EFに垂直な直線と辺ADとの交点をGとします。AB=3cm，BE=2cmであるとき，AG：GDを最も簡単な整数の比で表しなさい。

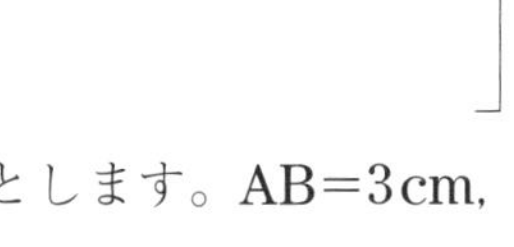

[AG：GD=]

8 お急ぎ！

右の**図1**のように，△ABCの辺AB上に，∠ABC＝∠ACDとなる点Dをとります。また，∠BCDの二等分線と辺ABとの交点をEとします。AD＝4cm，AC＝6cmであるとき，次の問いに答えなさい。 ➡1, 2 埼玉県

図1

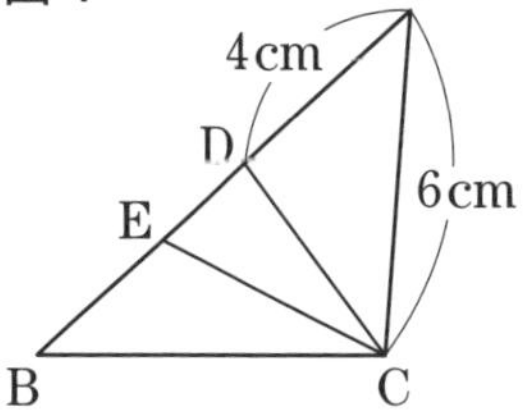

(1) 線分BEの長さを求めなさい。

[　　　　　　]

(2) 右の**図2**のように，∠BACの二等分線と辺BCとの交点をF，線分AFと線分EC，DCとの交点をそれぞれG，Hとします。△ADHと△ACFが相似であることを証明しなさい。

図2

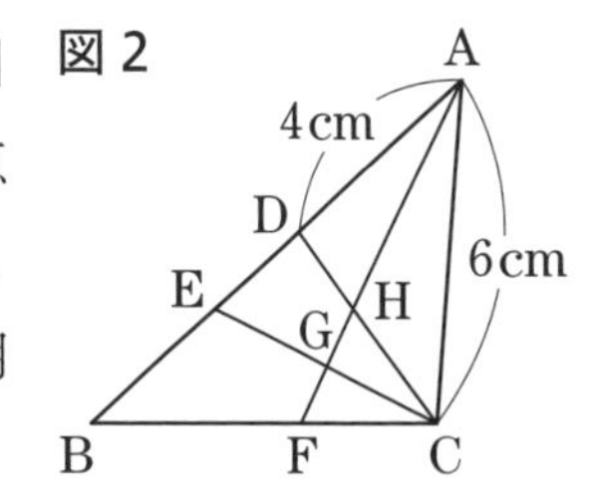

〈証明〉

(3) **図2**において，△ABCの面積が18cm^{2}であるとき，△GFCの面積を求めなさい。

[　　　　　　]

9

右の図において，△ABCはAB＝AC＝8cm，BC＝7cmの二等辺三角形です。Dは，辺BC上にあってB，Cと異なる点です。AとDとを結びます。Eは直線ACについてBと反対側にある点であり，3点A，C，Eを結んでできる△ACEは△ACE≡△BADです。Fは，直線BC上にあってCについてBと反対側にある点です。AとFとを結びます。Gは，線分AFと線分ECとの交点です。次の問いに答えなさい。 ➡1, 2 大阪府

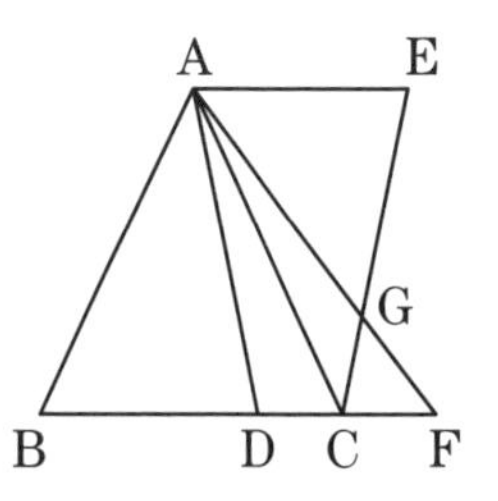

(1) △AEG∽△FCGであることを証明しなさい。

〈証明〉

(2) FA＝FBであり，BD＝5cmであるときの線分GFの長さを求めなさい。

[　　　　　　]

中１範囲

出題率 69%

3 作図

最重要点の確認

■**2点A，Bからの距離が等しい点**は，線分ABの垂直二等分線上にある。

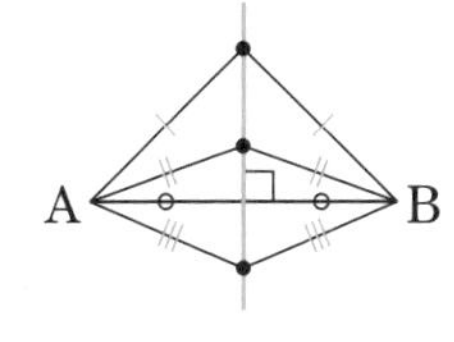

■**角の2辺からの距離が等しい点**は，角の二等分線上にある。

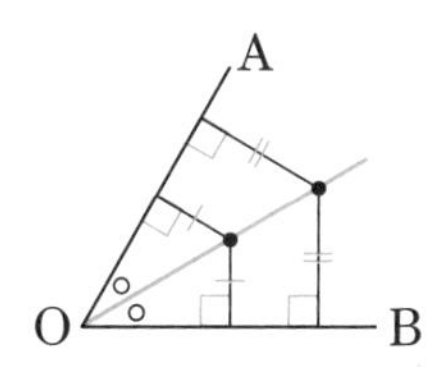

解法の整理

1 垂直二等分線の作図

線分ABの垂直二等分線

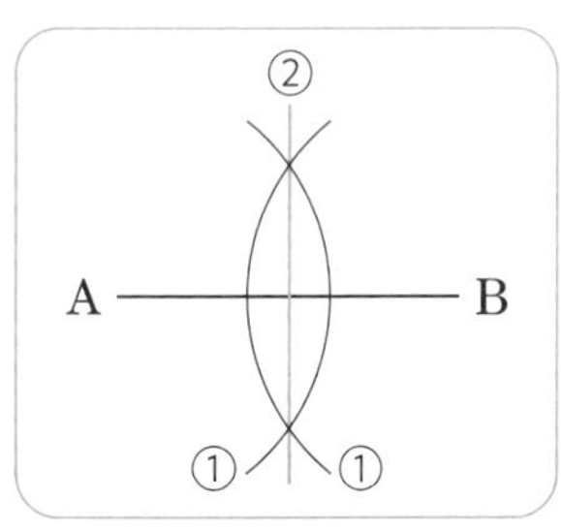

例 3点A，B，Cを通る円の作図

線分ABの垂直二等分線と線分BCの垂直二等分線の交点Oを中心として，半径OAの円をかく。 ➡

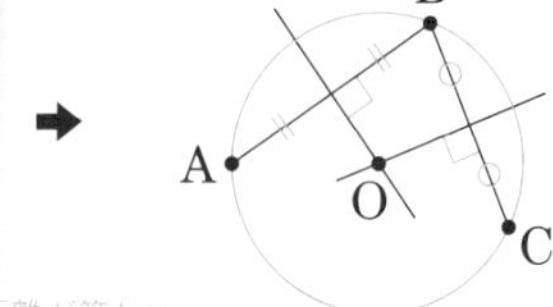

↑円の中心Oは，3点A，B，Cからの距離が等しい

2 角の二等分線の作図

∠AOBの二等分線

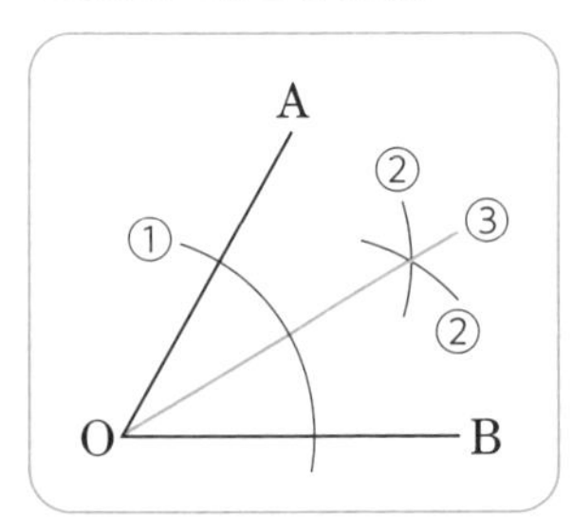

例 30°の角の作図

正三角形をかき，その内角の1つを2等分する。

⬇

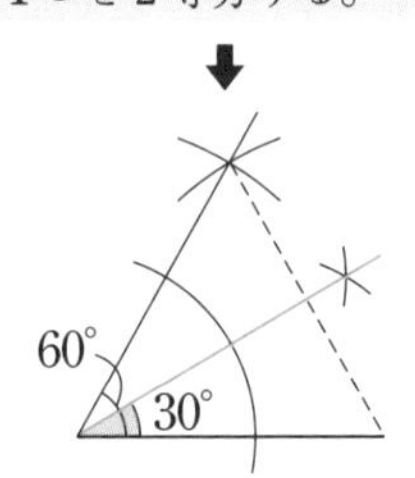

例 45°の角の作図

一直線の角(180°)を2等分し，90°の角を2等分する。

⬇

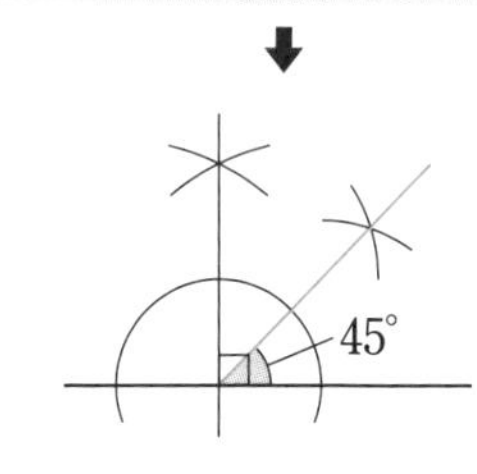

3 垂線の作図

点Pを通る直線ℓの垂線

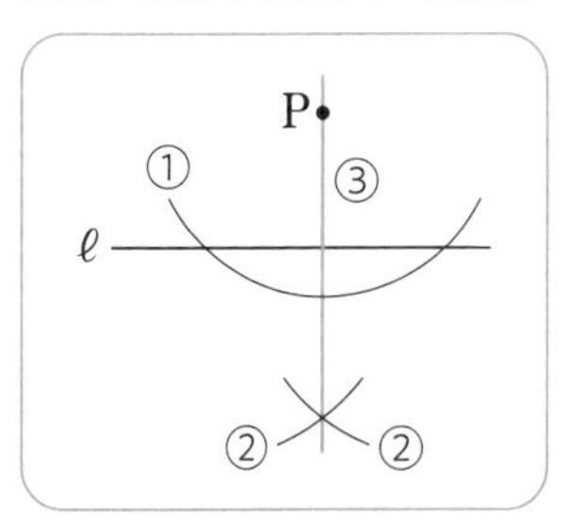

例 △ABCの高さAHの作図

頂点Aから辺BCへの垂線を作図し，辺BCとの交点をHとする。 ➡

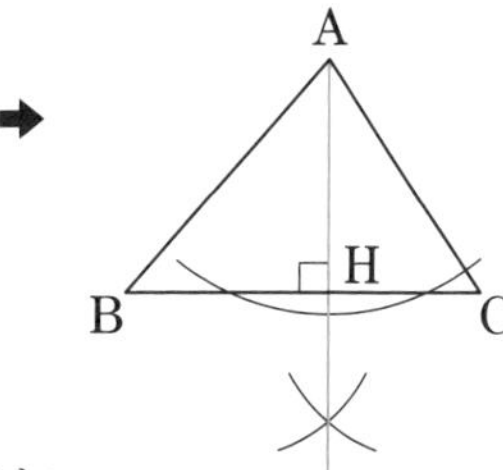

※直線上の点を通る垂線の作図は，180°の角の二等分線と考えればよい。

入試データ 作図の問題は，いろいろな図形の性質が理解できているかを試される。

実戦トレーニング

➡ 解答・解説は別冊42ページ

作図はコンパスと定規を用いて，作図に使った線は消さずに残しておくこと。

1 次の問いに答えなさい。

正答率 65.2%

(1) 右の図において，円Oの周上の点Aを通る接線を作図しなさい。 3 青森県

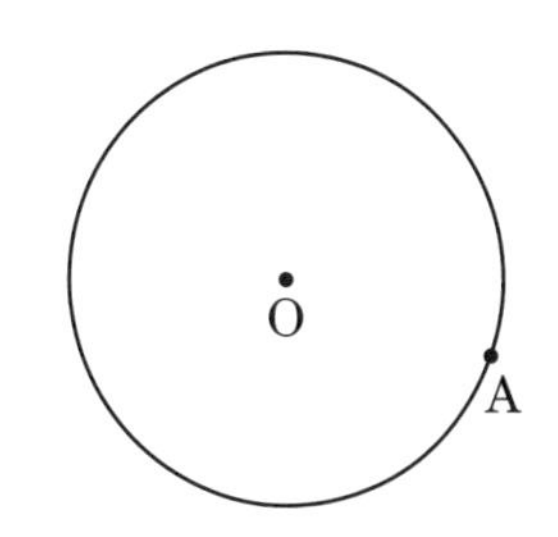

正答率 14.9%

(2) 右の図の線分AB上に点Cをとるとき，AC：AB$=1:\sqrt{2}$となる点Cを作図しなさい。 1 22 埼玉県

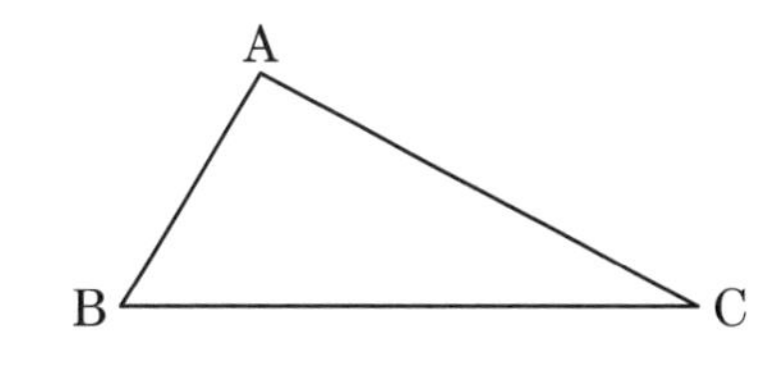

お急ぎ！

(3) 右の図のような，△ABCがあります。2辺AB，ACから等しい距離にあり，2点A, Bから等しい距離にある点Pを，作図によって求めなさい。

1, 2 高知県

お急ぎ！

(4) 右の図のような正三角形ABCの辺AC上に，∠APB$=75°$となる点Pを作図しなさい。また，点Pの位置を示す文字Pも図の中にかき入れなさい。

2, 3 佐賀県

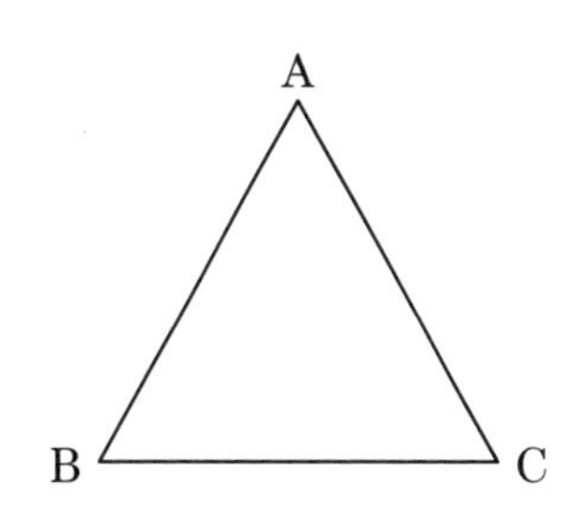

2

お急ぎ！

右の図のように，3点A，B，Cがあります。このとき，次の条件を満たす点Pを作図によって求めなさい。

> **条件**
> ・点Pは，線分ACの中点と点Bを結ぶ直線上の点である。
> ・直線APと直線BPは垂直に交わる。

1, 3 千葉県

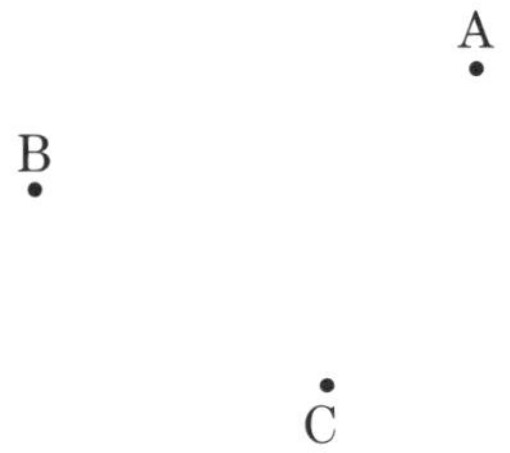

A
B
C

3

HIGH LEVEL

2点A，Bを通る直線ℓと，線分CDがあり，AB＝CDです。
これを用いて，次の□の中の条件①，②をともに満たす点Pを作図しなさい。

> ①　PA＝PB　　②　△PAB＝△PCD

1, 2 石川県

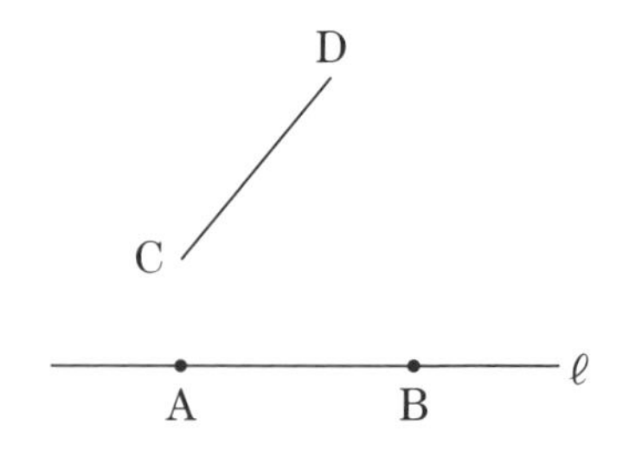

4

右の図で，線分ABを直径とする半円の$\overset{\frown}{AB}$上に点Cがあり，線分ABの中点をOとするとき，∠OBD＝90°，∠DOB＝∠CAOとなる直角三角形DOBを1つ作図しなさい。

2, 3 三重県

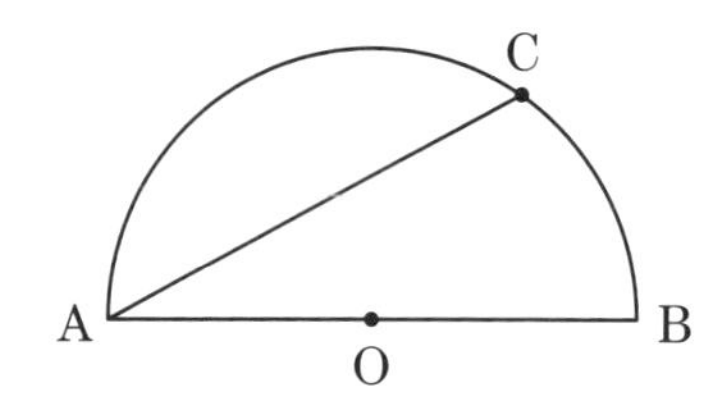

5

お急ぎ！

右の図のように，直線ℓと直線ℓ上の点A，直線ℓ上にない点Bがあります。点Aで直線ℓに接し，点Bを通る円の中心Oを作図しなさい。

1, 3 徳島県・改

B

中３範囲

出題率 50%

4 平面図形と三平方の定理

▶最重要点の確認

■ **三平方の定理**

直角三角形の直角をはさむ２辺の長さを a，b，斜辺（しゃへん）の長さを c とすると，次の関係が成り立つ。

$\boldsymbol{a^2+b^2=c^2}$

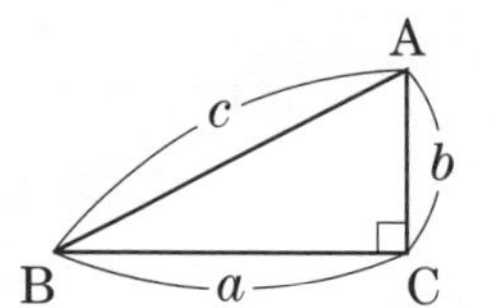

■ **三平方の定理の逆**

三角形の３辺の長さ a，b，c の間に，$\boldsymbol{a^2+b^2=c^2}$ という関係が成り立つとき，その三角形は**長さ c の辺を斜辺とする直角三角形**である。

▶解法の整理

1 特別な直角三角形の辺の比

1 鋭角（えいかく）が 30°，60° の直角三角形

AB：BC：CA

$=2:1:\sqrt{3}$

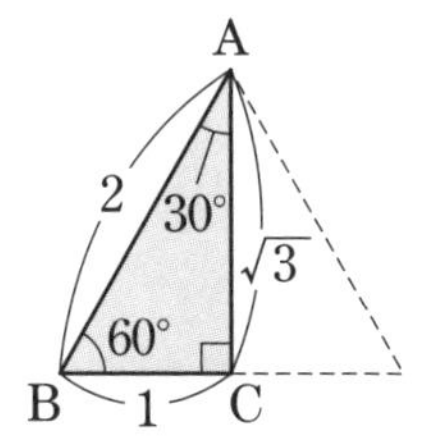

2 直角二等辺三角形

AB：BC：CA

$=1:1:\sqrt{2}$

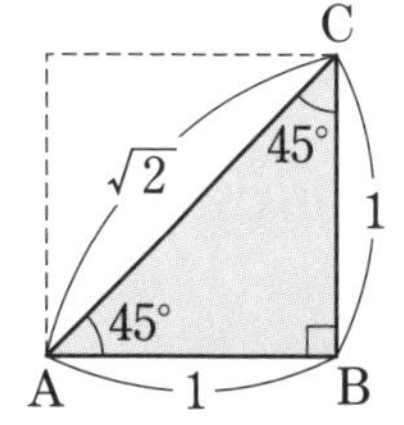

１辺が a の正三角形の高さ h と面積 S

$h=\dfrac{\sqrt{3}}{2}a$　　$S=\dfrac{\sqrt{3}}{4}a^2$

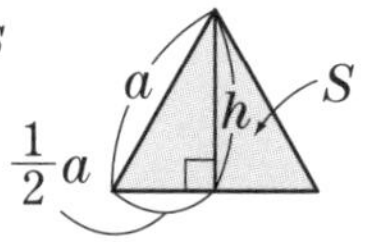

2 三平方の定理と方程式

例 右の図の △ABC で，BH$=x$cm とすると，

△ABH で，$AH^2=AB^2-BH^2=13^2-x^2$

△ACH で，$AH^2=AC^2-HC^2=15^2-(14-x)^2$

$13^2-x^2=15^2-(14-x)^2$ より，$x=5$

したがって，$AH=\sqrt{13^2-5^2}=\sqrt{144}=12$(cm)

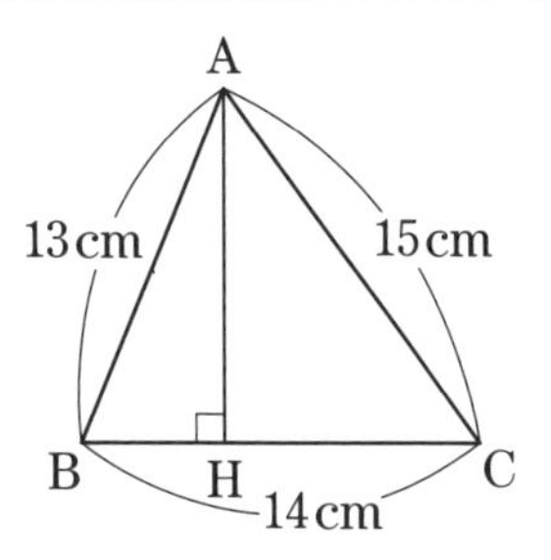

3 座標平面上の２点間の距離

２点 A$(x_1,\ y_1)$，B$(x_2,\ y_2)$ 間の距離は，

$\boldsymbol{\sqrt{(x_2-x_1)^2+(y_2-y_1)^2}}$

例 座標平面上の２点 A(2，3)，B(5，7) 間の距離は，

$AB=\sqrt{(5-2)^2+(7-3)^2}=\sqrt{25}=5$

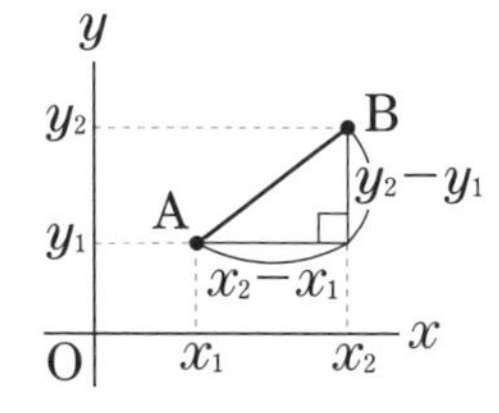

入試データ　入試によく出る直角三角形の３辺の整数比は，3：4：5，5：12：13

実戦トレーニング

➡ 解答・解説は別冊44ページ

次の問いに答えなさい。

(1) 右の図のような $\angle A=90^\circ$ の直角三角形ABCにおいて，AB=2cm，CA=3cmです。辺BCの長さを求めなさい。

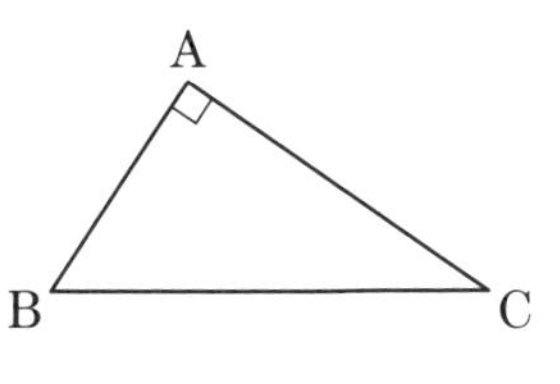

[　　　　　　　]

正答率 72.5%

(2) △ABCにおいて，$\angle A=90^\circ$，AB=6cm，BC=10cmのとき，辺ACの長さを求めなさい。 福岡県

[　　　　　　　]

(3) 右の図のように，正方形ABCDの周上と内部に，点•が縦，横1cmの間隔で並んでいます。4つの点•を頂点とする正方形を作るとき，面積が $10cm^2$ となる正方形の1つを，右の図にかきなさい。 長崎県

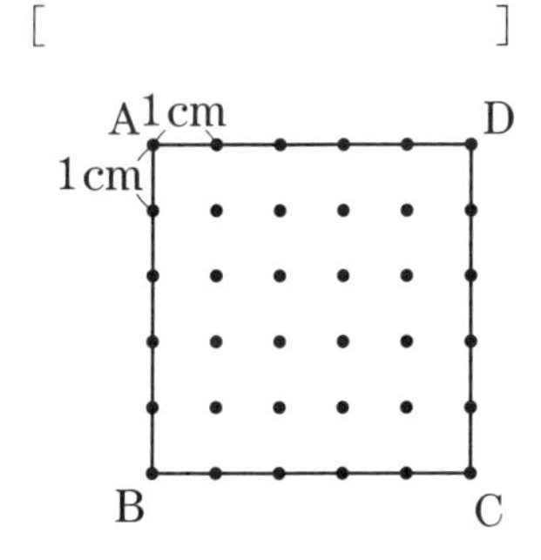

お急ぎ!

(4) 右の図で，辺BCの長さを求めなさい。

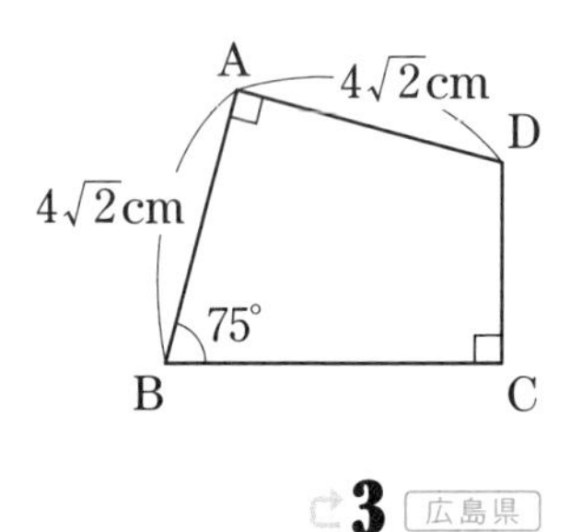

[　　　　　　　]

お急ぎ!

(5) 2点A(1, 7)，B(3, 2)の間の距離を求めなさい。 ↩3 広島県

[　　　　　　　]

(6) 次の長さを3辺とする三角形のうち，直角三角形を，**ア**～**オ**から2つ選びなさい。 北海道

ア　2cm，7cm，8cm　　**イ**　3cm，4cm，5cm

ウ　3cm，5cm，$\sqrt{30}$cm　　**エ**　$\sqrt{2}$cm，$\sqrt{3}$cm，3cm

オ　$\sqrt{3}$cm，$\sqrt{7}$cm，$\sqrt{10}$cm

[　　　　　　　]

2

正答率 13.3%

直角三角形ABCで，辺ABの長さは，辺BCの長さより2cm長く，辺BCの長さは，辺CAの長さより7cm長い。このとき，直角三角形ABCの斜辺の長さを求めなさい。

[　　　　　　　　]

3

お急ぎ！

右の図のように，半径2cmの円Oがあり，その外部の点Aから円Oに接線をひき，その接点をBとします。また，線分AOと円Oとの交点をCとし，AOの延長と円Oとの交点をDとします。∠OAB=30°のとき，次の問いに答えなさい。

1 栃木県

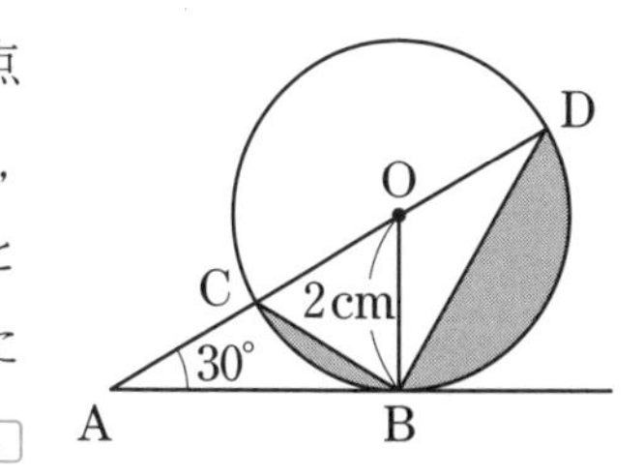

(1) ADの長さを求めなさい。

[　　　　　　　　]

正答率 9.8%

(2) Bを含む$\overset{\frown}{CD}$と線分BC，BDで囲まれた色のついた部分(▒の部分)の面積を求めなさい。ただし，円周率はπとします。

[　　　　　　　　]

4

正答率 12.7%

右の図のように，座標平面上の原点Oを通る円があります。この円は，原点Oのほかに，y軸と点A(0, 4)で，x軸と点Bで交わります。この円の原点Oを含まない方の$\overset{\frown}{AB}$上に点Pをとると，∠OPA=30°でした。このとき，円の中心の座標を求めなさい。

1 青森県

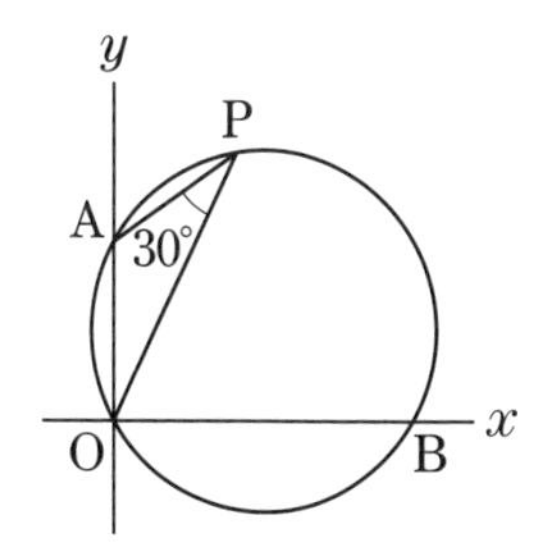

[　　　　　　　　]

5

HIGH LEVEL

右の図のような円があり，異なる3点A，B，Cは円周上の点で，△ABCは正三角形です。辺BC上に，2点B，Cと異なる点Dをとり，2点A，Dを通る直線と円との交点のうち，点Aと異なる点をEとします。また，点Bと点Eを結びます。AB=4cm，BD：DC=3：1であるとき，△BDEの面積は何cm^{2}ですか。

1 香川県

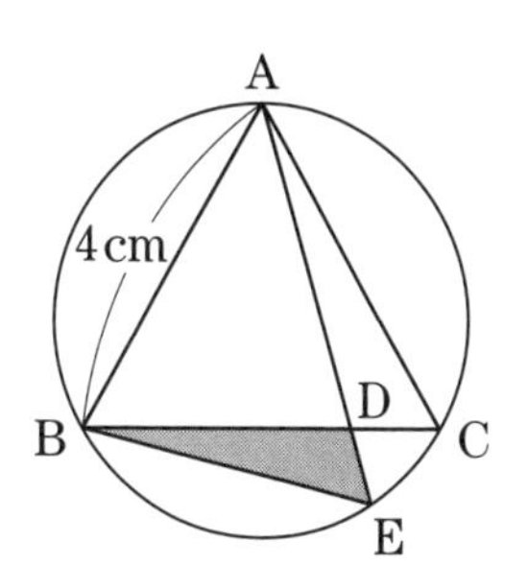

[　　　　　　　　]

6

図 1 のように，長方形 OABC があり，OA＝4cm，OC＝$4\sqrt{2}$ cm とします。次の問いに答えなさい。 ↱1 北海道

図 1

正答率 65.5%

(1) 対角線 AC の長さを求めなさい。

[　　　　　　　　]

正答率 11.8%

(2) 図 2 のように，図 1 の長方形 OABC と，それと相似な 2 つの長方形 ODEB，OFGE があります。長方形 ODEB の対角線 BD，OE の交点を H とするとき，△OAH の面積を求めなさい。ただし，3 点 B，A，D は一直線上にあることがわかっています。

図 2

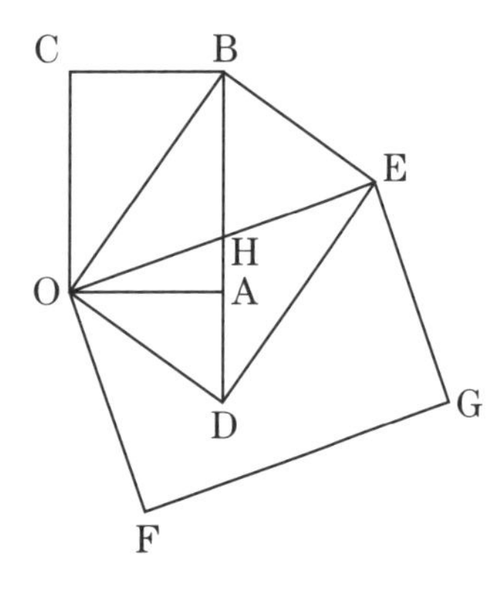

[　　　　　　　　]

7

お急ぎ！

右の図のような，四角形 ABCD があり，辺 DA，AB，BC，CD は，それぞれ P，Q，R，S で円 O に接しています。∠ABC＝∠BCD＝90°，BC＝12cm，DS＝3cm のとき，線分 AO の長さを求めなさい。 ↱2 秋田県

[　　　　　　　　]

8

HIGH LEVEL

右の図のような，∠ACB＝90° の直角三角形 ABC があります。∠ABC の二等分線をひき，辺 AC との交点を D とします。また，点 C を通り，辺 AB に平行な直線をひき，直線 BD との交点を E とします。AB＝5cm，BC＝3cm であるとき，線分 BE の長さは何 cm ですか。 ↱1 香川県

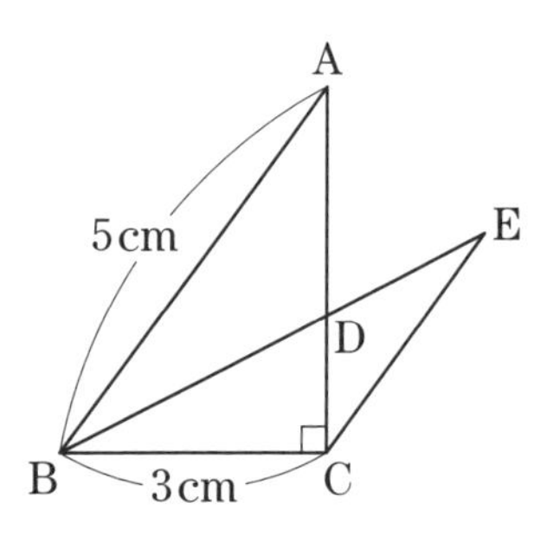

[　　　　　　　　]

5 三角形

最重要点の確認

■ 三角形の合同条件

❶ **３組の辺**がそれぞれ等しい。

AB＝DE
BC＝EF
CA＝FD

❷ **２組の辺とその間の角**がそれぞれ等しい。

AB＝DE
BC＝EF
∠B＝∠E

❸ **１組の辺とその両端の角**がそれぞれ等しい。

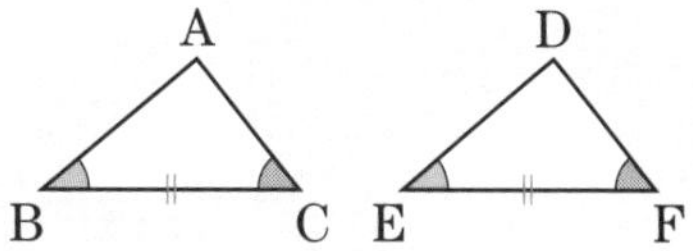

BC＝EF
∠B＝∠E
∠C＝∠F

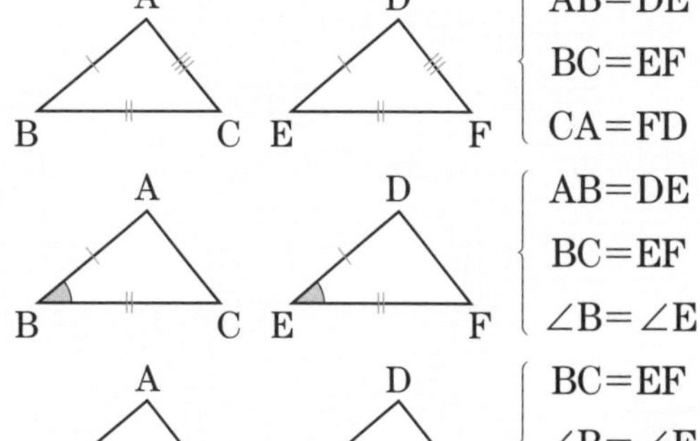

解法の整理

1 三角形の合同の証明

例 右の図の △AOB と △DOC において，

AO＝DO（仮定）

∠AOB＝∠DOC（対頂角）

AB∥CD より，∠OAB＝∠ODC（平行線の錯角）

１組の辺とその両端の角がそれぞれ等しいから，△AOB≡△DOC

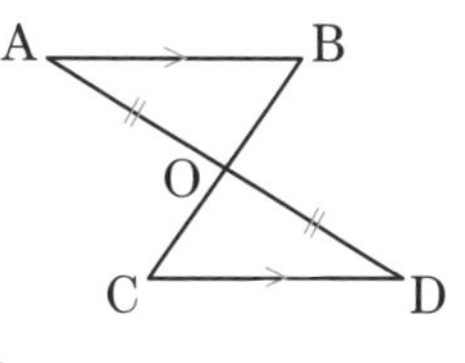

2 直角三角形の合同条件

①**斜辺と他の１辺**がそれぞれ等しい。

∠C＝∠F＝90°
AB＝DE
BC＝EF

②**斜辺と１つの鋭角**がそれぞれ等しい。

∠C＝∠F＝90°
AB＝DE
∠B＝∠E

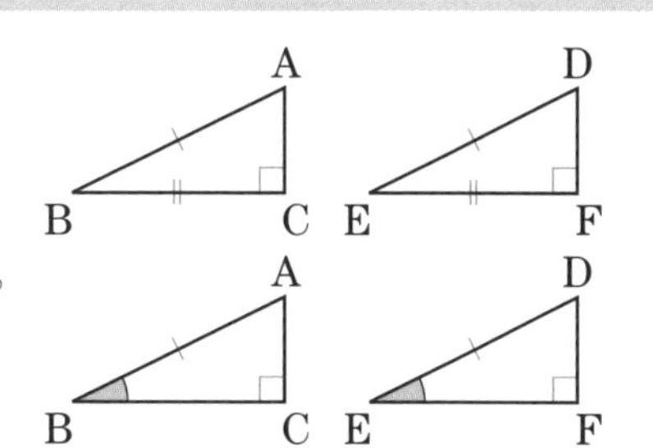

3 二等辺三角形

1 定義 … **2辺が等しい三角形**

2 二等辺三角形の性質

①**底角**は等しい。

②頂角の二等分線は，**底辺を垂直に２等分**する。

3 二等辺三角形になる条件

２つの角が等しい三角形は，**その２つの角を底角とする二等辺三角形**である。

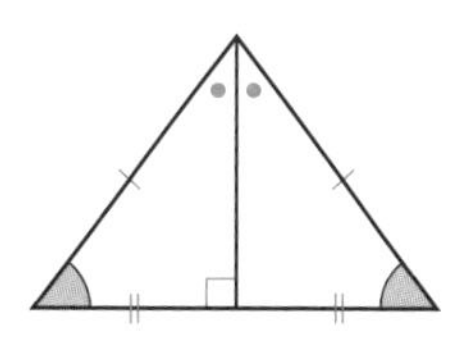

入試データ 線分の長さが等しいことを証明するときに，三角形の合同がよく用いられる。

実戦トレーニング

➡ 解答・解説は別冊47ページ

1 お急ぎ！ 正答率 75.7%

△ABC と △DEF において，BC＝EF であるとき，条件として加えても △ABC≡△DEF が常に成り立つとは限らないものを，**ア**，**イ**，**ウ**，**エ**のうちから1つ選んで記号で答えなさい。 栃木県

ア　AB＝DE，AC＝DF　　**イ**　AB＝DE，∠B＝∠E

ウ　AB＝DE，∠C＝∠F　　**エ**　∠B＝∠E，∠C＝∠F

[　　　　　　]

2 お急ぎ！ 正答率 18.7%

右の図において，△ABC≡△DBE であり，辺 AC と辺 BE との交点を F，辺 BC と辺 DE との交点を G，辺 AC と辺 DE との交点を H とします。このとき，AF＝DG となることを証明しなさい。 1 福島県

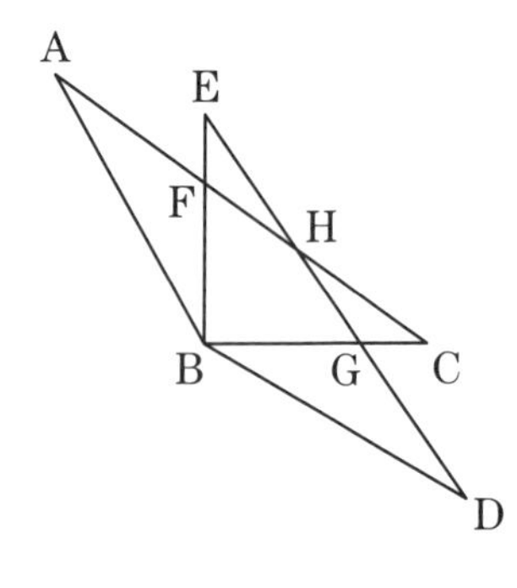

〈証明〉

3 お急ぎ！

右の図において，△DBE は △ABC を，点 B を回転の中心として，DE∥AB となるように回転移動したものです。線分 AC と線分 BD の交点を F，線分 AC の延長と線分 DE の交点を G とするとき，△FDA≡△FGB であることを証明しなさい。 1 山口県

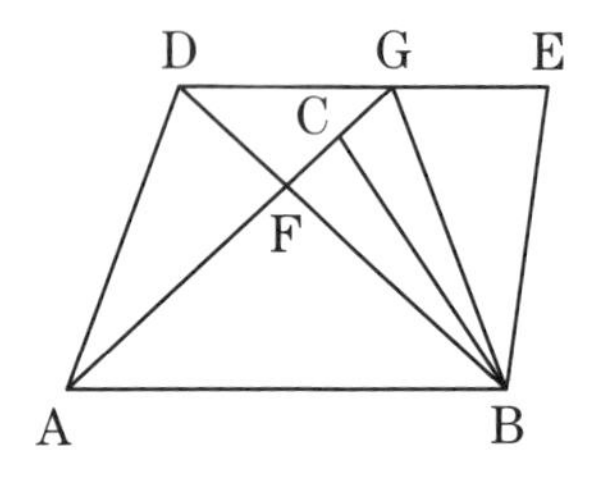

〈証明〉

4 お急ぎ！

右の図のように，△ABCがあり，直線ℓは点Bを通り辺ACに平行な直線です。また，∠BACの二等分線と辺BC，ℓとの交点をそれぞれD，Eとします。AC＝BEであるとき，△ABD≡△ACDとなることを証明しなさい。

1 福島県

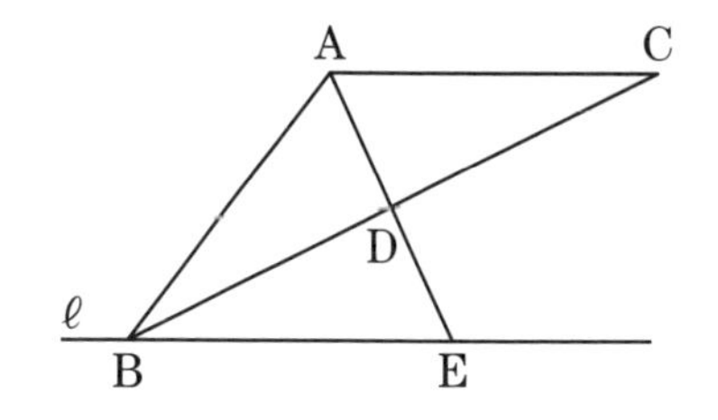

〈証明〉

右の図のように，2つの合同な正方形ABCDとAEFGがあり，それぞれの頂点のうち頂点Aだけを共有しています。辺BCと辺FGは1点で交わっていて，その点をHとします。このとき，BH＝GHであることを証明しなさい。

2 岩手県

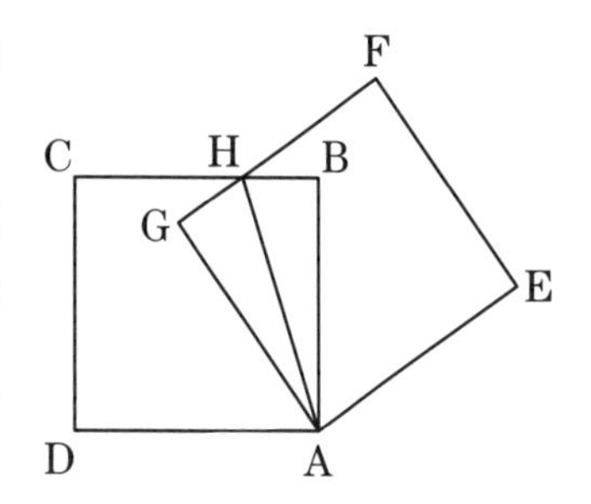

〈証明〉

6 お急ぎ！

右の図のように，正方形ABCDの辺BC上に点Eをとり，頂点B, Dから線分AEにそれぞれ垂線BF, DGをひきます。このとき，△ABF≡△DAGであることを証明しなさい。

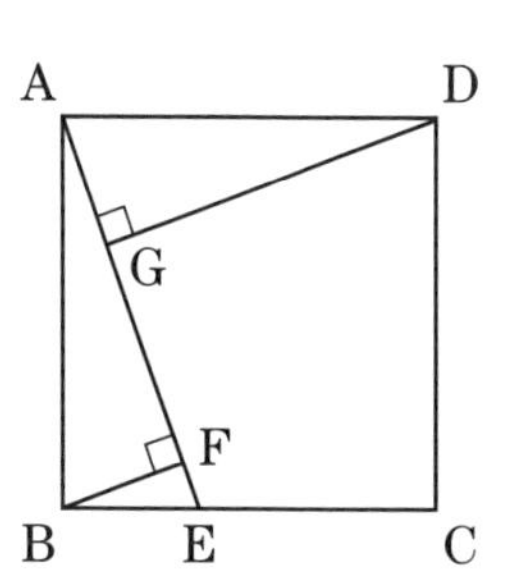

〈証明〉

7 次の問いに答えなさい。

お急ぎ！ (1) 右の図の三角形 ABC は，AB＝AC の二等辺三角形であり，頂点 C における外角 ∠ACD を調べると，∠ACD＝114°です。∠BAC の大きさを求めなさい。 3 群馬県

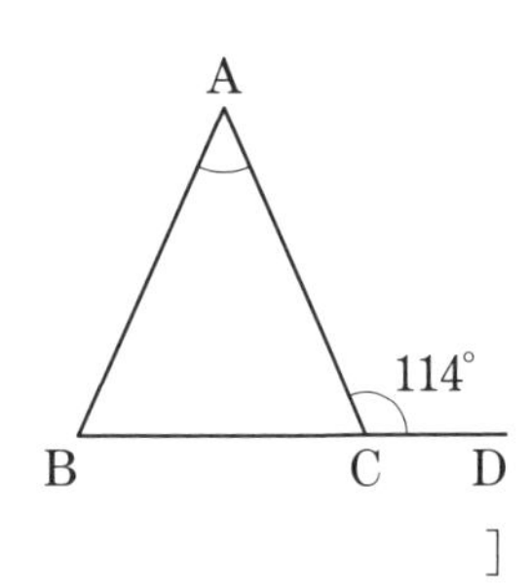

[　　　　　　]

正答率 66.3% (2) 右の図のように，四角形 ABCD があり，AB＝BC，CD＝DA です。∠BAD＝110°，∠CBD＝40° のとき，∠ADC の大きさを求めなさい。 広島県

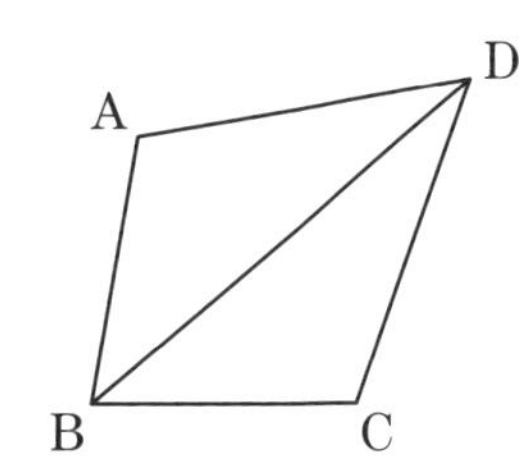

[　　　　　　]

お急ぎ！ (3) 右の図のような，AD//BC の台形 ABCD があり，AB＝BD です。∠ABD＝50°，∠BDC＝60° であるとき，∠BCD の大きさを求めなさい。 3 香川県

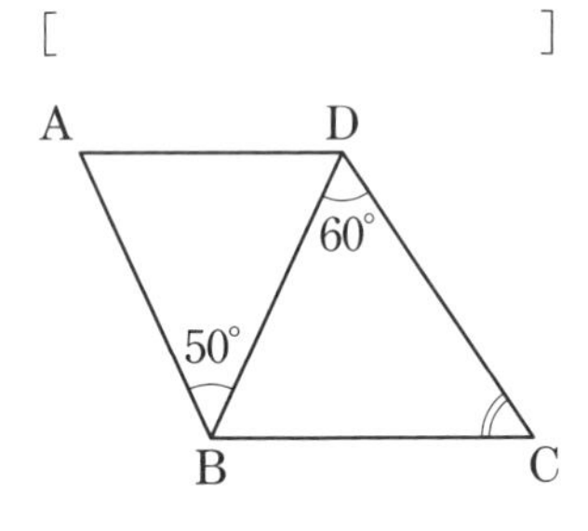

[　　　　　　]

(4) 右の図で，D は △ABC の辺 AB 上の点で，DB＝DC であり，E は辺 BC 上の点で，F は線分 AE と DC との交点です。∠DBE＝47°，∠DAF＝31° のとき，∠EFC の大きさは何度か，求めなさい。 3 愛知県

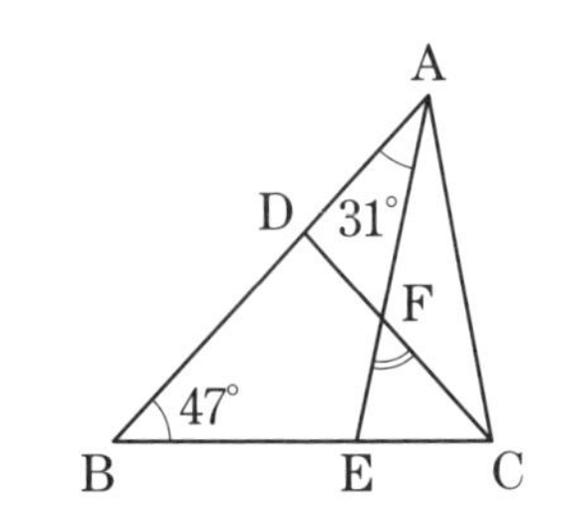

[　　　　　　]

(5) 右の図のように，∠B＝90° である直角三角形 ABC があります。DA＝DB＝BC となるような点 D が辺 AC 上にあるとき，∠x の大きさを求めなさい。 3 富山県

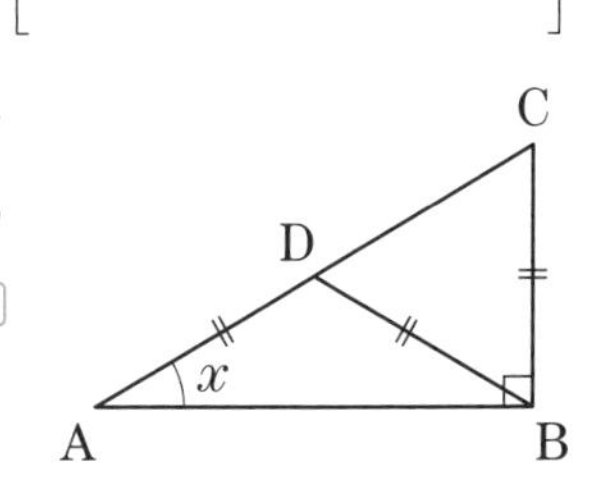

[　　　　　　]

中２範囲　出題率 32%

6 平面図形の基本性質

解法の整理

1 平行線と角

2 直線に 1 つの直線が交わるとき，

1 2 直線が平行ならば，同位角・錯角は等しい。

2 同位角・錯角が等しければ，2 直線は平行である。

右の図で，

$\ell /\!/ m$ ならば（⇄）$\angle a=\angle c$，$\angle b=\angle c$

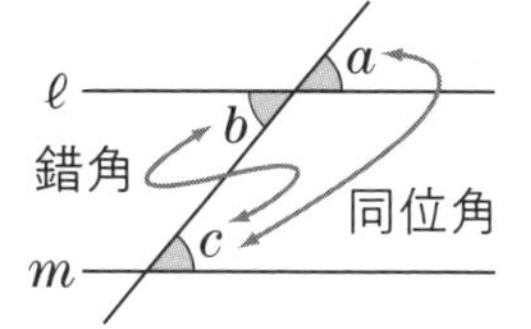

CHECK! 対頂角は等しい

右の図で，
$\angle a=\angle c$
$\angle b=\angle d$

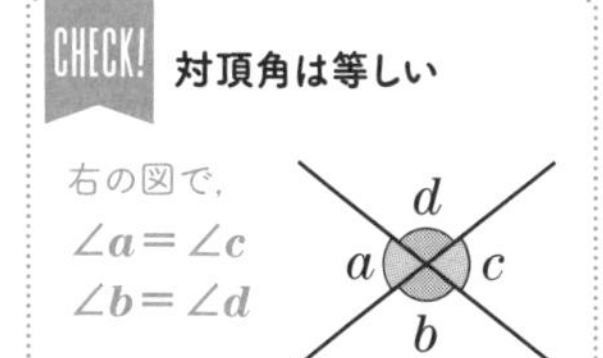

2 三角形の内角と外角

1 三角形の内角の和 ➡ 180°

右の図で，$\angle a+\angle b+\angle c=180^\circ$

2 三角形の 1 つの外角は，それととなり合わない 2 つの内角の和に等しい。

右の図で，$\angle d=\angle a+\angle b$

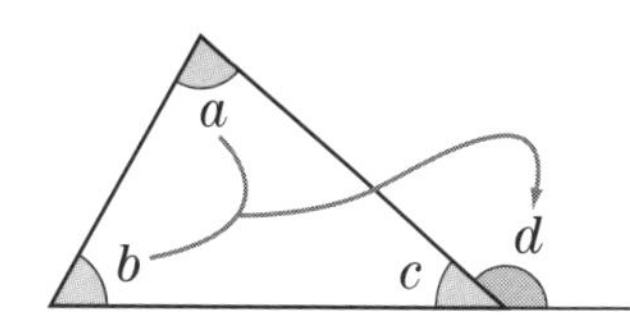

3 多角形の角

1 n 角形の内角の和 ➡ $180^\circ\times(n-2)$

例 五角形の内角の和は，

$180^\circ\times(5-2)=540^\circ$

2 多角形の外角の和は 360°

例 正八角形の 1 つの外角の大きさは，

$\dfrac{360^\circ}{8}=45^\circ$

CHECK! 正多角形の内角・外角

正 n 角形の 1 つの内角 ➡ $\dfrac{180^\circ\times(n-2)}{n}$

正 n 角形の 1 つの外角 ➡ $\dfrac{360^\circ}{n}$

4 角の求め方のくふう

●効果的な補助線のひき方

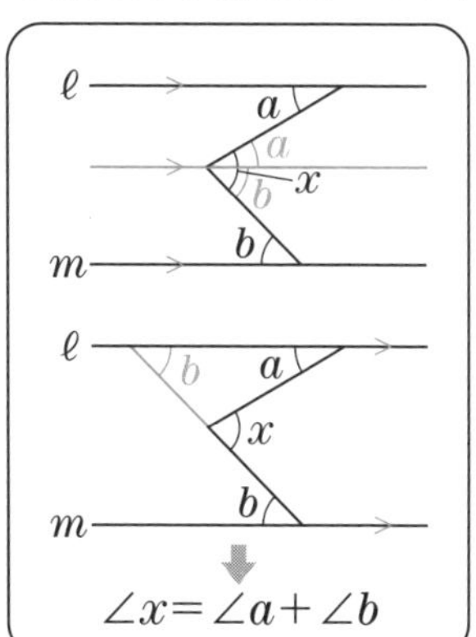

$\angle x=\angle a+\angle b$

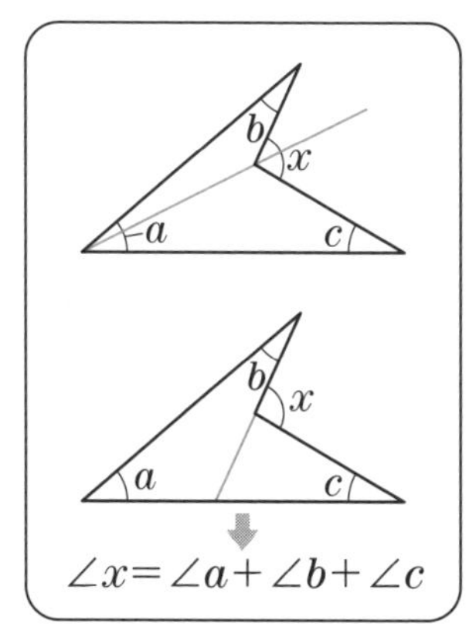

$\angle x=\angle a+\angle b+\angle c$

●複雑な角の和

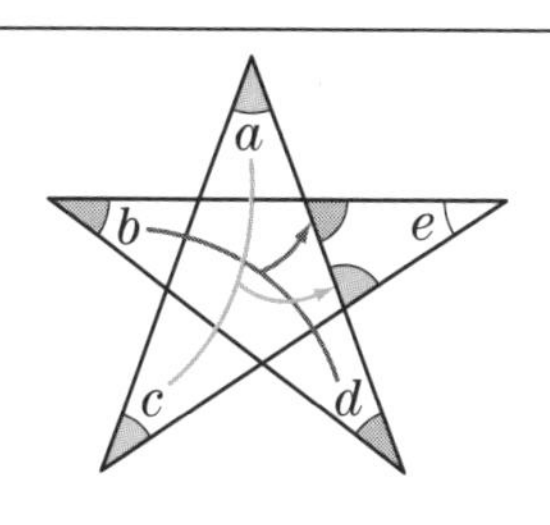

$\angle a+\angle b+\angle c+\angle d+\angle e$
$=(\angle a+\angle c)+(\angle b+\angle d)+\angle e$
$=180^\circ$

入試データ　角度を求める問題では，補助線をひくことで，いっきに解決！

実戦トレーニング

➡ 解答・解説は別冊48ページ

次の図で，$\ell /\!/ m$ であるとき，$\angle x$ の大きさを求めなさい。 1, 2, 4

お急ぎ！ (1) 愛媛県

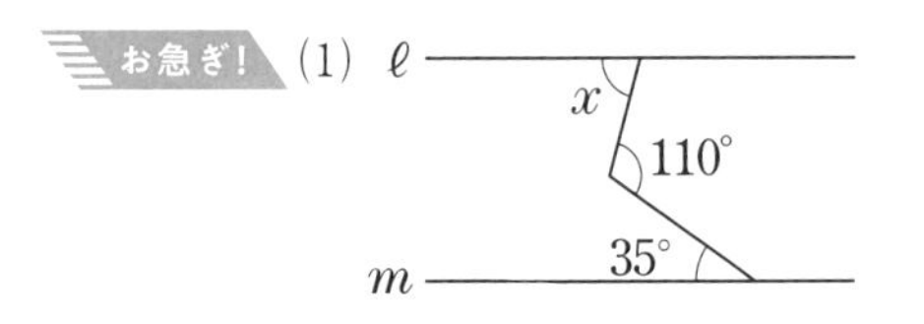

[　　　　　　]

(2) 島根県

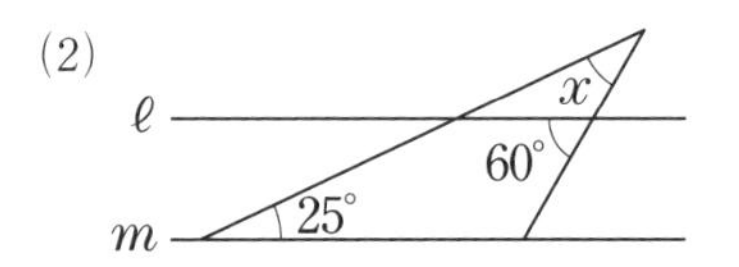

[　　　　　　]

(3) AC＝BC 富山県

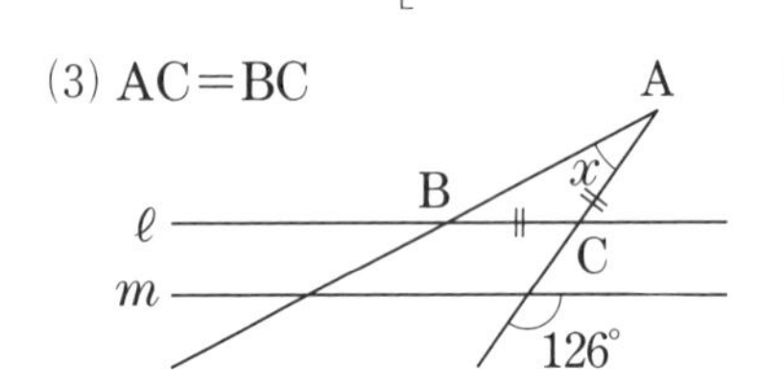

[　　　　　　]

(4) 三重県

ℓ　x　110°　131°　93°　m

[　　　　　　]

お急ぎ！ 正答率 76.1% (5) 青森県

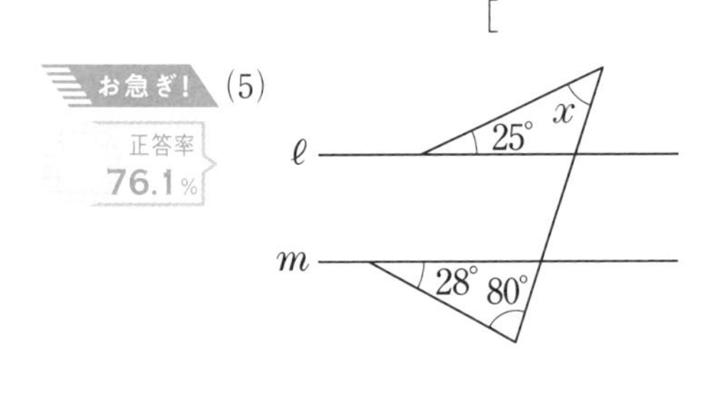

[　　　　　　]

(6) △ABC は正三角形 福島県

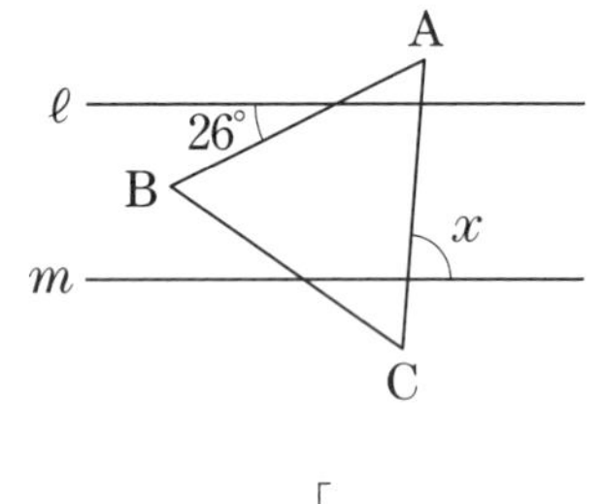

[　　　　　　]

2

次の問いに答えなさい。 3

正答率 79.8% (1) 六角形の内角の和を求めなさい。 福島県

[　　　　　　]

正答率 96.2% (2) 1 つの内角の大きさが 140° である正多角形の内角の和を求めなさい。 大阪府

[　　　　　　]

3

正答率 76.3%

右の図で，$\angle x$ の大きさを求めなさい。 2, 4 21 埼玉県

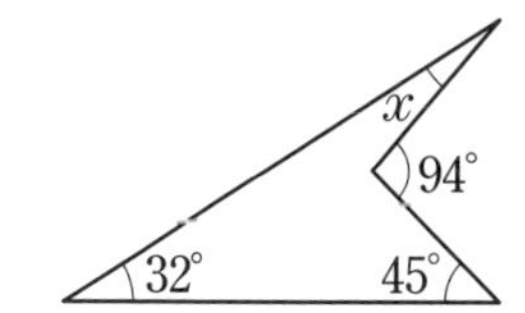

[ ]

4

正答率 87.1%

右の図で，$\angle x$ の大きさは何度か，求めなさい。 3 兵庫県

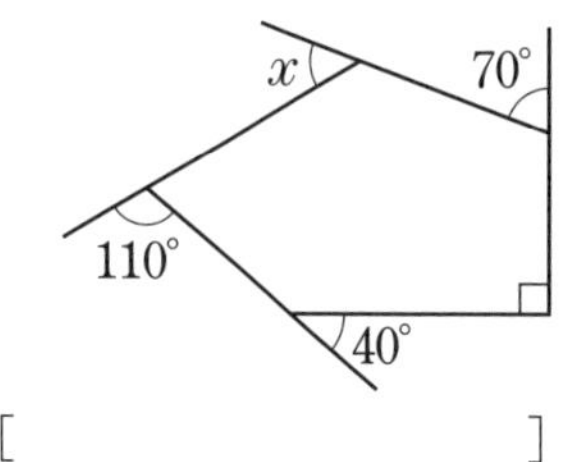

[ ]

5

お急ぎ！

右の図のように，$\angle C=90°$，$\angle D=120°$ の四角形ABCDがあります。同じ印をつけた角の大きさが等しいとき，$\angle x$ の大きさを求めなさい。 3 徳島県・改

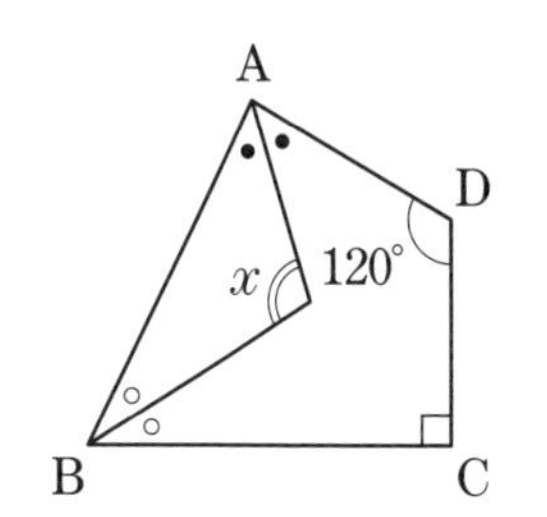

[ ]

6

お急ぎ！

右の図で，四角形ABCDは長方形，五角形EFGHIは正五角形であり，点E, Gはそれぞれ AD, BC 上にあります。$\angle DEI=21°$ のとき，$\angle FGB$ の大きさは何度か，求めなさい。 1, 2, 3 愛知県

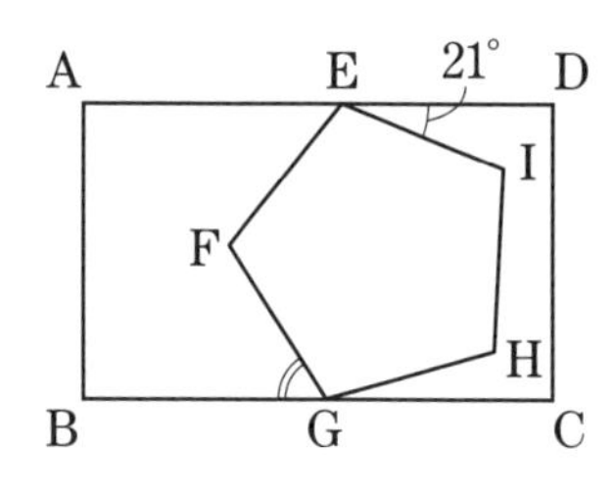

[ ]

7

右の図で，五角形ABCDEは正五角形であり，点Fは対角線BDとCEの交点です。x の値を求めなさい。 2, 3 岐阜県

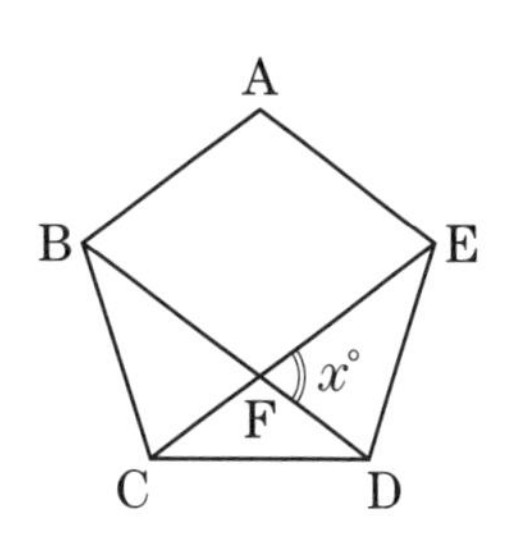

[ ]

中２範囲　出題率 19%

7 四角形

解法の整理

●**平行四辺形の定義**…２組の対辺がそれぞれ平行な四角形

1 平行四辺形の性質

❶２組の対辺はそれぞれ等しい。
❷２組の対角はそれぞれ等しい。
❸対角線はそれぞれの中点で交わる。

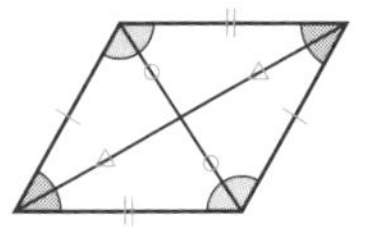

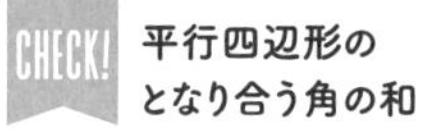

平行四辺形のとなり合う角の和は 180°

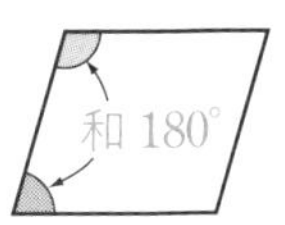

2 平行四辺形になるための条件

❶２組の対辺がそれぞれ平行である。（定義）
❷２組の対辺がそれぞれ等しい。
❸２組の対角がそれぞれ等しい。
❹対角線がそれぞれの中点で交わる。
❺１組の対辺が平行でその長さが等しい。

3 特別な平行四辺形

長方形

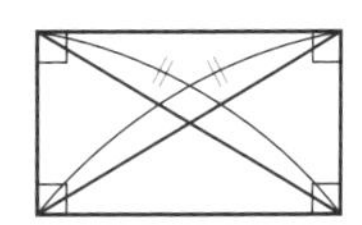

対角線の長さが等しい。

ひし形

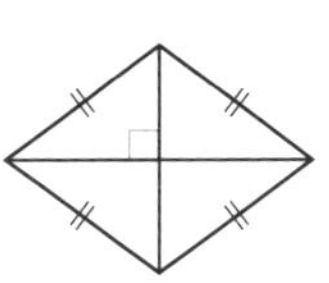

対角線が垂直に交わる。

正方形

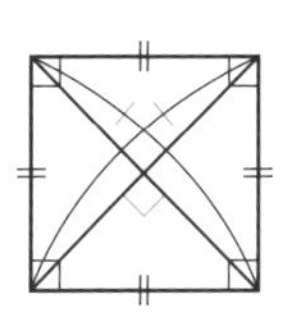

対角線の長さが等しく，垂直に交わる。

四角形の関係

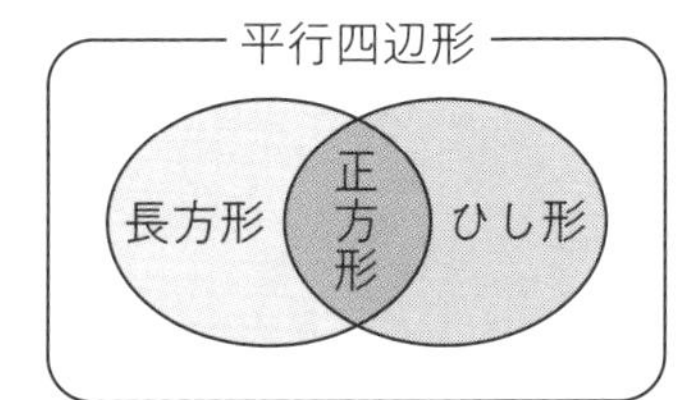

4 平行線と面積

AD//BC の台形 ABCD で，

1 △ABC＝△DBC

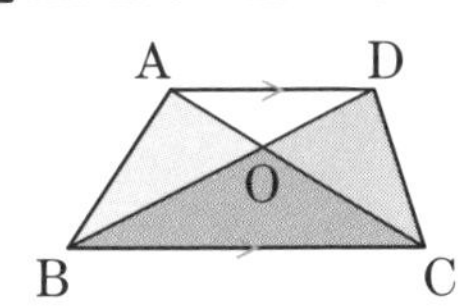

2 △ABD＝△ACD

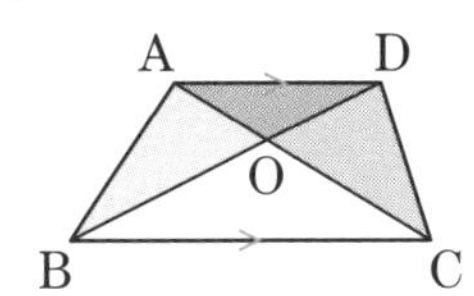

3 △ABO＝△DCO

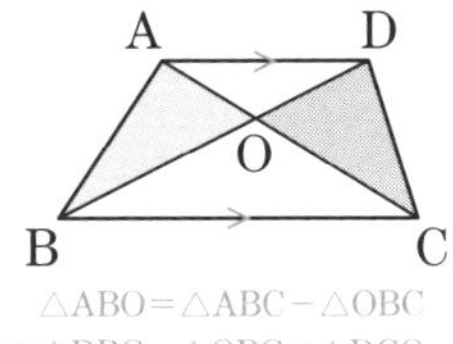

△ABO＝△ABC－△OBC
＝△DBC－△OBC＝△DCO

5 三角形の底辺と面積

高さが等しい三角形の面積の比は，底辺の比に等しい。

例 右の図の △ABC で，AD が ∠BAC の二等分線のとき，

BD：DC＝AB：AC＝12：9＝4：3

三角形の角の二等分線と比（p.119）

したがって，

△ABD：△ACD＝BD：DC＝4：3

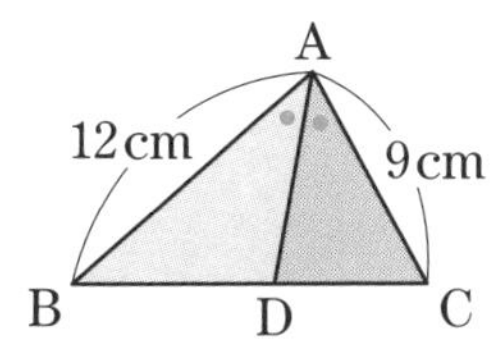

CHECK! 三角形の高さと面積

底辺が等しい三角形の面積の比は，**高さの比に等しい。**

△ABC：△DBC
＝AK：DH

入試データ　平行四辺形の性質「対角線はそれぞれの中点で交わる」がよく扱われる！

実戦トレーニング

➡ 解答・解説は別冊50ページ

次の問いに答えなさい。 ↩1

(1) 右の図で，四角形 ABCD は平行四辺形です。DC＝DE のとき，∠x の大きさを求めなさい。 岩手県

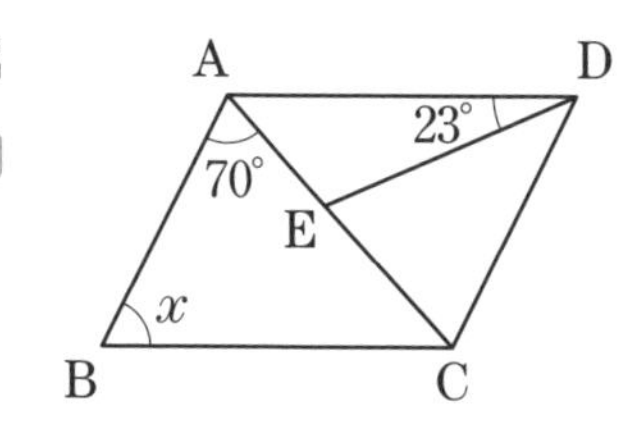

[　　　　　　　　]

(2) 右の図のように，平行四辺形 ABCD があり，AC＝AD です。対角線 AC 上に EB＝EC となるように点 E をとります。∠ADC＝68° のとき，∠ABE の大きさを求めなさい。 大分県

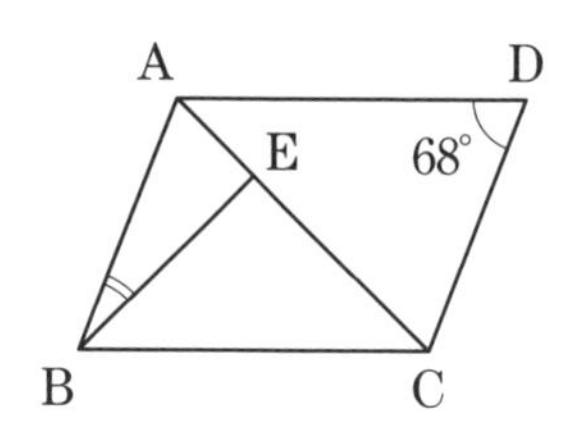

[　　　　　　　　]

正答率 83.9%

(3) 右の図のような平行四辺形 ABCD において，辺 BC 上に点 E，辺 AD 上に点 F を，AE＝EF，∠AEF＝30° となるようにとります。∠x の大きさを求めなさい。 島根県

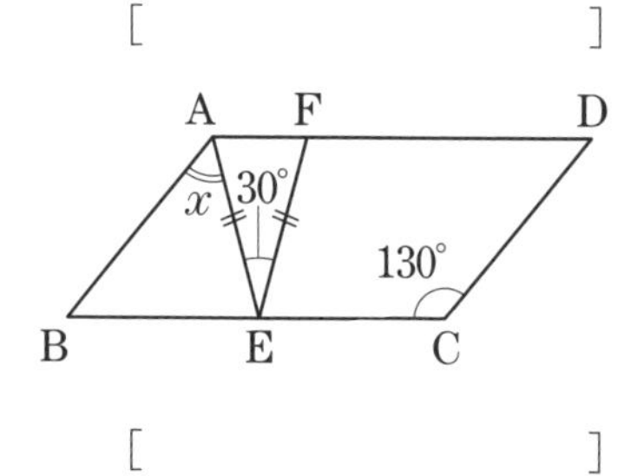

[　　　　　　　　]

2

お急ぎ!

次の四角形 ABCD で必ず平行四辺形になるものを，下の**ア**～**オ**の中から 2 つ選び，記号で答えなさい。 ↩2 鹿児島県

ア　AD∥BC，AB＝DC　　**イ**　AD∥BC，AD＝BC　　**ウ**　AD∥BC，∠A＝∠B

エ　AD∥BC，∠A＝∠C　　**オ**　AD∥BC，∠A＝∠D

[　　　　　　　　]

3

次の文の(　)にあてはまる条件として最も適切なものを，**ア**，**イ**，**ウ**，**エ**のうちから 1 つ選んで，記号で答えなさい。

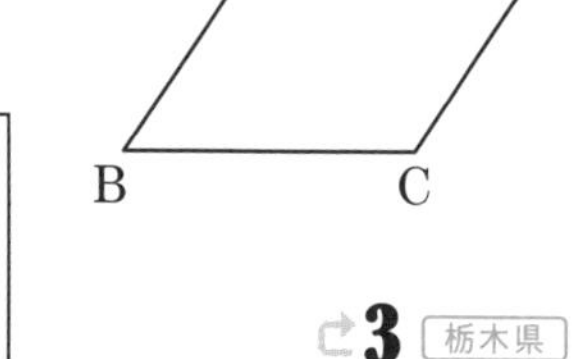

平行四辺形 ABCD に，(　)の条件を加えると，平行四辺形 ABCD は長方形になる。

↩3 栃木県

ア　AB＝BC　　**イ**　AC⊥BD　　**ウ**　AC＝BD　　**エ**　∠ABD＝∠CBD

[　　　　　　　　]

4

お急ぎ！

右の図のような平行四辺形ABCDで，辺CD上にあり，頂点C，Dと重ならない点をE，線分ACと線分BEの交点をFとします。このとき，△ABCと面積が等しい三角形を，次の**ア**～**エ**から1つ選び，記号で答えなさい。

ア　△ACE　　**イ**　△BCE　　**ウ**　△ABE　　**エ**　△BCF

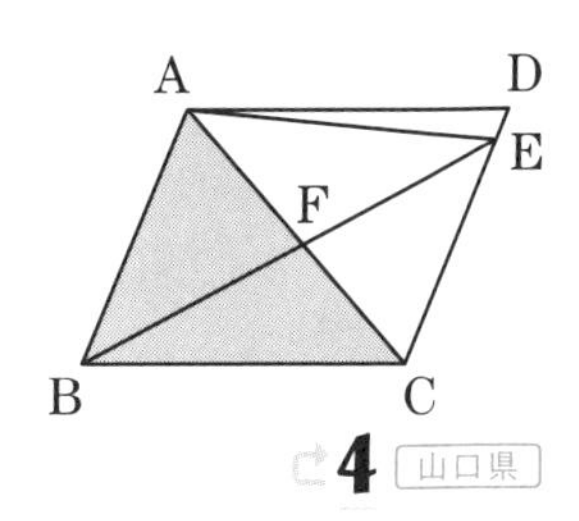

4　山口県

[　　　　　　　　]

5

右の図のような，平行四辺形ABCDがあります。辺AD上にAE：ED＝1：2となる点Eをとり，辺BC上に，BE//FDとなる点Fをとります。線分ACと線分BEの交点をG，線分ACと線分FDの交点をHとします。このとき，次の問いに答えなさい。

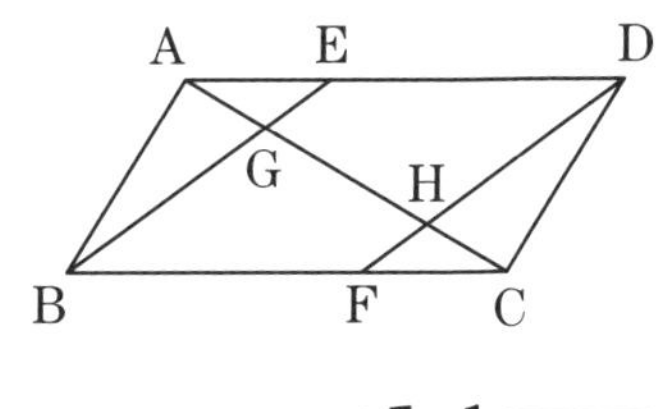

1，4　高知県

(1) △ABG≡△CDHを証明しなさい。

〈**証明**〉△ABGと△CDHにおいて

したがって，△ABG≡△CDH

正答率 1.0%

(2) 線分FDと線分CEの交点をIとしたとき，平行四辺形ABCDの面積は，三角形IHCの面積の何倍か。

[　　　　　　　　]

6

お急ぎ！

右の図のように，平行四辺形ABCDの辺AB，BC，CD，DA上に4点E，F，G，Hをそれぞれとり，線分EGとBH，DFとの交点をそれぞれI，Jとします。AE＝BF＝CG＝DHのとき，△BEI≡△DGJであることを証明しなさい。

1，2　23 埼玉県

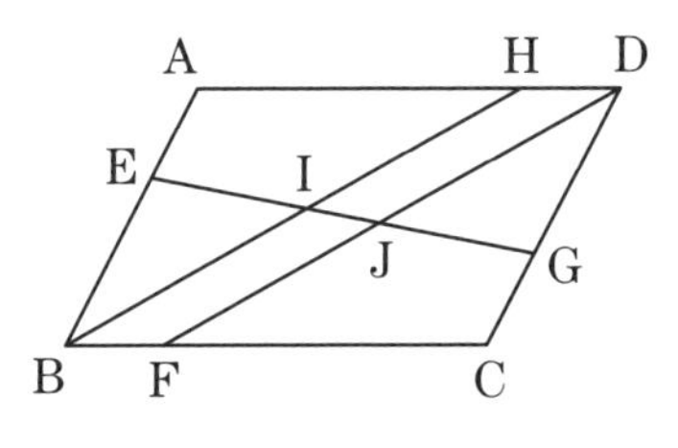

〈**証明**〉

出題率 15%

8 平行線と線分の比

解法の整理

1 三角形と比の定理

△ABC の辺 AB，AC 上の点をそれぞれ D，E とするとき，

DE∥BC ならば（⇄） $\begin{cases} \mathbf{AD:AB=AE:AC=DE:BC} \\ \mathbf{AD:DB=AE:EC} \end{cases}$

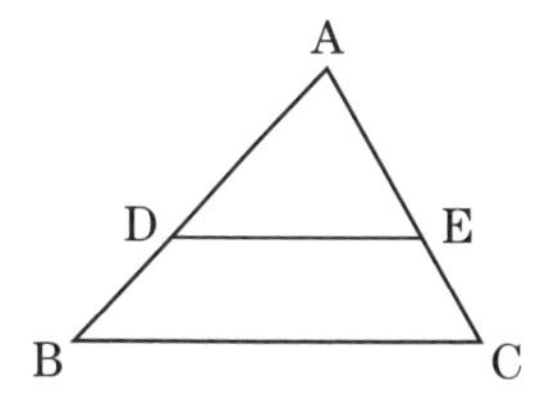

三角形と比の定理は，点 D，E が辺 AB，AC の延長上にあっても成り立つ。

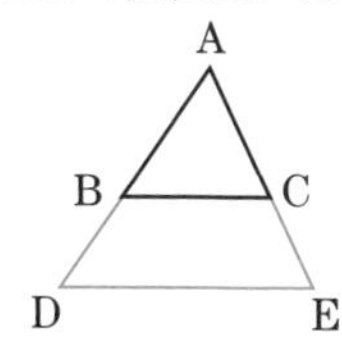

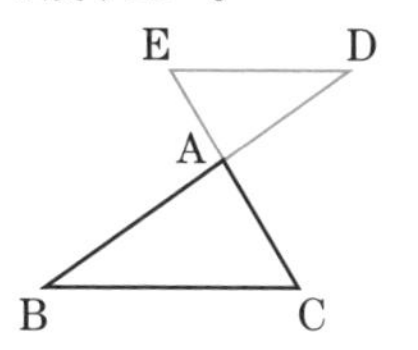

CHECK! 三角形の角の二等分線と比

△ABC の ∠BAC の二等分線と辺 BC との交点を D とするとき，

AB：AC＝BD：DC

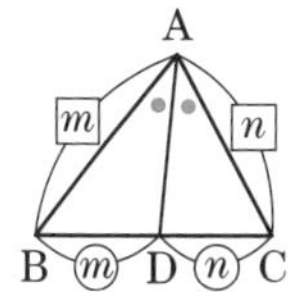

2 平行線と比の定理

2つの直線がいくつかの平行線と交わるとき，平行線で切り取られる線分の比は等しい。

右の図で，$\ell /\!/ m /\!/ n$ のとき，

AB：BC＝DE：EF

AB：DE＝BC：EF

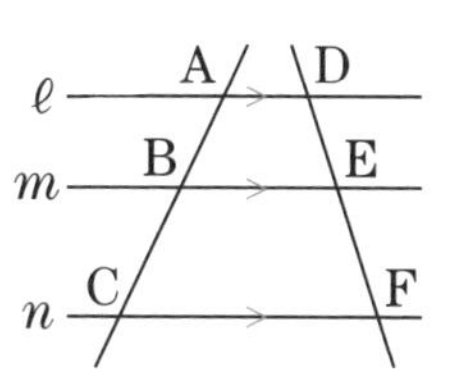

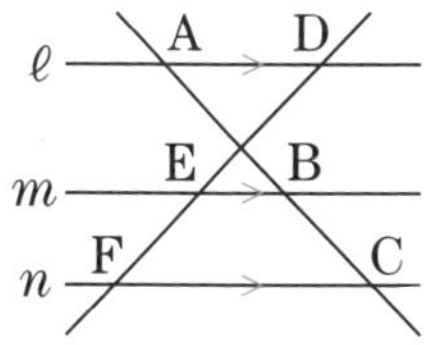

3 中点連結定理

△ABC の2辺 AB，AC の中点をそれぞれ M，N とするとき，次の関係が成り立つ。

MN∥BC　　**MN＝$\frac{1}{2}$BC**

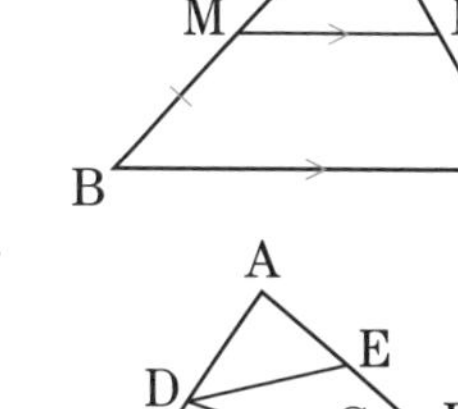

例 右の図の △ABC で，点 D は辺 AB の中点，点 E，F は辺 AC を3等分する点である。DE＝4cm のとき，BG の長さを求めなさい。

A
D
E
G
F
B
C

解法 BF＝2DE＝2×4＝8(cm)

△ABFで，中点連結定理を利用

GF＝$\frac{1}{2}$DE＝$\frac{1}{2}$×4＝2(cm)

△CEDで，中点連結定理を利用

BG＝BF－GF

＝8－2＝6(cm) ……

CHECK! 中点連結定理の関連定理

△ABC の辺 AB の中点 M を通り BC に平行な直線と辺 AC との交点を N とすると，**AN＝NC**

すなわち，**点 N は辺 AC の中点**。

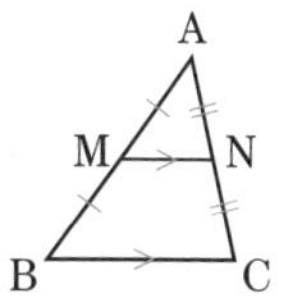

入試データ 中点が2つ以上出てきたら，中点連結定理が利用できる場合が多い。

実戦トレーニング

➡ 解答・解説は別冊52ページ

1

次の図で，3直線 ℓ，m，n は，いずれも平行です。x の値を求めなさい。 2

正答率 93.4%

(1)

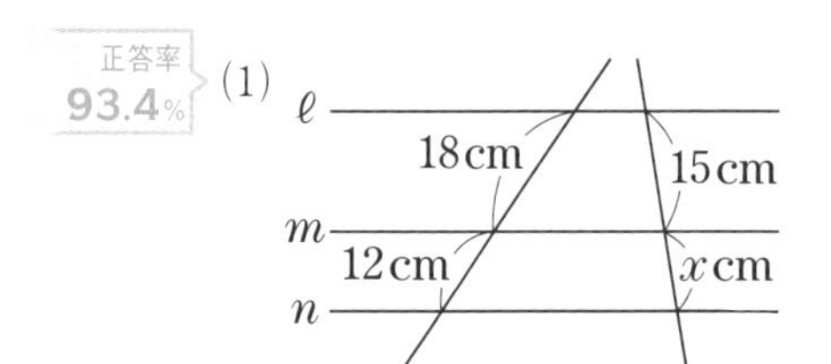

秋田県

［$x=$　　　　　　］

(2)

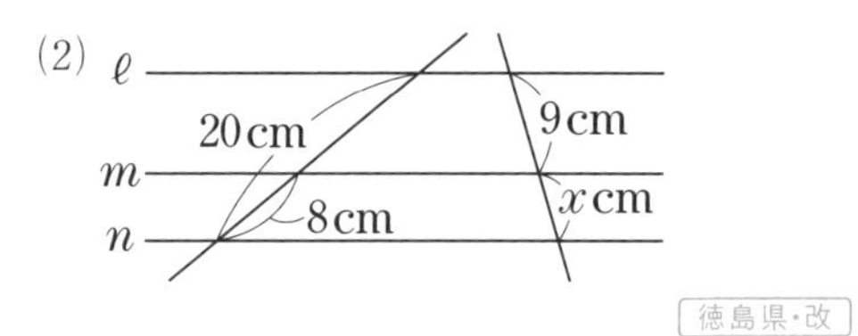

徳島県・改

［$x=$　　　　　　］

2

右の図で，四角形ABCDはAD//BCの台形で，Eは線分ACとDBとの交点です。AD=6cm，AE=3cm，EC=7cmのとき，BCの長さは何cmか，求めなさい。

1 愛知県

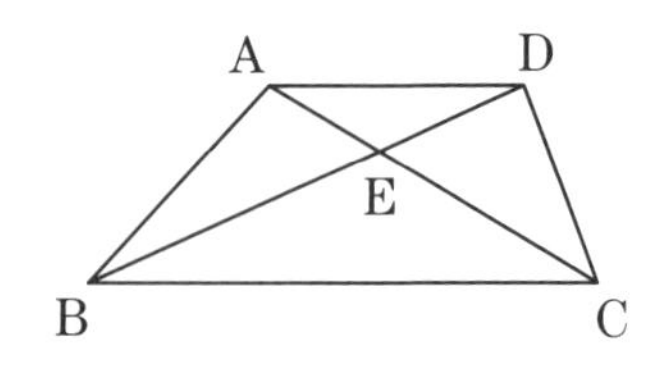

［　　　　　　］

3

お急ぎ！

右の図は，AD//BCで，AD=4cm，BC=8cm，BD=12cmの台形ABCDです。対角線の交点をEとしたとき，BEの長さを求めなさい。

1 長野県

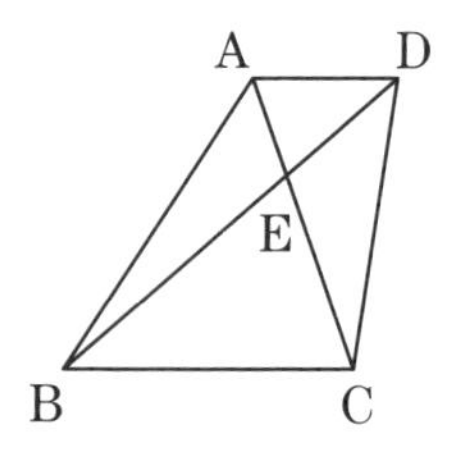

［　　　　　　］

4

右の図の四角形ABCDは，1辺の長さが6cmのひし形です。辺ABの中点をEとし，辺AD上にDF=2cmとなるように点Fをとります。直線CD，EFの交点をGとするとき，線分DGの長さを求めなさい。

1 岩手県

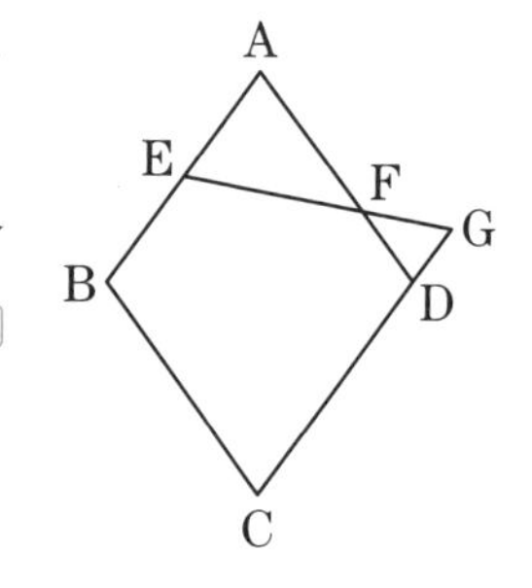

［　　　　　　］

右の図で，AB，CD，EF は平行です。AB=2cm，CD=3cm のとき，EF の長さを求めなさい。

1 22 埼玉県

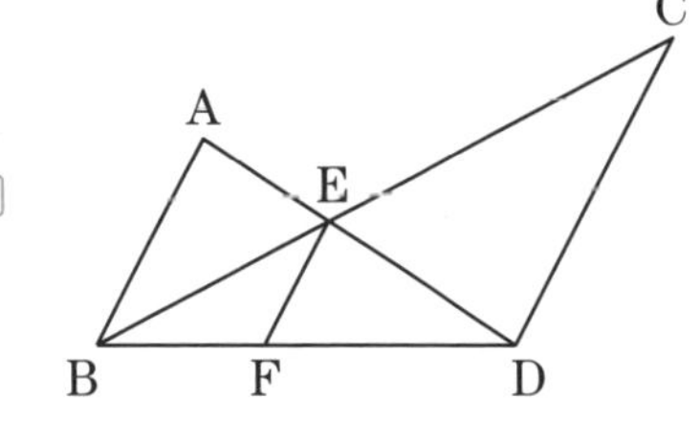

[　　　　　　　　]

6

右の図において，AB∥EC，AC∥DB，DE∥BC です。また，線分 DE と線分 AB，AC との交点をそれぞれ F，G とすると，AF：FB=2：3 でした。BC=10cm のとき，線分 DE の長さを求めなさい。

1 京都府

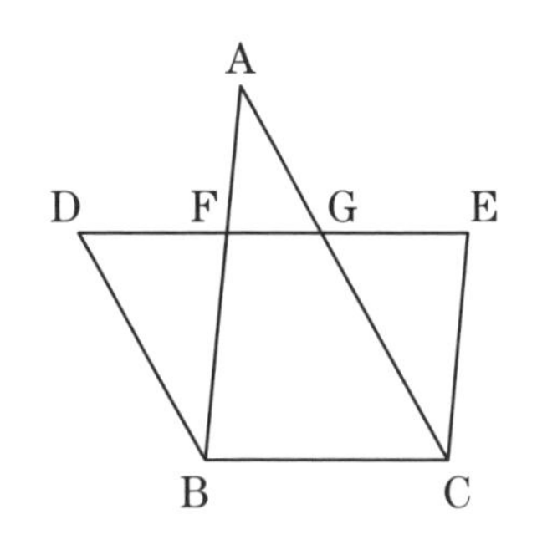

[　　　　　　　　]

7

お急ぎ!

右の図のような，AD=5cm，BC=8cm，AD∥BC である台形 ABCD があります。辺 AB の中点を E とし，E から辺 BC に平行な直線をひき，辺 CD との交点を F とするとき，線分 EF の長さを求めなさい。

3 23 埼玉県

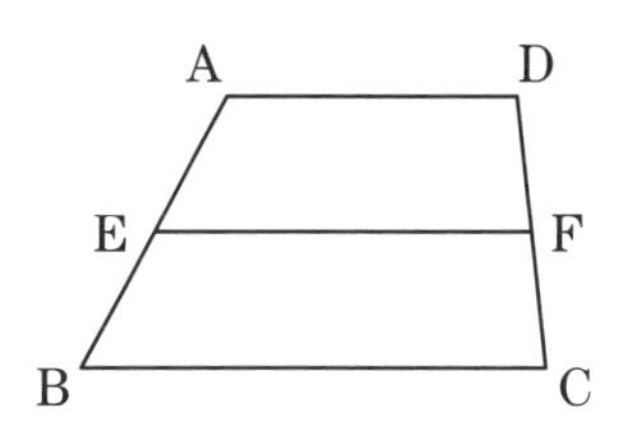

[　　　　　　　　]

8

正答率 12.4%

右の図のように，△ABC の辺 AB，AC の中点をそれぞれ D，E とします。また，辺 BC の延長に BC：CF=2：1 となるように点 F をとり，AC と DF の交点を G とします。このとき，△DGE≡△FGC であることを証明しなさい。

3 栃木県

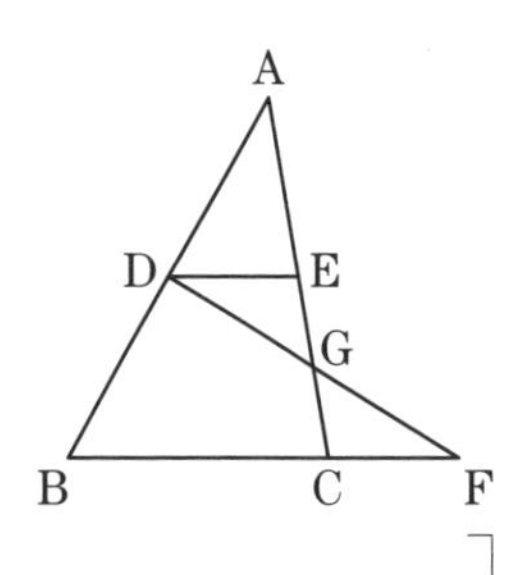

〈証明〉

＼ 知ってて得する ／

図形の公式・定理・性質 BEST8

1位 $S=\frac{1}{2}\ell r$

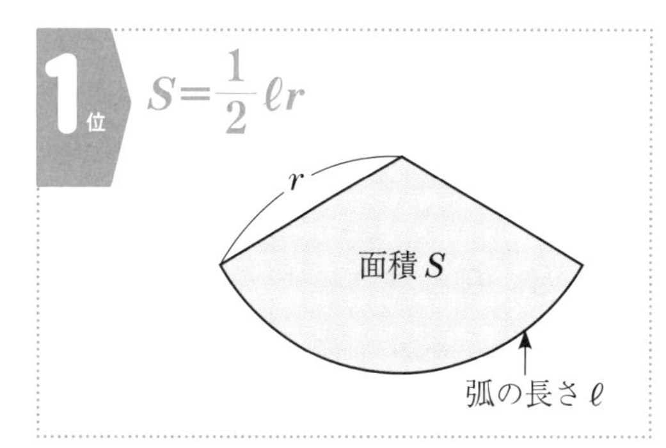

2位 三角形の内角の二等分線は，その対辺を残りの 2 辺の比に分ける。

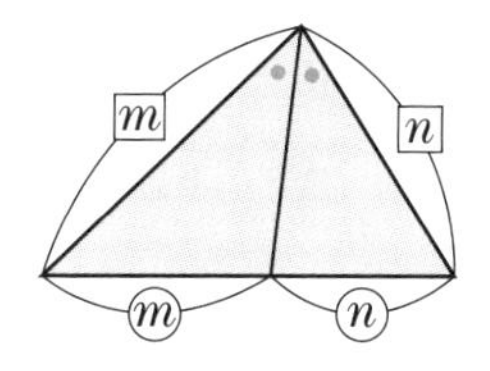

3位 平行四辺形のとなり合う角の和は 180°

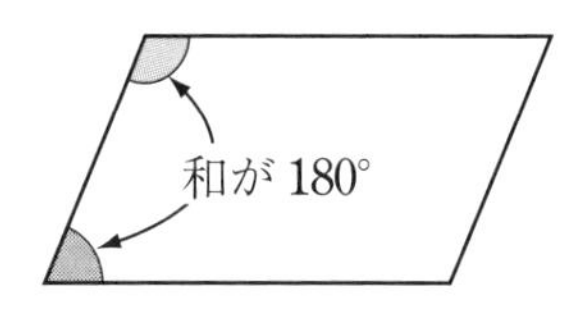

4位 $\angle a+\angle b+\angle c+\angle d+\angle e=180°$

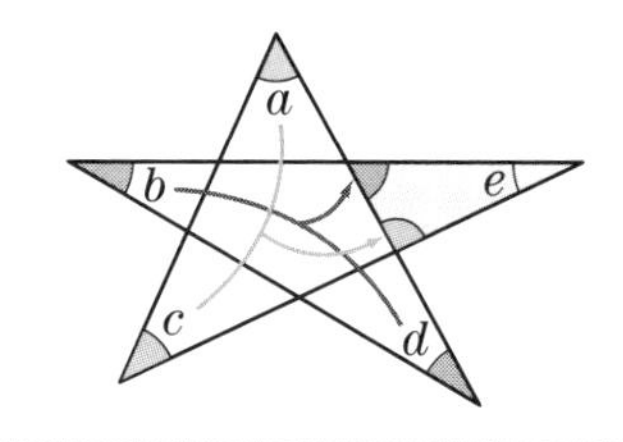

5位 正三角形の高さ h と面積 S

$h=\frac{\sqrt{3}}{2}a$，$S=\frac{\sqrt{3}}{4}a^2$

6位 下の図で，**AP=AR，BP=BQ，CQ=CR**

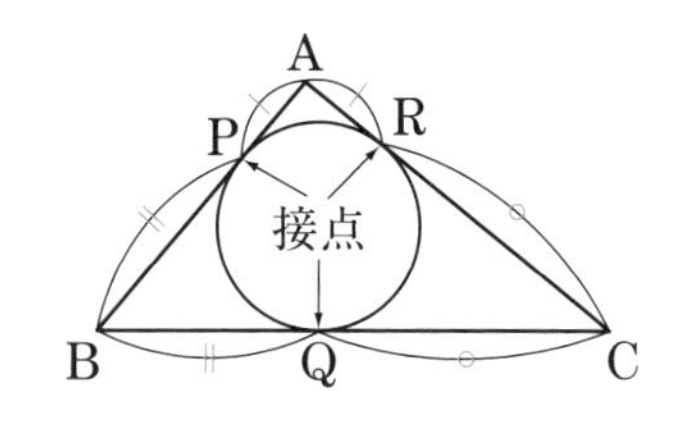

7位 直角三角形の斜辺の中点は，3 つの頂点から等距離にある。

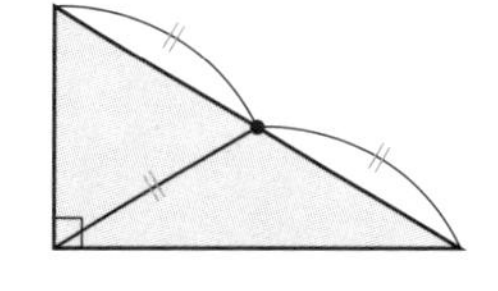

8位 $\angle P=\angle Q$ ならば，4 点 A，B，P，Q は 1 つの円周上にある。

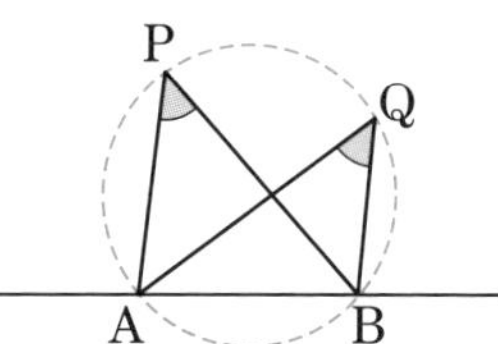

空間図形

☑ 弱点チェック

次の問題を解いて，
自分の弱点項目をみつけよう！

➡ 解答・解説は別冊53ページ

1 空間図形の基礎

右の図のような直方体 ABCD-EFGH があります。

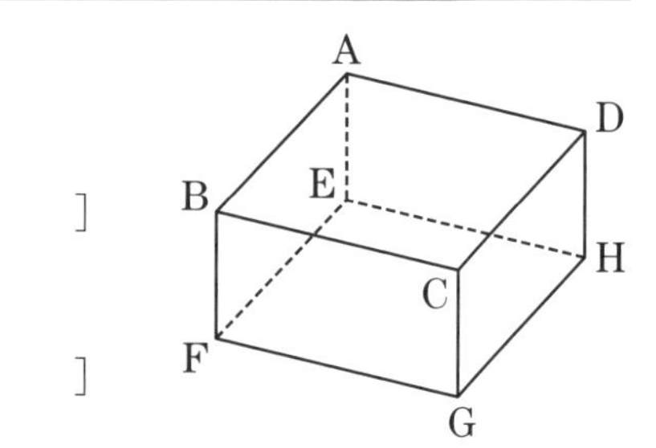

□ ① 辺 AB に垂直な平面は？

[ ]

□ ② 辺 AB とねじれの位置にある辺は？

[ ]

□ ③ 面 ABFE に垂直な平面は？

[ ]

2 空間図形と三平方の定理

□ ① 図 1 の直方体の対角線 AG の長さは？

[ ]

□ ② 1辺が 4 cm の立方体の対角線の長さは？

[ ]

図 1

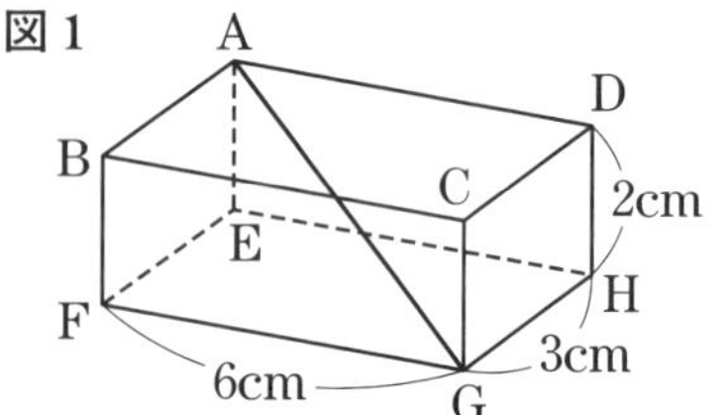

図 2 の円錐（えんすい）について，

□ ③ 高さ OH は何 cm？

[ ]

□ ④ 円錐の体積は？

[ ]

□ ⑤ 円錐の表面積は？

[ ]

図 2

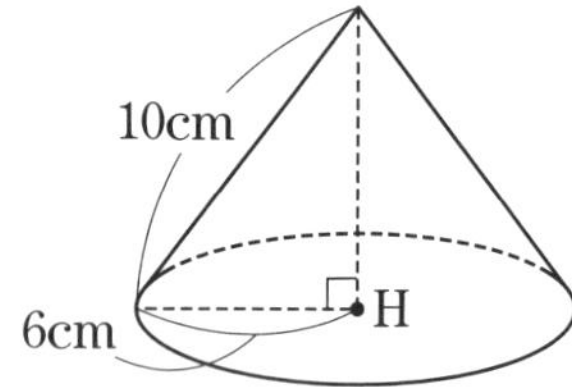

図 3 の正四角錐について，

□ ⑥ 高さ OH は何 cm？

[ ]

□ ⑦ 正四角錐の体積は？

[ ]

□ ⑧ △OBC の高さ OK は何 cm？

[ ]

□ ⑨ 正四角錐の側面積は？

[ ]

図 3

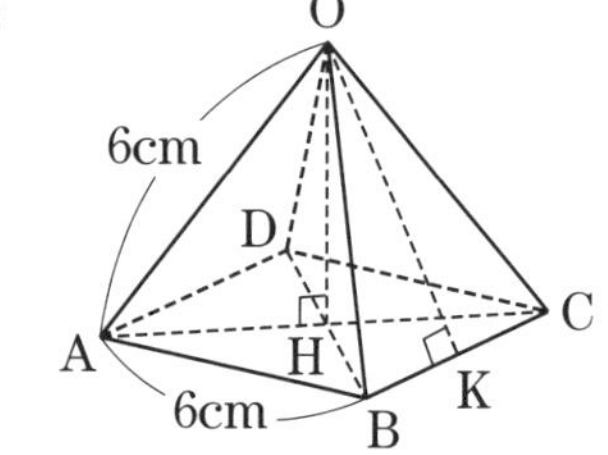

弱点チェックシート

正解した問題の数だけ塗りつぶそう。
正解の少ない項目があなたの弱点部分だ。

弱点項目から取り組む人は，このページへGO！

項目										
1 空間図形の基礎	1	2	3							→ 125 ページ
2 空間図形と三平方の定理	1	2	3	4	5	6	7	8	9	→ 130 ページ

中１範囲

出題率 61%

1 空間図形の基礎

解法の整理

1 平面や直線の位置関係

1 ２直線の平行・垂直

例 辺 AB に｛平行な辺➡辺 DC，EF，HG
　　　　　　 垂直な辺➡辺 AD，BC，AE，BF

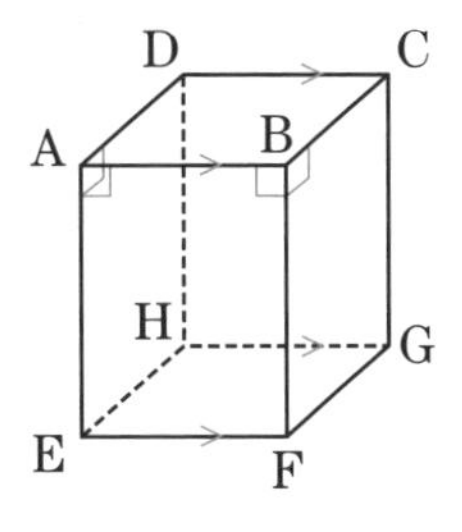

ねじれの位置

平行でなく，交わらない２直線を**ねじれの位置にある**という。

例 辺 AB とねじれの位置にある辺
⬇
辺 EH, FG, DH, CG

2 直線と平面の平行・垂直

例 辺 AB に｛平行な面➡面 EFGH，DHGC
　　　　　　 垂直な面➡面 AEHD，BFGC

3 平面と平面の平行・垂直

例 面 ABCD に｛平行な面➡面 EFGH
　　　　　　　 垂直な面➡面 AEFB，BFGC，DHGC，AEHD

2 展開図

1 円柱の展開図（てんかいず）

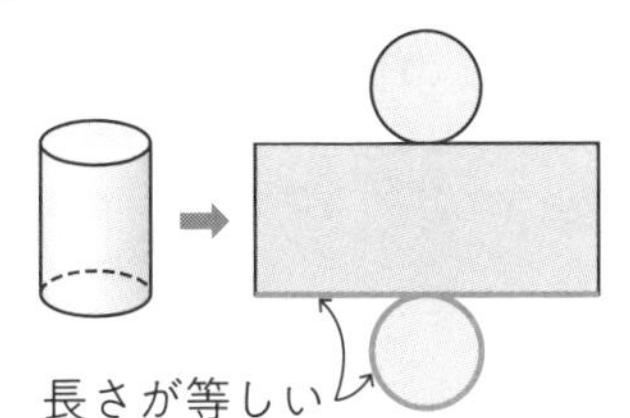

2 円錐の展開図（えんすい）

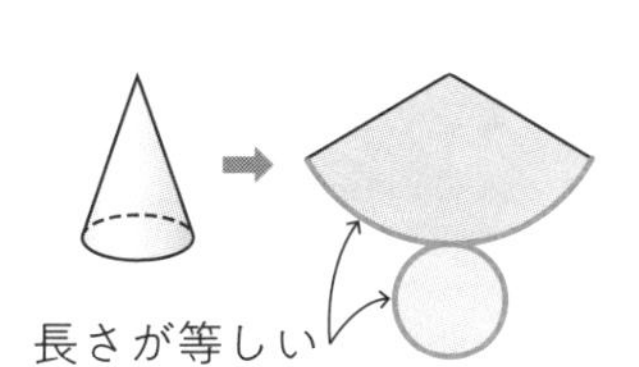

3 四角錐の展開図

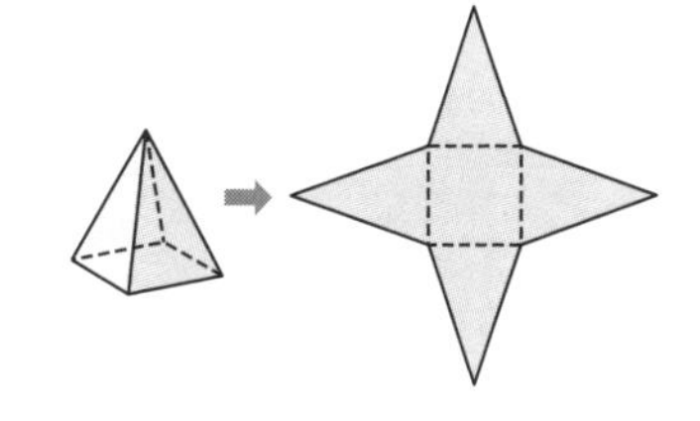

3 立体の表面積・体積

1 角柱・円柱の表面積＝側面積＋底面積×2

2 角錐・円錐の表面積＝側面積＋底面積

底面積を S，高さを h，体積を V とすると，

3 角柱・円柱の体積 ➡ $V=Sh$

4 角錐・円錐の体積 ➡ $V=\frac{1}{3}Sh$

球の表面積・体積

半径を r，表面積を S，体積を V とすると，

表面積 ➡ $S=4\pi r^2$

体積 ➡ $V=\frac{4}{3}\pi r^3$

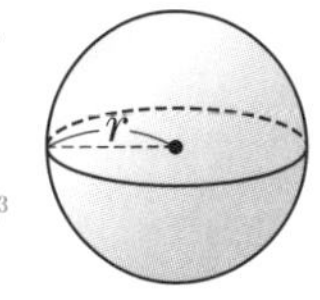

4 投影図

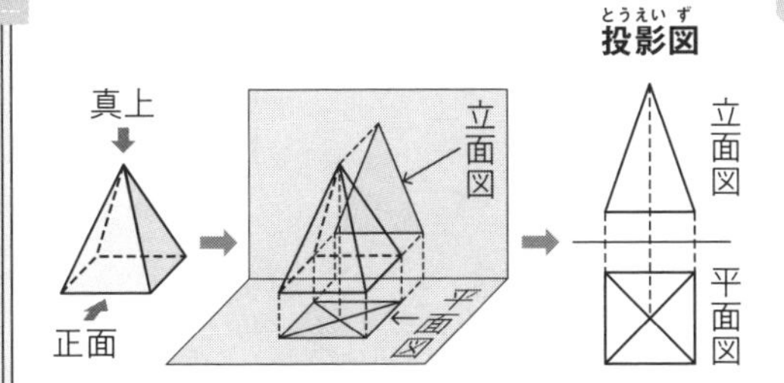

5 回転体

1 長方形➡円柱

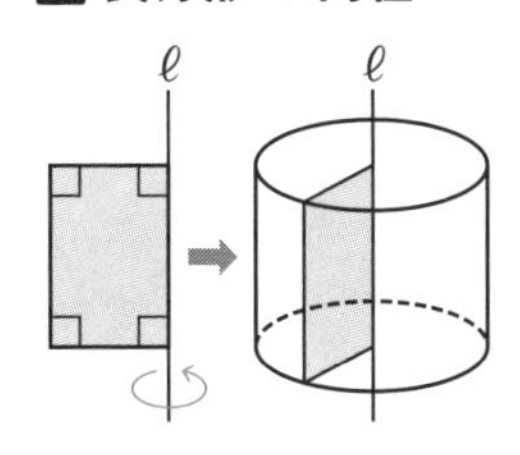

2 直角三角形➡円錐

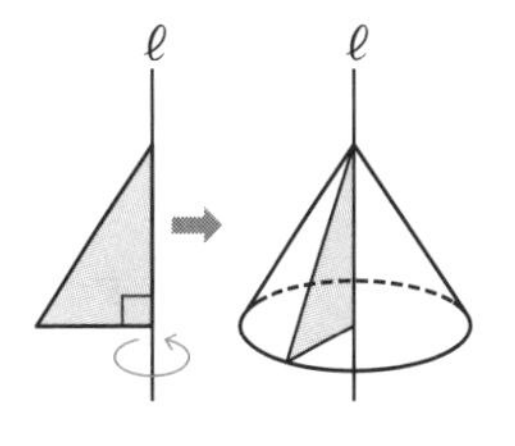

入試データ　入試でよく問われる２直線の位置関係は，ねじれの位置である。

実戦トレーニング

➡ 解答・解説は別冊53ページ

円周率はπとします。

次の問いに答えなさい。

お急ぎ！ (1) 空間内に，直線ℓをふくむ平面Aと，直線mをふくむ平面Bがあります。直線ℓ，平面A，直線m，平面Bの位置関係について，つねに正しいものを，次の**ア**～**エ**から1つ選び，記号で答えなさい。 山形県

ア 平面Aと平面Bが平行であるならば，直線ℓと直線mは平行である。

イ 直線ℓと直線mが平行であるならば，平面Aと平面Bが平行である。

ウ 平面Aと平面Bが垂直であるならば，直線ℓと平面Bは垂直である。

エ 直線ℓと平面Bが垂直であるならば，平面Aと平面Bは垂直である。

[ ]

正答率 70.2% (2) 右の図のように，2つの底面が△ABCと△DEFである三角柱があります。この三角柱において，辺ABとねじれの位置にある辺をすべて答えなさい。 広島県

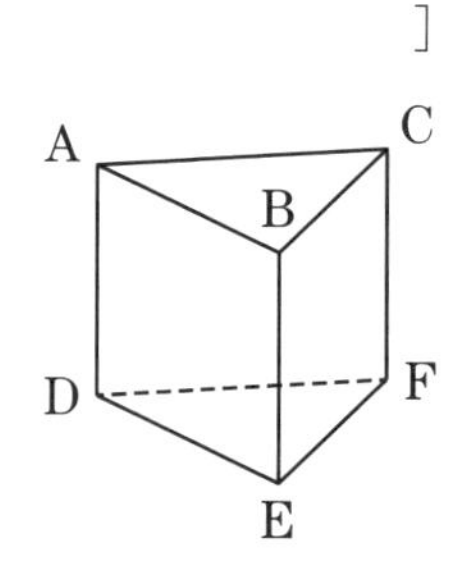

[ ]

お急ぎ！ (3) 右の図は，立方体の展開図を示したものです。この展開図を組み立てたとき，線分ABと平行で，長さが等しくなる線分を展開図にかき入れなさい。 北海道

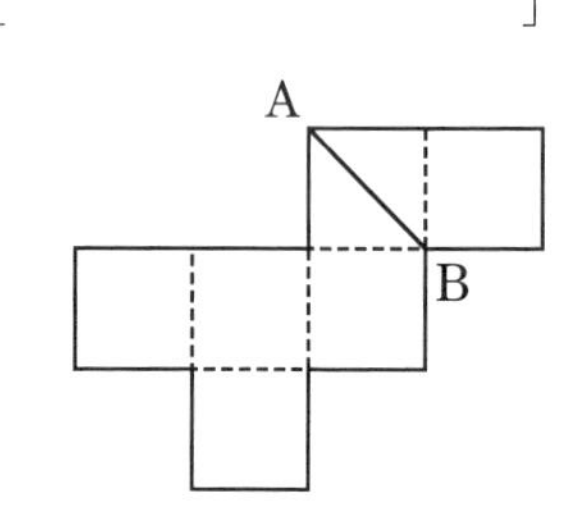

正答率 70.3% (4) 右の図は，立方体の展開図です。この展開図を組み立ててできる立体において，頂点Pと頂点A，B，C，Dをそれぞれ結ぶ線分のうち，最も長いものはどれですか。次の**ア**～**エ**から1つ選び，その記号を書きなさい。 奈良県

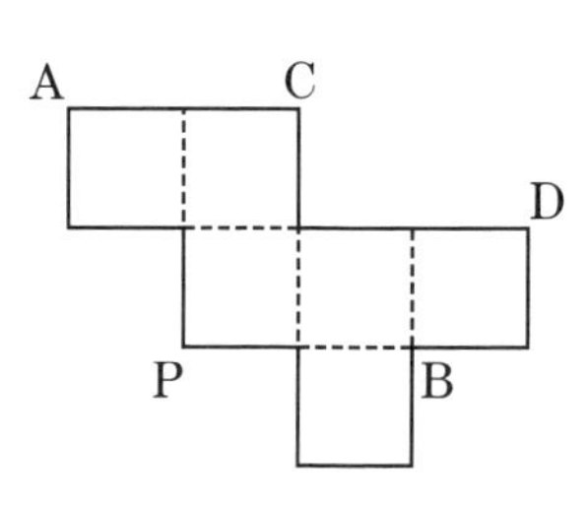

ア 線分PA　**イ** 線分PB　**ウ** 線分PC　**エ** 線分PD

[ ]

2 次の問いに答えなさい。

2

お急ぎ!

(1) 右の図は，母線の長さが 8cm，底面の円の半径が 3cm の円錐の展開図です。図のおうぎ形 OAB の中心角の大きさを求めなさい。 22 埼玉県

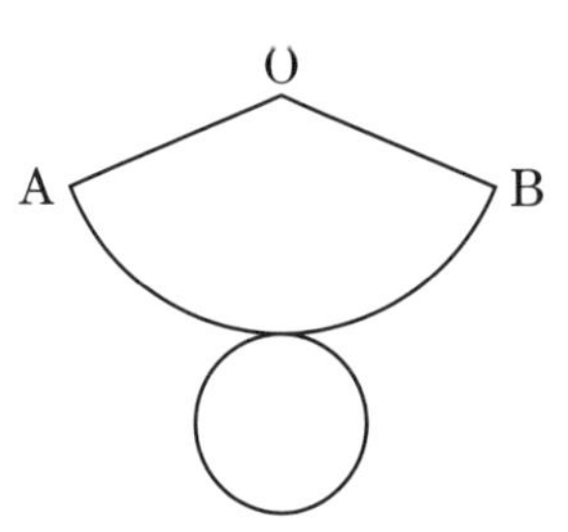

[　　　　　　]

正答率 16.0%

(2) 右の**図 1** のような紙コップを参考に，容器を作ります。紙コップを開いたら，**図 2** のような展開図になります。**図 2** において，側面にあたる辺 AB と辺 A′B′ をそれぞれ延ばし，交わった点を O とすると，弧 BB′，線分 OB，線分 OB′ で囲まれる図形が中心角 45° のおうぎ形になります。このとき，弧 AA′ の長さを求めなさい。 滋賀県

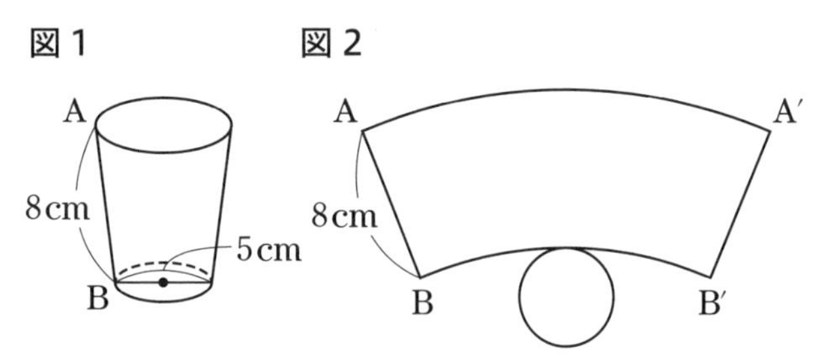

[　　　　　　]

3 次の問いに答えなさい。

3

お急ぎ!

(1) 次の**ア**から**エ**までの立体のうち，体積が最も大きいものはどれですか，その記号を答えなさい。 愛知県

ア　1 辺が 1cm の立方体

イ　底面の正方形の 1 辺が 2cm，高さが 1cm の正四角錐

ウ　底面の円の直径が 2cm，高さが 1cm の円錐

エ　底面の円の直径が 1cm，高さが 1cm の円柱

[　　　　　　]

(2) 右の図は，正四角錐の展開図です。正方形 ABCD の対角線 AC の長さは 4cm であり，この展開図を組み立ててできる正四角錐の体積を求めると，$\frac{32}{3}$cm^3 でした。このとき，正四角錐の高さを求めなさい。 千葉県

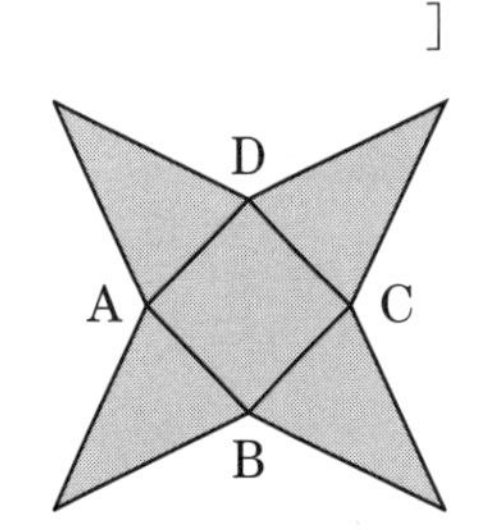

[　　　　　　]

4 次の問いに答えなさい。

3, 4

お急ぎ！ (1) 右の図は，円柱の投影図です。この円柱の体積を求めなさい。 愛媛県

6cm　10cm　（立面図）　（平面図）

[　　　　　　]

正答率 33.9% (2) 右の図は2つの立体の投影図です。**立体ア**と**立体イ**は，立方体，円柱，三角柱，円錐，三角錐，球のいずれかであり，2つの立体の体積は等しいです。平面図の円の半径が，**立体ア**が4cm，**立体イ**が3cmのとき，**立体ア**の高さhの値を求めなさい。 鳥取県

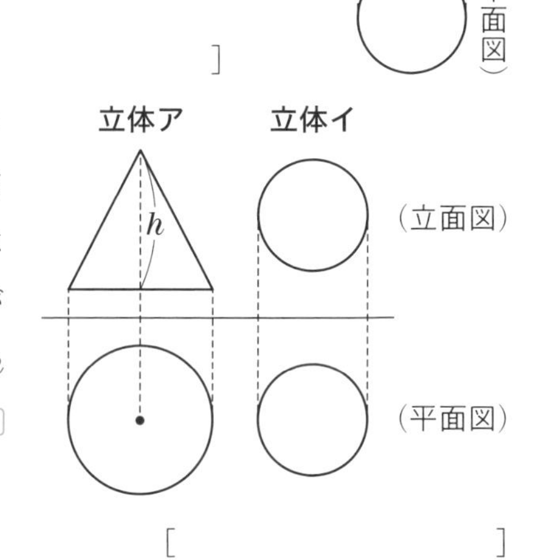

[　　　　　　]

HIGH LEVEL (3) **図1**は1辺の長さが1mである立方体です。この立方体を，ある3つの頂点を通る平面で切り取ると，立体Xと立体Yができます。**図2**が立体Xの投影図です。立体Xの体積をV，立体Yの体積をV′としたとき，体積の比V：V′を次の**ア**～**エ**から1つ選び，記号で答えなさい。 山口県

ア　V：V′=1：1　　**イ**　V：V′=3：1

ウ　V：V′=5：1　　**エ**　V：V′=7：1

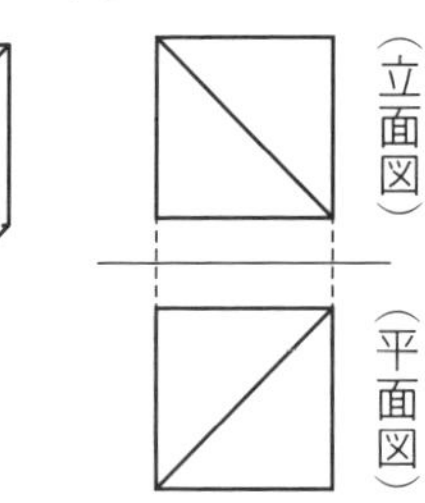

[　　　　　　]

5

正答率 18.9%

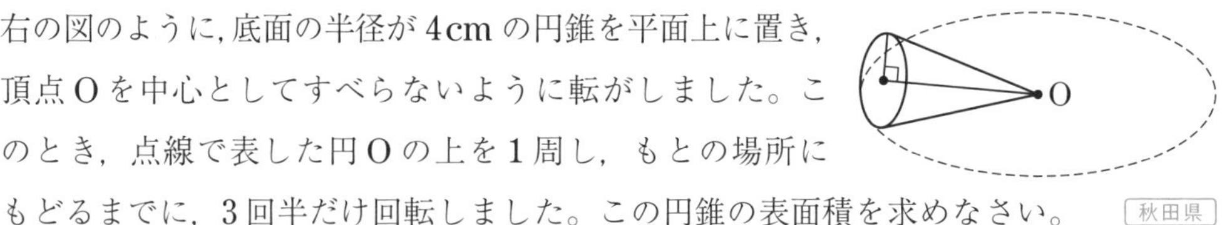

右の図のように，底面の半径が4cmの円錐を平面上に置き，頂点Oを中心としてすべらないように転がしました。このとき，点線で表した円Oの上を1周し，もとの場所にもどるまでに，3回半だけ回転しました。この円錐の表面積を求めなさい。 秋田県

[　　　　　　]

6 次の問いに答えなさい。

3, 5

お急ぎ！ (1) 右の図の △ABC は，辺 AB，BC，CA の長さがそれぞれ 5，3，4 の直角三角形です。この三角形を，直線 ℓ を軸として 1 回転させてできる回転体の体積を求めなさい。ただし，辺 BC と ℓ は垂直です。 滋賀県

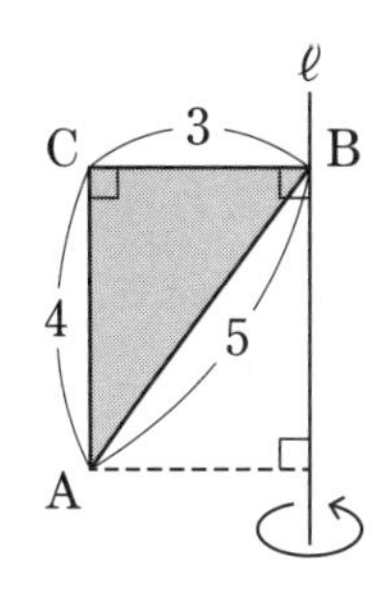

[　　　　　　　　]

お急ぎ！ (2) 右の図のおうぎ形 OAB は，半径 4cm，中心角 90° です。このおうぎ形 OAB を，AO を通る直線 ℓ を軸として 1 回転させてできる立体の体積を求めなさい。 和歌山県

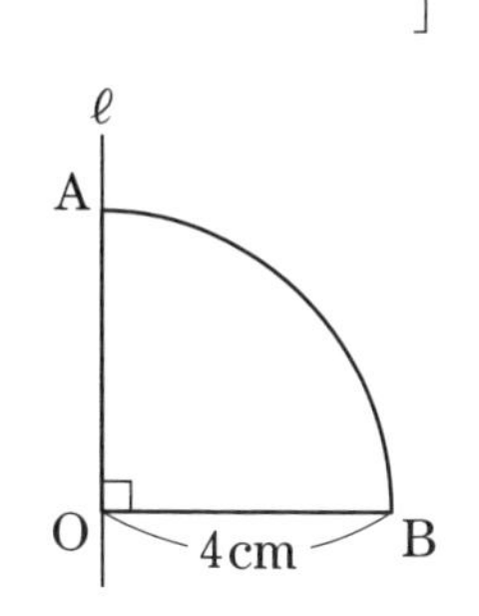

[　　　　　　　　]

正答率 73.9% (3) 右の図のように，AB=2cm，BC=3cm，∠B=90° の直角三角形 ABC があります。この直角三角形 ABC を，辺 AB を軸として 1 回転させてできる円錐の体積は，辺 BC を軸として 1 回転させてできる円錐の体積の何倍ですか，求めなさい。 秋田県

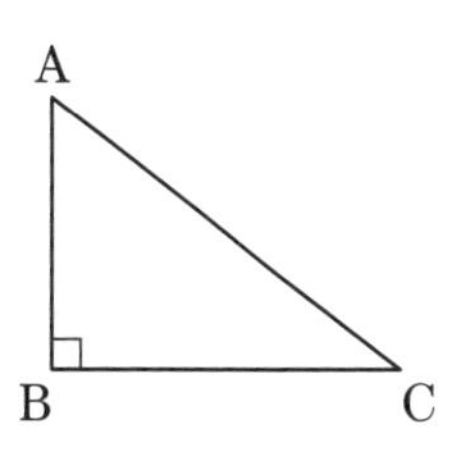

[　　　　　　　　]

(4) 右の図において，四角形 ABCD は AD//BC の台形であり，∠ADC=∠DCB=90°，AD=2cm，AB=4cm，BC=3cm です。四角形 ABCD を直線 DC を軸として 1 回転させてできる立体の表面積は何 cm^2 ですか。 大阪府

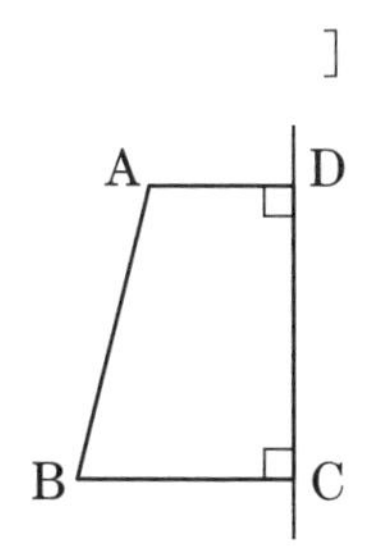

[　　　　　　　　]

中3範囲

出題率 56%

2 空間図形と三平方の定理

▶解法の整理

1 直方体の対角線

縦がa，横がb，高さがcの直方体の対角線の長さをℓとすると，

$\ell=\sqrt{a^2+b^2+c^2}$

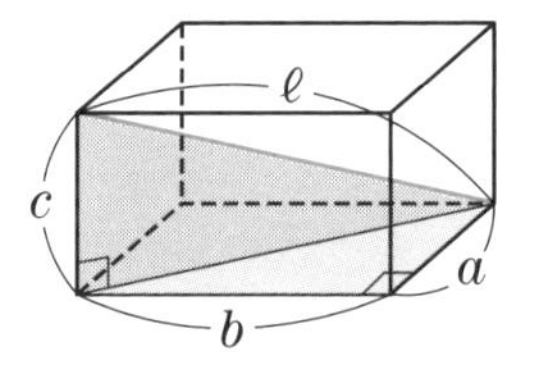

立方体の対角線

1辺がaのとき，

$\ell=\sqrt{a^2+a^2+a^2}$

$=\sqrt{3}a$

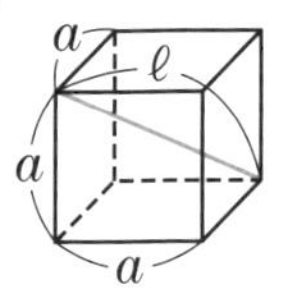

2 円錐の高さ

底面の半径がr，母線の長さがℓの円錐(えんすい)の高さをhとすると，

$h=\sqrt{\ell^2-r^2}$

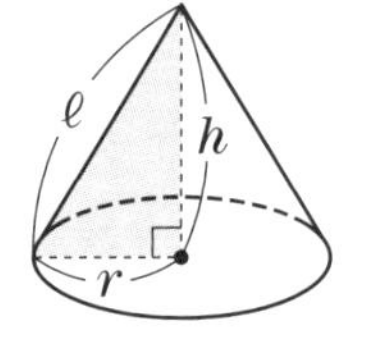

円錐の体積V・表面積S

$V=\frac{1}{3}\pi r^2h$　　$S=\underset{\text{側面積}}{\underline{\pi r\ell}}+\underset{\text{底面積}}{\underline{\pi r^2}}$

3 正四角錐への利用

1 正四角錐(せいしかくすい)の高さと体積

頂点Oから底面ABCDにひいた垂線は，

底面の正方形の対角線の交点Hを通る。

高さ ➡ $\mathrm{OH}=\sqrt{\mathrm{OA}^2-\mathrm{AH}^2}$

体積 ➡ $\frac{1}{3}\times\mathrm{AB}^2\times\mathrm{OH}$

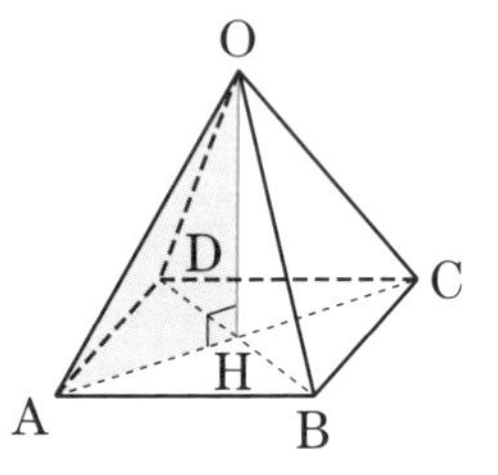

CHECK!

正四角錐

底面…正方形

側面…4つの合同な二等辺三角形

2 正四角錐の側面積

頂点Oから辺ABにひいた垂線は，**ABの中点Mを通る。**

△OABの高さ ➡ $\mathrm{OM}=\sqrt{\mathrm{OA}^2-\mathrm{AM}^2}$

側面積 ➡ $\frac{1}{2}\times\mathrm{AB}\times\mathrm{OM}\times4$

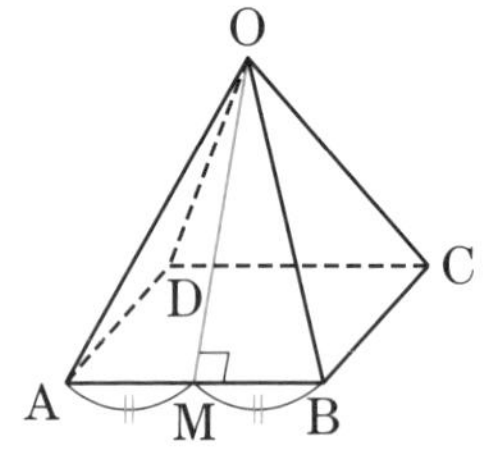

4 最短の長さ

下の図のように，直方体の表面に頂点Aから辺BC，CG上を通って，頂点Hまで線をひくとき，最短となる線の長さは，次のように考えて求める。

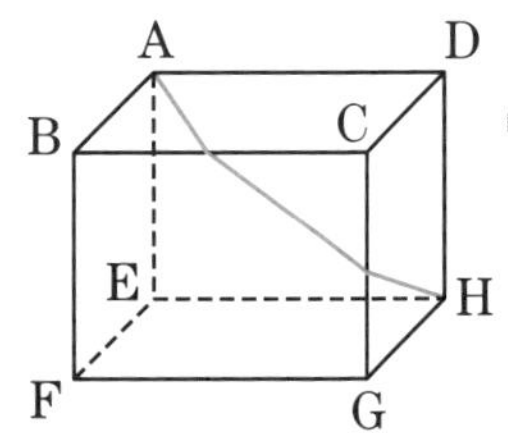

展開図で表す。

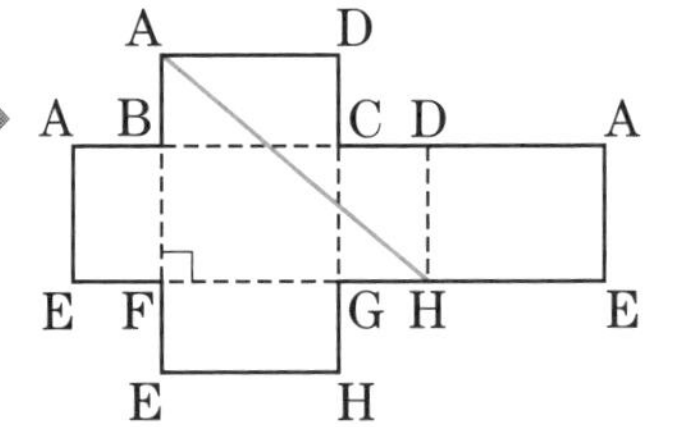

➡ 最短となる線は，展開図上の線分AHだから，

$\mathrm{AH}=\sqrt{\mathrm{AF}^2+\mathrm{FH}^2}$

5 角錐の底面と高さの見方

△ABCを底面とみると

➡ (三角錐ABCFの体積)$=\frac{1}{3}\times$△ABC×BF

△AFCを底面とみると

➡ (三角錐ABCFの体積)$=\frac{1}{3}\times$△AFC×(点Bと面AFCとの距離)

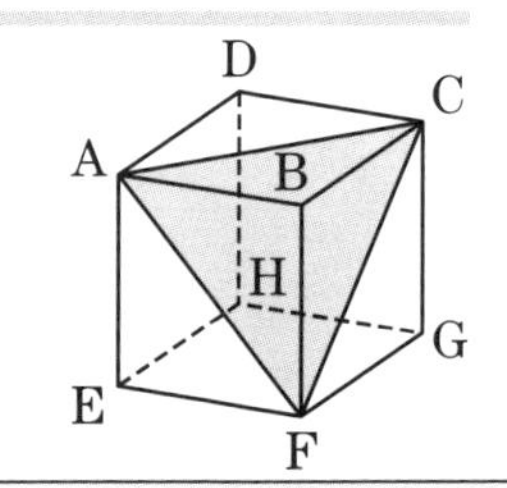

入試データ 大問形式での出題率が非常に高いので，しっかり理解しておこう。

実戦トレーニング

➡ 解答・解説は別冊55ページ

円周率はπとします。

1 次の問いに答えなさい。

(1) 右の図のように，底面が直角三角形で，側面がすべて長方形の三角柱があり，AB=6cm，BE=4cm，∠ABC=30°，∠ACB=90°です。この三角柱の体積を求めなさい。

山形県

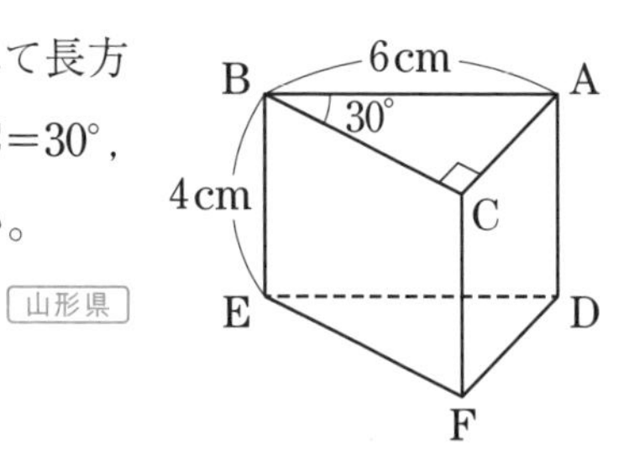

[　　　　　　　　]

お急ぎ！ (2) 右の図のような，底面が点Oを中心とする円で，点Aを頂点とする円錐があります。底面の円の円周上に点Bがあり，AB=7cm，OB=3cmのとき，この円錐の体積を求めなさい。ただし，答えを求めるまでの過程も書きなさい。 2 岡山県

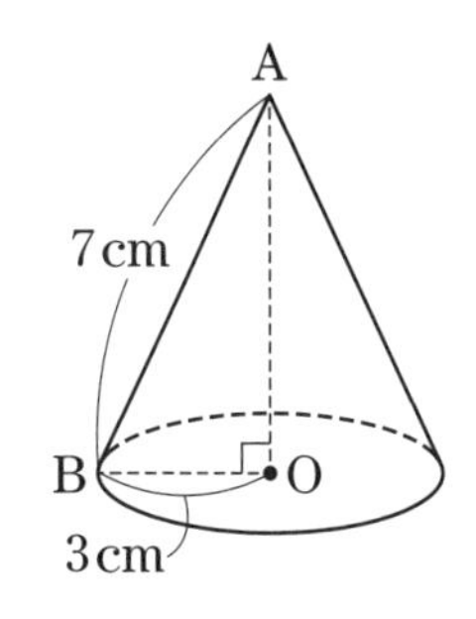

〈説明〉

(答)

正答率 20.4% (3) 右の図は底面の半径が3cm，側面積が$24\pi cm^2$の円錐です。この円錐の体積を求めなさい。 2 秋田県

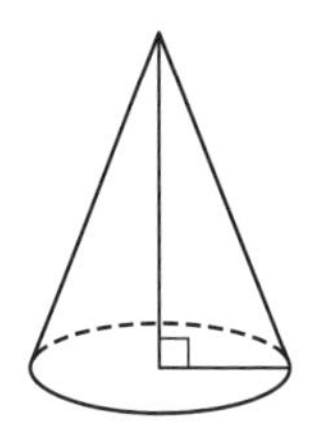

[　　　　　　　　]

お急ぎ！ (4) 右の図は，正四角錐の投影図です。立面図が正三角形，平面図が1辺6cmの正方形であるとき，この正四角錐の体積を求めなさい。 3 岐阜県

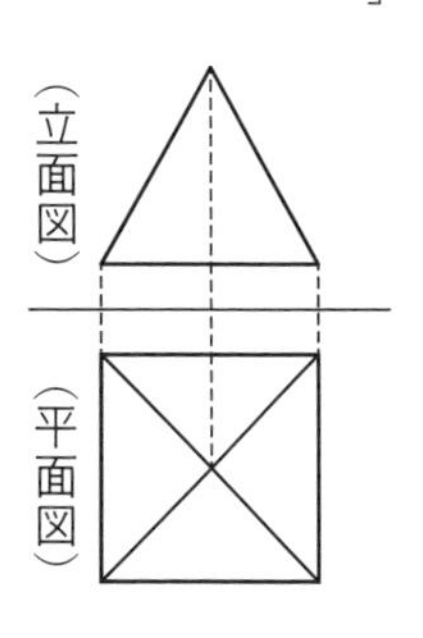

[　　　　　　　　]

2 お急ぎ!

右の図のような1辺が4cmの立方体ABCDEFGHがあります。このとき，次の問いに答えなさい。  富山県

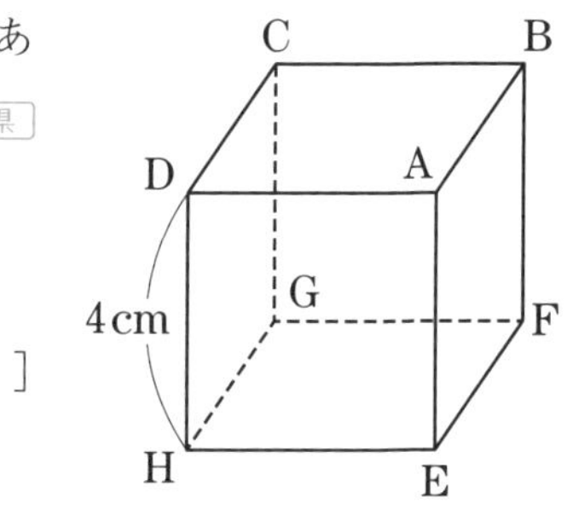

(1) 正三角錐ABDEの体積を求めなさい。

[　　　　　　　　]

(2) △BDEの面積を求めなさい。

[　　　　　　　　]

(3) 点Aと△BDEとの距離を求めなさい。

[　　　　　　　　]

3

半径7cmの球を，中心から4cmの距離にある平面で切ったとき，切り口の円の面積を求めなさい。

23 埼玉県

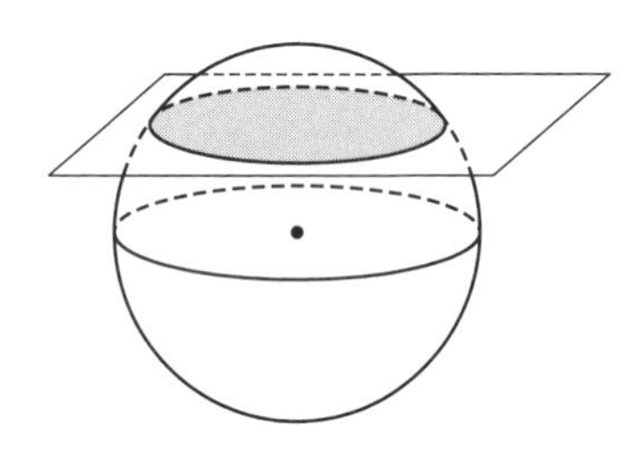

[　　　　　　　　]

4 お急ぎ!

右の図のような，底面がDE＝EF＝6cmの直角二等辺三角形で，高さが9cmの三角柱があります。辺ACの中点をMとします。このとき，次の問いに答えなさい。 5 福島県

(1) 線分BMの長さを求めなさい。

[　　　　　　　　]

(2) 辺BE上に，△APCの面積が30cm^{2}となるように点Pをとります。

① 線分PMの長さを求めなさい。

[　　　　　　　　]

② 3点A，C，Pを通る平面と点Bとの距離を求めなさい。

[　　　　　　　　]

5

右の図は，ある立体の展開図です。弧 AB，DC はともに点 O を中心とする円周の一部で，直線 DA，CB は点 O を通っています。また，円 P，Q はそれぞれ弧 AB，DC に接しています。DA＝CB＝3cm，弧 AB，DC の長さがそれぞれ 6πcm，4πcm のとき，次の問いに答えなさい。

⮣2 愛知県

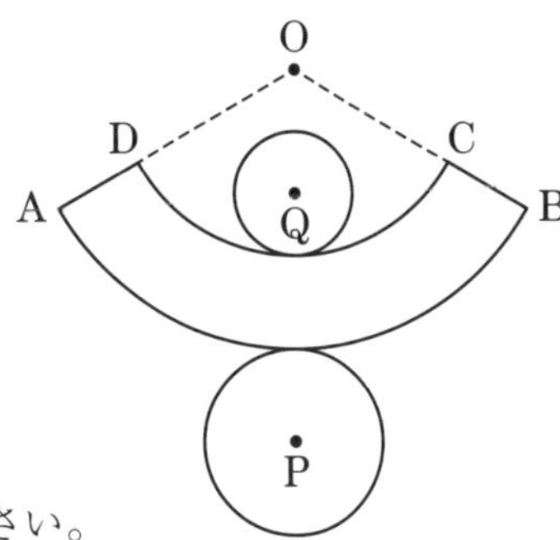

(1) 円 P の面積と円 Q の面積の和は何 cm^2 か，求めなさい。

[　　　　　　　　]

(2) 展開図を組み立ててできる立体の体積は何 cm^3 か，求めなさい。

[　　　　　　　　]

6

お急ぎ！

右の図のような，底面が 1 辺 2cm の正方形で，他の辺が 3cm の正四角錐があります。辺 OC 上に AC＝AE となるように点 E をとります。このとき，次の問いに答えなさい。

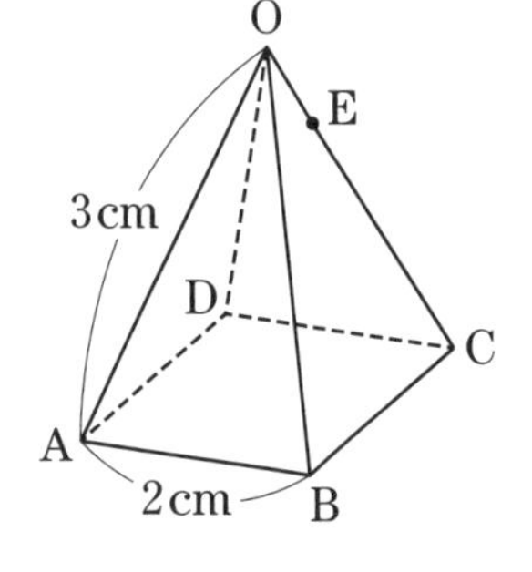

正答率 67.2%

(1) 線分 AE の長さを求めなさい。

⮣3 福島県

[　　　　　　　　]

(2) △OAC の面積を求めなさい。

[　　　　　　　　]

正答率 1.2%

(3) E を頂点とし，四角形 ABCD を底面とする四角錐の体積を求めなさい。

[　　　　　　　　]

7

正答率 7.7%

右の図のように，直方体 ABCD−EFGH があり，点 M は辺 AE の中点です。AB＝BC＝6cm，AE＝12cm のとき，四面体 BDGM の体積を求めなさい。

秋田県

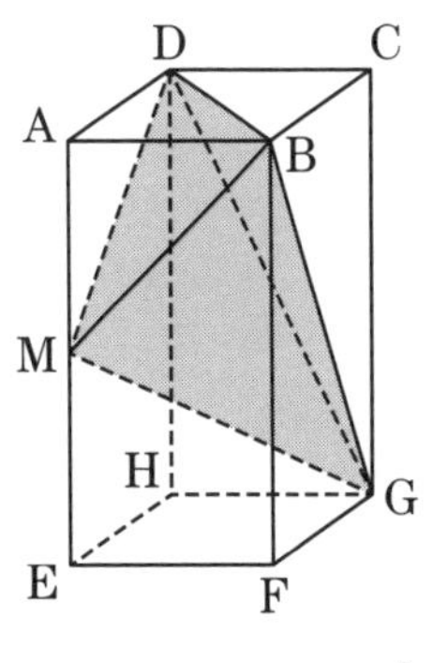

[　　　　　　　　]

8 右の図の１辺の長さが6cmである立方体ABCD－EFGHにおいて，点PはEP＝9cmとなる半直線EF上の点であり，点QはEQ＝9cmとなる半直線EH上の点です。また，点Rは線分AP，BFの交点であり，点Tは線分AQ，DHの交点です。さらに，点Sは線分PQ，FGの交点であり，点Uは線分PQ，GHの交点です。このとき，次の問いに答えなさい。

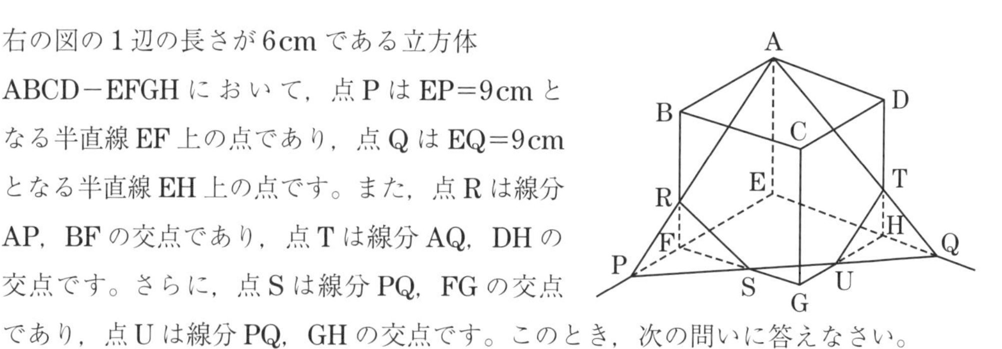

山梨県

正答率 68%
(1) 線分PQの長さを求めなさい。

［　　　　　　　　］

(2) 三角錐AEPQの体積と三角錐RFPSの体積をそれぞれ求めなさい。

三角錐AEPQ［　　　　　　　　］，三角錐RFPS［　　　　　　　　］

正答率 1%
(3) 五角形ARSUTの面積を求めなさい。

［　　　　　　　　］

正答率 2%
(4) 4点A，C，R，Tを頂点とする立体の体積を求めなさい。

［　　　　　　　　］

9 お急ぎ！ 図Ⅰの直方体ABCD－EFGHは，AB＝2m，AD＝4m，AE＝3mです。次の問いに答えなさい。 14 群馬県

図Ⅰ

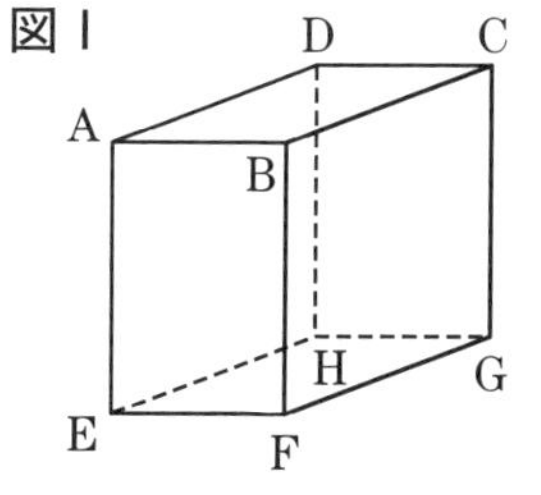

(1) この直方体の対角線AGの長さを求めなさい。

［　　　　　　　　］

(2) 図Ⅰの直方体の面に沿って，図Ⅱのように点Aから点Gまで次のア，イの２通りの方法で糸をかけます。

図Ⅱ

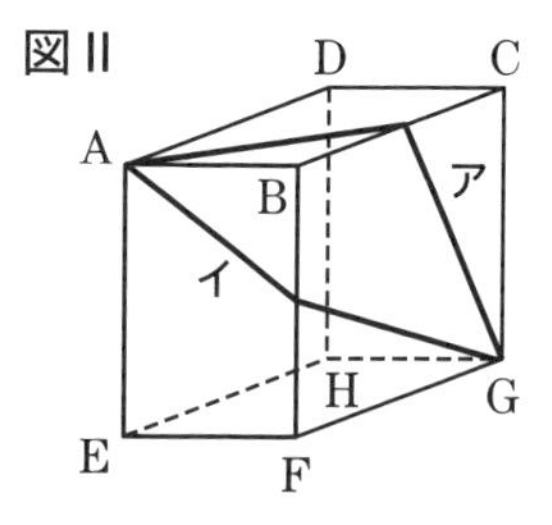

ア　点Aから辺BC上の１点を通って点Gまでかける。
イ　点Aから辺BF上の１点を通って点Gまでかける。

次の問いに答えなさい。

① **ア**, **イ**の方法のそれぞれにおいて, 糸の長さが最も短くなるように糸をかけます。かけた糸の長さが短い方を**ア**, **イ**から選び, 記号で答えなさい。また, そのときの点Aから点Gまでの糸の長さを求めなさい。

記号[　　　　], 糸の長さ[　　　　]

② **ア**, **イ**の方法のそれぞれにおいて, 糸の長さが最も短くなるように糸をかけたときに, かけた糸の長さが長い方を考えます。そのかけた糸が面BFGCを通る直線をℓとするとき, 点Cと直線ℓとの距離を求めなさい。

[　　　　]

10 正答率 1.7%

右の図のように, 底面が, 1辺の長さが4cmの正方形ABCDで, OA=OB=OC=OD=4cmの正四角錐があります。辺OC上に, OP=3cmとなるように点Pをとります。辺OB上に点Qをとり, AQ+QPが最小となるようにするとき, AQ+QPは何cmですか。

4 広島県

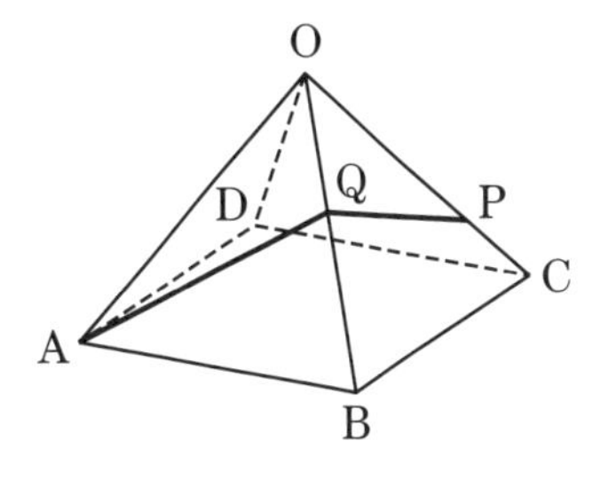

[　　　　]

11

右の図で, 立体ABCDEは辺の長さがすべて等しい正四角錐で, AB=4cmです。Fは辺BCの中点であり, G, Hはそれぞれ辺AC, AD上を動く点です。3つの線分EH, HG, GFの長さの和が最も小さくなるとき, 次の問いに答えなさい。

4 愛知県

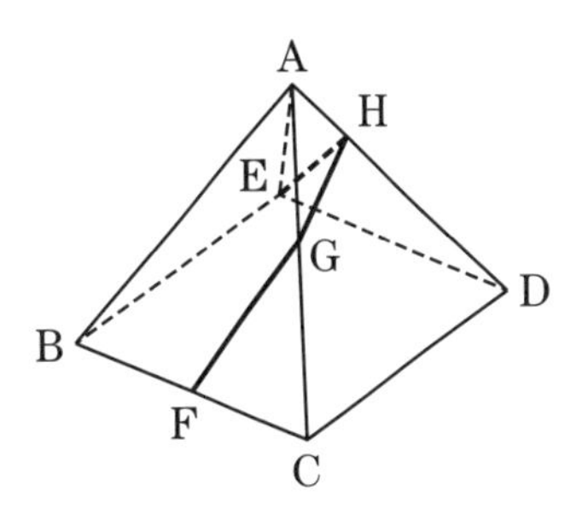

(1) 線分AGの長さは何cmか, 求めなさい。

[　　　　]

HIGH LEVEL (2) 3つの線分EH, HG, GFの長さの和は何cmか, 求めなさい。

[　　　　]

DATA:4

よく出る
回転体ランキング

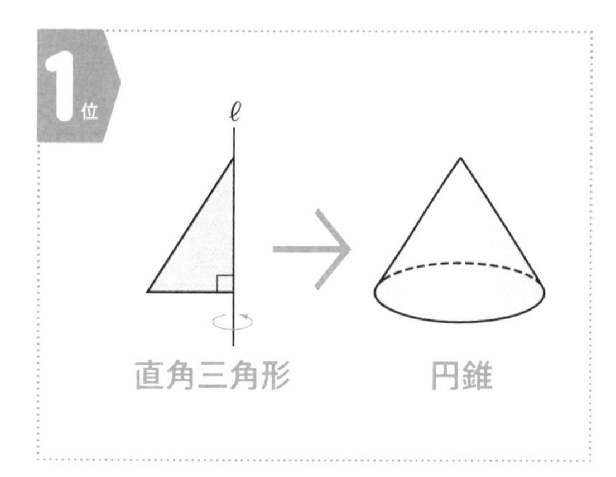

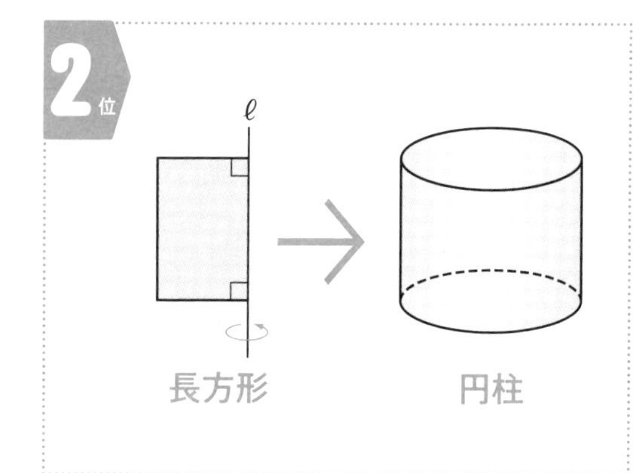

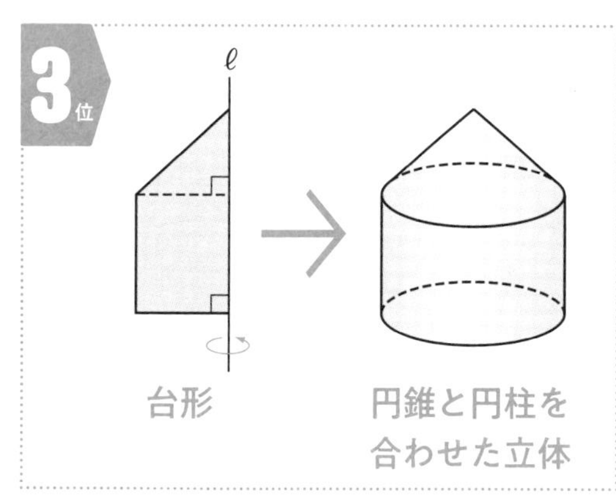

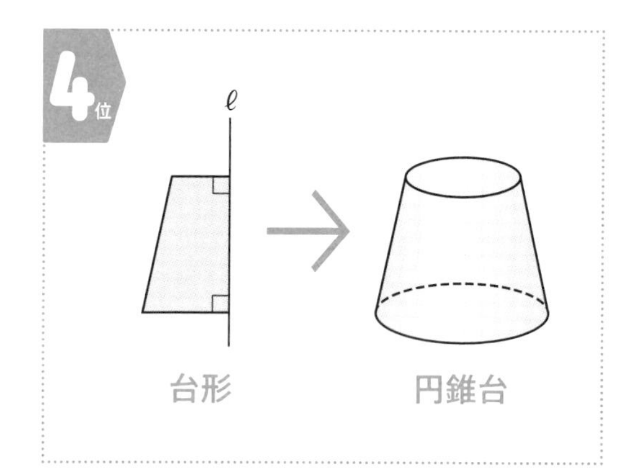

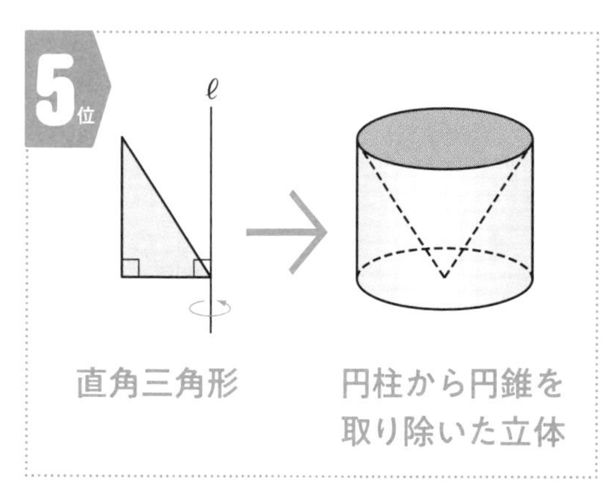

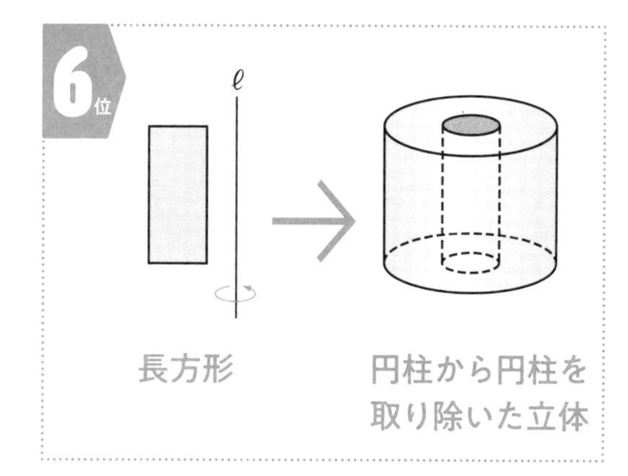

確率とデータの活用

✓ 弱点チェック

次の問題を解いて，自分の弱点項目をみつけよう！

➡ 解答・解説は別冊59ページ

確率

2枚の硬貨(こうか)を同時に投げます。

☐ ① 表と裏の出方は全部で何通り？

[　　　　　　]

☐ ② 2枚とも表が出る確率は？

[　　　　　　]

☐ ③ 1枚が表で，1枚が裏が出る確率は？

[　　　　　　]

5本のうち2本の当たりくじが入っているくじがあります。このくじを，はじめにAさんが1本ひき，ひいたくじを戻さないで，続いてBさんが1本ひきます。

☐ ④ くじのひき方は全部で何通り？

[　　　　　　]

☐ ⑤ 2人とも当たる確率は？

[　　　　　　]

☐ ⑥ 少なくとも1人が当たる確率は？

[　　　　　　]

大小2つのさいころを同時に投げます。

☐ ⑦ 出る目の場合の数は全部で何通り？

[　　　　　　]

☐ ⑧ 出る目の数の和が5になる確率は？

[　　　　　　]

☐ ⑨ 出る目の数の積が奇数(きすう)になる確率は？

[　　　　　　]

袋(ふくろ)の中に，赤玉が2個，白玉が3個入っています。この袋の中から同時に2個の玉を取り出します。

☐ ⑩ 玉の取り出し方は全部で何通り？

[　　　　　　]

☐ ⑪ 少なくとも1個は赤玉である確率は？

[　　　　　　]

☐ ⑫ 2個とも同じ色の玉である確率は？

[　　　　　　]

2 データの活用

右の表は，生徒 25 人の通学時間を調べ，度数分布表に整理したものです。

通学時間

階級(分)	度数(人)	累積度数(人)
以上　未満		
0 ～ 5	1	
5 ～ 10	3	
10 ～ 15	8	
15 ～ 20	6	
20 ～ 25	5	
25 ～ 30	2	
合計	25	

□ ① 中央値が入っている階級は？

[　　　　　]

□ ② 最頻値（さいひんち）は？

[　　　　　]

□ ③ 10 分以上 15 分未満の階級の相対度数は？

[　　　　　]

□ ④ 15 分以上 20 分未満の階級の累積度数（るいせきどすう）は？

[　　　　　]

次のデータは，13 人の生徒のハンドボール投げの記録を，記録の低い方から順に並べたものです。

10	12	14	18	18	20	21	22	22	23	25	29	33	(単位は m)

□ ⑤ 四分位数は？

第 1 四分位数[　　　　　]，第 2 四分位数[　　　　　]，第 3 四分位数[　　　　　]

□ ⑥ 四分位範囲（はんい）は？

[　　　　　]

□ ⑦ 箱ひげ図に表すと？

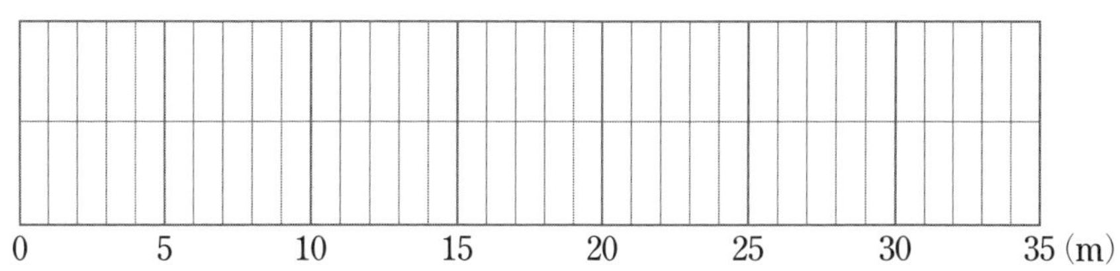

ある都市の有権者 38250 人の中から，無作為（むさくい）に 300 人を抽出（ちゅうしゅつ）してアンケート調査を行いました。

□ ⑧ この標本調査の母集団は？

[　　　　　]

□ ⑨ 標本の大きさは？

[　　　　　]

弱点チェックシート

正解した問題の数だけ塗りつぶそう。
正解の少ない項目があなたの弱点部分だ。

弱点項目から取り組む人は，このページへGO!

1	確率	1	2	3	4	5	6	7	8	9	10	11	12	→ 140 ページ
2	データの活用	1	2	3	4	5	6	7	8	9				→ 145 ページ

中２範囲

出題率 98%

1 確率

最重要点の確認

■ **確率の求め方**

Aの起こる確率 ➡ $p=\frac{a}{n}$ ←ことがらAの起こる場合の数 a 通り ／ ←すべての起こりうる場合の数 n 通り

確率 p の値(あたい)の範囲(はんい) ➡ $0 \leqq p \leqq 1$ ← $p=1$ …ことがらAは必ず起こる。$p=0$ …ことがらAは決して起こらない。

■ **起こらない確率**

Aの起こる確率を p とすると,

Aの起こらない確率 $=1-p$

CHECK! **同様に確からしい**

起こる場合の１つ１つについて，そのどれが起こることも**同じ程度に期待できる**とき，どの結果が起こることも同様に確からしいという。

解法の整理

1 ２つのさいころ

目の出方は全部で，**6×6＝36(通り)**

1 目の数の和

例 目の数の和が７になる確率

$\frac{6}{36}=\frac{1}{6}$

A＼B	1	2	3	4	5	6
1	2	3	4	5	6	7
2	3	4	5	6	7	8
3	4	5	6	7	8	9
4	5	6	7	8	9	10
5	6	7	8	9	10	11
6	7	8	9	10	11	12

2 目の数の積

例 目の数の積が奇数(きすう)になる確率

$\frac{9}{36}=\frac{1}{4}$

A＼B	1	2	3	4	5	6
1	1	2	3	4	5	6
2	2	4	6	8	10	12
3	3	6	9	12	15	18
4	4	8	12	16	20	24
5	5	10	15	20	25	30
6	6	12	18	24	30	36

2 硬貨の表と裏

例 ３枚の硬貨(こうか)A，B，Cの表と裏の出方は，右の樹形図より，全部で**8通り**。

・３枚とも表である確率 … $\frac{1}{8}$

・少なくとも１枚は裏である確率 … $1-\frac{1}{8}=\frac{7}{8}$

（$1-$(３枚とも表である確率)）

A B C A B C
表 ─ 表 ─ 表／裏；裏 ─ 表／裏
裏 ─ 表 ─ 表／裏；裏 ─ 表／裏

3 玉を取り出す

例 袋(ふくろ)の中に，赤玉が２個，白玉が２個入っている。この袋の中から同時に２個の玉を取り出すとき，玉の取り出し方は右の樹形図より，全部で**6通り**。

・２個の玉が同じ色である確率 … $\frac{2}{6}=\frac{1}{3}$

・２個の玉が異なる色である確率 … $\frac{4}{6}=\frac{2}{3}$

赤① ─ 赤②／白①／白②
赤② ─ 白①／白②
白① ─ 白②

入試データ ２つのさいころを題材とする問題が，いろいろな形で出題される。

[実戦トレーニング]

➡ 解答・解説は別冊59ページ

さいころの目の出方，玉やカードの取り出し方，硬貨の表裏の出方など，どれも同様に確からしいとする。

次の問いに答えなさい。 ⮣2

お急ぎ！ (1) 100円硬貨1枚と，50円硬貨2枚を同時に投げるとき，表が出た硬貨の合計金額が100円以上になる確率を求めなさい。 23 埼玉県

[　　　　　　]

正答率 66.7% (2) 4枚の硬貨A，B，C，Dを同時に投げるとき，少なくとも1枚は表が出る確率を求めなさい。 福岡県

[　　　　　　]

HIGH LEVEL (3) 1枚の硬貨を投げるとき，表が出たら得点1，裏が出たら得点2とします。この硬貨を3回投げ，1回目の得点を a，2回目の得点を b，3回目の得点を c とするとき，$b=ac$ となる確率を求めなさい。 22 東京都立日比谷高

[　　　　　　]

2

あたりくじが3本，はずれくじが4本の合計7本のくじが入った箱があります。3本のあたりくじのうち，1本が1等のあたりくじ，2本が2等のあたりくじです。このとき，次の問いに答えなさい。 佐賀県

(1) この箱から1本のくじをひくとき，2等のあたりくじである確率を求めなさい。

[　　　　　　]

(2) この箱から同時に2本のくじをひくとき，2本とも2等のあたりくじである確率を求めなさい。

[　　　　　　]

(3) この箱から同時に2本のくじをひくとき，1本はあたりくじで，もう1本ははずれくじである確率を求めなさい。

[　　　　　　]

(4) この箱から同時に2本のくじをひくとき，少なくとも1本はあたりくじである確率を求めなさい。

[　　　　　　]

3 大小2つのさいころを同時に投げるとき，次の確率を求めなさい。 ↻1

お急ぎ！ (1) 出る目の数の和が5の倍数になる確率 愛媛県

[ ]

(2) 出る目の数の和が素数になる確率 徳島県・改

[ ]

正答率 81.7% (3) 出る目の数の積が25以上になる確率 栃木県

[ ]

お急ぎ！ (4) 出る目の数の積が12の約数になる確率 和歌山県

[ ]

4 A，B2つのさいころを同時に投げ，Aのさいころの出た目の数をa，Bのさいころの出た目の数をbとするとき，次の確率を求めなさい。 ↻1

(1) $\dfrac{24}{a+b}$が整数になる確率 新潟県・改

[ ]

(2) $\sqrt{a+b}$の値が整数となる確率 鳥取県

[ ]

5 次の問いに答えなさい。 ↻3

(1) 赤玉2個，青玉3個が入っている袋があります。この袋から，玉を1個取り出し，それを袋に戻さないで，続けて玉を1個取り出します。このとき，取り出した2個の玉の色が異なる確率を求めなさい。 長野県

[ ]

お急ぎ！ (2) 赤玉3個，白玉2個，青玉1個が入っている箱から，同時に2個の玉を取り出すとき，取り出した2個の玉の色が異なる確率を求めなさい。 徳島県・改

[ ]

右の図のような1，2，4，6，9の数字が書かれたカードが1枚ずつ入っている箱があります。最初に箱からカードを1枚取り出し，数字を確認した後，箱の中に戻します。次に，箱の中のカードをよくかき混ぜて，もう一度箱の中からカードを1枚取り出し，数字を確認します。このとき，次の問いに答えなさい。

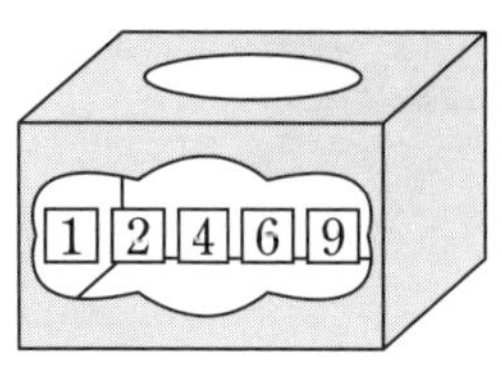

宮崎県

(1) 最初に取り出したカードに書かれた数字と，次に取り出したカードに書かれた数字が同じである確率を求めなさい。

[　　　　　　　　]

(2) 最初に取り出したカードに書かれた数字を十の位，次に取り出したカードに書かれた数字を一の位として，2けたの整数をつくります。このとき，次の**ア**と**イ**では，どちらの方が起こりやすいといえるか，確率を使って説明しなさい。

ア　2けたの整数が，4の倍数になる

イ　2けたの整数が，6の倍数になる

〈説明〉

赤と白の2個のさいころを同時に投げます。このとき，赤いさいころの出た目の数をa，白いさいころの出た目の数をbとして，座標平面上に，直線$y=ax+b$をつくります。例えば，$a=2$，$b=3$のときは，座標平面上に，直線$y=2x+3$ができます。次の問いに答えなさい。

1 岐阜県

(1) つくることのできる直線は全部で何通りあるかを求めなさい。

[　　　　　　　　]

(2) 傾きが1の直線ができる確率を求めなさい。

[　　　　　　　　]

(3) 3直線$y=x+2$，$y=-x+2$，$y=ax+b$で三角形ができない確率を求めなさい。

[　　　　　　　　]

8 お急ぎ!

下の図のように，正五角形ABCDEがあり，点Pは頂点Aの位置にあります。点Pは，次の**ルール**にしたがって動きます。

ルール

1，2，3，4の数字が1つずつかかれた4枚のカードをよくきってから同時に2枚ひく。ひいた2枚のカードにかかれた数の和の分だけ，点Pは頂点を1つずつ反時計回りに移動する。例えば，3と4の数字がかかれたカードをひいたとき，和は7となり，点Pは次の順に頂点を移動し，頂点Cで止まる。

A→B→C→D→E→A→B→C

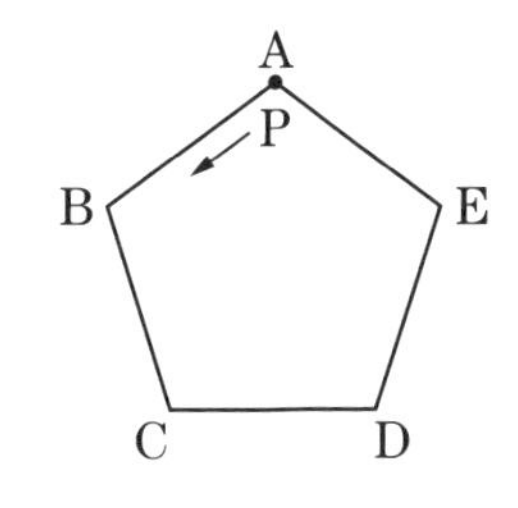

このとき，最も起こりやすいのは，どの頂点で止まるときですか。A～Eのうちから1つ選び，その記号を書きなさい。また，そのときの確率を求めなさい。 岩手県

記号[ ]，確率[ ]

9

異なる3つの袋があり，1つの袋には[A]，[B]，[C]，[D]，[E]の5枚のカード，残りの2つの袋にはそれぞれ[B]，[C]，[D]の3枚のカードが入っています。それぞれの袋から1枚のカードを同時に取り出すとき，次の問いに答えなさい。 兵庫県

正答率 82.4%

(1) 取り出したカードの文字が3枚とも同じ文字となる取り出し方は何通りあるか，求めなさい。

[ ]

(2) 右の図のように，すべての辺の長さが2cmである正四角錐ABCDEがあります。それぞれの袋から取り出したカードの文字に対応する正四角錐の点に印をつけ，印がついた点を結んでできる図形Xを考えます。異なる3点に印がついた場合，図形Xは三角形，異なる2点に印がついた場合，図形Xは線分，1点に印がついた場合，図形Xは点となります。

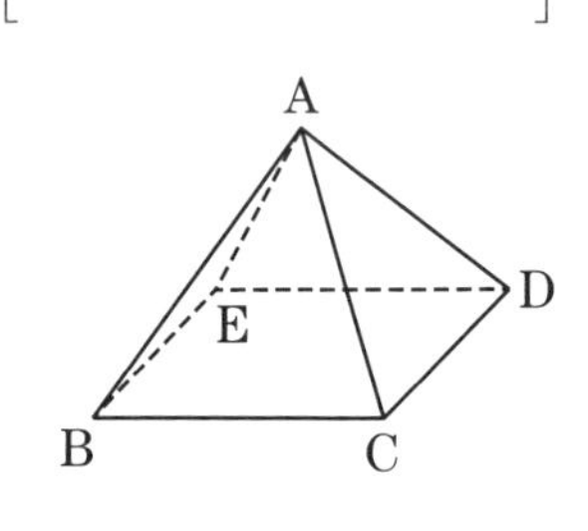

① 図形Xが，線分BCとなるカードの取り出し方は何通りあるか，求めなさい。

[ ]

正答率 6.7%

② 図形Xが線分となり，それを延長した直線と辺ABを延長した直線がねじれの位置にあるカードの取り出し方は何通りあるか，求めなさい。

[ ]

正答率 4.0%

③ 図形Xが，面積が2cm^2の三角形となる確率を求めなさい。

[ ]

中1, 2, 3範囲

出題率 97%

2 データの活用

最重要点の確認

■ **累積度数**(るいせきどすう)…最初の階級からその階級までの度数の合計。

■ **累積相対度数**(るいせきそうたいどすう)…最初の階級からその階級までの相対度数の合計。

ハンドボール投げの記録

階級(m)	度数(人)	累積度数(人)
以上 未満 10 ～ 15	5	5
15 ～ 20	7	12
20 ～ 25	6	18
25 ～ 30	4	22
30 ～ 35	3	25
計	25	

●ヒストグラムと度数折れ線

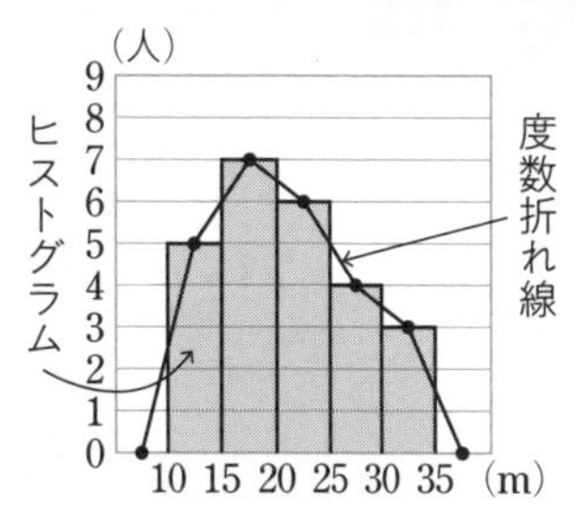

■ **全数調査**(ぜんすうちょうさ)…ある集団について何かを調べるとき，その集団全部について調べること。

■ **標本調査**(ひょうほんちょうさ)…集団の全体のようすを推測するために，集団の一部について調べること。

解法の整理

1 相対度数と累積相対度数

例 上の度数分布表で，20m 以上 25m 未満の階級の

相対度数は，$\dfrac{6}{25}=0.24$　**累積相対度数**は，$\dfrac{18}{25}=0.72$

相対度数

相対度数$=\dfrac{\text{その階級の度数}}{\text{度数の合計}}$

2 代表値

1 平均値$=\dfrac{(\text{階級値}\times\text{度数})\text{の総和}}{\text{度数の合計}}$ ←度数分布表から平均値を求める方法。

2 中央値(メジアン)…資料の値(あたい)を大きさの順に並べたときの中央の値。←資料の個数が偶数のとき，中央値は中央にある２つの値の平均値。

3 最頻値(モード)(さいひんち)…資料の値の中で，最も多く出ている値。

度数分布表では，度数が最も多い階級の階級値。

例 上の度数分布表で，最頻値は 15m 以上 20m 未満の階級の階級値だから，17.5m

3 四分位数と箱ひげ図

1 四分位数(しぶんいすう)…データを小さい順に並べて４等分したときの３つの区切りの値。

2 四分位範囲＝第３四分位数－第１四分位数

3 箱ひげ図…四分位数を，最小値，最大値とともに長方形(箱)と線分(ひげ)を用いて表した図。

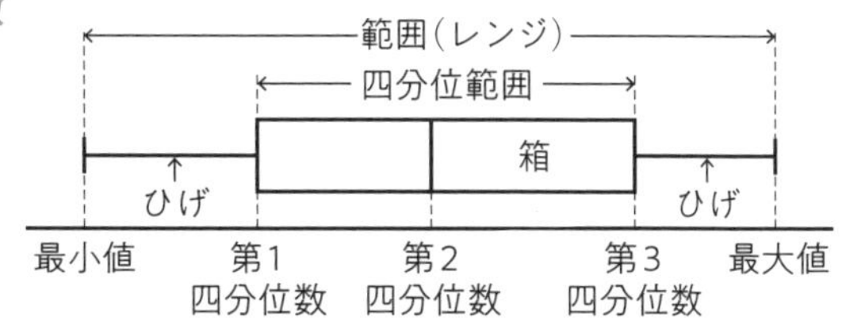

4 標本調査の利用

例 赤玉と白玉が合わせて 600 個入っている袋から，無作為に 40 個の玉を取り出したとき，その中の赤玉の個数は 15 個だった。このとき，取り出した 40 個に含まれる赤玉の割合は，$\dfrac{15}{40}=\dfrac{3}{8}$ だから，袋の中の赤玉の個数は，$600\times\dfrac{3}{8}=225$(個)と推定できる。

入試データ 度数分布表やヒストグラム，箱ひげ図からわかることを読み取る問題の出題が目立つ。

実戦トレーニング

➡ 解答・解説は別冊63ページ

1 お急ぎ！

右の図のグラフは，あるクラスの生徒20人にクイズを6問出し，クイズに正解した問題数と人数の関係を表したものです。20人がクイズに正解した問題数について次の**ア**～**ウ**の代表値を求めたとき，その値が最も大きいものを，**ア**～**ウ**のうちから1つ選び，記号で答えなさい。 **2** 沖縄県

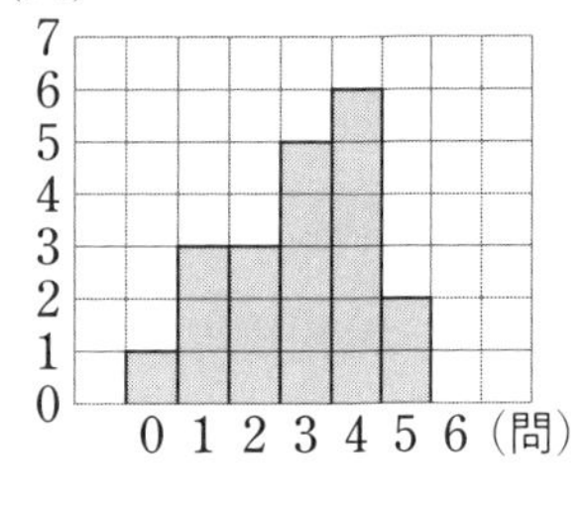

ア 平均値　　**イ** 中央値　　**ウ** 最頻値

[　　　　　　　]

2

右の表は，A中学校の1年生30人とB中学校の1年生90人について，ある日の睡眠時間を調べ，その結果を度数分布表に整理したものです。この表からわかることを述べた文として正しいものを，次の**ア**～**エ**から1つ選び，その記号を書きなさい。 **1**, **2** 愛媛県

階級(時間)	A中学校	B中学校
	度数(人)	度数(人)
以上　未満 4 ～ 5	0	1
5 ～ 6	3	8
6 ～ 7	10	27
7 ～ 8	9	29
8 ～ 9	7	21
9 ～ 10	1	4
計	30	90

ア A中学校とB中学校で，最頻値は等しい。

イ A中学校とB中学校で，8時間以上9時間未満の階級の相対度数は等しい。

ウ A中学校で，7時間未満の生徒の割合は，40％以下である。

エ B中学校で，中央値が含まれる階級は，6時間以上7時間未満である。

[　　　　　　　]

3

右の表は，A市の中学生1200人の中から100人を無作為に抽出し，ある日のタブレット型端末を用いた学習時間についての調査結果を度数分布表に整理したものです。次の問いに答えなさい。 鹿児島県

階級(分)	度数(人)
以上　未満 0 ～ 20	8
20 ～ 40	x
40 ～ 60	y
60 ～ 80	27
80 ～ 100	13
計	100

(1) 表から，A市の中学生1200人における学習時間が60分以上の生徒の人数は約何人と推定できますか。 **4**

[　　　　　　　]

(2) 表から得られた平均値が54分であるとき，x，y の値を求めなさい。ただし，方程式と計算過程も書くこと。 **2**

[

(答)$x=$　　　　，$y=$

]

4

お急ぎ!

6人の生徒が1か月に読んだ本の冊数を少ない順に並べると，右のようになりました。6人の生徒が1か月に読んだ本の冊数の平均値と中央値が同じとき，aの値を求めなさい。

1，3，5，a，10，12

（単位：冊）

2 愛知県

［$a=$　　　　　　　　］

5

右の表は，あるクラスの生徒20人のハンドボール投げの記録を度数分布表に整理したものです。記録が20m以上24m未満の階級の相対度数を求めなさい。また，28m未満の累積相対度数を求めなさい。

1 青森県

階級(m)	度数(人)
以上　未満 16～20	4
20～24	6
24～28	1
28～32	7
32～36	2
計	20

相対度数［　　　　　　　　］，累積相対度数［　　　　　　　　］

6

正答率 28.9%

A中学校の1年生75人と3年生90人に，通学時間についてアンケートしました。右の図は，その結果について，累積相対度数を折れ線グラフに表したものです。例えば，このグラフから，1年生では通学時間が10分未満の生徒が，1年生全体の42%であることを読み取ることができます。図から読み取ることができることがらとして適切なものを，次の**ア**～**オ**からすべて選び，その記号を書きなさい。

奈良県

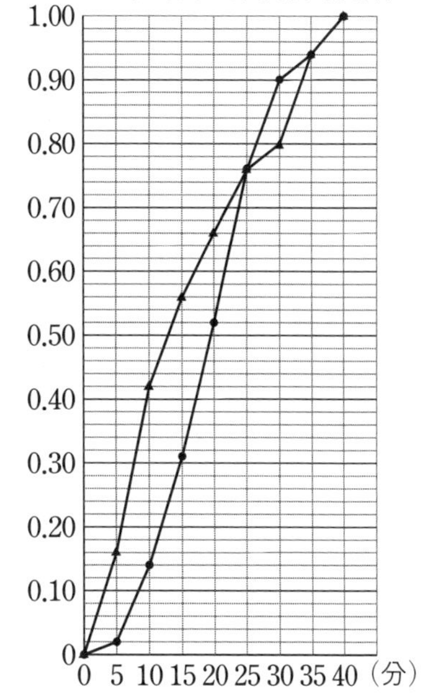

ア　通学時間の中央値は，1年生の方が3年生よりも大きい。

イ　通学時間が20分未満の生徒は，1年生も3年生も半分以上いる。

ウ　通学時間が25分未満の生徒の人数は，1年生も3年生も同じである。

エ　通学時間が25分以上30分未満の生徒の人数は，3年生の方が1年生よりも多い。

オ　全体の傾向としては，1年生の方が3年生よりも通学時間が短いといえる。

［　　　　　　　　］

7

次のデータは，ある中学校のバスケットボール部員A〜Kの11人が1人10回ずつシュートをしたときの成功した回数を表したものです。このとき，四分位範囲を求めなさい。

3 青森県

バスケットボール部員	A	B	C	D	E	F	G	H	I	J	K
成功した回数(回)	6	5	10	2	3	5	9	8	4	7	9

[ ]

8

お急ぎ！

あるクラスで生徒の家にある本の冊数を調べました。15人ずつA班とB班に分け，それぞれの班のデータを集計しました。**図**は，A班のデータの分布のようすを箱ひげ図に表したものです。このとき，次の問いに答えなさい。

3 山梨県

図

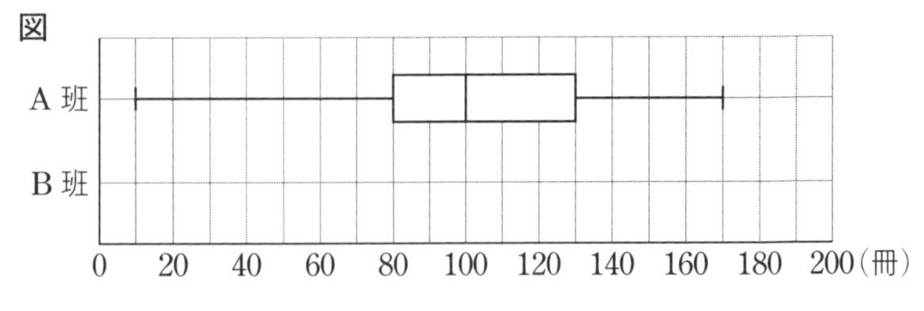

正答率 74%

(1) **図**において，A班の箱ひげ図から，四分位範囲を求めなさい。

[ ]

(2) 下のデータは，B班のデータを小さい方から順に整理したものです。このデータをもとに，B班のデータの分布のようすを表す箱ひげ図をかきなさい。

20 35 80 100 110 120 120 130 140 145 155 160 170 170 180 (冊)

9

正答率 33.0%

図1は，ある学級の生徒30人について，先月の図書館の利用回数を調べ，その分布のようすをヒストグラムに表したものです。例えば，利用回数が2回以上4回未満の生徒は3人であることがわかります。また，**図2**の**ア〜エ**のいずれかは，この利用回数の分布のようすを箱ひげ図に表したものです。その箱ひげ図を**ア〜エ**の中から1つ選び，記号で答えなさい。

2, 3 福島県

図1

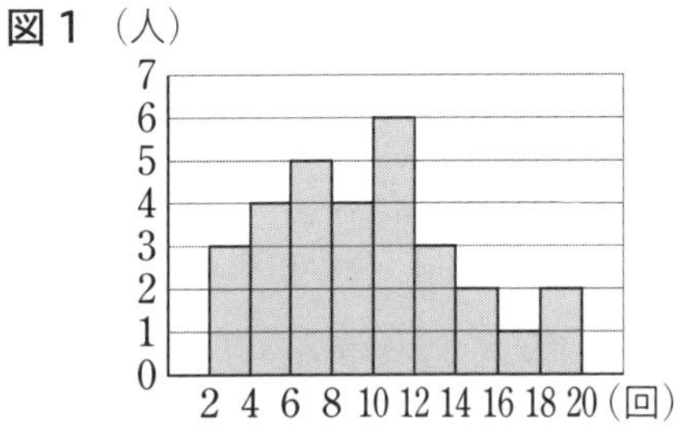

図2

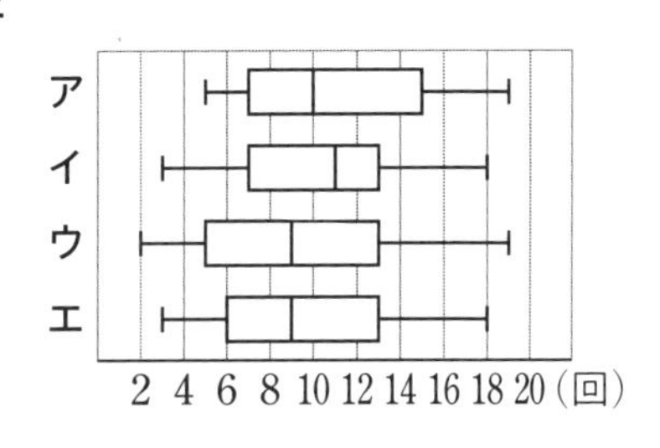

[ ]

10 お急ぎ!

右の図は，ある中学校の3年生25人が受けた国語，数学，英語のテストの得点のデータを箱ひげ図に表したものです。このとき，これらの箱ひげ図から読み取れることとして正しく説明しているものを，次の**ア**～**エ**の中から2つ選んで，その記号を書きなさい。

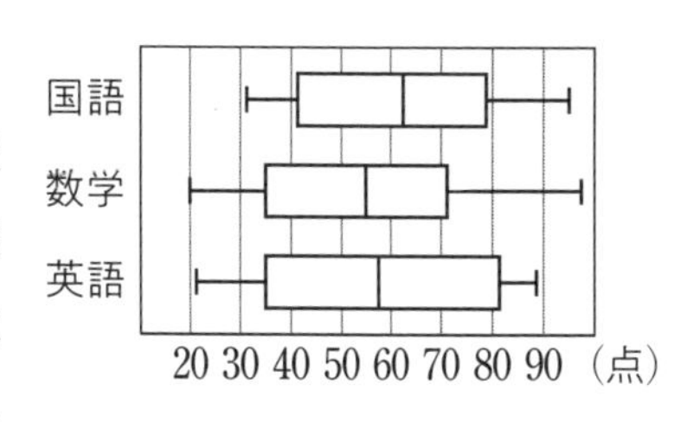

3 茨城県

ア　3教科の中で国語の平均点が一番高い。

イ　3教科の合計点が60点以下の生徒はいない。

ウ　13人以上の生徒が60点以上の教科はない。

エ　英語で80点以上の生徒は6人以上いる。

[　　　　　　　　]

11

ひびきさんは，A班8人，B班8人，C班10人が受けた，20点満点の数学のテスト結果について，**図1**のように箱ひげ図にまとめました。**図2**は，ひびきさんが**図1**の箱ひげ図をつくるのにもとにしたB班の数学のテスト結果のデータです。このとき，次の問いに答えなさい。ただし，得点は整数とします。 3 三重県

図1

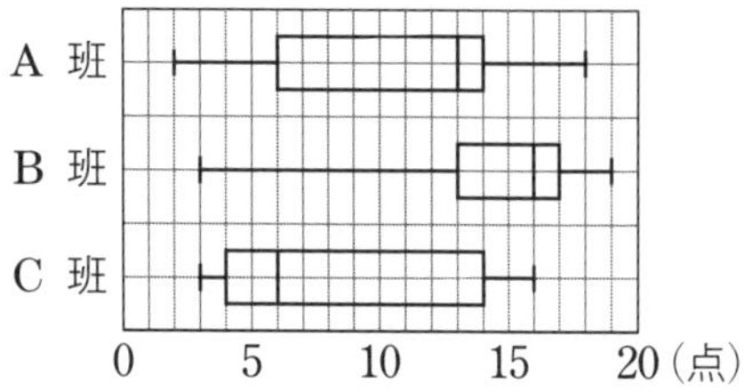

A 班
B 班
C 班
0　5　10　15　20（点）

図2

17, 14, 15, 17, 12, 19, m, n

（単位　点）

(1) A班の数学のテスト結果の第1四分位数を求めなさい。

[　　　　　　　　]

(2) B班の数学のテスト結果について，m，nの値を求めなさい。ただし，$m<n$とする。

[$m=$　　　　，$n=$　　　　]

(3) C班の数学のテスト結果について，データの値を小さい順に並べると，小さい方から6番目のデータとしてありえる数をすべて求めなさい。

[　　　　　　　　]

(4) **図1**，**図2**から読み取れることとして，次の①，②は，「正しい」，「正しくない」，「**図1**，**図2**からはわからない」のどれか，下の**ア**～**ウ**から最も適切なものをそれぞれ1つ選び，その記号を書きなさい。

① A班の数学のテスト結果の範囲と，B班の数学のテスト結果の範囲は，同じである。

〔**ア**　正しい　　**イ**　正しくない　　**ウ**　**図1**，**図2**からはわからない〕

[　　　　　　　　]

② A班，B班，C班のすべてに14点の人がいる。

〔**ア**　正しい　　**イ**　正しくない　　**ウ**　**図1**，**図2**からはわからない〕

[　　　　　　　　]

次の問いに答えなさい。 ⮣4

(1) 次の**ア**～**エ**の調査は，全数調査と標本調査のどちらで行われますか。標本調査で行われるものを2つ選び，その記号を書きなさい。 23 埼玉県

ア　ある河川の水質調査

イ　ある学校が行う健康診断

ウ　テレビ番組の視聴率調査

エ　日本の人口を調べる国勢調査

[　　　　　　　　　]

正答率 91.2%

(2) 袋の中に800個のペットボトルのキャップが入っています。袋の中のキャップをよくかき混ぜた後，袋から無作為にキャップを50個取り出したところ，赤色のキャップが15個含まれていました。800個のキャップの中には，赤色のキャップが何個含まれていると推定できますか。およその個数を求めなさい。 栃木県

[およそ　　　　　　個]

お急ぎ！

(3) 右の表は，ある農園でとれたイチジク1000個から，無作為に抽出したイチジク50個の糖度を調べ，その結果を度数分布表に表したものです。この結果から，この農園でとれたイチジク1000個のうち，糖度が10度以上14度未満のイチジクは，およそ何個と推定されるか，最も適切なものを，次の**ア**～**エ**から1つ選んで，その記号を書きなさい。 兵庫県

イチジクの糖度

階級(度)	度数(個)
以上　未満 10 ～ 12	4
12 ～ 14	11
14 ～ 16	18
16 ～ 18	15
18 ～ 20	2
計	50

ア　およそ150個　**イ**　およそ220個　**ウ**　およそ300個　**エ**　およそ400個

[　　　　　　　　　]

お急ぎ！

(4) ある養殖池にいる魚の総数を，次の方法で調査しました。このとき，この養殖池にいる魚の総数を推定し，小数第1位を四捨五入して求めなさい。 22 埼玉県

【1】網で捕獲すると魚が22匹とれ，その全部に印をつけてから養殖池に戻した。
【2】数日後に網で捕獲すると魚が23匹とれ，その中に印のついた魚が3匹いた。

[およそ　　　　　　匹]

模擬試験

実際の試験を受けているつもりで取り組んでください。
制限時間は第1回，第2回とも45分です。

制限時間がきたらすぐにやめ，
筆記用具を置いてください。

模擬試験 [第1回]

時間45分 | 100点満点 　　点

➡ 解答・解説は別冊67ページ

1 次の計算をしなさい。 [各3点　計18点]

(1) $7-(-3)$ [　　　]

(2) $4-8\div(-2)$ [　　　]

(3) $\frac{1}{4}-\frac{2}{3}$ [　　　]

(4) $2a\times(-3ab)^2$ [　　　]

(5) $3(2x-9y)-7(x-4y)$ [　　　]

(6) $\sqrt{27}-\frac{6}{\sqrt{3}}$ [　　　]

2 次の問いに答えなさい。 [各3点　計12点]

(1) $x=\sqrt{2}+1$, $y=\sqrt{2}-1$ のとき，x^2-y^2 の値を求めなさい。

[　　　]

(2) $x^2-14x+49$ を因数分解しなさい。

[　　　]

(3) 2次方程式 $3x^2-5x+1=0$ を解きなさい。

[　　　]

(4) $\sqrt{10}<x<\sqrt{30}$ をみたす自然数 x の個数を求めなさい。

[　　　]

3 次の問いに答えなさい。

[各5点　計15点]

(1) [1], [2], [3], [4]の4枚のカードがあります。この4枚のカードから1枚取り出し，数字を記録してもとに戻します。もう一度カードを1枚取り出し，数字を記録します。先に記録した数字を十の位，あとに記録した数字を一の位として2けたの整数をつくるとき，この整数が6の倍数となる確率を求めなさい。ただし，どのカードを取り出すことも同様に確からしいとします。

[　　　　　　　　]

(2) 右の図のように，直方体から三角柱を切り取った立体があります。辺CGとねじれの位置にある辺はいくつありますか。

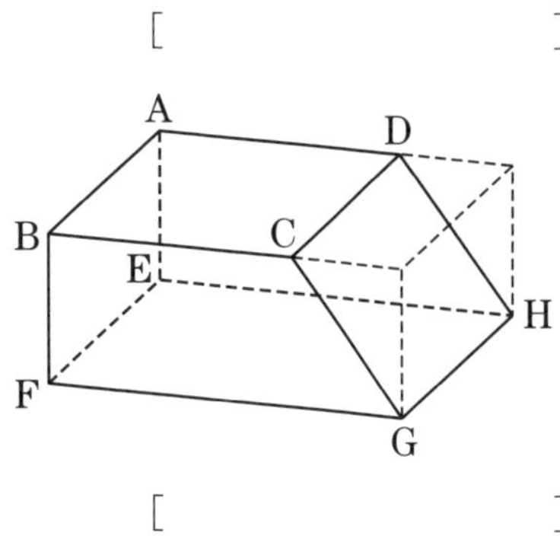

[　　　　　　　　]

(3) 右の図の円Oで，$\angle x$の大きさを求めなさい。

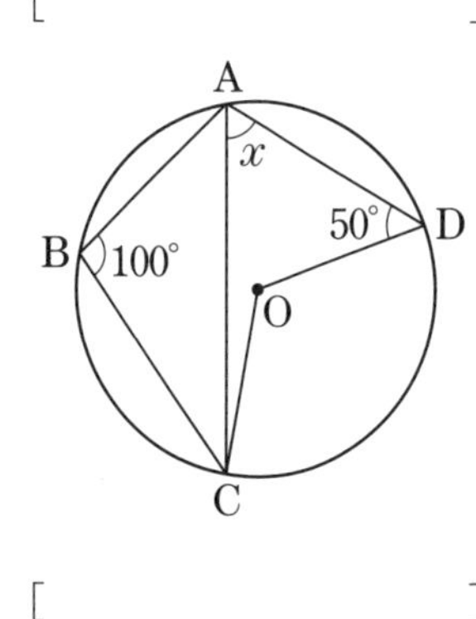

[　　　　　　　　]

4 右の表は，Aグループ25人とBグループ40人のハンドボール投げの記録を度数分布表に整理したものです。この表からわかることがらとして正しいものを，次の**ア**～**エ**からすべて選び，その記号を書きなさい。

[9点]

ア　AグループとBグループで，最頻値は等しい。

イ　中央値は，Aグループの方がBグループより大きい。

ウ　15m以上20m未満の階級の相対度数は，Bグループの方がAグループより大きい。

エ　記録が35m未満の人の割合が大きいのは，Aグループである。

ハンドボール投げの記録

階級(m)	A	B
	度数(人)	度数(人)
以上　未満 10 ～ 15	1	3
15 ～ 20	5	8
20 ～ 25	6	10
25 ～ 30	9	9
30 ～ 35	2	6
35 ～ 40	2	4
計	25	40

[　　　　　　　　]

5 ある動物園の1月の入場者数は，子どもと大人を合わせて5500人でした。2月の入場者数は，1月に比べて，子どもは20％増加し，大人は10％減少して，子どもが大人よりも930人多くなっていました。

［各5点　計10点］

(1) 1月の子どもと大人の入場者数をそれぞれ x 人，y 人として連立方程式をつくりなさい。

［　　　　　　　　］

(2) この動物園の1月の子どもと大人の入場者数をそれぞれ求めなさい。答えを求める過程がわかるように，途中の計算や式も書きなさい。

［

（答）　子ども　　　　　　　　，大人　　　　　　　　］

6 右の図のように，∠ABC＝90°の直角三角形ABCの外側に，AC，BCをそれぞれ1辺とする正方形ACDEと正方形BFGCをつくります。また，点DからBCの延長上に垂線DHをひきます。

［(1)は10点，(2)は6点　計16点］

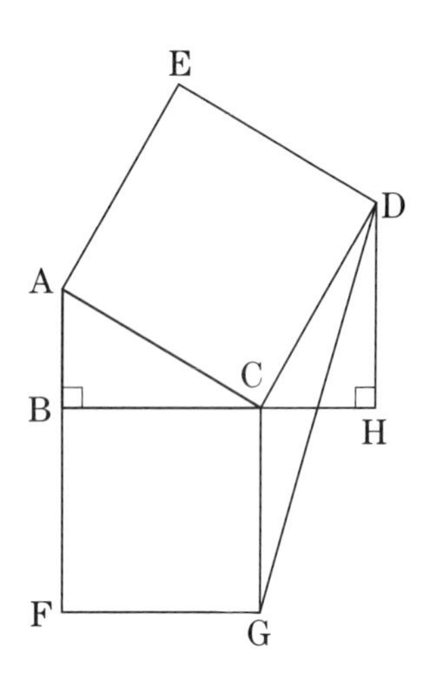

(1) △ABC≡△CHDであることを証明しなさい。

［〈証明〉

］

(2) AC＝$2\sqrt{3}$ cm，∠ACB＝30°のとき，DGの長さを求めなさい。

［　　　　　　　　］

7 右の図で，放物線は関数 $y=x^2$ のグラフです。このグラフ上に x 座標が正である点Pをとり，点Pを通り y 軸に平行な直線と x 軸との交点をQ，点Pを通り x 軸に平行な直線と y 軸との交点をRとします。また，y 軸上に点A$(0,\ -2)$をとり，直線AQと直線PRの交点をBとします。

［各5点　計20点］

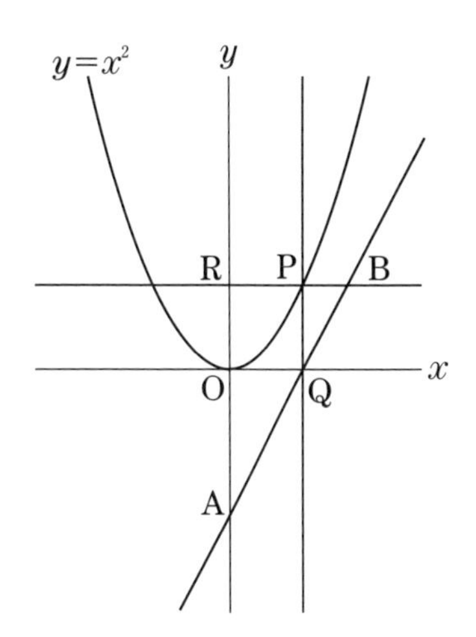

(1) 点Qの x 座標が1のとき，直線AQの式を求めなさい。

［　　　　　　　　　　］

(2) 点Qの x 座標を q とするとき，点Pの座標を q を使って表しなさい。

［　　　　　　　　　　］

(3) 四角形OAQPが平行四辺形になるとき，点Qの x 座標を求めなさい。

［　　　　　　　　　　］

(4) 四角形OQPRの面積と△PQBの面積が等しくなるとき，点Bの座標を求めなさい。

［　　　　　　　　　　］

模擬試験 ［第 2 回］

時間45分 | 100点満点 点

➡ 解答･解説は別冊69ページ

1 次の問いに答えなさい。 ［各3点　計30点］

(1) $-3-8$ を計算しなさい。

［　　　　　　］

(2) $12a^2b\div(-3a)^2$ を計算しなさい。

［　　　　　　］

(3) $(\sqrt{8}+2)(\sqrt{2}-1)$ を計算しなさい。

［　　　　　　］

(4) $(3x-1):4=2:1$ であるとき，x の値を求めなさい。

［　　　　　　］

(5) 2 次方程式 $(x+3)(x-2)=6$ を解きなさい。

［　　　　　　］

(6) $\sqrt{3.6}$ の値に最も近いものを次の**ア**～**エ**から選び，記号で答えなさい。

ア 0.6　　**イ** 1.8　　**ウ** 1.9　　**エ** 2

［　　　　　　］

(7) y は x に反比例し，$x=2$ のとき $y=-8$ です。y を x の式で表しなさい。

［　　　　　　］

(8) 関数 $y=-x^2$ において，x の変域が $-3\leqq x\leqq 2$ のとき，y の変域を求めなさい。

［　　　　　　］

(9) 右の図で $\ell /\!/ m$ であるとき，$\angle x$ の大きさを求めなさい。

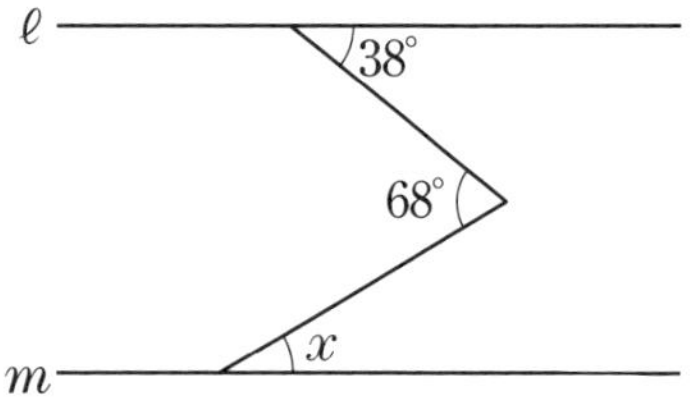

ℓ　38°　68°　x　m

［　　　　　　］

(10) 球 A，B があり，A と B の相似比は 2：3 です。球 A の体積が $24\pi\text{cm}^3$ であるとき，球 B の体積を求めなさい。

［　　　　　　］

2 次の問いに答えなさい。 [各5点 計15点]

(1) 地点Aから地点Bを経て地点Cまで，自転車で行くと15分，歩いて行くと1時間かかります。地点Aから地点Bまでは自転車で行き，地点Bから地点Cまでは歩いて行ったところ，全体で36分かかりました。このとき，地点Aから地点Bまで行くのにかかった時間を求めなさい。ただし，自転車の速さおよび歩く速さはそれぞれ一定であるものとします。

(2) 2つの袋A，Bがあり，Aの袋には赤玉2個，白玉2個，Bの袋には赤玉3個，白玉1個が入っています。A，Bの袋からそれぞれ1個ずつ，合わせて2個の玉を取り出すとき，同じ色の玉である確率を求めなさい。ただし，それぞれの袋では，どの玉が取り出されることも同様に確からしいとします。

[　　　　　　　]

(3) 右の図は，ある中学校の3年生35人が受けた英語，数学，国語のテストの得点のデータを箱ひげ図に表したものです。これらの箱ひげ図から読み取れることがらとして正しいものを，次の**ア**～**エ**の中からすべて選び，その記号を書きなさい。

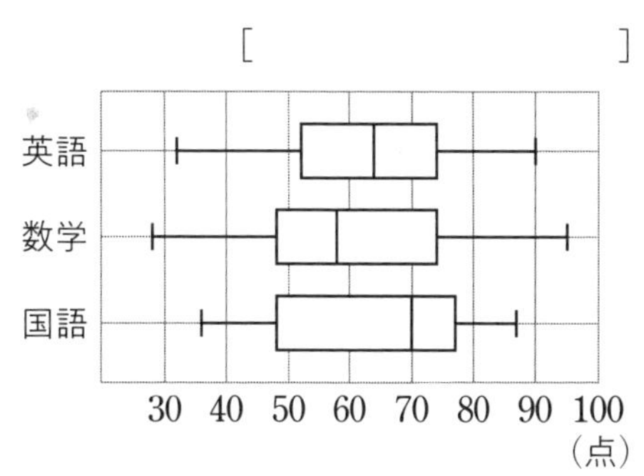

ア　最高点は数学がいちばん高く，最低点は国語がいちばん高い。

イ　範囲がいちばん大きいのは数学のテストで，四分位範囲がいちばん大きいのは英語のテストである。

ウ　数学では，50点以下の生徒が9人以上いる。

エ　70点以上の生徒が18人以上いる教科はない。

3 右の図のような直線ℓと線分ABがあります。線分ABを対角線として，直線ℓ上に頂点Cがあるひし形ACBDを作図しなさい。
ただし，作図に使った線は残しておくこと。

[5点]

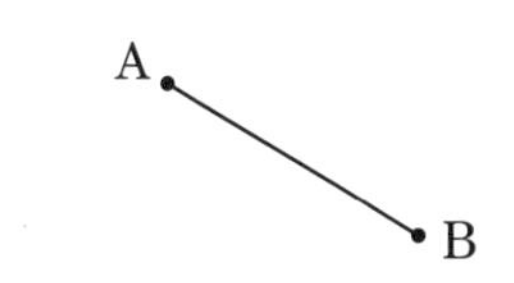

4 右の図は，1辺が2cmの正多面体の展開図です。この展開図から正多面体をつくります。 ［各4点　計12点］

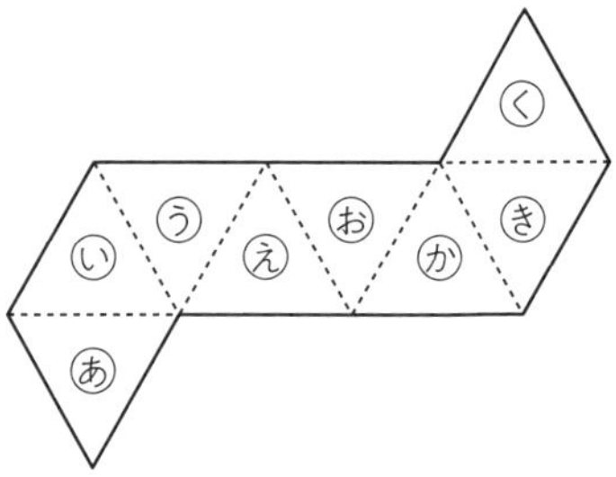

⑴ この正多面体の頂点の数を求めなさい。

［　　　　　　］

⑵ この正多面体の面ⓘと平行な面はどれですか。展開図の中の記号で答えなさい。

［　　　　　　］

⑶ この正多面体の体積を求めなさい。

［　　　　　　］

5 右の図のように，1から100までの整数を書いた100枚のカードが順に並んでいます。この中から，カードの数が連続するようにして何枚かのカードを取り出します。

1 2 3 ………… 98 99 100

［⑴は3点　⑵，⑶は各5点　計13点］

⑴ 4枚のカードを取り出したとき，4つの整数の和は22でした。このとき，最も小さい整数を求めなさい。

［　　　　　　］

⑵ 6枚のカードを取り出したとき，6つの整数の和は6の倍数ですか，6の倍数ではないですか。最も小さい整数をnとして説明しなさい。

〈説明〉

⑶ 奇数枚のカードを取り出したとき，すべての整数の和は210でした。このとき，取り出したカードの枚数が最も多くなる場合の，取り出したカードの枚数を求めなさい。

［　　　　　　］

6

右の図のように，線分 BC を直径とする円 O の周上に点 A をとり，△ABC をつくります。点 A から BC に垂線 AH をひきます。直線 AO と円 O の円周との交点のうち，A でない方の点を D とします。点 A を含まない $\overset{\frown}{BD}$ 上に点 P をとり，点 P と A，C をそれぞれ結びます。点 A から線分 PC に垂線 AQ をひきます。

［(1)は10点　(2)は各3点　(3)は6点　計25点］

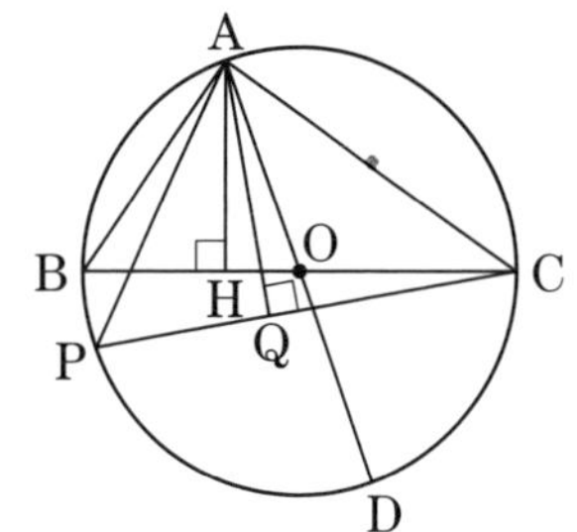

(1) △ABC∽△QPA であることを証明しなさい。

〈証明〉

(2) AB＝6 cm，∠ABC＝60° で，線分 AP が ∠BAH の二等分線であるとき，

① ∠ACP の大きさを求めなさい。

［　　　　　　］

② AQ の長さを求めなさい。

［　　　　　　］

③ △APC の面積を求めなさい。

［　　　　　　］

(3) AB＝6 cm，∠ABC＝60° のとき，点 P が点 A を含まない $\overset{\frown}{BD}$ 上を点 B から D まで動くとき，点 Q のえがく曲線の長さを求めなさい。ただし，円周率は π とします。

［　　　　　　］

中学3年分の一問一答が無料で解けるアプリ

以下の URL または二次元コードからアクセスしてください。
https://gakken-ep.jp/extra/smartphone-mondaishu/
※サービスは予告なく終了する場合があります。

高校入試の最重要問題 数学 改訂版

デザイン ……… bicamo designs
編集協力 ……… 有限会社 アズ，株式会社 シー・キューブ
本文図版 ……… 有限会社 アズ
本文DTP ……… 株式会社 明昌堂　24-2031-1032（2022）

この本は下記のように環境に配慮して製作しました。
・製版フィルムを使用しないCTP方式で印刷しました。
・環境に配慮して作られた紙を使っています。

②

解答と解説

高校入試の
最重要問題

数学

改訂版

本体と軽くのり付けされているので、はずしてお使いください。

数と式

{P.8}

弱点チェック

1 数と計算

① 7　② 12　③ $-\frac{1}{6}$

④ -7　⑤ $60=2^2\times3\times5$

2 式の計算

① $6x^3$　② $-5b$　③ $2a^2$

④ $-7x-7y$　⑤ $\frac{5a-b}{6}$

⑥ $\frac{3x+4y}{12}$　$\left(\frac{1}{4}x+\frac{1}{3}y\right)$

3 平方根

① $6\sqrt{2}$　② $6\sqrt{3}$

③ $-\sqrt{5}$　④ $6\sqrt{3}$

4 数・式の利用

① $100x+200$(円)　② $\frac{a}{40}\leqq b$

③ $b=\frac{3a-c}{2}$

5 式の展開

① $2x^2+x-21$　② $x^2+12x+36$

③ $x^2-5x-36$　④ x^2-49

⑤ $7-4\sqrt{3}$　⑥ -3

6 因数分解

① $bc(a-b+c)$　② $(x+9)(x-9)$

③ $(x+4)(x+6)$　④ $(a+3)^2$

⑤ $(x+2)(x-5)$　⑥ $(x-6)^2$

7 規則性

① 11 本　② $2n+1$(本)

③ 12 番目

{P.11}

1 数と計算

1 (1) -15　(2) -4

(3) -13　(4) -4

(5) $-\frac{1}{3}$　(6) $-\frac{19}{12}$

(7) -4　(8) 3

(9) -6　(10) 5

解説 減法は，**ひく数の符号を変えて加法に直して**計算する。

3 つ以上の数の加減は，かっこのない式に直して，**正の数どうし，負の数どうしをそれぞれまとめる。**

(1) $-6+(-9)=-(6+9)=-15$

(2) $3+(-7)=-(7-3)=-4$

(3) $-8-5=-(8+5)=-13$

(4) $-7-(-3)=-7+(+3)=-(7-3)=-4$

(5) $\frac{1}{2}-\frac{5}{6}=\frac{3}{6}-\frac{5}{6}=-\left(\frac{5}{6}-\frac{3}{6}\right)=-\frac{2}{6}=-\frac{1}{3}$

(6) $-\frac{5}{6}-\frac{3}{4}=-\frac{10}{12}-\frac{9}{12}=-\left(\frac{10}{12}+\frac{9}{12}\right)=-\frac{19}{12}$

(7) $2-11+5=2+5-11=7-11=-4$

(8) $6-5-(-2)=6-5+(+2)=6-5+2$
$=6+2-5=8-5=3$

(9) $-7-(-2)-1=-7+(+2)-1$
$=-7+2-1=2-7-1=2-8=-6$

(10) $3+(-6)-(-8)=3+(-6)+(+8)$
$=3-6+8=3+8-6=11-6=5$

2 (1) -56　(2) $\frac{1}{2}$

(3) -14　(4) $-\frac{3}{25}$(または，-0.12)

(5) -2　(6) -8

(7) 14　(8) $-\frac{9}{4}$

解説 **同符号**の 2 数の積・商の符号 … ＋

異符号の 2 数の積・商の符号 … －

分数でわる除法は，**わる数を逆数にして，乗法に直して計算**する。

(1) $8\times(-7)=-(8\times7)=-56$

(2) $-\frac{2}{3}\times\left(-\frac{3}{4}\right)=+\left(\frac{\overset{1}{\cancel{2}}}{\underset{1}{\cancel{3}}}\times\frac{\overset{1}{\cancel{3}}}{\underset{2}{\cancel{4}}}\right)=\frac{1}{2}$

(3) $\frac{7}{6}\times(-12)=-\left(\frac{7}{\underset{1}{\cancel{6}}}\times\overset{2}{\cancel{12}}\right)=-14$

(4) 小数を分数に直して計算する。

$(-0.4)\times\frac{3}{10}=\left(-\frac{4}{10}\right)\times\frac{3}{10}=-\left(\frac{\overset{2}{\cancel{4}}}{\underset{5}{\cancel{10}}}\times\frac{3}{\underset{5}{\cancel{10}}}\right)$

$=-\frac{3}{25}$

別解 分数を小数に直して計算する。

$(-0.4)\times\frac{3}{10}=(-0.4)\times0.3=-(0.4\times0.3)$
$=-0.12$

(5) $14\div(-7)=-(14\div7)=-2$

(6) $10\div\left(-\frac{5}{4}\right)=10\times\left(-\frac{4}{5}\right)=-\left(\overset{2}{\cancel{10}}\times\frac{4}{\underset{1}{\cancel{5}}}\right)=-8$

(7) $-12\div\left(-\frac{6}{7}\right)=-12\times\left(-\frac{7}{6}\right)=+\left(\overset{2}{\cancel{12}}\times\frac{7}{\underset{1}{\cancel{6}}}\right)$

$=14$

(8) $\frac{3}{8}\div\left(-\frac{1}{6}\right)=\frac{3}{8}\times\left(-\frac{6}{1}\right)=-\left(\frac{3}{\underset{4}{\cancel{8}}}\times\frac{\overset{3}{\cancel{6}}}{1}\right)=-\frac{9}{4}$

3 (1) 9　(2) $-\frac{1}{2}$

(3) -18　(4) 14

(5) $\frac{7}{5}$　(6) $\frac{5}{6}$

(7) 24　(8) $\frac{2}{3}$

解説 **かっこの中 → 乗法・除法 → 加法・減法**の順に計算する。

(1) $-3\times(5-8)=-3\times(-3)=9$

(2) $\left(\frac{1}{3}-\frac{3}{4}\right)\div\frac{5}{6}=\left(\frac{4}{12}-\frac{9}{12}\right)\div\frac{5}{6}=-\frac{\overset{1}{\cancel{5}}}{\underset{2}{\cancel{12}}}\times\frac{\overset{1}{\cancel{6}}}{\underset{1}{\cancel{5}}}$

$=-\frac{1}{2}$

別解 $\left(\frac{1}{3}-\frac{3}{4}\right)\div\frac{5}{6}=\left(\frac{1}{3}-\frac{3}{4}\right)\times\frac{6}{5}$

$=\frac{1}{\underset{1}{\cancel{3}}}\times\frac{\overset{2}{\cancel{6}}}{5}-\frac{3}{\underset{2}{\cancel{4}}}\times\frac{\overset{3}{\cancel{6}}}{5}=\frac{2}{5}-\frac{9}{10}=\frac{4}{10}-\frac{9}{10}$

$=-\frac{5}{10}=-\frac{1}{2}$

(3) $6+8\times(-3)=6+(-24)=6-24=-18$

(4) $12-6\div(-3)=12-(-2)=12+2=14$

(5) $\frac{4}{5}\div(-4)+\frac{8}{5}=\frac{\overset{1}{\cancel{4}}}{5}\times\left(-\frac{1}{\underset{1}{\cancel{4}}}\right)+\frac{8}{5}$

$=-\frac{1}{5}+\frac{8}{5}=\frac{7}{5}$

(6) $\frac{1}{2}+\frac{7}{9}\div\frac{7}{3}=\frac{1}{2}+\frac{\overset{1}{\cancel{7}}}{\underset{3}{\cancel{9}}}\times\frac{\overset{1}{\cancel{3}}}{\underset{1}{\cancel{7}}}=\frac{1}{2}+\frac{1}{3}$

$=\frac{3}{6}+\frac{2}{6}=\frac{5}{6}$

(7) $3-7\times(5-8)=3-7\times(-3)=3-(-21)$

$=3+21=24$

(8) $\frac{10}{3}+2\div\left(-\frac{3}{4}\right)=\frac{10}{3}+2\times\left(-\frac{4}{3}\right)$

$=\frac{10}{3}-\frac{8}{3}=\frac{2}{3}$

4 (1) -4　(2) 27

(3) -11　(4) -39

(5) -5　(6) 16

(7) 15　(8) -42

解説 **累乗の部分を先に計算**する。

また，次の2つの計算のちがいに注意する。

$-a^2=-(a\times a)$，$(-a)^2=(-a)\times(-a)$

(1) $(3^2-1)\div(-2)=(9-1)\div(-2)$

$=8\div(-2)=-4$

(2) $(-6)^2-3^2=36-9=27$

(3) $-9+(-2)^3\times\frac{1}{4}=-9+(-8)\times\frac{1}{4}$

$=-9+(-2)=-9-2=-11$

(4) $-3^2-6\times5=-9-30=-39$

(5) $7+3\times(-2^2)=7+3\times(-4)=7+(-12)$

$=7-12=-5$

(6) $18-(-4)^2\div8=18-16\div8=18-2=16$

(7) $(-2)^2\times3+(-15)\div(-5)$

$=4\times3+(-15)\div(-5)=12+3=15$

(8) $-6^2+4\div\left(-\frac{2}{3}\right)=-36+\overset{2}{\cancel{4}}\times\left(-\frac{3}{\underset{1}{\cancel{2}}}\right)$

$=-36+(-6)=-42$

5 (1) 13個　(2) $2n-1$(個)

解説 (1) 絶対値が7より小さい整数は，下の数直線より，-6から6までの整数である。

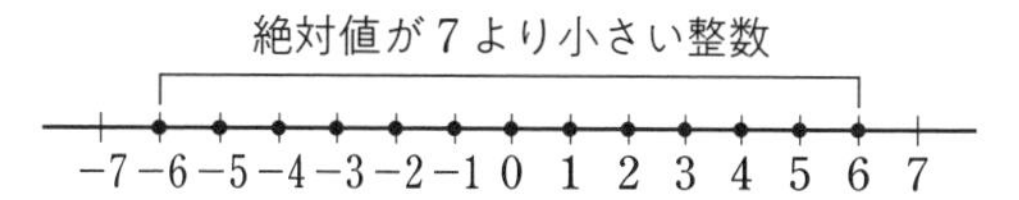

(2) 絶対値がnより小さい整数は，下の数直線より，$-n+1$から$n-1$までの整数である。

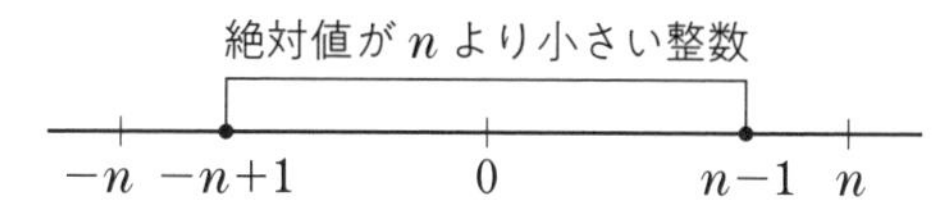

このうち，負の整数の個数は$(n-1)$個，0が1個，正の整数の個数は$(n-1)$個あるから，絶対値がnより小さい整数の個数は，

$(n-1)+1+(n-1)=2n-1$(個)

6 (1) ア，ウ，エ　(2) エ

解説 (1) **ア** $a-\frac{1}{2}$で，$a+$(負の数)だから，aより小さくなる。

イ $a+\frac{1}{2}$で，$a+$(正の数)だから，aより大きくなる。

ウ (正の数)×(負の数)＝(負の数)だから，aより小さくなる。

エ (正の数)÷(負の数)＝(負の数)だから，aより小さくなる。

(2) 数の集合と四則計算の関係は，下の表のようになる。○は計算がその数の範囲で常にできることを表し，×は計算がその数の範囲で常にできるとは限らないことを表す。

	加法	減法	乗法	除法
自然数	○	×	○	×
整数	○	○	○	×
数全体	○	○	○	○

例えば，$m=2$，$n=-3$とすると，

ア $m+n=2+(-3)=-1$

イ $m-n=2-(-3)=2+(+3)=5$

ウ $m\times n=2\times(-3)=-6$

エ $m\div n=2\div(-3)=-\dfrac{2}{3}$

このように，**ア**，**イ**，**ウ**の計算の結果は整数になるが，**エ**の計算の結果は分数となり，整数にならない。

7 (1) $n=21$　(2) $n=105$
(3) 6 個

解説 (1) 84 を素因数分解すると，

$84=2^2\times3\times7$

よって，$84n=2^2\times3\times7\times n$

これより，$n=3\times7$ のとき，

$84n=2^2\times3\times7\times3\times7=(2\times3\times7)^2$ となり，

$84n$ は自然数の 2 乗となる。

したがって，最も小さい自然数 n の値は，

$n=3\times7=21$

$$\begin{array}{r|r} 2 & 84 \\ 2 & 42 \\ 3 & 21 \\ & 7 \end{array}$$

(2) 3780 を素因数分解すると，

$3780=2^2\times3^3\times5\times7$

よって，$\dfrac{3780}{n}=\dfrac{2^2\times3^3\times5\times7}{n}$

これより，$n=3\times5\times7$ のとき，

$\dfrac{3780}{n}=\dfrac{2^2\times3^3\times5\times7}{3\times5\times7}=(2\times3)^2$

となり，$\dfrac{3780}{n}$は自然数の 2 乗となる。

したがって，最も小さい自然数 n の値は，

$n=3\times5\times7=105$

$$\begin{array}{r|r} 2 & 3780 \\ 2 & 1890 \\ 3 & 945 \\ 3 & 315 \\ 3 & 105 \\ 5 & 35 \\ & 7 \end{array}$$

(3) 148 を n でわると 4 余ることから，

$148-4=144$ より，144 は n でわり切れる。

これより，n は 144 の約数である。

144 を素因数分解すると，$144=2^4\times3^2$

同じように，245 を n でわると 5 余ることから，

$245-5=240$ より，240 は n でわり切れる。

これより，n は 240 の約数である。

240 を素因数分解すると，$240=2^4\times3\times5$

よって，144 と 240 の最大公約数は，$2^4\times3$

したがって，n は $2^4\times3$ の約数のうち，余りの 5 より大きい整数だから，

$n=6,\ 8,\ 12,\ 16,\ 24,\ 48$ の 6 個。

{P.15}

2 式の計算

1 (1) $-5x^3$　(2) $-3x^2y$
(3) $18a^3$　(4) $48a^2b$
(5) $7xy$　(6) $\dfrac{3}{2}a^2b$
(7) $10ab$　(8) $2b$

解説 単項式の乗法は，**係数の積に文字の積をかける**。単項式の除法は，**分数の形にして約分する**か，わる式を逆数にして，**乗法に直して**計算する。

(1) $5x\times(-x^2)=5\times(-1)\times x\times x\times x=-5x^3$

(2) $\dfrac{1}{6}xy\times(-18x)=\dfrac{1}{6}\times(-18)\times x\times y\times x$
$=-3x^2y$

(3) $2a\times(-3a)^2=2a\times9a^2=2\times9\times a\times a\times a$
$=18a^3$

(4) $(-4a)^2\times3b=16a^2\times3b=16\times3\times a\times a\times b$
$=48a^2b$

(5) $28x^3y^2\div4x^2y=\dfrac{28x^3y^2}{4x^2y}$
$=\dfrac{28\times x\times x\times x\times y\times y}{4\times x\times x\times y}=7xy$

(6) $-6a^3b^2\div(-4ab)=\dfrac{6a^3b^2}{4ab}$
$=\dfrac{6\times a\times a\times a\times b\times b}{4\times a\times b}=\dfrac{3}{2}a^2b$

(7) $6a^2b^3\div\dfrac{3}{5}ab^2=6a^2b^3\times\dfrac{5}{3ab^2}=\dfrac{6a^2b^3\times5}{3ab^2}$
$=\dfrac{6\times a\times a\times b\times b\times b\times5}{3\times a\times b\times b}=10ab$

(8) $8a^2b^3\div(-2ab)^2=8a^2b^3\div4a^2b^2=\dfrac{8a^2b^3}{4a^2b^2}$
$=\dfrac{8\times a\times a\times b\times b\times b}{4\times a\times a\times b\times b}=2b$

2 (1) b　(2) $4x^2y$
(3) $-2a$　(4) $2b$
(5) $10x$　(6) $-20ab$
(7) $\dfrac{5y}{4x^3}$　(8) $-b^2$

解説 乗除の混じった計算は，**乗法だけの式に直して計算**する。

(1) $a^2\times ab^2\div a^3b=a^2\times ab^2\times\dfrac{1}{a^3b}=\dfrac{a^2\times ab^2}{a^3b}=b$

(2) $5y\times8x^3y\div10xy=5y\times8x^3y\times\dfrac{1}{10xy}$
$=\dfrac{5y\times8x^3y}{10xy}=4x^2y$

(3) $6ab\div(-9a^2b^2)\times3a^2b$
$=-\left(6ab\times\dfrac{1}{9a^2b^2}\times3a^2b\right)=-\dfrac{6ab\times3a^2b}{9a^2b^2}$
$=-2a$

(4) $24ab^2\div(-6a)\div(-2b)$
$=+\left(24ab^2\times\dfrac{1}{6a}\times\dfrac{1}{2b}\right)=\dfrac{24ab^2}{6a\times2b}=2b$

(5) $5x^2\div(-4xy)^2\times32xy^2$

$=5x^2\div16x^2y^2\times32xy^2$

$=5x^2\times\frac{1}{16x^2y^2}\times32xy^2=\frac{5x^2\times32xy^2}{16x^2y^2}=10x$

(6) $-15a^2b\div3ab^2\times(-2b)^2$

$=-15a^2b\div3ab^2\times4b^2$

$=-\left(15a^2b\times\frac{1}{3ab^2}\times4b^2\right)=-\frac{15a^2b\times4b^2}{3ab^2}$

$=-20ab$

(7) $6xy^2\div\left(-\frac{3}{5}xy\right)\div(-2x)^3$

$=6xy^2\div\left(-\frac{3}{5}xy\right)\div(-8x^3)$

$=+\left(6xy^2\times\frac{5}{3xy}\times\frac{1}{8x^3}\right)=\frac{6xy^2\times5}{3xy\times8x^3}$

$=\frac{5y}{4x^3}$

(8) $\left(\frac{3}{4}ab\right)^2\div\frac{9}{8}a^2b\times(-2b)$

$=\frac{9}{16}a^2b^2\div\frac{9}{8}a^2b\times(-2b)$

$=-\left(\frac{9}{16}a^2b^2\times\frac{8}{9a^2b}\times2b\right)=-\frac{9a^2b^2\times8\times2b}{16\times9a^2b}$

$=-b^2$

3 **(1)** $\frac{11}{12}a$ **(2)** $\frac{2}{15}x$

(3) $-\frac{5}{3}x+\frac{3}{2}y$ **(4)** $-3x-6y$

解説 同類項をまとめるときは，**係数どうしを計算して，文字の前に書く。**

(1) $\frac{2}{3}a+\frac{1}{4}a=\left(\frac{2}{3}+\frac{1}{4}\right)a=\left(\frac{8}{12}+\frac{3}{12}\right)a=\frac{11}{12}a$

(2) $\frac{4}{5}x-\frac{2}{3}x=\left(\frac{4}{5}-\frac{2}{3}\right)x=\left(\frac{12}{15}-\frac{10}{15}\right)x=\frac{2}{15}x$

(3) $\frac{1}{3}x+y-2x+\frac{1}{2}y=\left(\frac{1}{3}-2\right)x+\left(1+\frac{1}{2}\right)y$

$=\left(\frac{1}{3}-\frac{6}{3}\right)x+\left(\frac{2}{2}+\frac{1}{2}\right)y=-\frac{5}{3}x+\frac{3}{2}y$

(4) $-(\ \ )$は，かっこの中の**各項の符号を変えて**かっこをはずす。

$(6x+y)-(9x+7y)=6x+y-9x-7y$

$=(6-9)x+(1-7)y=-3x-6y$

4 **(1)** $3x+4$ **(2)** $15x-6y$

(3) $7x+3$ **(4)** $-3x+2y$

(5) $-a+6b$ **(6)** $-y$

(7) $13x-2y$ **(8)** $7a-17b$

(9) $7x+13y$ **(10)** $3a-6b$

解説 **分配法則 $a(b+c)=ab+ac$** を利用してかっこをはずす。

(1) $(15x+20)\div5=\frac{15x}{5}+\frac{20}{5}=3x+4$

別解 $(15x+20)\div5=(15x+20)\times\frac{1}{5}$

$=15x\times\frac{1}{5}+20\times\frac{1}{5}=3x+4$

(2) $18\times\frac{5x-2y}{6}=\frac{\overset{3}{\cancel{18}}\times(5x-2y)}{\underset{1}{\cancel{6}}}=3(5x-2y)$

$=3\times5x+3\times(-2y)=15x-6y$

(3) $x-3+6(x+1)=x-3+6x+6=7x+3$

(4) $-4(2x-y)+5x-2y$

$=-8x+4y+5x-2y=-3x+2y$

(5) $3(a-2b)+4(-a+3b)$

$=3a-6b-4a+12b=-a+6b$

(6) $2(6x-8y)+3(5y-4x)$

$=12x-16y+15y-12x=-y$

(7) $7(2x-y)-(x-5y)=14x-7y-x+5y$

$=13x-2y$

(8) $3(a-3b)-4(-a+2b)=3a-9b+4a-8b$

$=7a-17b$

(9) $3(4x+y)-5(x-2y)$

$=12x+3y-5x+10y=7x+13y$

(10) $6\left(\frac{2}{3}a-\frac{3}{2}b\right)-(a-3b)=4a-9b-a+3b$

$=3a-6b$

5 $4a-6b$

解説 間違えてした計算は，

(ある式)$-(3a-5b)=-2a+4b$ より，

(ある式)$=-2a+4b+(3a-5b)=a-b$

よって，正しい計算は，

$(a-b)+(3a-5b)=a-b+3a-5b=4a-6b$

6 **(1)** $\frac{9x+y}{8}$ **(2)** $\frac{7x-y}{6}$

(3) $\frac{8x+7y}{15}$ **(4)** $\frac{11}{6}x$

(5) $-\frac{5}{18}$ **(6)** $\frac{x-4y}{3}$

(7) $\frac{11x-8y}{21}$ **(8)** $\frac{7a+b}{12}$

解説 通分してから分子の多項式を計算する。
分子の計算をするときは，分子の多項式にかっこをつけて，多項式への数のかけ忘れや符号のミスを防ぐ。

(1) $\frac{x+3y}{4}+\frac{7x-5y}{8}=\frac{2(x+3y)+(7x-5y)}{8}$

$=\frac{2x+6y+7x-5y}{8}=\frac{9x+y}{8}$

(2) $\frac{2x-5y}{3}+\frac{x+3y}{2}=\frac{2(2x-5y)+3(x+3y)}{6}$

$=\frac{4x-10y+3x+9y}{6}=\frac{7x-y}{6}$

(3) $\frac{x+2y}{3}+\frac{x-y}{5}=\frac{5(x+2y)+3(x-y)}{15}$
$=\frac{5x+10y+3x-3y}{15}=\frac{8x+7y}{15}$

(4) $\frac{x+6y}{3}+\frac{3x-4y}{2}=\frac{2(x+6y)+3(3x-4y)}{6}$
$=\frac{2x+12y+9x-12y}{6}=\frac{11}{6}x$

(5) $\frac{2x-3}{6}-\frac{3x-2}{9}=\frac{3(2x-3)-2(3x-2)}{18}$
$=\frac{6x-9-6x+4}{18}=-\frac{5}{18}$

(6) $2x-y-\frac{5x+y}{3}=\frac{3(2x-y)-(5x+y)}{3}$
$=\frac{6x-3y-5x-y}{3}=\frac{x-4y}{3}$

(7) $\frac{2x+y}{3}-\frac{x+5y}{7}=\frac{7(2x+y)-3(x+5y)}{21}$
$=\frac{14x+7y-3x-15y}{21}=\frac{11x-8y}{21}$

(8) $\frac{3a-b}{4}-\frac{a-2b}{6}=\frac{3(3a-b)-2(a-2b)}{12}$
$=\frac{9a-3b-2a+4b}{12}=\frac{7a+b}{12}$

7 **(1)** 26　**(2)** 8
(3) 7　**(4)** 7

解説 **代入する式を簡単**(かんたん)**にしてから**，文字に数を代入して計算する。
負の数はかっこをつけて代入する。
(1) $-2a+14=-2\times(-6)+14=12+14=26$
(2) $6a^2\div3a=\frac{6a^2}{3a}=2a$
この式に $a=4$ を代入して，$2a=2\times4=8$
(3) $a^2+2ab=7^2+2\times7\times(-3)=49-42=7$
(4) $(7x-3y)-(2x+5y)=7x-3y-2x-5y$
$=5x-8y$
この式に $x=\frac{1}{5}$，$y=-\frac{3}{4}$ を代入して，
$5\times\frac{1}{5}-8\times\left(-\frac{3}{4}\right)=1-(-6)=1+6=7$

{P.19}

3 平方根

1 **(1)** ③　**(2)** ア
(3) ウ，オ　**(4)** $a=17$，18
(5) $n=112$　**(6)** $6-2\sqrt{6}$

解説 (1) ① $\sqrt{(-2)^2}=\sqrt{4}=2$ より，正しい。
② 9の平方根は $+3$ と -3 の2つあるから，正しい。
③ $\sqrt{16}=4$ より，正しくない。
④ $(\sqrt{a})^2=a$ より，$(\sqrt{5})^2=5$ なので，正しい。

(2) **ア** $a<b$ ならば，$\sqrt{a}<\sqrt{b}$ なので，正しい。
イ $a=1$，$b=4$ のとき，
$\sqrt{a}+\sqrt{b}=\sqrt{1}+\sqrt{4}=1+2=3$
$\sqrt{a+b}=\sqrt{1+4}=\sqrt{5}$
$\sqrt{a}+\sqrt{b}$ と $\sqrt{a+b}$ は等しくないから，正しくない。
ウ $\sqrt{(-a)^2}=\sqrt{a^2}=a$ より，正しくない。
エ a の平方根は $+\sqrt{a}$ と $-\sqrt{a}$ の2つあるから，正しくない。

(3) 整数 a と0でない整数 b を使って，$\frac{a}{b}$ の形で表される数を**有理数**(ゆうりすう)という。
$\sqrt{2}$ のように，分数で表すことのできない数を**無理数**(むりすう)という。円周率 π は無理数である。

(4) $4<\sqrt{a}<\frac{13}{3}$ より，
$\sqrt{4^2}<\sqrt{a}<\sqrt{\left(\frac{13}{3}\right)^2}$，$\sqrt{16}<\sqrt{a}<\sqrt{\frac{169}{9}}$
よって，$16<a<\frac{169}{9}$
$\frac{169}{9}=18.7\cdots$　だから，$16<a<18.7\cdots$
a は正の整数だから，$a=17$，18

(5) $10<\sqrt{n}<11$ より，$\sqrt{100}<\sqrt{n}<\sqrt{121}$
よって，$100<n<121$
また，$7n$ は自然数の2乗になるから，
$n=7m^2$（m は自然数）と表せる。
これより，$100<7m^2<121$，
$\frac{100}{7}<m^2<\frac{121}{7}$，$14.2\cdots<m^2<17.2\cdots$
この不等式を満たす自然数 m^2 の値は，
15，16，17
$16=4^2$ より，m の値は，$m=4$
したがって，$n=7\times4^2=112$

(6) $2<\sqrt{6}<3$ より，$a=\sqrt{6}-2$ と表せる。
$a(a+2)=(\sqrt{6}-2)\{(\sqrt{6}-2)+2\}$
$=(\sqrt{6}-2)\times\sqrt{6}=6-2\sqrt{6}$

2 **(1)** $5\sqrt{2}$　**(2)** $\sqrt{6}$
(3) $4\sqrt{5}$　**(4)** $4\sqrt{2}$

解説 **根号の中の数をできるだけ簡単な数に変形してから**計算する。
(1) $3\sqrt{2}+\sqrt{8}=3\sqrt{2}+2\sqrt{2}=(3+2)\sqrt{2}=5\sqrt{2}$
(2) $\sqrt{54}-2\sqrt{6}=3\sqrt{6}-2\sqrt{6}=(3-2)\sqrt{6}=\sqrt{6}$
(3) $\sqrt{45}-\sqrt{5}+\sqrt{20}=3\sqrt{5}-\sqrt{5}+2\sqrt{5}$
$=(3-1+2)\sqrt{5}=4\sqrt{5}$
(4) $\sqrt{50}+\sqrt{8}-\sqrt{18}=5\sqrt{2}+2\sqrt{2}-3\sqrt{2}$
$=(5+2-3)\sqrt{2}=4\sqrt{2}$

3 **(1)** $5\sqrt{2}$　**(2)** $4\sqrt{3}$

(3) $\sqrt{2}$　　**(4)** $6\sqrt{6}$

解説 分母に根号のついた数があるときは，**この根号のついた数を分母と分子にかけて，分母を有理化する。**

(1) $\frac{6}{\sqrt{2}}+\sqrt{8}=\frac{6\times\sqrt{2}}{\sqrt{2}\times\sqrt{2}}+2\sqrt{2}=\frac{6\sqrt{2}}{2}+2\sqrt{2}$
$=3\sqrt{2}+2\sqrt{2}=5\sqrt{2}$

(2) $7\sqrt{3}-\frac{9}{\sqrt{3}}=7\sqrt{3}-\frac{9\times\sqrt{3}}{\sqrt{3}\times\sqrt{3}}=7\sqrt{3}-\frac{9\sqrt{3}}{3}$
$=7\sqrt{3}-3\sqrt{3}=4\sqrt{3}$

(3) $\frac{3}{\sqrt{2}}-\frac{2}{\sqrt{8}}=\frac{3}{\sqrt{2}}-\frac{2}{2\sqrt{2}}=\frac{3\times\sqrt{2}}{\sqrt{2}\times\sqrt{2}}-\frac{2\times\sqrt{2}}{2\sqrt{2}\times\sqrt{2}}$
$=\frac{3\sqrt{2}}{2}-\frac{\sqrt{2}}{2}=\frac{2\sqrt{2}}{2}=\sqrt{2}$

(4) $5\sqrt{6}-\sqrt{24}+\frac{18}{\sqrt{6}}=5\sqrt{6}-2\sqrt{6}+\frac{18\times\sqrt{6}}{\sqrt{6}\times\sqrt{6}}$
$=5\sqrt{6}-2\sqrt{6}+\frac{18\sqrt{6}}{6}=5\sqrt{6}-2\sqrt{6}+3\sqrt{6}$
$=6\sqrt{6}$

4 **(1)** $6\sqrt{15}$　　**(2)** $2\sqrt{3}$
(3) $\sqrt{2}$　　**(4)** $-8\sqrt{3}$
(5) $5\sqrt{2}$　　**(6)** $-\sqrt{6}$
(7) $2\sqrt{2}$　　**(8)** $3\sqrt{3}$

解説 四則の混じった計算は，**乗除 → 加減の順**に計算する。

(1) $\sqrt{12}\times\sqrt{45}=2\sqrt{3}\times3\sqrt{5}$
$=2\times3\times\sqrt{3}\times\sqrt{5}=6\sqrt{15}$

(2) $3\div\sqrt{6}\times\sqrt{8}=\sqrt{9}\div\sqrt{6}\times\sqrt{8}=\sqrt{\frac{9\times8}{6}}$
$=\sqrt{12}=2\sqrt{3}$

(3) $\sqrt{6}\times\sqrt{3}-\sqrt{8}=\sqrt{2}\times\sqrt{3}\times\sqrt{3}-2\sqrt{2}$
$=3\sqrt{2}-2\sqrt{2}=\sqrt{2}$

(4) $\sqrt{48}-3\sqrt{2}\times\sqrt{24}=4\sqrt{3}-3\sqrt{2}\times2\sqrt{6}$
$=4\sqrt{3}-3\sqrt{2}\times2\times\sqrt{2}\times\sqrt{3}$
$=4\sqrt{3}-12\sqrt{3}=-8\sqrt{3}$

別解 $\sqrt{48}-3\sqrt{2}\times\sqrt{24}=\sqrt{48}-3\times\sqrt{2}\times\sqrt{24}$
$=\sqrt{48}-3\sqrt{48}=-2\sqrt{48}=-2\times4\sqrt{3}$
$=-8\sqrt{3}$

(5) $\sqrt{32}+2\sqrt{3}\div\sqrt{6}=4\sqrt{2}+\frac{2\sqrt{3}}{\sqrt{6}}$
$=4\sqrt{2}+\frac{2\sqrt{3}}{\sqrt{2}\times\sqrt{3}}=4\sqrt{2}+\frac{2}{\sqrt{2}}$
$=4\sqrt{2}+\frac{2\times\sqrt{2}}{\sqrt{2}\times\sqrt{2}}=4\sqrt{2}+\frac{2\sqrt{2}}{2}$
$=4\sqrt{2}+\sqrt{2}=5\sqrt{2}$

別解 $\sqrt{32}+2\sqrt{3}\div\sqrt{6}=\sqrt{32}+\sqrt{12}\div\sqrt{6}$
$=4\sqrt{2}+\sqrt{\frac{12}{6}}=4\sqrt{2}+\sqrt{2}=5\sqrt{2}$

(6) $\frac{12}{\sqrt{6}}+3\sqrt{3}\times(-\sqrt{2})=\frac{12\times\sqrt{6}}{\sqrt{6}\times\sqrt{6}}+(-3\sqrt{6})$
$=\frac{12\sqrt{6}}{6}-3\sqrt{6}=2\sqrt{6}-3\sqrt{6}=-\sqrt{6}$

(7) $\frac{\sqrt{10}}{4}\times\sqrt{5}+\frac{3}{\sqrt{8}}=\frac{\sqrt{50}}{4}+\frac{3}{2\sqrt{2}}$
$=\frac{5\sqrt{2}}{4}+\frac{3\times\sqrt{2}}{2\sqrt{2}\times\sqrt{2}}=\frac{5\sqrt{2}}{4}+\frac{3\sqrt{2}}{4}$
$=\frac{8\sqrt{2}}{4}=2\sqrt{2}$

(8) $\frac{6}{\sqrt{3}}+\sqrt{15}\div\sqrt{5}=\frac{6\times\sqrt{3}}{\sqrt{3}\times\sqrt{3}}+\sqrt{\frac{15}{5}}$
$=\frac{6\sqrt{3}}{3}+\sqrt{3}=2\sqrt{3}+\sqrt{3}=3\sqrt{3}$

5 **(1)** $9\sqrt{7}-10\sqrt{3}$　　**(2)** $3+\sqrt{7}$
(3) $\sqrt{2}$　　**(4)** $3+\sqrt{5}$
(5) $\frac{8\sqrt{3}}{3}$

解説 (1) $\sqrt{7}(9-\sqrt{21})-\sqrt{27}$
$=\sqrt{7}\times9-\sqrt{7}\times\sqrt{21}-3\sqrt{3}$
$=9\sqrt{7}-\sqrt{7}\times\sqrt{7}\times\sqrt{3}-3\sqrt{3}$
$=9\sqrt{7}-7\sqrt{3}-3\sqrt{3}=9\sqrt{7}-10\sqrt{3}$

(2) $(\sqrt{18}+\sqrt{14})\div\sqrt{2}=\frac{\sqrt{18}}{\sqrt{2}}+\frac{\sqrt{14}}{\sqrt{2}}$
$=\sqrt{\frac{18}{2}}+\sqrt{\frac{14}{2}}=\sqrt{9}+\sqrt{7}=3+\sqrt{7}$

(3) $\sqrt{3}\times\left(\frac{\sqrt{15}}{3}\right)^2-\frac{5-\sqrt{6}}{\sqrt{3}}$
$=\sqrt{3}\times\frac{15}{9}-\frac{(5-\sqrt{6})\times\sqrt{3}}{\sqrt{3}\times\sqrt{3}}$
$=\sqrt{3}\times\frac{5}{3}-\frac{5\sqrt{3}-3\sqrt{2}}{3}$
$=\frac{5\sqrt{3}}{3}-\frac{5\sqrt{3}}{3}+\frac{3\sqrt{2}}{3}=\sqrt{2}$

(4) $\sqrt{3}(\sqrt{15}+\sqrt{3})-\frac{10}{\sqrt{5}}$
$=\sqrt{3}\times\sqrt{15}+\sqrt{3}\times\sqrt{3}-\frac{10\times\sqrt{5}}{\sqrt{5}\times\sqrt{5}}$
$=\sqrt{3}\times\sqrt{3}\times\sqrt{5}+3-\frac{10\sqrt{5}}{5}$
$=3\sqrt{5}+3-2\sqrt{5}=3+\sqrt{5}$

(5) $\sqrt{8}\times\sqrt{6}+\frac{\sqrt{12}}{3}-\frac{4}{\sqrt{3}}-\sqrt{\left(-\frac{2}{\sqrt{3}}\right)^2}$
$=\sqrt{48}+\frac{2\sqrt{3}}{3}-\frac{4\times\sqrt{3}}{\sqrt{3}\times\sqrt{3}}-\frac{2}{\sqrt{3}}$
$=4\sqrt{3}+\frac{2\sqrt{3}}{3}-\frac{4\sqrt{3}}{3}-\frac{2\times\sqrt{3}}{\sqrt{3}\times\sqrt{3}}$
$=4\sqrt{3}+\frac{2\sqrt{3}}{3}-\frac{4\sqrt{3}}{3}-\frac{2\sqrt{3}}{3}$
$=4\sqrt{3}-\frac{4\sqrt{3}}{3}=\frac{12\sqrt{3}}{3}-\frac{4\sqrt{3}}{3}=\frac{8\sqrt{3}}{3}$

6 **(1)** $n=14$　　**(2)** $n=52,\ 88$

解説 (1) 56 を素因数分解すると，$56=2^3\times7$ より，
$56n=2^2\times2\times7\times n$
よって，$n=2\times7$ のとき，
$56n=2^2\times2^2\times7^2=(2\times2\times7)^2=28^2$ となり，

$\sqrt{56n}$ は自然数になる。
したがって，最も小さい自然数 n の値は，
$2\times7=14$

(2) $\sqrt{300-3n}=\sqrt{3(100-n)}$ より，
$3(100-n)$ は偶数の 2 乗になるから，
$100-n=3m^2$（m は偶数）と表せる。
よって，$n=100-3m^2$
$m=2$ のとき，$n=100-3\times2^2=88$
$m=4$ のとき，$n=100-3\times4^2=52$
$m=6$ のとき，$n=100-3\times6^2=-8$
m が 6 以上のとき，n は負の数になるから，
$n=52,\ 88$

7 **(1)** $13.5\leqq a<14.5$　**(2)** ア 1.27　イ 4

解説 (1) 小数第 1 位を四捨五入して 14 になる数の範囲は，上の数直線の色のついた部分である。

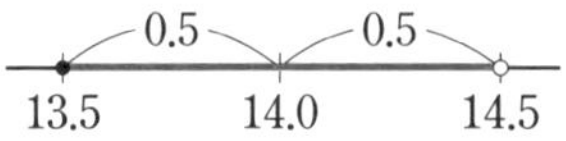

(2) 有効数字 1，2，7 を整数部分が 1 けたの数で表すと，1.27
よって，$12700=1.27\times10^4$ と表せる。

{P.23}

4 数・式の利用

1 **(1)** $b=50-7a$　**(2)** $y=1000-3x$
(3) $b=-\frac{8}{5}a+140$　**(4)** $3x<5(y-4)$
(5) $\frac{a}{60}+\frac{b}{100}\leqq20$
(6) **おとな 4 人と子ども 5 人の入園料の合計金額は 7000 円以下である。**

解説 (1) （余った本数）＝（はじめの本数）－（配った本数）
$b = 50 - a\times7$
よって，$b=50-7a$

(2) （おつり）＝（出した金額）－（鉛筆の代金）
$y = 1000 - x\times3$
よって，$y=1000-3x$

(3) （スキーの経験がある生徒の合計）＝（スキーの経験がある男子生徒）＋（スキーの経験がある女子生徒）
$35 = a\times\frac{2}{5} + b\times\frac{1}{4}$
よって，$\frac{2}{5}a+\frac{1}{4}b=35$
この式を b について解くと，
$\frac{1}{4}b=-\frac{2}{5}a+35,\ b=\left(-\frac{2}{5}a+35\right)\times4,$
$b=-\frac{8}{5}a+140$

(4) （x を 3 倍した数）＜（y から 4 をひいた数）×5
$x\times3 < (y-4) \times5$
よって，$3x<5(y-4)$

(5) （歩いた時間）＋（走った時間）≦ 20
$a\div60 + b\div100 \leqq 20$
よって，$\frac{a}{60}+\frac{b}{100}\leqq20$

(6) $4a + 5b \leqq 7000$
（おとな 4 人の入園料）＋（子ども 5 人の入園料）≦ 7000

2 **(1)** $b=\frac{3a+5}{2}$　**(2)** $a=\frac{7b-4}{5}$
(3) $c=-5a+2b$　**(4)** $y=4x-2$

解説 (1) $3a$，5 を移項して，$-2b=-3a-5$
両辺を -2 でわって，$b=\frac{3a+5}{2}$

(2) 左辺と右辺を入れかえて，$\frac{5a+4}{7}=b$
両辺に 7 をかけて，$5a+4=7b$
4 を移項して，$5a=7b-4$
両辺を 5 でわって，$a=\frac{7b-4}{5}$

(3) 両辺に 5 をかけて，$5a=2b-c$
$5a$，$-c$ を移項して，$c=-5a+2b$

(4) 両辺を 3 でわって，$4x-y=2$
$4x$ を移項して，$-y=-4x+2$
両辺に -1 をかけて，$y=4x-2$

3 （団体 X）・ 団体 Y
〈理由〉**団体 X の入館料の合計は，**
$a\times34=34a$（円）
団体 Y の入館料の合計は，
$a\times(1-0.2)\times40=32a$（円）
$34a>32a$ より，団体 X の入館料の合計のほうが多くかかる。

4 〈証明〉n を整数とし，2 つの続いた偶数のうち，小さいほうの偶数を $2n$ とすると，
大きいほうの偶数は $2n+2$ と表せるから，
$2n(2n+2)+1=4n^2+4n+1=(2n+1)^2$
n は整数だから，$2n+1$ は $2n$ と $2n+2$ の間の奇数である。
よって，2 つの続いた偶数の積に 1 を加えると，その 2 つの偶数の間の奇数の 2 乗となる。

5 〈説明〉AP を 1 辺とする正方形の面積は，

x^2 cm^2 ……①

PB=AB−AP=$6-x$(cm) だから，

PB を 1 辺とする正方形の面積は，

$(6-x)^2=x^2-12x+36$(cm^2) ……②

①，②より，AP を 1 辺とする正方形の面積と PB を 1 辺とする正方形の面積の和は，

$x^2+x^2-12x+36$

$=2x^2-12x+36$ ……③

PC=AC−AP=$3-x$(cm) だから，

PC を 1 辺とする正方形の面積は，

$(3-x)^2=x^2-6x+9$(cm^2) ……④

CB を 1 辺とする正方形の面積は，

$3^2=9$(cm^2) ……⑤

④，⑤より，PC を 1 辺とする正方形の面積と CB を 1 辺とする正方形の面積の和の 2 倍は，

$(x^2-6x+9+9)\times2$

$=2x^2-12x+36$ ……⑥

③，⑥より，AP を 1 辺とする正方形の面積と PB を 1 辺とする正方形の面積の和は，PC を 1 辺とする正方形の面積と CB を 1 辺とする正方形の面積の和の 2 倍に等しくなる。

6 17，28，39

解説 m の十の位の数を x，一の位の数を y とする。ただし，x は 1 から 9 までの整数，y は 0 から 9 までの整数とする。

$m=10x+y$，$n=x+y$ と表せるから，

$11n-2m=11(x+y)-2(10x+y)$

$=11x+11y-20x-2y=-9x+9y=9(-x+y)$

よって，$11n-2m$ は 9 の倍数である。

また，$50 \leqq 11n-2m \leqq 60$ だから，

$11n-2m=54$

よって，$9(-x+y)=54$，$-x+y=6$

この式を満たす x，y の値の組は，

$(x,\ y)=(1,\ 7)$，$(2,\ 8)$，$(3,\ 9)$

したがって，$m=17$，28，39

7 Ⅰ $99(a-c)$　Ⅱ 15

解説 A$=100a+10b+c$，B$=100c+10b+a$ と表せるから，

A−B$=(100a+10b+c)-(100c+10b+a)$

$=100a+10b+c-100c-10b-a=99a-99c$

$=99(a-c)$

A−B=396 より，$99(a-c)=396$，$a-c=4$

a，c は 1 から 9 までの整数だから，$a-c=4$ を満たす a，c の値の組は，

$(a,\ c)=(5,\ 1)$，$(6,\ 2)$，$(7,\ 3)$，$(8,\ 4)$，$(9,\ 5)$ の 5 通り。

$a=5$，$c=1$ のとき，$b=2$，3，4 の 3 通り。

同様にして，$(a,\ c)=(6,\ 2)$，$(7,\ 3)$，$(8,\ 4)$，$(9,\ 5)$ の場合についても b の値は 3 通りずつある。

よって，3 個の数字の選び方は，

$3\times5=15$(通り)

{P.27}

5 式の展開

1 (1) $-36a^2+4ab$　(2) $3y-4$

(3) $x^2+9x+20$　(4) $4x^2+4xy+y^2$

(5) $9x^2-6xy+y^2$　(6) a^2-9

解説 (3)〜(6)は，**乗法公式**を利用して展開する。

(1) $(9a-b)\times(-4a)$

$=9a\times(-4a)-b\times(-4a)=-36a^2+4ab$

(2) $(-6xy^2+8xy)\div(-2xy)$

$=\dfrac{-6xy^2}{-2xy}+\dfrac{8xy}{-2xy}$

$=+\dfrac{\overset{3}{\cancel{6}}\times\overset{1}{\cancel{x}}\times\overset{1}{\cancel{y}}\times y}{\underset{1}{\cancel{2}}\times\underset{1}{\cancel{x}}\times\underset{1}{\cancel{y}}}-\dfrac{\overset{4}{\cancel{8}}\times\overset{1}{\cancel{x}}\times\overset{1}{\cancel{y}}}{\underset{1}{\cancel{2}}\times\underset{1}{\cancel{x}}\times\underset{1}{\cancel{y}}}=3y-4$

(3) $(x+5)(x+4)=x^2+(5+4)x+5\times4$

$=x^2+9x+20$

(4) $(2x+y)^2=(2x)^2+2\times y\times2x+y^2$

$=4x^2+4xy+y^2$

(5) $(3x-y)^2=(3x)^2-2\times y\times3x+y^2$

$=9x^2-6xy+y^2$

(6) $(a+3)(a-3)=a^2-3^2=a^2-9$

2 (1) x^2-12y^2　(2) x^2-x+1

(3) $-8x+9$　(4) $6a+25$

(5) $-x+1$　(6) $11x-44$

(7) $2a^2+10a+15$　(8) $5x+23$

(9) $10x+32$　(10) 4

解説 まず，乗法公式を利用して展開し，同類項をまとめる。

(1) $(x-3y)(x+4y)-xy=x^2+xy-12y^2-xy$

$=x^2-12y^2$

(2) $(x-2)^2+3(x-1)=x^2-4x+4+3x-3$

$=x^2-x+1$

(3) $(2x-3)^2-4x(x-1)$

$=4x^2-12x+9-4x^2+4x=-8x+9$

(4) $(a+3)^2-(a+4)(a-4)$

$=a^2+6a+9-(a^2-16)$

$=a^2+6a+9-a^2+16=6a+25$

(5) $(x-2)(x-5)-(x-3)^2$
$=x^2-7x+10-(x^2-6x+9)$
$=x^2-7x+10-x^2+6x-9=-x+1$

(6) $(x+7)(x-4)-(x-4)^2$
$=x^2+3x-28-(x^2-8x+16)$
$=x^2+3x-28-x^2+8x-16=11x-44$

(7) $(a-3)(a+3)+(a+4)(a+6)$
$=a^2-9+(a^2+10a+24)$
$=a^2-9+a^2+10a+24=2a^2+10a+15$

(8) $(x+1)(x-1)-(x+3)(x-8)$
$=x^2-1-(x^2-5x-24)$
$=x^2-1-x^2+5x+24=5x+23$

(9) $(x+2)(x+8)-(x+4)(x-4)$
$=x^2+10x+16-(x^2-16)$
$=x^2+10x+16-x^2+16=10x+32$

(10) $(2x+1)^2-(2x-1)(2x+3)$
$=4x^2+4x+1-(4x^2+4x-3)$
$=4x^2+4x+1-4x^2-4x+3=4$

3 **(1)** $-8+3\sqrt{21}$　**(2)** $-1+\sqrt{5}$
(3) $13-4\sqrt{3}$　**(4)** 4
(5) $1-\sqrt{7}$　**(6)** $4\sqrt{2}$
(7) $5\sqrt{5}-9$　**(8)** $\sqrt{2}$
(9) $1+2\sqrt{15}$

解説 根号のついた部分を1つの文字とみて，乗法公式にあてはめて計算する。

(1) $(\sqrt{3}+2\sqrt{7})(2\sqrt{3}-\sqrt{7})$
$=\sqrt{3}\times2\sqrt{3}+\sqrt{3}\times(-\sqrt{7})$
$+2\sqrt{7}\times2\sqrt{3}+2\sqrt{7}\times(-\sqrt{7})$
$=6-\sqrt{21}+4\sqrt{21}-14=-8+3\sqrt{21}$

(2) $(\sqrt{5}+3)(\sqrt{5}-2)$
$=(\sqrt{5})^2+(3-2)\times\sqrt{5}+3\times(-2)$
$=5+\sqrt{5}-6=-1+\sqrt{5}$

(3) $(2\sqrt{3}-1)^2=(2\sqrt{3})^2-2\times1\times2\sqrt{3}+1^2$
$=12-4\sqrt{3}+1=13-4\sqrt{3}$

(4) $\sqrt{20}$ と $\sqrt{12}$ を，それぞれ $a\sqrt{b}$ の形で表すと，乗法公式が利用できる。
$(\sqrt{5}-\sqrt{3})(\sqrt{20}+\sqrt{12})$
$=(\sqrt{5}-\sqrt{3})(2\sqrt{5}+2\sqrt{3})$
$=2(\sqrt{5}-\sqrt{3})(\sqrt{5}+\sqrt{3})=2(5-3)$
$=2\times2=4$

(5) $(\sqrt{7}-2)(\sqrt{7}+3)-\sqrt{28}$
$=7+\sqrt{7}-6-2\sqrt{7}=1-\sqrt{7}$

(6) $(\sqrt{6}-2)(\sqrt{3}+\sqrt{2})+\dfrac{6}{\sqrt{2}}$
$=3\sqrt{2}+2\sqrt{3}-2\sqrt{3}-2\sqrt{2}+\dfrac{6\times\sqrt{2}}{\sqrt{2}\times\sqrt{2}}$
$=3\sqrt{2}-2\sqrt{2}+\dfrac{6\sqrt{2}}{2}=\sqrt{2}+3\sqrt{2}=4\sqrt{2}$

別解 $(\sqrt{6}-2)(\sqrt{3}+\sqrt{2})+\dfrac{6}{\sqrt{2}}$
$=\sqrt{2}(\sqrt{3}-\sqrt{2})(\sqrt{3}+\sqrt{2})+\dfrac{6\sqrt{2}}{2}$
$=\sqrt{2}(3-2)+3\sqrt{2}=\sqrt{2}+3\sqrt{2}=4\sqrt{2}$

(7) $\dfrac{\sqrt{10}}{\sqrt{2}}-(\sqrt{5}-2)^2=\sqrt{\dfrac{10}{2}}-(5-4\sqrt{5}+4)$
$=\sqrt{5}-(9-4\sqrt{5})=\sqrt{5}-9+4\sqrt{5}$
$=5\sqrt{5}-9$

(8) $\sqrt{2}(\sqrt{3}-\sqrt{2})^2-\dfrac{4(2-\sqrt{6})}{\sqrt{2}}$
$=\sqrt{2}(3-2\sqrt{6}+2)-\dfrac{4(2-\sqrt{6})\times\sqrt{2}}{\sqrt{2}\times\sqrt{2}}$
$=\sqrt{2}(5-2\sqrt{6})-\dfrac{4\sqrt{2}(2-\sqrt{6})}{2}$
$=5\sqrt{2}-4\sqrt{3}-2\sqrt{2}(2-\sqrt{6})$
$=5\sqrt{2}-4\sqrt{3}-4\sqrt{2}+4\sqrt{3}=\sqrt{2}$

(9) $\left(\dfrac{\sqrt{5}+\sqrt{3}}{\sqrt{2}}\right)^2+\left(\dfrac{\sqrt{5}+\sqrt{3}}{\sqrt{2}}\right)\left(\dfrac{\sqrt{5}-\sqrt{3}}{\sqrt{2}}\right)-\left(\dfrac{\sqrt{5}-\sqrt{3}}{\sqrt{2}}\right)^2$
$=\dfrac{(\sqrt{5}+\sqrt{3})^2}{(\sqrt{2})^2}+\dfrac{(\sqrt{5}+\sqrt{3})(\sqrt{5}-\sqrt{3})}{(\sqrt{2})^2}-\dfrac{(\sqrt{5}-\sqrt{3})^2}{(\sqrt{2})^2}$
$=\dfrac{5+2\sqrt{15}+3}{2}+\dfrac{5-3}{2}-\dfrac{5-2\sqrt{15}+3}{2}$
$=4+\sqrt{15}+1-(4-\sqrt{15})$
$=4+\sqrt{15}+1-4+\sqrt{15}=1+2\sqrt{15}$

4 **(1)** 26　**(2)** $6\sqrt{6}$　**(3)** 7

解説 (1) $(a-5)(a-6)-a(a+3)$
$=a^2-11a+30-a^2-3a=-14a+30$
この式に $a=\dfrac{2}{7}$ を代入して，
$-14a+30=-14\times\dfrac{2}{7}+30=-4+30=26$

(2) $x^2y+xy^2=xy(x+y)$
ここで，$x+y$，xy の値を求める。
$x+y=(\sqrt{6}+\sqrt{3})+(\sqrt{6}-\sqrt{3})=2\sqrt{6}$
$xy=(\sqrt{6}+\sqrt{3})(\sqrt{6}-\sqrt{3})=6-3=3$
よって，求める値は，
$xy(x+y)=3\times2\sqrt{6}=6\sqrt{6}$

(3) $3<\sqrt{11}<4$ より，$a=3$，$b=\sqrt{11}-3$
$a^2-b^2-6b=3^2-(\sqrt{11}-3)^2-6(\sqrt{11}-3)$
$=9-(11-6\sqrt{11}+9)-6\sqrt{11}+18$
$=9-11+6\sqrt{11}-9-6\sqrt{11}+18=7$

{P.30}

6 因数分解

1 (1) $(x+1)(y-6)$ (2) $(x-2)(x-6)$
(3) $(x+6)(x-6)$ (4) $(x-4)^2$
(5) $(x+7)(x-5)$ (6) $(x+4)(x-5)$
(7) $(x+4y)(x-4y)$ (8) $(3x-2)^2$

解説 (1) $xy-6x+y-6=x(y-6)+(y-6)$
$=(y-6)(x+1)=(x+1)(y-6)$
(2) $x^2-8x+12$
$=x^2+\{(-2)+(-6)\}x+(-2)\times(-6)$
$=(x-2)(x-6)$
(3) $x^2-36=x^2-6^2=(x+6)(x-6)$
(4) $x^2-8x+16=x^2-2\times4\times x+4^2=(x-4)^2$
(5) $x^2+2x-35=x^2+\{7+(-5)\}x+7\times(-5)$
$=(x+7)(x-5)$
(6) $x^2-x-20=x^2+\{4+(-5)\}x+4\times(-5)$
$=(x+4)(x-5)$
(7) $x^2-16y^2=x^2-(4y)^2=(x+4y)(x-4y)$
(8) $9x^2-12x+4=(3x)^2-2\times2\times3x+2^2$
$=(3x-2)^2$

2 (1) $a(x+3)(x-3)$ (2) $3(x+3)(x-5)$

解説 まず**共通因数をくくり出し**，さらに，公式を利用して因数分解する。
(1) $ax^2-9a=a(x^2-9)=a(x^2-3^2)$
$=a(x+3)(x-3)$
(2) $3x^2-6x-45=3(x^2-2x-15)$
$=3(x+3)(x-5)$

3 (1) $(x+1)(x-5)$ (2) $(x-1)^2$
(3) $(x-3)(x-8)$ (4) $(x+1)(x-1)$

解説 まず**式を展開して整理**してから，公式を利用して因数分解する。
(1) $(x-5)(x+3)-2x+10$
$=x^2-2x-15-2x+10=x^2-4x-5$
$=(x+1)(x-5)$
(2) $(x+1)(x-3)+4=x^2-2x-3+4$
$=x^2-2x+1=(x-1)^2$
(3) $\dfrac{(2x-6)^2}{4}-5x+15=\dfrac{4x^2-24x+36}{4}-5x+15$
$=x^2-6x+9-5x+15=x^2-11x+24$
$=(x-3)(x-8)$
(4) $(x+5)(x-2)-3(x-3)$
$=x^2+3x-10-3x+9=x^2-1$
$=(x+1)(x-1)$

4 (1) $(x+y+3)(x+y+4)$
(2) $2(a+b+2)(a+b-2)$
(3) $(x+2)(x-6)$
(4) $(x+9)(x-2)$

解説 式の中の**共通部分を1つの文字におきかえて**，公式を利用して因数分解する。
そして，おきかえた文字をもとにもどす。
(1) $x+y=M$ とおくと，
$(x+y)^2+7(x+y)+12=M^2+7M+12$
$=(M+3)(M+4)$
$=(x+y+3)(x+y+4)$ ← M を $x+y$ にもどす
(2) $a+b=M$ とおくと，
$2(a+b)^2-8=2M^2-8=2(M^2-4)$
$=2(M+2)(M-2)$
$=2(a+b+2)(a+b-2)$ ← M を $a+b$ にもどす
(3) $x-3=M$ とおくと，
$(x-3)^2+2(x-3)-15=M^2+2M-15$
$=(M+5)(M-3)$
$=(x-3+5)(x-3-3)$ ← M を $x-3$ にもどす
$=(x+2)(x-6)$
(4) $x+6=M$ とおくと，
$(x+6)^2-5(x+6)-24=M^2-5M-24$
$=(M+3)(M-8)$
$=(x+6+3)(x+6-8)$ ← M を $x+6$ にもどす
$=(x+9)(x-2)$

5 (1) 25 (2) 81
(3) 2 (4) 3
(5) 100

解説 **代入する式を因数分解して**から，文字に数を代入して計算する。
(1) $x^2-2xy+y^2=(x-y)^2$
この式に $x=23$，$y=18$ を代入して，
$(x-y)^2=(23-18)^2=5^2=25$
(2) $a^2-25b^2=(a+5b)(a-5b)$
この式に $a=41$，$b=8$ を代入して，
$(a+5b)(a-5b)=(41+5\times8)(41-5\times8)$
$=81\times1=81$
(3) $x^2-6x+9=(x-3)^2$
この式に $x=\sqrt{2}+3$ を代入して，
$(x-3)^2=\{(\sqrt{2}+3)-3\}^2=(\sqrt{2})^2=2$
(4) $x^2-8x+12=(x-2)(x-6)$
この式に $x=\sqrt{7}+4$ を代入して，
$(x-2)(x-6)$
$=\{(\sqrt{7}+4)-2\}\{(\sqrt{7}+4)-6\}$
$=(\sqrt{7}+2)(\sqrt{7}-2)=(\sqrt{7})^2-2^2=7-4$
$=3$

(5) $x^2+2xy+y^2=(x+y)^2$

この式に $x=5+\sqrt{3}$，$y=5-\sqrt{3}$ を代入して，

$(x+y)^2=\{(5+\sqrt{3})+(5-\sqrt{3})\}^2=10^2=100$

{P.33}

7 規則性

1 (1) 7段目の左端…37　　7段目の右端…49

(2) $n=32$

解説 (1) 各段の右端の数は，1段目から順に，

$1=1^2$，$4=2^2$，$9=3^2$，$16=4^2$，…

と平方数になっている。

よって，7段目の右端の数は，$7^2=49$

また，6段目の右端の数は，$6^2=36$ だから，

7段目の左端の数は，$36+1=37$

(2) $(n-1)$段目の右端の数は，$(n-1)^2$ だから，

n 段目の左端の数は，

$(n-1)^2+1=n^2-2n+1+1=n^2-2n+2$

n 段目の右端の数は，n^2

よって，$n^2-2n+2+n^2=1986$

これを解くと，$2(n^2-n+1)=1986$，

$n^2-n+1=993$，$n^2-n-992=0$，

$(n+31)(n-32)=0$，$n=-31$，$n=32$

n は自然数だから，$n=-31$ は問題に適していない。$n=32$ は問題に適している。

2 Ⅰ 10　　Ⅱ 14　　Ⅲ 18　　Ⅳ $4n+2$

解説 2から3までの間にある分数の和は，

$$\frac{11}{5}+\frac{12}{5}+\frac{13}{5}+\frac{14}{5}=\frac{50}{5}=10$$

3から4までの間にある分数の和は，

$$\frac{16}{5}+\frac{17}{5}+\frac{18}{5}+\frac{19}{5}=\frac{70}{5}=14$$

4から5までの間にある分数の和は，

$$\frac{21}{5}+\frac{22}{5}+\frac{23}{5}+\frac{24}{5}=\frac{90}{5}=18$$

n から $n+1$ までの間にある分数の和は，

$$\frac{5n+1}{5}+\frac{5n+2}{5}+\frac{5n+3}{5}+\frac{5n+4}{5}$$

$$=\frac{5n+1+5n+2+5n+3+5n+4}{5}$$

$$=\frac{20n+10}{5}=\frac{5(4n+2)}{5}=4n+2$$

3 (1) ア $n+3$　　イ $n+12$

ウ この5つの数の和は，

$n+(n+3)+(n+6)+(n+9)+(n+12)$

$=5n+30=5(n+6)$

よって，3列目の数 $n+6$ の5倍である。

(2) 1460

解説 (2) 各行の1列目の数は，1行目から順に，

1，$16=1+15$，$31=1+15+15$，…

だから，m 行目の1列目の数は，

$1+15\times(m-1)=15m-14$

これより，20行目の1列目の数は，

$15\times20-14=286$

よって，(1)より，20行目の5つの数の和は，

$5\times(286+6)=5\times292=1460$

4 (1) 28個　　(2) $8n-4$(個)

(3) **① n 番目の正方形を作ったときに300個の石を使い切ったとすると，**

$8n-4=300$

これを解くと，$8n=304$，$n=38$

n は自然数だから，$n=38$ は問題に適している。

(答)　38　番目

② 石の色…**黒**　　残った個数…**8個**

解説 (1) 4番目の正方形で外側の正方形の1辺に並ぶ白い石の個数は8個だから，

外側に並んでいる白い石の個数は，

$(8-1)\times4=28$(個)

(2) 1番目，2番目，3番目，…の正方形の外側の正方形の1辺に並ぶ石の個数は，順に，

2，4，6，…(個)

これより，n 番目の正方形の外側の正方形の1辺に並ぶ石の個数は $2n$ 個と表せる。

よって，外側に並んでいる石の個数は，

$(2n-1)\times4=8n-4$(個)

(3) ②奇数番目の正方形の外側には黒い石が並び，偶数番目の正方形の外側には白い石が並ぶ。

①より，38番目の外側には白い石が並ぶから，37番目には黒い石が並ぶ。

37番目の正方形の黒い石の個数は，

$8\times37-4=292$(個)

よって，残った黒い石の個数は，

$300-292=8$(個)

5 (1) 16個　　(2) 55個

(3) 14番目　　49個

解説 (1) 5番目の図形にふくまれる1辺が2cmの正方形の左上の頂点の位置を•で表すと，右の**図1**のようになる。

図1

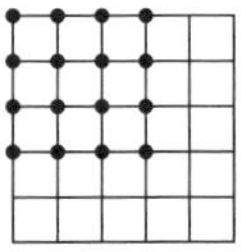

この•の個数は，5番目の図形にふくまれる1辺が2cmの正方形の個数である。

よって，1辺が2cmの正方形の個数は，

$4\times4=16$(個)

(2) 5 番目の図形にふくまれる正方形の個数を，(1)と同じように考えて数えていく。

1 辺が 1cm の正方形の個数は，**図 2** より，

$5\times5=25$(個)

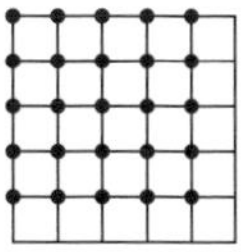

1 辺が 2cm の正方形の個数は，(1) より，16 個。

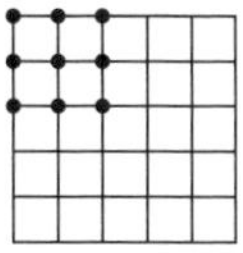

1 辺が 3cm の正方形の個数は，**図 3** より，

$3\times3=9$(個)

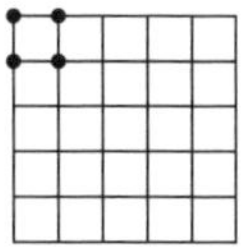

1 辺が 4cm の正方形の個数は，**図 4** より，

$2\times2=4$(個)

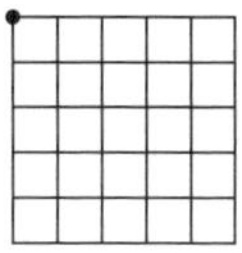

1 辺が 5cm の正方形の個数は，**図 5** より，1 個。

図 2

図 3

図 4

図 5

よって，正方形の個数は，全部で，

$25+16+9+4+1=55$(個)

(3) (1)より，n 番目の図形にふくまれる 1 辺が 2cm の正方形の個数は，$(n-1)^2$ 個と表せるから，

$(n-1)^2=169$

これを解くと，

$n-1=\pm13$，$n=14$，$n=-12$

n は自然数だから，$n=-12$ は問題に適していない。$n=14$ は問題に適している。

14 番目の図形にふくまれる 1 辺が 8cm の正方形の左上の頂点は，右の図の • の位置になる。

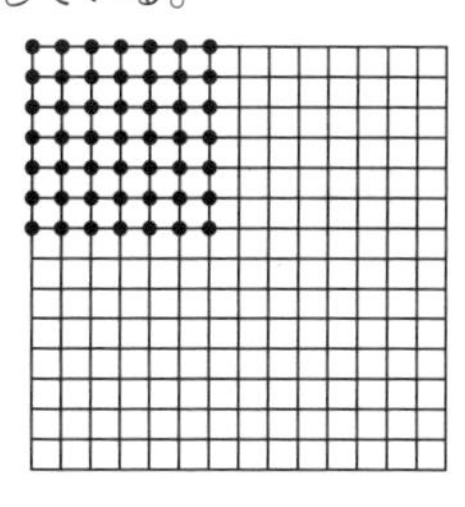

よって，1 辺が 8cm の正方形の個数は，

$7\times7=49$(個)

方　程　式

{P.38}

弱点チェック

1 2 次方程式

① $x=2\pm\sqrt{7}$　② $x=\dfrac{-3\pm\sqrt{17}}{2}$

③ $x=0$，$x=-5$　④ $x=3$，$x=4$

⑤ $x=-4$，$x=6$　⑥ $x=-1$，$x=\dfrac{5}{2}$

2 連立方程式の利用

① $x+y=13$

② $10y+x=10x+y-27$

③ $x=8$，$y=5$

④ 85

3 連立方程式

① $x=2$，$y=-4$　② $x=3$，$y=-1$

③ $x=-2$，$y=-1$　④ $x=-4$，$y=2$

⑤ $x=-3$，$y=5$　⑥ $x=8$，$y=-12$

4 1 次方程式の利用

① $12-x$(個)

② $250x+150(12-x)=2300$

③ ケーキ… 5 個，クッキー… 7 個

5 2 次方程式の利用

① $x(20-x)=96$

② $x=8$，$x=12$

③ 8 と 12

6 1 次方程式

① $x=-2$　② $x=3$

③ $x=-4$　④ $x=30$

⑤ $x=8$　⑥ $x=10$

{P.41}

1　2 次方程式

1 (1) $x=\pm2\sqrt{3}$　(2) $x=0$，$x=4$

(3) $x=-8\pm\sqrt{2}$　(4) $x=-1\pm6\sqrt{2}$

解説 $\boldsymbol{(x+a)^2=b \rightarrow x+a=\pm\sqrt{b} \rightarrow x=-a\pm\sqrt{b}}$

(1) $3x^2-36=0$，$3x^2=36$，$x^2=12$，

$x=\pm\sqrt{12}=\pm2\sqrt{3}$

(2) $(x-2)^2-4=0$，$(x-2)^2=4$，$x-2=\pm2$，

$x=2\pm2$，$x=2+2=4$，$x=2-2=0$

(3) $(x+8)^2=2$，$x+8=\pm\sqrt{2}$，$x=-8\pm\sqrt{2}$

(4) $(x+1)^2=72$，$x+1=\pm\sqrt{72}$

$x+1=\pm6\sqrt{2}$，$x=-1\pm6\sqrt{2}$

2 $x^2+2x-14=0$, $x^2+2x=14$,
$x^2+2x+1=14+1$, $(x+1)^2=15$,
$x+1=\pm\sqrt{15}$, $x=-1\pm\sqrt{15}$

3 (1) $x=\dfrac{-3\pm\sqrt{5}}{2}$ (2) $x=\dfrac{7\pm\sqrt{17}}{2}$
(3) $x=\dfrac{-9\pm\sqrt{17}}{4}$ (4) $x=\dfrac{-5\pm\sqrt{41}}{4}$
(5) $x=-2\pm\sqrt{3}$ (6) $x=3\pm\sqrt{7}$
(7) $x=\dfrac{-3\pm\sqrt{13}}{4}$ (8) $x=\dfrac{1}{5}$, $x=-1$

解説 2次方程式 $ax^2+bx+c=0$ の解は,

$$x=\frac{-b\pm\sqrt{b^2-4ac}}{2a}$$

(1) $x=\dfrac{-3\pm\sqrt{3^2-4\times1\times1}}{2\times1}=\dfrac{-3\pm\sqrt{9-4}}{2}$
$=\dfrac{-3\pm\sqrt{5}}{2}$

(2) $x=\dfrac{-(-7)\pm\sqrt{(-7)^2-4\times1\times8}}{2\times1}$
$=\dfrac{7\pm\sqrt{49-32}}{2}=\dfrac{7\pm\sqrt{17}}{2}$

(3) $x=\dfrac{-9\pm\sqrt{9^2-4\times2\times8}}{2\times2}=\dfrac{-9\pm\sqrt{81-64}}{4}$
$=\dfrac{-9\pm\sqrt{17}}{4}$

(4) $x=\dfrac{-5\pm\sqrt{5^2-4\times2\times(-2)}}{2\times2}$
$=\dfrac{-5\pm\sqrt{25+16}}{4}=\dfrac{-5\pm\sqrt{41}}{4}$

(5) $x=\dfrac{-4\pm\sqrt{4^2-4\times1\times1}}{2\times1}=\dfrac{-4\pm\sqrt{16-4}}{2}$
$=\dfrac{-4\pm\sqrt{12}}{2}=\dfrac{-4\pm2\sqrt{3}}{2}=-2\pm\sqrt{3}$

別解 2次方程式 $ax^2+bx+c=0$ で,
$a=1$, b が偶数のときは, $(x+m)^2=n$ の形に変形して解くとよい。
$x^2+4x+1=0$, $x^2+4x=-1$,
$x^2+4x+4=-1+4$, $(x+2)^2=3$,
$x+2=\pm\sqrt{3}$, $x=-2\pm\sqrt{3}$

(6) $x=\dfrac{-(-6)\pm\sqrt{(-6)^2-4\times1\times2}}{2\times1}$
$=\dfrac{6\pm\sqrt{36-8}}{2}=\dfrac{6\pm\sqrt{28}}{2}=\dfrac{6\pm2\sqrt{7}}{2}$
$=3\pm\sqrt{7}$

別解 $x^2-6x+2=0$, $x^2-6x=-2$,
$x^2-6x+9=-2+9$, $(x-3)^2=7$,
$x-3=\pm\sqrt{7}$, $x=3\pm\sqrt{7}$

(7) $x=\dfrac{-6\pm\sqrt{6^2-4\times4\times(-1)}}{2\times4}$
$=\dfrac{-6\pm\sqrt{36+16}}{8}=\dfrac{-6\pm\sqrt{52}}{8}$
$=\dfrac{-6\pm2\sqrt{13}}{8}=\dfrac{-3\pm\sqrt{13}}{4}$

(8) $x=\dfrac{-4\pm\sqrt{4^2-4\times5\times(-1)}}{2\times5}$
$=\dfrac{-4\pm\sqrt{16+20}}{10}=\dfrac{-4\pm\sqrt{36}}{10}=\dfrac{-4\pm6}{10}$
$x=\dfrac{-4+6}{10}=\dfrac{1}{5}$, $x=\dfrac{-4-6}{10}=-1$

4 (1) $x=-1$, $x=-2$ (2) $x=3$, $x=5$
(3) $x=-7$, $x=2$ (4) $x=7$
(5) $x=0$, $x=9$ (6) $x=3$, $x=7$
(7) $x=-3$, $x=4$ (8) $x=-8$, $x=3$

解説 (左辺)=0 の形にして, **左辺を因数分解**する。
(1) $x^2+3x+2=0$, $(x+1)(x+2)=0$,
$x=-1$, $x=-2$
(2) $x^2-8x+15=0$, $(x-3)(x-5)=0$,
$x=3$, $x=5$
(3) $x^2+5x-14=0$, $(x+7)(x-2)=0$,
$x=-7$, $x=2$
(4) $x^2-14x+49=0$, $(x-7)^2=0$, $x=7$
(5) $x^2=9x$, $x^2-9x=0$, $x(x-9)=0$,
$x=0$, $x=9$
(6) $x^2-10x=-21$, $x^2-10x+21=0$,
$(x-3)(x-7)=0$, $x=3$, $x=7$
(7) $x^2=x+12$, $x^2-x-12=0$,
$(x+3)(x-4)=0$, $x=-3$, $x=4$
(8) $x^2+7x=2x+24$, $x^2+5x-24=0$,
$(x+8)(x-3)=0$, $x=-8$, $x=3$

5 (1) $x=-1$, $x=3$ (2) $x=0$, $x=4$
(3) $x=-3$, $x=4$ (4) $x=-4$, $x=8$
(5) $x=-1$, $x=6$ (6) $x=\dfrac{5\pm\sqrt{21}}{2}$
(7) $x=2\pm2\sqrt{7}$ (8) $x=\dfrac{1\pm\sqrt{19}}{2}$

解説 まず, 式を展開・整理して, **$ax^2+bx+c=0$ の形にまとめる**。次に, 平方根の考え方を利用するか, 解の公式を利用するか, 因数分解を利用するかを判断して解を求める。
(1) $2x(x-1)-3=x^2$, $2x^2-2x-3=x^2$,
$x^2-2x-3=0$, $(x+1)(x-3)=0$,
$x=-1$, $x=3$
(2) $(x+3)(x-7)+21=0$,
$x^2-4x-21+21=0$, $x^2-4x=0$,
$x(x-4)=0$, $x=0$, $x=4$
(3) $(x-2)(x+2)=x+8$, $x^2-4=x+8$,
$x^2-x-12=0$, $(x+3)(x-4)=0$,
$x=-3$, $x=4$

(4) $(x-2)(x-3)=38-x$,

$x^2-5x+6=38-x$, $x^2-4x-32=0$,

$(x+4)(x-8)=0$, $x=-4$, $x=8$

(5) $(x-3)^2=-x+15$, $x^2-6x+9=-x+15$,

$x^2-5x-6=0$, $(x+1)(x-6)=0$,

$x=-1$, $x=6$

(6) $(2x+1)^2-3x(x+3)=0$,

$4x^2+4x+1-3x^2-9x=0$, $x^2-5x+1=0$,

$$x=\frac{-(-5)\pm\sqrt{(-5)^2-4\times1\times1}}{2\times1}$$

$$=\frac{5\pm\sqrt{25-4}}{2}=\frac{5\pm\sqrt{21}}{2}$$

(7) $\frac{1}{4}(x-4)^2=10-x$

両辺に4をかけて，$(x-4)^2=4(10-x)$,

$x^2-8x+16=40-4x$, $x^2-4x-24=0$,

$$x=\frac{-(-4)\pm\sqrt{(-4)^2-4\times1\times(-24)}}{2\times1}$$

$$=\frac{4\pm\sqrt{16+96}}{2}=\frac{4\pm\sqrt{112}}{2}=\frac{4\pm4\sqrt{7}}{2}$$

$$=2\pm2\sqrt{7}$$

別解 $x^2-4x-24=0$, $x^2-4x=24$,

$x^2-4x+4=24+4$, $(x-2)^2=28$,

$x-2=\pm\sqrt{28}$, $x=2\pm2\sqrt{7}$

(8) $x^2+0.3(2x-3)=\frac{4}{5}x(x+1)$

両辺に10をかけて，

$10x^2+3(2x-3)=8x(x+1)$,

$10x^2+6x-9=8x^2+8x$, $2x^2-2x-9=0$,

$$x=\frac{-(-2)\pm\sqrt{(-2)^2-4\times2\times(-9)}}{2\times2}$$

$$=\frac{2\pm\sqrt{4+72}}{4}=\frac{2\pm\sqrt{76}}{4}=\frac{2\pm2\sqrt{19}}{4}$$

$$=\frac{1\pm\sqrt{19}}{2}$$

6 (1) $x=3$, $x=\frac{3}{2}$　(2) $x=\frac{-9\pm\sqrt{33}}{4}$

(3) $x=-1$, $x=12$　(4) $x=0$, $x=\frac{7}{2}$

(5) $x=2$, $x=\frac{4}{3}$　(6) $x=\frac{3\pm\sqrt{41}}{8}$

解説 式の中の**共通部分を1つの文字におきかえて**，解の公式か，因数分解を利用する。

(1) $x-3=M$ とおくと，

$(2x-6)^2+4x(x-3)=0$,

$\{2(x-3)\}^2+4x(x-3)=0$,

$4(x-3)^2+4x(x-3)=0$, $4M^2+4Mx=0$,

$4M(M+x)=0$, $4(x-3)\{(x-3)+x\}=0$,

$4(x-3)(2x-3)=0$, $x=3$, $x=\frac{3}{2}$

(2) $x+3=M$ とおくと，

$2(x+3)^2-3(x+3)-3=0$,

$2M^2-3M-3=0$,

$$M=\frac{-(-3)\pm\sqrt{(-3)^2-4\times2\times(-3)}}{2\times2}$$

$$=\frac{3\pm\sqrt{9+24}}{4}=\frac{3\pm\sqrt{33}}{4}$$

$x+3=\frac{3\pm\sqrt{33}}{4}$ より，

$$x=\frac{3\pm\sqrt{33}}{4}-3=\frac{-9\pm\sqrt{33}}{4}$$

(3) $x-2=M$ とおくと，

$(x-2)^2=7(x-2)+30$,

$(x-2)^2-7(x-2)-30=0$,

$M^2-7M-30=0$, $(M+3)(M-10)=0$,

$\{(x-2)+3\}\{(x-2)-10\}=0$,

$(x+1)(x-12)=0$, $x=-1$, $x=12$

(4) $2x-1=M$ とおくと，

$(2x-1)^2-6=5(2x-1)$,

$(2x-1)^2-5(2x-1)-6=0$

$M^2-5M-6=0$, $(M+1)(M-6)=0$,

$\{(2x-1)+1\}\{(2x-1)-6\}=0$,

$2x(2x-7)=0$, $x=0$, $x=\frac{7}{2}$

(5) $2x-3=M$ とおくと，

$\frac{1}{2}(2x-3)^2+\frac{1}{3}(3-2x)=\frac{1}{6}$

両辺に6をかけて，

$3(2x-3)^2+2(3-2x)=1$,

$3(2x-3)^2-2(2x-3)-1=0$,

$3M^2-2M-1=0$,

$$M=\frac{-(-2)\pm\sqrt{(-2)^2-4\times3\times(-1)}}{2\times3}$$

$$=\frac{2\pm\sqrt{4+12}}{6}=\frac{2\pm\sqrt{16}}{6}=\frac{2\pm4}{6}$$

$M=\frac{2+4}{6}=1$, $M=\frac{2-4}{6}=-\frac{1}{3}$

$2x-3=1$ より，$2x=4$, $x=2$

$2x-3=-\frac{1}{3}$ より，$2x=\frac{8}{3}$, $x=\frac{4}{3}$

(6) $x-1=M$ とおくと，

$4(x-1)^2+5(x-1)-1=0$,

$4M^2+5M-1=0$,

$$M=\frac{-5\pm\sqrt{5^2-4\times4\times(-1)}}{2\times4}$$

$$=\frac{-5\pm\sqrt{25+16}}{8}=\frac{-5\pm\sqrt{41}}{8}$$

$x-1=\frac{-5\pm\sqrt{41}}{8}$ より，

$$x=\frac{-5\pm\sqrt{41}}{8}+1=\frac{3\pm\sqrt{41}}{8}$$

7 (1) $a=-4$

(2) $a=7$　　$x=5$

(3) $p=108$

解説 xについての方程式に，**与えられた1つの解を代入して，aについての方程式をつくる。**

(1) $-x^2+ax+21=0$に$x=3$を代入して，

$-3^2+a\times3+21=0$，$-9+3a+21=0$，

$3a=-12$，$a=-4$

(2) $x^2-8x+2a+1=0$に$x=3$を代入して，

$3^2-8\times3+2a+1=0$，$9-24+2a+1=0$，

$2a=14$，$a=7$

$x^2-8x+2a+1=0$に$a=7$を代入して，

$x^2-8x+2\times7+1=0$，$x^2-8x+15=0$

これを解くと，

$(x-3)(x-5)=0$，$x=3$，$x=5$

よって，もう1つの解は，$x=5$

(3) 方程式$x^2+24x+p=0$の1つの解をaとすると，もう1つの解は$3a$となるから，この方程式は，$(x-a)(x-3a)=0$と表せる。

この方程式の左辺を展開すると，

$x^2-4ax+3a^2=0$

上の2つの方程式は同じ方程式だから，

$-4a=24$，$a=-6$

よって，$p=3a^2=3\times(-6)^2=108$

{P.45}

2 連立方程式の利用

1 **50円硬貨をx枚，500円硬貨をy枚すると，**

$\begin{cases} x+y=100 & \cdots\cdots① \\ 4x+7y+350=804 & \cdots\cdots② \end{cases}$

②を整理すると，$4x+7y=454$　……③

①より，$4x+4y=400$　……④

③−④より，$3y=54$，$y=18$

①より，$x=82$

したがって，貯金した金額は，

$50\times82+500\times18=13100$(円)

(答)貯金した金額 … 13100円

解説

	50円	500円	貯金箱	合計
枚数(枚)	x	y		100
重さ(g)	$4x$	$7y$	350	804

上の表より，

枚数の関係から，$x+y=100$

重さの関係から，$4x+7y+350=804$

2 連立方程式 $\begin{cases} 26x+8y=380 \\ 1.5x+4y=75 \end{cases}$

(答)ドーナツ　10　個，クッキー　15　個

解説

	ドーナツ	クッキー	合計
小麦粉(g)	$26x$	$8y$	380
バター(g)	$1.5x$	$4y$	75

小麦粉の量の関係から，$26x+8y=380$　……①

バターの量の関係から，$1.5x+4y=75$　……②

①−②×2より，$23x=230$，$x=10$

②に$x=10$を代入して，

$1.5\times10+4y=75$，$4y=60$，$y=15$

ドーナツ，クッキーの個数は自然数だから，これらは問題に適している。

3 672

解説 Xの百の位の数をx，一の位の数をyとすると，Xは$100x+70+y$，Yは$100y+70+x$と表せるから，

$\begin{cases} x+7+y=15 & \cdots\cdots① \\ (100x+70+y)-(100y+70+x)=396 & \cdots\cdots② \end{cases}$

①を整理すると，$x+y=8$　……③

②を整理すると，$x-y=4$　……④

③+④より，$2x=12$，$x=6$

③に$x=6$を代入して，$6+y=8$，$y=8-6=2$

百の位の数は，1から9までの整数，一の位の数は，0から9までの整数だから，これらは問題に適している。

よって，Xは672

4 $\begin{cases} x+y=40 & \cdots\cdots① \\ 5x+3y+57=7x+4y & \cdots\cdots② \end{cases}$

②を整理すると，$2x+y=57$　……③

③−①より，$x=17$

①に代入して，$17+y=40$

したがって，$y=23$

この解は問題に適している。

(答)大きい袋　17　枚，小さい袋　23　枚

解説 (大きい袋の枚数)＋(小さい袋の枚数)＝40より，

$x+y=40$

大きい袋に5個，小さい袋に3個入れたときのりんご全体の個数は，$5x+3y+57$(個)

大きい袋に7個，小さい袋に4個入れたときのりんご全体の個数は，$7x+4y$(個)

この2つの式はどちらもりんご全体の個数を表しているから，$5x+3y+57=7x+4y$

5 学校から公園までの道のりをxm，公園から動物園までの道のりをymとすると，

$$\begin{cases} x+y=80\times50 & \cdots\cdots① \\ \dfrac{x}{60}+\dfrac{y}{70}+10=70 & \cdots\cdots② \end{cases}$$

②を整理すると，$7x+6y=25200$ ……③

③−①×6 より，$x=1200$

①に$x=1200$を代入して，

$1200+y=4000$，$y=4000-1200=2800$

道のりは正の数だから，これらは問題に適している。

(答) 学校から公園までの道のり 1200 m
公園から動物園までの道のり 2800 m

解説 行きは，$(x+y)$mの道のりを分速80mで歩いて50分かかったことから，$x+y=80\times50$

帰りの数量の関係は，下の表のようになる。

	学校から公園	公園から動物園	合計
道のり(m)	x	y	4000
速さ(m/分)	60	70	
時間(分)	$\frac{x}{60}$	$\frac{y}{70}$	60

(動物園から公園までかかった時間)

＋(公園で休憩した時間)

＋(公園から学校までかかった時間)＝70

より，$\dfrac{y}{70}+10+\dfrac{x}{60}=70$

6 $\begin{cases} 2x+5y=3800 & \cdots\cdots① \\ 0.8(5x+10y)=6800 & \cdots\cdots② \end{cases}$

②を整理すると，$x+2y=1700$ ……③

①−③×2 より，$y=400$

③に代入して，$x+800=1700$

よって，$x=900$

この解は問題に適している。

(答)大人 900 円，子ども 400 円

解説

	大人	子ども	合計
大人2人,子ども5人(円)	$2x$	$5y$	3800
大人5人,子ども10人(円)	$5x\times0.8$	$10y\times0.8$	6800

割引前の大人5人，子ども10人の運賃は，

$5x+10y$(円)だから，2割引となる団体料金は，

$(5x+10y)(1-0.2)=0.8(5x+10y)$(円)

7 移す前の水槽Aのメダカの数をx匹，水槽Bのメダカの数をy匹とすると，

$$\begin{cases} x+y=86 & \cdots\cdots① \\ \dfrac{1}{5}x+\dfrac{1}{3}y=\dfrac{4}{5}x-4 & \cdots\cdots② \end{cases}$$

②を整理すると，$9x-5y=60$ ……③

①×5＋③より，$x=35$

①に$x=35$を代入して，

$35+y=86$，$y=86-35=51$

メダカの数は自然数だから，これらは問題に適している。

よって，水槽Cに移したメダカは全部で，

$\dfrac{1}{5}\times35+\dfrac{1}{3}\times51=24$

(答) 24 匹

8 240人

解説 この高校の昨年度の市内在住の生徒数をx人，市外在住の生徒数をy人とすると，生徒数の関係は，下の表のようになる。

	市内在住の生徒数	市外在住の生徒数	合計
昨年度(人)	x	y	500
今年度(人)	$x\times\left(1-\frac{20}{100}\right)$	$y\times\left(1+\frac{30}{100}\right)$	500

$$\begin{cases} x+y=500 & \cdots\cdots① \\ \dfrac{80}{100}x+\dfrac{130}{100}y=500 & \cdots\cdots② \end{cases}$$

②を整理すると，$8x+13y=5000$ ……③

①×13−③より，$5x=1500$，$x=300$

よって，今年度の市内在住の生徒数は，

$300\times\dfrac{80}{100}=240$(人)

9 360g

解説 4%の食塩水xgと9%の食塩水ygを混ぜ合わせるとすると，食塩水の重さの関係，食塩水に含まれる食塩の重さの関係は，下の表のようになる。

	4%	9%	合計
食塩水の重さ(g)	x	y	600
食塩の重さ(g)	$x\times\frac{4}{100}$	$y\times\frac{9}{100}$	$600\times\frac{6}{100}$

$$\begin{cases} x+y=600 & \cdots\cdots① \\ x\times\dfrac{4}{100}+y\times\dfrac{9}{100}=600\times\dfrac{6}{100} & \cdots\cdots② \end{cases}$$

②を整理すると，$4x+9y=3600$ ……③

①×9−③より，$5x=1800$，$x=360$

①に$x=360$を代入して，

$360+y=600$，$y=600-360=240$

食塩水の重さは正の数だから，これらは問題に適している。

10 紅茶 … 280 mL，コーヒー … 210 mL

解説 ミルクティーに含まれる牛乳の量を x mL，
コーヒー牛乳に含まれる牛乳の量を y mL とする。
牛乳の量の関係から，$x+y=350$ ……①
ミルクティーの紅茶と牛乳の量の関係から，
(紅茶の量)：$x=2:1$ より，
(紅茶の量)$=2x$
これより，ミルクティーの量は，$3x$ mL
コーヒー牛乳のコーヒーと牛乳の量の関係から，
(コーヒーの量)：$y=1:1$ より，
(コーヒーの量)$=y$
これより，コーヒー牛乳の量は，$2y$ mL
よって，$3x=2y$ ……②
①を y について解くと，$y=350-x$ ……③
②に③を代入して，
$3x=2(350-x)$，$3x=700-2x$，
$5x=700$，$x=140$
③に $x=140$ を代入して，
$y=350-140=210$
牛乳の量は正の数だから，これらは問題に適している。
よって，紅茶の量は，$2\times140=280$(mL)，
コーヒーの量は 210 mL

{P.49}

3 連立方程式

1 (1) $x=4$，$y=-9$　(2) $x=-1$，$y=6$
(3) $x=2$，$y=-3$　(4) $x=-4$，$y=5$
(5) $x=2$，$y=-1$　(6) $x=2$，$y=-1$
(7) $x=-1$，$y=1$　(8) $x=2$，$y=-5$
(9) $x=5$，$y=-1$　(10) $x=2$，$y=7$
(11) $x=9$，$y=2$　(12) $x=4$，$y=-1$

解説 式の形をみて，**加減法**または**代入法**を利用して解く。
ここでは，それぞれの連立方程式の上の式を①，下の式を②とする。

(1) ①−②より，
$$\begin{array}{rr} & 7x+y=19 \\ -) & 5x+y=11 \\ \hline & 2x\quad=8 \\ & x=4 \end{array}$$
②に $x=4$ を代入して，
$5\times4+y=11$，$y=11-20=-9$

(2) ①×6−②より，
$$\begin{array}{rr} & 30x+6y=6 \\ -) & -x+6y=37 \\ \hline & 31x\quad=-31 \\ & x=-1 \end{array}$$
①に $x=-1$ を代入して，
$5\times(-1)+y=1$，$y=1+5=6$

(3) ①+②×2 より，
$$\begin{array}{rr} & 5x+2y=4 \\ +) & 6x-2y=18 \\ \hline & 11x\quad=22 \\ & x=2 \end{array}$$
②に $x=2$ を代入して，
$3\times2-y=9$，$y=6-9=-3$

(4) ①+②×3 より，
$$\begin{array}{rr} & 2x+3y=7 \\ +) & 9x-3y=-51 \\ \hline & 11x\quad=-44 \\ & x=-4 \end{array}$$
②に $x=-4$ を代入して，
$3\times(-4)-y=-17$，$y=-12+17=5$

(5) ①×3−②より，
$$\begin{array}{rr} & 3x-9y=15 \\ -) & 3x+5y=1 \\ \hline & -14y=14 \\ & y=-1 \end{array}$$
①に $y=-1$ を代入して，
$x-3\times(-1)=5$，$x=5-3=2$

(6) ①×3−②より，
$$\begin{array}{rr} & 6x+9y=3 \\ -) & 8x+9y=7 \\ \hline & -2x\quad=-4 \\ & x=2 \end{array}$$
①に $x=2$ を代入して，
$2\times2+3y=1$，$3y=-3$，$y=-1$

(7) ①×2+②×3 より，
$$\begin{array}{rr} & 6x+10y=4 \\ +) & -6x+27y=33 \\ \hline & 37y=37 \\ & y=1 \end{array}$$
①に $y=1$ を代入して，
$3x+5\times1=2$，$3x=-3$，$x=-1$

(8) ①×4−②×3 より，
$$\begin{array}{rr} & 16x+12y=-28 \\ -) & 9x+12y=-42 \\ \hline & 7x\quad=14 \\ & x=2 \end{array}$$
①に $x=2$ を代入して，
$4\times2+3y=-7$，$3y=-15$，$y=-5$

(9) ②に①を代入して，$3x+4(x-6)=11$，
$3x+4x-24=11$，$7x=35$，$x=5$
①に $x=5$ を代入して，$y=5-6=-1$

(10) ①に②を代入して，$2x+(3x+1)=11$，
$5x=10$，$x=2$
②に $x=2$ を代入して，$y=3\times2+1=7$

(11) ②に①を代入して，$2(4y+1)-5y=8$，
$8y+2-5y=8$，$3y=6$，$y=2$
①に $y=2$ を代入して，$x=4\times2+1=9$

(12) ①に②を代入して，$x+3(2x-9)=1$，
$x+6x-27=1$，$7x=28$，$x=4$
②に $x=4$ を代入して，$y=2\times4-9=-1$

2 (1) $x=7,\ y=2$　(2) $x=-11,\ y=4$
(3) $x=77,\ y=17$　(4) $x=-4,\ y=3$

解説 係数に分数や小数がある方程式は，**両辺に同じ数をかけて，係数を整数に直す。**

(1) 下の式の両辺に4をかけると，

$$\begin{cases} x+y=9 & \cdots\cdots ① \\ 2x-y=12 & \cdots\cdots ② \end{cases}$$

①+②より，$3x=21,\ x=7$

①に $x=7$ を代入して，$7+y=9,\ y=2$

(2) 上の式の両辺に10をかけると，

$2x+8y=10$ ……①

下の式の両辺に8をかけると，

$4x+7y=-16$ ……②

①×2−②より，

$$\begin{array}{rr} & 4x+16y=20 \\ -) & 4x+\ 7y=-16 \\ \hline & 9y=36 \\ & y=4 \end{array}$$

①に $y=4$ を代入して，

$2x+8\times4=10,\ 2x=-22,\ x=-11$

(3) 上の式の両辺に10をかけて整理すると，

$2x-8y=18,\ x-4y=9$ ……①

下の式の両辺に10をかけて整理すると，

$4(x-4y)=2(y+1),\ 4x-16y=2y+2,$

$4x-18y=2,\ 2x-9y=1$ ……②

①×2−②より，

$$\begin{array}{rr} & 2x-8y=18 \\ -) & 2x-9y=1 \\ \hline & y=17 \end{array}$$

①に $y=17$ を代入して，

$x-4\times17=9,\ x-68=9,\ x=77$

(4) 上の式の両辺に12をかけて整理すると，

$4(1-2x)=12+3x+12y$

$4-8x=12+3x+12y$

$11x+12y=-8$ ……①

$x+4y=8$ ……②

①−②×3より，

$$\begin{array}{rr} & 11x+12y=-8 \\ -) & 3x+12y=24 \\ \hline & 8x\qquad=-32 \\ & x=-4 \end{array}$$

②に $x=-4$ を代入して，

$-4+4y=8,\ 4y=12,\ y=3$

3 (1) $x=-2,\ y=3$　(2) $x=\frac{2}{3},\ y=\frac{4}{3}$

解説 (1)
$$\begin{cases} 2x+y=-1 & \cdots\cdots ① \\ 5x+3y=-1 & \cdots\cdots ② \end{cases}$$

①×3−②より，

$$\begin{array}{rr} & 6x+3y=-3 \\ -) & 5x+3y=-1 \\ \hline & x\qquad=-2 \end{array}$$

①に $x=-2$ を代入して，

$2\times(-2)+y=-1,\ y=3$

(2)
$$\begin{cases} x-16y+10=-8y \\ 5x-14=-8y \end{cases}$$

それぞれの式を整理すると，

$$\begin{cases} x-8y=-10 & \cdots\cdots ① \\ 5x+8y=14 & \cdots\cdots ② \end{cases}$$

①＋②より，

$$\begin{array}{rr} & x-8y=-10 \\ +) & 5x+8y=14 \\ \hline & 6x\qquad=4 \\ & x=\frac{2}{3} \end{array}$$

①に $x=\frac{2}{3}$ を代入して，

$\frac{2}{3}-8y=-10,\ -8y=-\frac{32}{3},\ y=\frac{4}{3}$

4 (1) $a=2,\ b=1$　(2) $a=4,\ b=-2$

解説 (1)
$$\begin{cases} ax+by=-11 & \cdots\cdots ① \\ bx-ay=-8 & \cdots\cdots ② \end{cases}$$

①，②のそれぞれに $x=-6,\ y=1$ を代入して整理すると，

$a\times(-6)+b\times1=-11,\ 6a-b=11$ ……③

$b\times(-6)-a\times1=-8,\ a+6b=8$ ……④

③，④を，a，b についての連立方程式として解く。

③×6+④より，$37a=74,\ a=2$

③に $a=2$ を代入して，$6\times2-b=11,\ b=1$

(2)
$$\begin{cases} 2x-3y=18 & \cdots\cdots ① \\ ax+by=20 & \cdots\cdots ② \end{cases}$$

$$\begin{cases} 5x+2y=7 & \cdots\cdots ③ \\ bx-ay=10 & \cdots\cdots ④ \end{cases}$$

①，③を連立方程式として解く。

①×2+③×3より，$19x=57,\ x=3$

③に $x=3$ を代入して，

$5\times3+2y=7,\ 2y=-8,\ y=-4$

②，④に $x=3,\ y=-4$ をそれぞれ代入して連立方程式をつくると，

$$\begin{cases} 3a-4b=20 & \cdots\cdots ②' \\ 3b+4a=10 & \cdots\cdots ④' \end{cases}$$

②′，④′を連立方程式として解く。

②′×3+④′×4より，$25a=100,\ a=4$

④′に $a=4$ を代入して，

$3b+4\times4=10,\ 3b=-6,\ b=-2$

{P.52}

4 1次方程式の利用

1 673

解説 連続する3つの整数のうち最も小さい数をxとすると，3つの整数は，x，$x+1$，$x+2$と表せるから，

$x+(x+1)+(x+2)=2022$

これを解くと，

$3x+3=2022$，$3x=2019$，$x=673$

別解 真ん中の整数をxとすると，途中の計算が簡単になることが多い。

$(x-1)+x+(x+1)=2022$

これを解くと，$3x=2022$，$x=674$

よって，最も小さい整数は，$674-1=673$

2 17人

解説 A班の生徒の人数をx人とすると，B班の生徒の人数は$(x-5)$人と表せる。

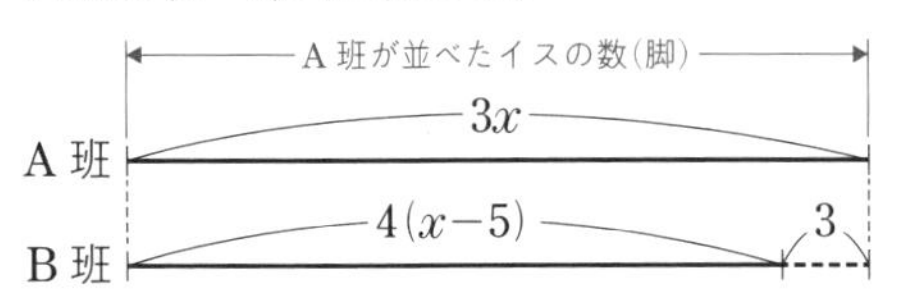

A班の生徒が並べたイスの数は$3x$脚，B班の生徒が並べたイスの数は$4(x-5)$脚だから，

$3x=4(x-5)+3$

これを解くと，

$3x=4x-20+3$，$-x=-17$，$x=17$

人数は自然数だから，これは問題に適している。

3 5個

解説 箱の数をx個とする。

1箱に30個ずつ入れたときのチョコレートの数をxを使って表すと，$30x+22$(個)

1箱に35個ずつ入れたときのチョコレートの数をxを使って表すと，$35(x-1)+32$(個)

よって，$30x+22=35(x-1)+32$

これを解くと，$30x+22=35x-35+32$，

$-5x=-25$，$x=5$

箱の数は自然数だから，これは問題に適している。

4 48回

解説 Bさんの回数をx回とすると，Aさんの回数は$(x+5)$回，Cさんの回数は$(x-3)$回，Dさんの回数は$(x-6)$回，Eさんの回数は$(x+2)$回と表せるから，

$$\frac{(x+5)+x+(x-3)+(x-6)+(x+2)}{5}=47.6$$

これを解くと，

$(x+5)+x+(x-3)+(x-6)+(x+2)=47.6\times5$，

$5x-2=238$，$5x=240$，$x=48$

反復横とびの回数は自然数だから，これは問題に適している。

5 $15x+34=20(x-2)+14$，

$15x+34=20x-26$，$-5x=-60$，$x=12$

この解は問題に適している。

(答)使用できる教室の数　12

解説 参加者の人数を，次の2通りの式で表す。

1つの教室に入る参加者を15人ずつとしたとき，

$15\times x+34=15x+34$(人)

1つの教室に入る参加者を20人ずつとしたとき，

$20\times(x-2)+14=20(x-2)+14$(人)

6 ア $24x=30\times30+15(x-30)$，

$24x=900+15x-450$，$9x=450$，$x=50$

イ 50

解説 31枚以上プリントしたときの料金は，

A店…$24x$(円)

B店…30枚までの料金は，30×30(円)

31枚目からの料金は，$15(x-30)$(円)

よって，$30\times30+15(x-30)$円

この2つの料金が等しいことから方程式をつくる。

7 8000人

解説 4月の観光客数をx人とすると，5月の観光客数は，

$x\times\left(1+\frac{5}{100}\right)$(人)と表せる。

これが8400人だから，$x\times\left(1+\frac{5}{100}\right)=8400$

これを解くと，

$\frac{105}{100}x=8400$，$x=8400\times\frac{100}{105}=8000$

人数は自然数だから，これは問題に適している。

8 2000円

解説 ワイシャツ1着の定価をx円とすると，ワイシャツ1着の3割引きの値段は$(1-0.3)x$円と表せる。

よって，$(1-0.3)x\times3+x\times(5-3)=8200$

これを解くと，$2.1x+2x=8200$，$4.1x=8200$，

$41x=82000$，$x=2000$

ワイシャツの定価は自然数だから，これは問題に適している。

9 午後1時16分30秒

解説 Aさんが午後1時x分から走り始めたとすると，Aさんが歩いた時間はx分，走った時間は$(24-x)$分と表せる。

	歩いた道のり	走った道のり	合計
時間(分)	x	$24-x$	24
速さ(m/分)	50	90	
道のり(m)	$50x$	$90(24-x)$	1500

よって，$50x+90(24-x)=1500$
これを解くと，$50x+2160-90x=1500$,
$-40x=-660$, $x=16.5$
$0<x<24$だから，これは問題に適している。
16.5分は16分30秒だから，Aさんが走り始めた時刻は午後1時16分30秒。

別解 Aさんが歩いた道のりをxmとすると，走った道のりは$(1500-x)$mと表せるから，

$$\frac{x}{50}+\frac{1500-x}{90}=24$$

これを解くと，$9x+5(1500-x)=24\times450$,
$9x+7500-5x=10800$, $4x=3300$, $x=825$
$0<x<1500$だから，これは問題に適している。
よって，Aさんが歩いた時間は，$\frac{825}{50}=16.5$(分)
16.5分は16分30秒だから，Aさんが走り始めた時刻は午後1時16分30秒。

10 90mL

解説 必要な牛乳の量をxmLとすると，
$450:x=5:3$
これを解くと，$450\times3=x\times5$, $x=270$
牛乳の量は正の数だから，これは問題に適している。
よって，たりない牛乳の量は，
$270-180=90$(mL)

11 400円

解説 子ども1人の入園料をx円とすると，大人1人の入園料は$(x+600)$円と表せる。
よって，$(x+600):x=5:2$
これを解くと，$(x+600)\times2=x\times5$,
$2x+1200=5x$, $-3x=-1200$, $x=400$
入園料は自然数だから，これは問題に適している。

{P.56}

5 2次方程式の利用

1 (1) ある正の整数をxとすると，
ある正の整数から3をひいた数は$x-3$と表せる。
これを2乗すると64であるから，
$(x-3)^2=64$, $x-3=\pm8$
$x-3=8$のとき，$x=11$
$x-3=-8$のとき，$x=-5$
よって，$x=11$, $x=-5$
xは正の整数だから，$x=-5$は問題にあわない。
$x=11$は問題にあっている。
(答)11

(2) $x^2+52=17x$, $x^2-17x+52=0$,
$(x-4)(x-13)=0$, $x=4$, $x=13$
xは素数だから，$x=4$は問題に適していない。
$x=13$は問題に適している。
(答)素数xは　13

(3) 8, 9

(4) **連続する3つの自然数のうち，最も小さい自然数をxとすると，**
連続する3つの自然数は，x, $x+1$, $x+2$
となり，$x^2+(x+1)^2=10(x+2)+5$
これを解くと，$(x+2)(x-6)=0$,
$x=-2$, $x=6$
xは自然数だから，$x=-2$は問題に適していない。
$x=6$のとき，連続する3つの自然数は6，7，8となり，これは問題に適している。
(答)6，7，8

解説 一般に，2次方程式の解は2つある。そのうちの一方が問題に適さない場合が多いので，**解の検討を行う**ことが大切である。
(3) 連続する2つの自然数を，x, $x+1$とすると，
$x(x+1)=x+(x+1)+55$
これを解くと，$x^2+x=2x+56$,
$x^2-x-56=0$, $(x+7)(x-8)=0$,
$x=-7$, $x=8$
xは自然数だから，$x=-7$は問題に適していない。$x=8$は問題に適している。

2 **ア** 29　**イ** 31

解説 **ア**にあてはまる数を$x-1$とすると，**イ**にあてはまる数は$x+1$と表せるから，
$(x-1)(x+1)=899$
これを解くと，$x^2-1=899$, $x^2=900$, $x=\pm30$
xは自然数だから，$x=-30$は問題に適していない。
$x=30$は問題に適している。
よって，**ア** $=30-1=29$, **イ** $=30+1=31$

3 (1) $x(2x+3)\text{cm}^2$　　(2) $\dfrac{-3+\sqrt{65}}{4}$cm

解説 (1) 横の長さを$x$cmとするとき，縦の長さは$(2x+3)$cmと表せるから，長方形の面積は，

$x(2x+3)\text{cm}^2$

(2) $x(2x+3)=7$

これを解くと，$2x^2+3x-7=0$

$$x=\frac{-3\pm\sqrt{3^2-4\times2\times(-7)}}{2\times2}$$

$$=\frac{-3\pm\sqrt{9+56}}{4}=\frac{-3\pm\sqrt{65}}{4}$$

$x>0$だから，$x=\dfrac{-3-\sqrt{65}}{4}$は問題に適していない。$x=\dfrac{-3+\sqrt{65}}{4}$は問題に適している。

4 $x=10$

解説 長方形の縦の長さは$(x+4)$cm，横の長さは$(x+5)$cmと表せるから，

$(x+4)(x+5)=210$

これを解くと，$x^2+9x+20=210$，

$x^2+9x-190=0$，$(x+19)(x-10)=0$

$x=-19$，$x=10$

xは正の数だから，$x=-19$は問題に適していない。

$x=10$は問題に適している。

5 **テープの幅が$x$cmだから，テープがはられていない部分すべての面積の和は，**

$(10-2x)(20-4x)\text{cm}^2$である。

また，長方形ABCDの面積は，

$10\times20=200(\text{cm}^2)$である。

よって，$(10-2x)(20-4x)=200\times\dfrac{36}{100}$

整理すると，

$x^2-10x+16=0$，$(x-2)(x-8)=0$

したがって，$x=2$または$x=8$

$0<x<5$だから，$x=8$は問題に適していない。

$x=2$は問題に適している。

(答)xの値　2

解説 右の図のように，テープがはられた部分を長方形の片隅に寄せると，テープがはられていない部分の面積の和は，

縦が$(20-4x)$cm，

横が$(10-2x)$cm

の長方形の面積になる。

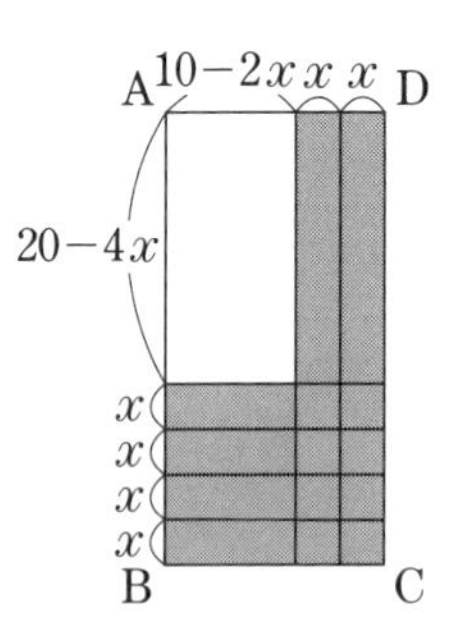

6 **直方体Qの体積と直方体Rの体積は等しいので，**

$(4+x)(7+x)\times2=4\times7\times(2+x)$，

$x^2+11x+28=14x+28$，$x^2-3x=0$，

$x(x-3)=0$，$x=0$，$x=3$

$x>0$だから，$x=3$

(答)$x=3$

解説 直方体Qの体積は，$2(4+x)(7+x)\text{cm}^3$，直方体Rの体積は，$4\times7\times(2+x)\text{cm}^3$と表せる。

7 **$(2x+8)(2x+12):8\times12=2:1$**

$2(x+4)\times2(x+6):8\times12=2:1$

$(x+4)(x+6):8\times3=2:1$，

$(x^2+10x+24)\times1=24\times2$，

$x^2+10x-24=0$，$(x-2)(x+12)=0$，

$x=2$，$x=-12$

$x>0$より，$x=2$

(答)　2　cm

解説 もとの長方形の紙は，

縦の長さが，

$8+x\times2=2x+8$(cm)

横の長さが，

$12+x\times2=2x+12$(cm)

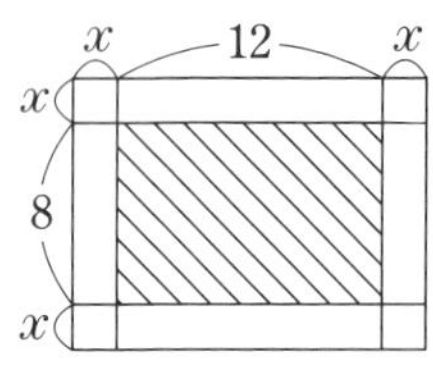

だから，切り取る正方形の1辺の長さを$x$cmとして，上の図のように表せる。

8 **直方体の表面積が80cm^2であるから，**

$x^2\times2+3x\times4=80$，$2x^2+12x-80=0$

$x^2+6x-40=0$，$(x+10)(x-4)=0$，

$x=-10$，$x=4$

$x>0$より，$x=4$

(答)　4　cm

解説 この直方体の展開図は，右の図のようになる。

この直方体の底面積は，

$x\times x=x^2(\text{cm}^2)$

側面積は，

$3\times x\times4=12x(\text{cm}^2)$

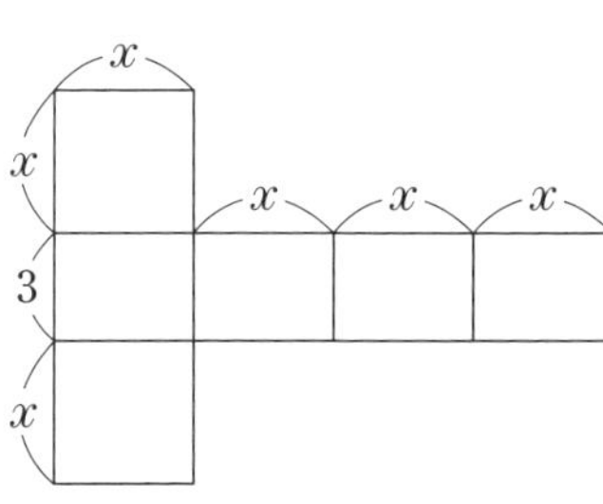

よって，表面積は，$x^2\times2+12x=2x^2+12x(\text{cm}^2)$と表せる。

{P.60}

6 1次方程式

1 (1) $x=-2$　(2) $x=-3$
(3) $x=\frac{1}{2}$　(4) $x=-2$

解説 **移項して $ax=b$ の形に整理して**，両辺を x の係数 a でわる。

(1) $4x+5=x-1$，$4x-x=-1-5$，$3x=-6$，
$x=-2$

(2) $4x+3=x-6$，$4x-x=-6-3$，$3x=-9$，
$x=-3$

(3) $7x-2=x+1$，$7x-x=1+2$，$6x=3$，$x=\frac{1}{2}$

(4) $2x+7=1-x$，$2x+x=1-7$，$3x=-6$，
$x=-2$

2 (1) $x=5$　(2) $x=3$
(3) $x=3$　(4) $x=6$
(5) $x=-12$　(6) $x=1$

解説 (1) $5x-7=9(x-3)$
かっこをはずして整理すると，
$5x-7=9x-27$，$-4x=-20$，$x=5$

(2) $1.3x+0.6=0.5x+3$
両辺に 10 をかけると，
$(1.3x+0.6)\times10=(0.5x+3)\times10$，
$13x+6=5x+30$，$8x=24$，$x=3$

(3) $0.16x-0.08=0.4$
両辺に 100 をかけると，
$(0.16x-0.08)\times100=0.4\times100$，
$16x-8=40$，$16x=48$，$x=3$

(4) $\frac{3}{2}x+1=10$
両辺に 2 をかけると，
$\left(\frac{3}{2}x+1\right)\times2=10\times2$，$3x+2=20$，
$3x=18$，$x=6$

(5) $x-7=\frac{4x-9}{3}$
両辺に 3 をかけると，
$(x-7)\times3=\frac{4x-9}{3}\times3$，$3x-21=4x-9$，
$-x=12$，$x=-12$

(6) $\frac{5-3x}{2}-\frac{x-1}{6}=1$
両辺に 6 をかけると，
$\left(\frac{5-3x}{2}-\frac{x-1}{6}\right)\times6=1\times6$，
$3(5-3x)-(x-1)=6$，$15-9x-x+1=6$，
$-10x=-10$，$x=1$

3 (1) $x=15$　(2) $x=18$

解説 比例式の性質 **$a:b=c:d$ ならば $ad=bc$** を利用する。

(1) $3:8=x:40$，$3\times40=8\times x$，$x=15$

(2) $x:12=3:2$，$x\times2=12\times3$，$x=18$

4 $a=3$

解説 方程式に与えられた解を代入して，a についての方程式をつくる。
まず，方程式を整理すると，
$7x-3a=4x+2a$，$-5a=3x$，
$a=\frac{3}{5}x$
これに $x=5$ を代入して
$a=\frac{3}{5}\times5=3$

関　数

{P.62}

弱点チェック

1 関数 $y=ax^2$

① $y=3x^2$　② $y=27$
③ $x=\pm\sqrt{2}$　④ $0 \leqq y \leqq 27$
⑤ 21

2 放物線と直線

① 4　② $y=-2x+8$
③ 4　④ 8

3 1次関数の利用

① 速さ　② 20分間
③ 800m　④ 分速60m

4 比例・反比例

① $y=\frac{1}{2}x$　② $y=-\frac{18}{x}$

5 1次関数

① $y=-x+9$　② $y=5x-3$
③ $y=-2x-7$

6 関数 $y=ax^2$ の利用

① 9cm^2　② $y=x^2$
③ $y=4x$

7 直線と図形

① 9　② P(8, 1)
③ $y=-\frac{1}{4}x+3$

{P.65}

1 関数 $y=ax^2$

1 ア，ウ，オ

解説 関数 $y=ax^2$ のグラフは，右の図のような放物線である。

イ … 比例定数 a の絶対値が大きくなると，グラフの開き方は小さくなる。

エ … 関数 $y=ax^2$ のグラフは放物線という曲線で，双曲線は反比例 $y=\frac{a}{x}$ のグラフである。

2 (1) $y=-2x^2$

(2) $y=ax^2$ に $x=-2$，$y=8$ を代入して，
$8=a\times(-2)^2$，$a=2$
よって，$y=2x^2$ となるから，この式に $x=3$ を代入して，$y=2\times3^2=2\times9=18$
（答）$y=18$

(3) $a=\frac{3}{8}$，$b=\frac{27}{2}$

解説 **$y=ax^2$ に1組の x，y の値を代入して，** a の値を求める。

(1) y は x の2乗に比例するから，$y=ax^2$ とおける。
$y=ax^2$ に $x=3$，$y=-18$ を代入すると，
$-18=a\times3^2$，$-18=9a$，$a=-2$

(3) $y=ax^2$ に $x=4$，$y=6$ を代入すると，
$6=a\times4^2$，$6=16a$，$a=\frac{3}{8}$
$y=\frac{3}{8}x^2$ に $x=-6$，$y=b$ を代入すると，
$b=\frac{3}{8}\times(-6)^2=\frac{3}{8}\times36=\frac{27}{2}$

3 $y=3x$

解説 点Aは関数 $y=x^2$ のグラフ上の点だから，その y 座標は，$y=(-3)^2=9$ より，A$(-3, 9)$
点Bも関数 $y=x^2$ のグラフ上の点だから，その y 座標は，$y=6^2=36$ より，B$(6, 36)$
よって，直線ABの傾きは，$\frac{36-9}{6-(-3)}=\frac{27}{9}=3$
したがって，直線ABに平行で原点を通る直線の式は，$y=3x$

4 (1) $a=-4$，$b=0$　(2) $a=-\frac{2}{3}$
(3) $a=-1$，-3

解説 (1) 関数 $y=-\frac{1}{4}x^2$ で，x の変域が $-2 \leqq x \leqq 4$ のとき，グラフは右の図の実線部分のようになる。

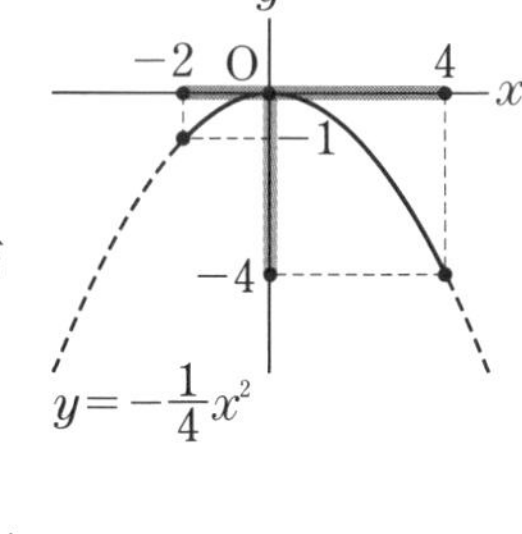

したがって，
$x=0$ のとき，$y=-\frac{1}{4}\times0^2=0$ … 最大値
$x=4$ のとき，$y=-\frac{1}{4}\times4^2=-4$ … 最小値
よって，y の変域は $-4 \leqq y \leqq 0$ より，
$a=-4$，$b=0$

(2) 関数 $y=ax^2$ で，y の変域が $y \leqq 0$ だから，$a<0$ である。
よって，$y=ax^2$ で，x の変域が $-2 \leqq x \leqq 3$ のとき，グラフは右の図の実線部分のようになる。
したがって，関数 $y=ax^2$

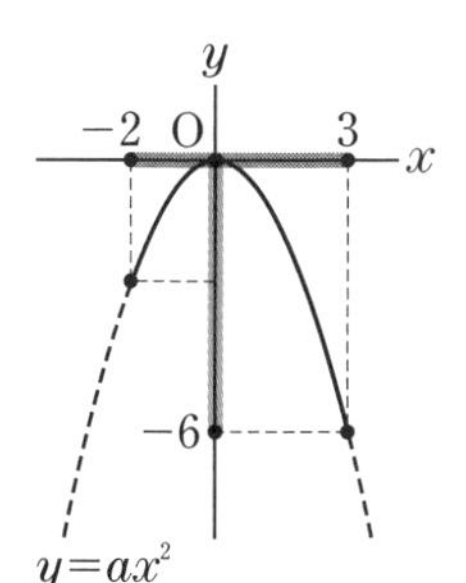

は，$x=3$ のとき $y=-6$ だから，

$-6=a\times3^2$，$-6=9a$，$a=-\dfrac{2}{3}$

(3) 関数 $y=2x^2$ で，y の変域に 0 を含むから，$x=0$ のとき，y は最小値 0 をとる。

図1 のように，$x=a$ のとき，y は最大値 18 をとるとすると，

$18=2\times a^2$，$a^2=9$，$a=\pm3$

$a<0$ だから，$a=-3$

図1

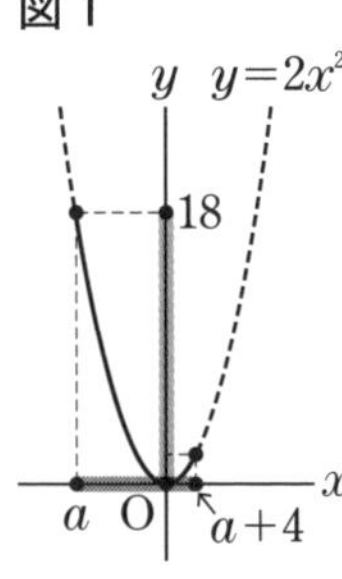

また，**図2** のように，$x=a+4$ のとき，y は最大値 18 をとるとすると，

$18=2(a+4)^2$，$(a+4)^2=9$，

$a+4=\pm3$

$a=-1$，$a=-7$

$a+4>0$ だから，$a>-4$

したがって，$a=-1$

図2

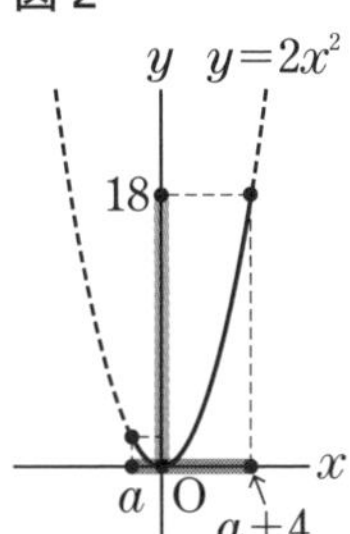

5 (1) -4　(2) $a=5$

(3) $a=-\dfrac{3}{5}$　(4) $a=\dfrac{6}{5}$

解説 関数 $y=ax^2$ で，x の値が p から q まで増加するときの**変化の割合は，** $\dfrac{a\times q^2-a\times p^2}{q-p}$

(1) x の増加量は，$6-2=4$

y の増加量は，$-\dfrac{1}{2}\times6^2-\left(-\dfrac{1}{2}\times2^2\right)=-16$

よって，変化の割合は，$\dfrac{-16}{4}=-4$

別解 関数 $y=ax^2$ で，x の値が p から q まで増加するときの変化の割合は，次のように変形した式で求めることもできる。

$\boldsymbol{a(q+p)}$

この式を利用すると，$-\dfrac{1}{2}(6+2)=-4$

(2) x の増加量は，$(a+3)-a=3$

y の増加量は，$(a+3)^2-a^2=6a+9$

よって，変化の割合は，$\dfrac{6a+9}{3}=2a+3$

これが 13 だから，

$2a+3=13$，$2a=10$，$a=5$

別解 $1\times\{(a+3)+a\}=13$，$2a+3=13$，$2a=10$，$a=5$

(3) x の増加量は，$4-1=3$

y の増加量は，$a\times4^2-a\times1^2=15a$

よって，変化の割合は，$\dfrac{15a}{3}=5a$

これが -3 だから，$5a=-3$，$a=-\dfrac{3}{5}$

別解 $a(4+1)=-3$，$5a=-3$，$a=-\dfrac{3}{5}$

(4) 関数 $y=ax^2$ で，x の増加量は，$4-1=3$

y の増加量は，$a\times4^2-a\times1^2=15a$

よって，関数 $y=ax^2$ の変化の割合は，

$\dfrac{15a}{3}=5a$

$y=6x+5$ の変化の割合は一定で 6 だから，

$5a=6$，$a=\dfrac{6}{5}$

{P.68}

2 放物線と直線

1 (1) -2　(2) 2，6

解説 (1) 点 B の x 座標を b とすると，$\mathrm{AB}=4-b$

△OBA で，AB を底辺とみたときの高さは 3 だから，$\triangle\mathrm{OBA}=\dfrac{1}{2}\times\mathrm{AB}\times3$

よって，$\dfrac{1}{2}\times(4-b)\times3=9$

これを解くと，$4-b=6$，$b=-2$

(2) 点 A の x 座標を a とすると，四角形 DBAC が正方形となるとき，点 B の x 座標は $-a$ と表せる。

よって，$\mathrm{AB}=a-(-a)=2a$

点 C は $y=\dfrac{1}{4}x^2$ のグラフ上の点だから，

その y 座標は，$y=\dfrac{1}{4}\times a^2=\dfrac{1}{4}a^2$

よって，$\mathrm{AC}=\dfrac{1}{4}a^2-(-3)=\dfrac{1}{4}a^2+3$

AB=AC より，$2a=\dfrac{1}{4}a^2+3$

これを解くと，$a^2-8a+12=0$，

$(a-2)(a-6)=0$，$a=2$，$a=6$

$a>0$ だから，どちらも問題に適している。

2 (1) $y=-x^2$　(2) $a=\dfrac{1}{8}$

(3) A(2，4)，C(4，16a) だから，AC の傾きは，

$\dfrac{16a-4}{4-2}=8a-2$

D(-4，16a) だから，DO の傾きは，

$\dfrac{0-16a}{0-(-4)}=-4a$

AC // DO より，直線 AC と直線 DO の傾きは等しいから，

$8a-2=-4a$，$12a=2$，$a=\dfrac{1}{6}$

(答) $a=\dfrac{1}{6}$

解説 (1) **$y=ax^2$ と $y=-ax^2$ のグラフは，x 軸について**

対称である。

(2) 点Aと点Bはy軸について対称な点だから，点Bのx座標は-2

これより，$AB=2-(-2)=4$

△OABで，ABを底辺とみたときの高さは，点Aのy座標と等しいから，$y=2^2=4$

よって，$\triangle OAB=\frac{1}{2}\times 4\times 4=8$

△OCDで，同様に考えて，$CD=4-(-4)=8$

CDを底辺とみたときの高さは，$y=a\times 4^2=16a$

よって，$\triangle OCD=\frac{1}{2}\times 8\times 16a=64a$

$\triangle OAB=\triangle OCD$より，$8=64a$，$a=\frac{1}{8}$

3 **点Aのy座標は，$\frac{1}{2}\times 3^2=\frac{9}{2}$**

よって，CB=ABより，点Cのx座標は，

$3-\frac{9}{2}=-\frac{3}{2}$

点Dのy座標は，$\frac{1}{2}\times\left(-\frac{3}{2}\right)^2=\frac{9}{8}$

DE=2cmより，点Eのy座標は，$\frac{9}{8}-2=-\frac{7}{8}$

したがって，点Eの座標は$\left(-\frac{3}{2},\ -\frac{7}{8}\right)$だから，

$-\frac{7}{8}=a\times\left(-\frac{3}{2}\right)^2$ **より，** $-\frac{7}{8}=\frac{9}{4}a$，

よって，$a=-\frac{7}{8}\times\frac{4}{9}=-\frac{7}{18}$

(答)$a=-\frac{7}{18}$

4 (1) 8

(2) Aのx座標より大きい場合…5

Aのx座標より小さい場合…$1-2\sqrt{7}$

解説 (1) 点Aは，$y=\frac{1}{2}x^2$のグラフ上の点だから，

$y=\frac{1}{2}\times 4^2=\frac{1}{2}\times 16=8$

(2) **点Bのx座標が点Aのx座標より大きい場合**

点Bのx座標をtとすると，y座標は$\frac{1}{2}t^2$

右の図で，

AC=EO，EA=OCだから，赤線で囲まれた図形の周の長さは，長方形FODBの周の長さになる。

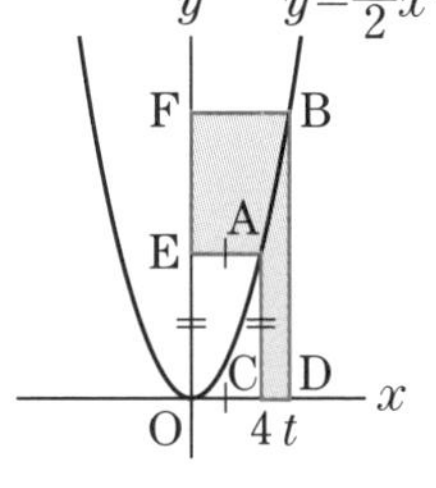

長方形FODBの周の長さは，$2\left(t+\frac{1}{2}t^2\right)=t^2+2t$

よって，$t^2+2t=35$

これを解くと，$t^2+2t-35=0$，

$(t+7)(t-5)=0$，$t=-7$，$t=5$

$t>4$だから，$t=5$

点Bのx座標が点Aのx座標より小さい場合

点Bのx座標をsとすると，y座標は$\frac{1}{2}s^2$

右の図で，

FE=GA，EA=FGだから，赤線で囲まれた図形の周の長さは，長方形BDCGの周の長さになる。

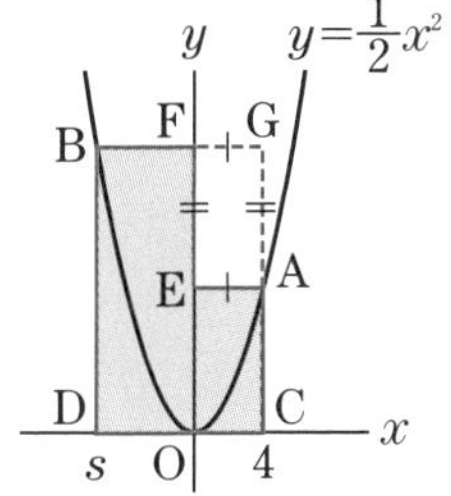

長方形BDCGの周の長さは，$2\left\{(4-s)+\frac{1}{2}s^2\right\}=s^2-2s+8$

よって，$s^2-2s+8=35$

これを解くと，$s^2-2s=27$，

$s^2-2s+1=27+1$，$(s-1)^2=28$，

$s-1=\pm\sqrt{28}$，$s=1\pm 2\sqrt{7}$

$s<4$だから，$s=1-2\sqrt{7}$

5 (6，0)

解説 点A, Bは，それぞれ$y=x^2$のグラフ上の点だから，

点Aのy座標は，$y=(-3)^2=9$より，A$(-3,\ 9)$

点Bのy座標は，$y=2^2=4$より，B$(2,\ 4)$

直線ABの式を$y=ax+b$とおくと，

$$\begin{cases} 9=-3a+b \\ 4=2a+b \end{cases}$$

これを解くと，$a=-1$，$b=6$

よって，直線ABの式は，$y=-x+6$

したがって，点Cのx座標は，$0=-x+6$，$x=6$より，C$(6,\ 0)$

6 $\frac{3}{14}$

解説 点Aのy座標は，点Cのy座標と等しいから-6

点Aは$y=-\frac{3}{8}x^2$のグラフ上の点だから，

そのx座標は，$-6=-\frac{3}{8}x^2$より，

$x^2=-6\times\left(-\frac{8}{3}\right)=16$，$x=\pm 4$

$x<0$だから，$x=-4$　　よって，A$(-4,\ -6)$

直線AOは原点を通る直線だから，その式は$y=bx$と表せる。

直線AOは点Aを通るから，

$-6=b\times(-4)$，$b=\frac{3}{2}$

よって，直線AOの式は，$y=\frac{3}{2}x$

点Bのx座標は，点Cのx座標と等しいから7

点Bは，直線AO上の点だから，y座標は，

$y=\frac{3}{2}\times7=\frac{21}{2}$

よって，$\mathrm{B}\left(7,\ \frac{21}{2}\right)$

点Bは$y=ax^2$のグラフ上の点だから，

$\frac{21}{2}=a\times7^2$，$\frac{21}{2}=49a$，

$a=\frac{21}{2}\times\frac{1}{49}=\frac{3}{14}$

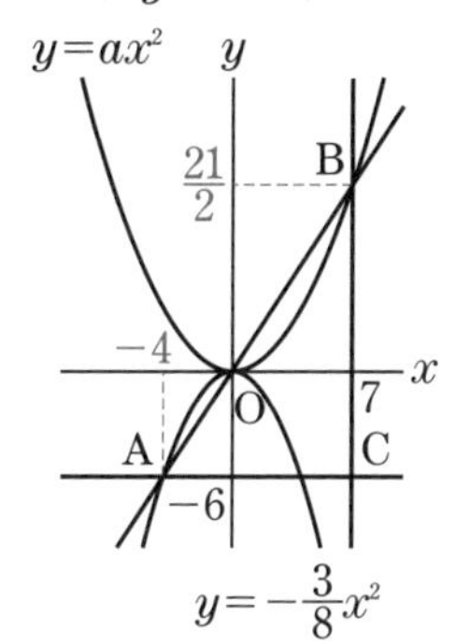

7 $y=\frac{1}{2}x+\frac{11}{2}$

解説 点A, Bは，それぞれ$y=x^2$のグラフ上の点だから，

点Aのy座標は，$y=(-3)^2=9$より，A$(-3,\ 9)$

点Bのy座標は，$y=1^2=1$より，B$(1,\ 1)$

対角線ABとCDの交点をEとすると，長方形ACBDの面積を2等分する直線は，点Eを通る。

点Eは線分ABの中点だから，Eのx座標は，

$\frac{-3+1}{2}=-1$，

y座標は，$\frac{9+1}{2}=5$

よって，求める直線の式を

$y=\frac{1}{2}x+b$とおくと，

$5=\frac{1}{2}\times(-1)+b$，$b=\frac{11}{2}$

したがって，直線の式は，$y=\frac{1}{2}x+\frac{11}{2}$

8 $y=-\frac{15}{2}x+9$

解説 点Aのx座標は，$9=\frac{1}{4}x^2$，$x^2=36$，$x=\pm6$

$x>0$より$x=6$だから，A$(6,\ 9)$

点Bのy座標は，$y=\frac{1}{4}\times(-4)^2=4$より，

B$(-4,\ 4)$

したがって，$\triangle\mathrm{OAC}=\frac{1}{2}\times9\times6=27$，

$\triangle\mathrm{OBC}=\frac{1}{2}\times9\times4=18$より，

四角形CBOAの面積は，$27+18=45$

よって，点Cを通り，四角形CBOAの面積を2等分する直線は，右の図のように，線分OAと交わる。

OAとの交点をD，そのx座標をdとすると，

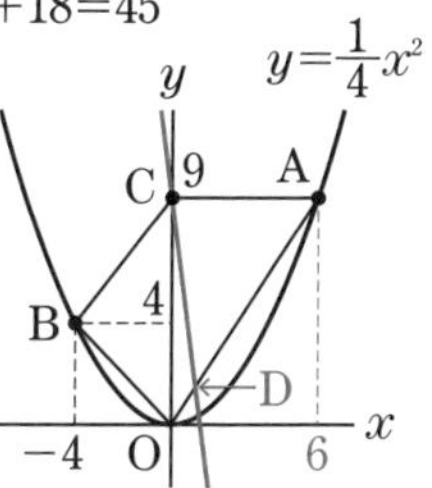

$\triangle\mathrm{OCD}=\frac{1}{2}\times9\times d=\frac{9}{2}d$と表せる。

四角形BODCの面積は$\frac{45}{2}$になるから，

$\triangle\mathrm{OCD}=\frac{45}{2}-18=\frac{9}{2}$

よって，$\frac{9}{2}d=\frac{9}{2}$，$d=1$

また，直線OAは，傾きが$\frac{9}{6}=\frac{3}{2}$だから，

式は，$y=\frac{3}{2}x$

点Dのy座標は，$y=\frac{3}{2}\times1=\frac{3}{2}$より，$\mathrm{D}\left(1,\ \frac{3}{2}\right)$

求める直線は，点C$(0,\ 9)$を通るから，その式を$y=ax+9$とおくと，

$\frac{3}{2}=a\times1+9$，$a=\frac{3}{2}-9=-\frac{15}{2}$

したがって，求める直線の式は，$y=-\frac{15}{2}x+9$

9 (1) $(-2\sqrt{2},\ 8)$　　(2) $\frac{6}{5}$

解説 (1) 点Aからx軸に垂線をひき，x軸との交点をHとする。

AH//BOだから，

AH：BO=AD：BD，

AH：6=4：3，

3AH=6×4，AH=8

よって，点Aのy座標は8

点Aは，$y=x^2$のグラフ上の点だから，

$8=x^2$，$x=\pm\sqrt{8}=\pm2\sqrt{2}$

点Aのx座標は負だから，$x=-2\sqrt{2}$

したがって，A$(-2\sqrt{2},\ 8)$

(2) ∠OCB=90°，直線ACの傾き−1より∠CBO=45°になることから，△OBCは直角二等辺三角形になるので，C$(3,\ 3)$

直線ACは，傾き−1，切片6だから，式は，

$y=-x+6$

$\triangle\mathrm{OBC}=\frac{1}{2}\times6\times3=9$より，

$\triangle\mathrm{OAB}=27-9=18$

点Aのx座標を$-t$とすると，

$\frac{1}{2}\times6\times t=18$，$t=6$

y座標は，

$y=-(-6)+6=12$

よって，A$(-6,\ 12)$

ここで，右の図のように，x軸について，点Aと対称な点をA′とすると，AP=A′Pより，

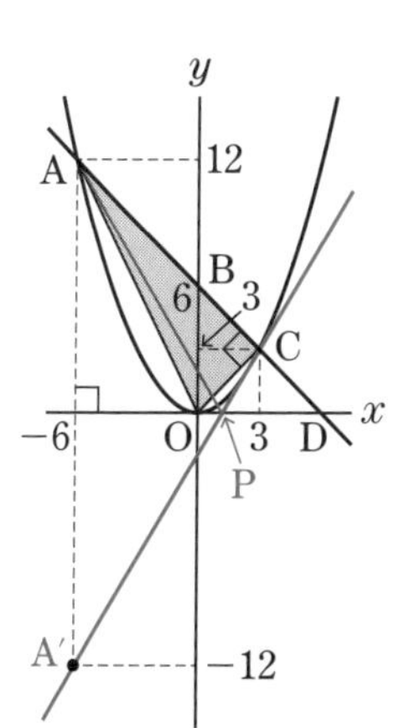

点Pが直線A′C上にあるとき，△APCの周の長さが最も短くなる。

A′(−6, −12)だから，直線A′Cの式を$y=mx+n$とおくと，

$$\begin{cases}3=3m+n\\-12=-6m+n\end{cases}$$

これを解くと，$m=\frac{5}{3}$，$n=-2$

よって，直線A′Cの式は，$y=\frac{5}{3}x-2$

点Pのx座標は，この式に$y=0$を代入して，

$0=\frac{5}{3}x-2$，$\frac{5}{3}x=2$，$x=\frac{6}{5}$

10 (1) $a=\frac{1}{4}$　(2) $y=4x-12$

(3) ① $\frac{1}{2}t+2$　② $t=2$，$\frac{4}{3}$

解説 (1) 点A(4, 4)は，$y=ax^2$のグラフ上の点だから，

$4=a\times4^2$，$4=16a$，$a=\frac{1}{4}$

(2) 点Bと点Cはy軸について対称な点だから，点Cのx座標は2

また，y座標は，$y=-2^2=-4$

よって，C(2, −4)

直線ACの式を$y=mx+n$とおくと，

$$\begin{cases}4=4m+n\\-4=2m+n\end{cases}$$

これを解くと，$m=4$，$n=-12$

よって，直線ACの式は，$y=4x-12$

(3) ① 点QからAHに垂線をひき，AHとの交点をKとする。QP=QAより，△QPAは二等辺三角形である。

ここで，二等辺三角形の頂点から底辺にひいた垂線は，底辺を2等分するから，点Kは線分PAの中点になる。

点Qのx座標は，点Kのx座標に等しいから，$\frac{t+4}{2}=\frac{1}{2}t+2$

② $\triangle QHD=\frac{1}{2}\times\{4-(-4)\}\times\left(\frac{1}{2}t+2\right)$

$=2t+8$

点Qは直線AC上の点だから，y座標は，

$y=4\left(\frac{1}{2}t+2\right)-12$

$=2t+8-12=2t-4$

よって，

$QK=4-(2t-4)$

$=4-2t+4$

$=-2t+8$

よって，

$\triangle PHQ=\frac{1}{2}\times t\times(-2t+8)=-t^2+4t$

△QHD=3△PHQより，

$2t+8=3(-t^2+4t)$

これを解くと，$3t^2-10t+8=0$

$t=\frac{-(-10)\pm\sqrt{(-10)^2-4\times3\times8}}{2\times3}$

$=\frac{10\pm\sqrt{100-96}}{6}=\frac{10\pm\sqrt{4}}{6}=\frac{10\pm2}{6}$

$t=\frac{10+2}{6}=\frac{12}{6}=2$，$t=\frac{10-2}{6}=\frac{8}{6}=\frac{4}{3}$

$0\leqq t\leqq4$より，どちらも適している。

{P.73}

3 1次関数の利用

1 (1) 分速70m　(2) $y=-70x+1400$

(3) 700m　(4) 9分40秒

解説 (1) Aさんは14分間に980m歩いたから，このときの速さは，980÷14=70より，分速70m

(2) Bさんのグラフは，2点(6, 980)，(20, 0)を通る直線である。

Bさんのグラフを表す式を$y=ax+b$とおくと，

$$\begin{cases}980=6a+b\\0=20a+b\end{cases}$$

これを解くと，$a=-70$，$b=1400$

よって，Bさんのグラフを表す式は，

$y=-70x+1400$

(3) Aさんのグラフを表す式は，

$y=70x$ ……①

(2)より，Bさんのグラフを表す式は，

$y=-70x+1400$ ……②

2人がすれちがったのは，①と②のグラフの交点だから，①，②を連立方程式として解くと，

$x=10$，$y=700$

よって，2人がすれちがったのは，P地点から700mの地点。

(4) 9時12分に，AさんとBさんはそれぞれP地点から何mの地点にいたかを求めると，

Aさんは，$y=70\times12=840$より，840m

Bさんは，$y=-70\times12+1400=560$より，560m

このとき，Cさんは，AさんとBさんがいた地点の真ん中の地点にいたことになるから，Cさんがいた地点は，P地点から，

$\frac{840+560}{2}=700$(m)

Cさんは出発してから2分後に図書館に到着したから，P地点から図書館までの道のりは，

$300 \times 2 = 600$(m)

よって，C さんは図書館から 9 時 12 分に C さんがいた地点まで，$700 - 600 = 100$(m) 進んだことになる。

C さんが 100m 進むのにかかる時間は，

$\frac{100}{300} = \frac{1}{3}$(分)

$\frac{1}{3}$分は 20 秒だから，C さんが図書館を出発したのは 9 時 12 分の 20 秒前の 9 時 11 分 40 秒である。

したがって，C さんは図書館に 9 時 2 分から 9 時 11 分 40 秒までいたことになるので，図書館にいた時間は，9 分 40 秒。

2 (1) 60 秒後　(2) $a = 5.5$，$b = 0.8$

解説 (1) 妹は 50m を 50 秒で泳ぐから，泳ぐ速さは，

$50 \div 50 = 1$ より，秒速 1m である。

妹と姉が 2 回目にすれちがったとき，

妹のグラフは，2 点(50，0)，(75，25)を通るから，グラフを表す式は，

$y = x - 50$　……①

姉は 50m を $68 - 28 = 40$(秒)で泳ぐから，

泳ぐ速さは，$50 \div 40 = \frac{5}{4}$ より，秒速 $\frac{5}{4}$m である。

姉のグラフは，2 点(48，25)，(68，0)を通るから，グラフを表す式は，

$y = -\frac{5}{4}x + 85$　……②

2 回目にすれちがった時間は，直線①と直線②の交点の x 座標だから，

$x - 50 = -\frac{5}{4}x + 85$

これを解くと，$x = 60$

よって，2 回目にすれちがったのは，妹がスタートしてから 60 秒後。

(2) 次の日の妹と姉の泳ぐようすを表したグラフは，下の図のようになる。

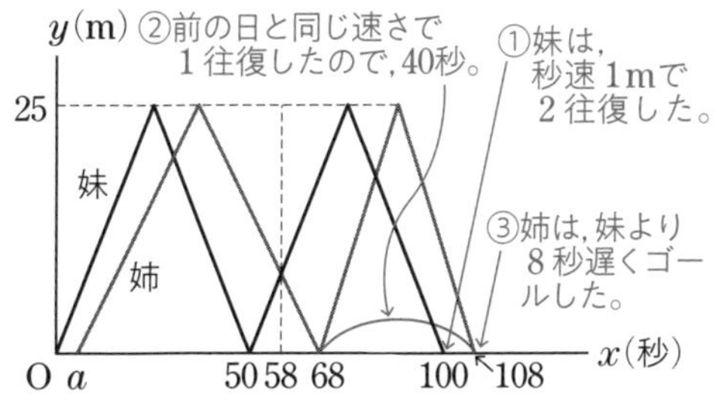

妹の速さは秒速 1m だから，50 秒後から 58 秒後までの 8 秒間に進んだ距離は，

$1 \times 8 = 8$(m)

これと同じ距離を，姉は平泳ぎで 58 秒後から 68 秒後までの 10 秒間で泳ぐから，姉の平泳ぎの速さは，$b = 8 \div 10 = 0.8$ より，秒速 0.8m

次に，50m の距離を秒速 0.8m の速さで泳ぐときにかかる時間は，

$50 \div 0.8 = 62.5$(秒)

よって，$a = 68 - 62.5 = 5.5$(秒後)

3 (1) 800L　(2) 130L

(3) 250 時間後

解説 (1) ある時刻から 20 時間後までに消費した燃料 A の量は，$30 \times 20 = 600$(L)

20 時間後の燃料 A の残量は 200L だから，ある時刻の燃料 A の残量は，

$200 + 600 = 800$(L)

(2) 燃料 A は，$35 - 20 = 15$(時間) に，

$1700 - 200 = 1500$(L) 増えているから，

1 時間あたりに増えた燃料 A の量は，

$1500 \div 15 = 100$(L)

また，この間にも燃料 A は 1 時間あたり 30L 消費されているから，1 時間あたり補給された燃料 A の量は，$100 + 30 = 130$(L)

(3) 燃料 A が $80 - 35 = 45$(時間)で消費される量は，

$30 \times 45 = 1350$(L)

よって，80 時間後の燃料 A の残量は，

$1700 - 1350 = 350$(L)

これより，80 時間後の燃料 B の残量は，

$350 + 700 = 1050$(L)

よって，この直線の傾きは，$\frac{1050 - 1450}{80 - 0} = -5$

だから，直線の式は，

$y = -5x + 1450$

$y = -5x + 1450$ に $y = 200$ を代入して，

$200 = -5x + 1450$，$5x = 1250$，$x = 250$

したがって，燃料 B が初めて補給されるのはある時刻から 250 時間後。

4 (1) 12 cm^2

(2)

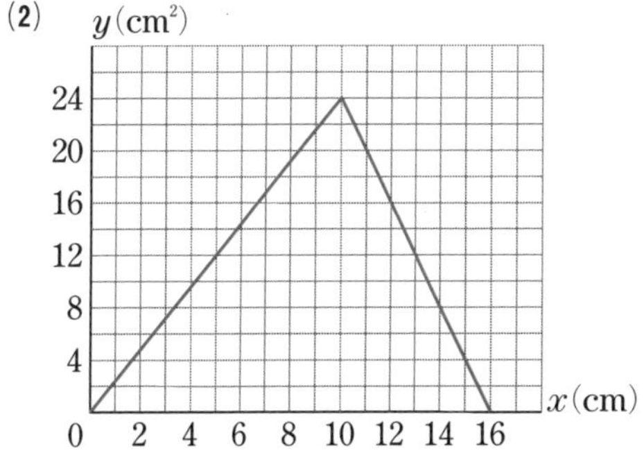

(3) $x = \frac{25}{3}$，11

解説 (1) $\triangle ABC=\dfrac{1}{2}\times8\times6=24(\text{cm}^2)$

$\triangle PBC:\triangle ABC=PB:AB=5:10=1:2$

だから,

$\triangle PBC=\dfrac{1}{2}\triangle ABC=\dfrac{1}{2}\times24=12(\text{cm}^2)$

(2) 点Pが辺AB上にあるとき,x の変域は,

$0\leqq x\leqq 10$

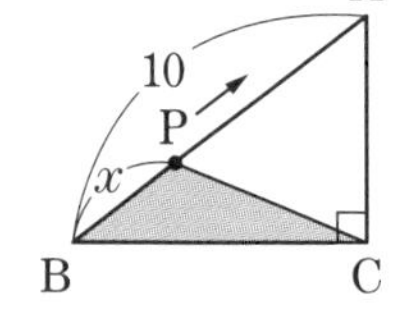

$\triangle PBC:\triangle ABC=x:10$,

$\triangle PBC=\dfrac{x}{10}\triangle ABC$

だから,

$\triangle PBC=\dfrac{x}{10}\times24=\dfrac{12}{5}x$

よって,$y=\dfrac{12}{5}x$

次に,点Pが辺AC上にあるとき,x の変域は,

$10\leqq x\leqq 16$

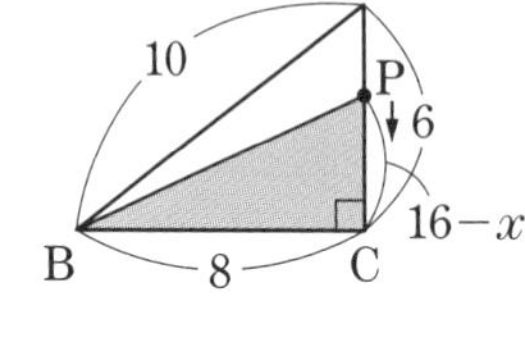

$PC=16-x(\text{cm})$

だから,

$\triangle PBC$

$=\dfrac{1}{2}\times8\times(16-x)$

$=-4x+64$

よって,$y=-4x+64$

(3) (2)のグラフから,$\triangle PBC$ の面積が 20cm^2 となるのは,点Pが辺AB上にあるときと,辺AC上にあるときの2回ある。

点Pが辺AB上にあるとき,

$\dfrac{12}{5}x=20$,$x=20\times\dfrac{5}{12}=\dfrac{25}{3}$

点Pが辺AC上にあるとき,

$-4x+64=20$,$-4x=-44$,$x=11$

5 (1) P…6秒後,Q…6秒後　(2) $y=-3x+3$

(3) $\dfrac{12}{5}$ 秒後　(4) $\left(6,\ \dfrac{1}{2}\right)$

解説 (1) 点Pは,$6+6+6=18(\text{cm})$ の距離を毎秒3cmの速さで進むから,かかる時間は,$18\div3=6$(秒)

点Qは,6cmの距離を毎秒1cmの速さで進むから,かかる時間は,$6\div1=6$(秒)

(2) P,Qが出発してから1秒後のP,Qそれぞれの座標は,P(0, 3),Q(1, 0)

これより,直線PQの式は,$y=ax+3$ とおける。

この式に $x=1$,$y=0$ を代入すると,

$0=a\times1+3$,$a=-3$

よって,直線PQの式は,$y=-3x+3$

(3) 点Pが辺OC上にあるとき,PO < PQとなり,PO=PQとなることはない。

点Pが辺BA上にあるとき,PO > PQとなり,PO=PQとなることはない。

よって,点Pが辺CB上にあるときについて考えればよい。

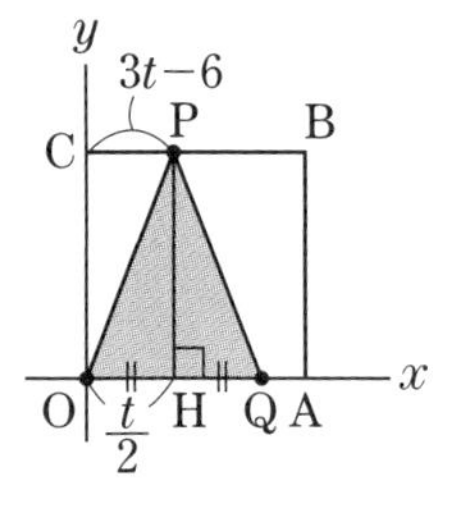

右の図のように,点Pから線分OQに垂線をひき,OQとの交点をHとする。

出発してから t 秒後の点Pの x 座標は,

$3t-6$

PO=PQとなるとき,点Hは線分OQの中点になるから,点Hの x 座標は $\dfrac{t}{2}$

このとき,CP=OHだから,

$3t-6=\dfrac{t}{2}$,$\dfrac{5}{2}t=6$,$t=\dfrac{12}{5}$(秒後)

(4) OP//QDのとき,

$\triangle OPQ$ と $\triangle OPD$ は,底辺OPが共通で高さが等しいから,

$\triangle OPQ=\triangle OPD$ となる。

出発してから5秒後の点Pの座標は(6, 3),点Qの座標は(5, 0)

よって,直線OPの式は,$y=\dfrac{1}{2}x$

直線OPに平行で,点Qを通る直線の式は

$y=\dfrac{1}{2}x+b$ とおける。

この式に $x=5$,$y=0$ を代入して,

$0=\dfrac{1}{2}\times5+b$,$b=-\dfrac{5}{2}$

よって,直線の式は,$y=\dfrac{1}{2}x-\dfrac{5}{2}$

この直線と線分APとの交点の y 座標は,

$y=\dfrac{1}{2}\times6-\dfrac{5}{2}=\dfrac{1}{2}$

したがって,$D\left(6,\ \dfrac{1}{2}\right)$

{P.77}

4 比例・反比例

1 (1) $x=-\dfrac{10}{3}$　(2) $y=-6$

解説 (1) y は x に比例するから,$y=ax$ とおける。

$x=10$ のとき $y=-2$ だから,

$-2=a\times10$,$a=-\dfrac{1}{5}$

よって,式は,$y=-\dfrac{1}{5}x$

この式に $y=\dfrac{2}{3}$ を代入すると,

$\frac{2}{3}=-\frac{1}{5}x$, $x=\frac{2}{3}\times(-5)=-\frac{10}{3}$

(2) y は x に反比例するから，$y=\frac{a}{x}$ とおける。

$x=2$ のとき $y=9$ だから，$9=\frac{a}{2}$，$a=18$

よって，式は，$y=\frac{18}{x}$

この式に $x=-3$ を代入すると，

$y=\frac{18}{-3}=-6$

2 (1) ア，ウ

(2) ① $a=12$　② $\frac{3}{2}\leqq y\leqq 4$

(3) $a=2, 3, 5$

解説 (1) **ア～エのそれぞれについて，y を x の式で表し，式の形が $y=\frac{a}{x}$ であるものを選ぶ。**

ア (平行四辺形の面積)＝(底辺)×(高さ)

より，$20=xy$，$y=\frac{20}{x}$

イ (正六角形の周の長さ)＝(1 辺の長さ)×6

より，$y=x\times6$，$y=6x$

ウ (かかる時間)＝(道のり)÷(速さ)

より，$y=\frac{1000}{x}$

エ (おうぎ形の面積)＝$\pi\times$(半径)$^2\times\frac{(中心角)}{360}$

より，$y=\pi\times x^2\times\frac{120}{360}$，$y=\frac{1}{3}\pi x^2$

(2) ① $y=\frac{a}{x}$ に，$x=4$，$y=3$ を代入すると，

$3=\frac{a}{4}$，$a=12$

② $y=\frac{12}{x}$ のグラフは，$x>0$ の範囲では，右の図のようになる。x の値が増加すると y の値は減少するから，

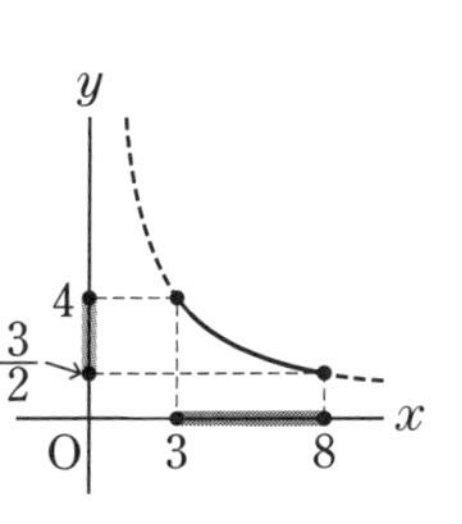

$x=3$ のとき $y=\frac{12}{3}=4$ で最大値，

$x=8$ のとき $y=\frac{12}{8}=\frac{3}{2}$ で最小値をとる。

よって，y の変域は，$\frac{3}{2}\leqq y\leqq 4$

(3) **$a=1$ のとき**，$y=\frac{1}{x}$

x 座標と y 座標がともに整数となる点は，

(1, 1)，(−1, −1)の 2 個。

$a=2$ のとき，$y=\frac{2}{x}$

x 座標と y 座標がともに整数となる点は，

(1, 2)，(2, 1)，(−1, −2)，(−2, −1)の 4 個。

$a=3$ のとき，$y=\frac{3}{x}$

x 座標と y 座標がともに整数となる点は，

(1, 3)，(3, 1)，(−1, −3)，(−3, −1)の 4 個。

$a=4$ のとき，$y=\frac{4}{x}$

x 座標と y 座標がともに整数となる点は，

(1, 4)，(2, 2)，(4, 1)，(−1, −4)，(−2, −2)，(−4, −1)の 6 個。

$a=5$ のとき，$y=\frac{5}{x}$

x 座標と y 座標がともに整数となる点は，

(1, 5)，(5, 1)，(−1, −5)，(−5, −1)の 4 個。

$a=6$ のとき，$y=\frac{6}{x}$

x 座標と y 座標がともに整数となる点は，

(1, 6)，(2, 3)，(3, 2)，(6, 1)，(−1, −6)，(−2, −3)，(−3, −2)，(−6, −1)の 8 個。

よって，$a=2, 3, 5$

3 (1) $a=6$　(2) $\frac{2}{7}\leqq b\leqq 2$

解説 (1) 点 A の y 座標は，点 B の y 座標に等しいから 2

よって，A(3, 2)

点 A は $y=\frac{a}{x}$ のグラフ上の点だから，

$2=\frac{a}{3}$，$a=6$

(2) $y=bx$ のグラフの傾きは，点 B を通るとき最も小さくなり，点 D を通るとき最も大きくなる。

$y=bx$ のグラフが点 B(7, 2)を通るとき，

$2=b\times7$，$b=\frac{2}{7}$

点 D の座標は，D(3, 6)とわかるから，$y=bx$ のグラフが点 D を通るとき，$6=b\times3$，$b=2$

よって，b のとる値の範囲は，$\frac{2}{7}\leqq b\leqq 2$

4 (1) 3　(2) $y=x$

(3) **△AOB は AO=AB の二等辺三角形だから，点 A の x 座標が m より，底辺 OB の長さは $2m$ となる。**

また，点 A は $y=\frac{6}{x}$ のグラフ上の点だから，

$A\left(m, \frac{6}{m}\right)$

よって，△AOB は底辺が $2m$，高さが $\frac{6}{m}$ になるから，△AOB の面積は，$\frac{1}{2}\times2m\times\frac{6}{m}=6$

したがって，m がどんな値であっても △AOB の面積は一定である。

解説 (1) 点 A は $y=\frac{6}{x}$ のグラフ上の点だから，

$y=\frac{6}{2}=3$

(2) △AOB が直角二等辺三角形になるとき，

∠AOB=45°

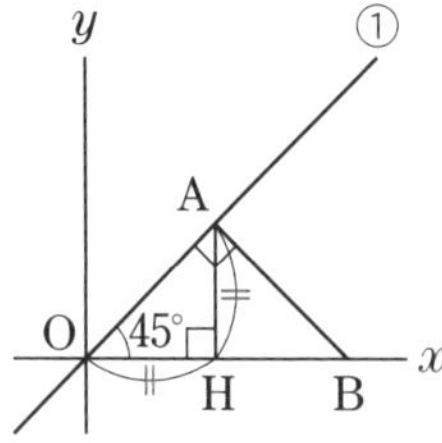

このとき，点 A から x 軸へ垂線をひき，x 軸との交点を H とすると，△AOH も直角二等辺三角形になるから，OH=AH

よって，直線 OA の傾きは 1

したがって，直線①は，原点を通り，傾きが 1 の直線になるから，$y=x$

5 $\frac{1}{3}$ 倍

解説 点 A, B は，それぞれ $y=\frac{5}{x}$ のグラフ上の点だから，

A の y 座標は，$y=\frac{5}{1}=5$ より，A(1, 5)

B の y 座標は，$y=\frac{5}{3}$ より，$\mathrm{B}\left(3,\ \frac{5}{3}\right)$

直線 OB の傾きは，$\frac{5}{3}\div3=\frac{5}{9}$ だから，

直線 OB の式は，$y=\frac{5}{9}x$

点 E は，$y=\frac{5}{9}x$ のグラフ上の点だから，

y 座標は，$y=\frac{5}{9}\times1=\frac{5}{9}$ より，$\mathrm{E}\left(1,\ \frac{5}{9}\right)$

$\mathrm{AE}=5-\frac{5}{9}=\frac{40}{9}$ だから，

△AOB

=△AOE+△AEB

$=\frac{1}{2}\times\mathrm{AE}\times\mathrm{OC}$

$\quad+\frac{1}{2}\times\mathrm{AE}\times\mathrm{CD}$

$=\frac{1}{2}\times\mathrm{AE}\times\mathrm{OD}$

$=\frac{1}{2}\times\frac{40}{9}\times3=\frac{20}{3}$

四角形 ECDB の面積は，

$\frac{1}{2}\times(\mathrm{EC}+\mathrm{BD})\times\mathrm{CD}=\frac{1}{2}\times\left(\frac{5}{9}+\frac{5}{3}\right)\times(3-1)$

$=\frac{1}{2}\times\frac{20}{9}\times2=\frac{20}{9}$

よって，$\frac{20}{9}\div\frac{20}{3}=\frac{1}{3}$(倍)

{P.80}

5 1 次関数

1 ウ，エ

解説 **ア～エ**のそれぞれについて，y を x の式で表し，**式の形が $\boldsymbol{y=ax+b}$** であるものを選ぶ。

ア (立方体の体積)=(1 辺)×(1 辺)×(1 辺)

より，$y=x\times x\times x$，$y=x^3$

イ (長方形の面積)=(縦の長さ)×(横の長さ)

より，$xy=50$，$y=\frac{50}{x}$

ウ (円の周の長さ)=2π×(半径)

より，$y=2\pi\times x$，$y=2\pi x$

エ (食塩の量)=(食塩水の量)×(濃度)

より，$y=x\times\frac{5}{100}$，$y=\frac{1}{20}x$

2 ウ

解説 **ア** $y=-3x+5$ に $x=-3$ を代入すると，

$y=-3\times(-3)+5=14$ だから，正しくない。

イ $x=1$ のとき，$y=-3\times1+5=2$

$x=2$ のとき，$y=-3\times2+5=-1$ だから，正しくない。

ウ $x=1$ のとき $y=2$，$x=2$ のとき $y=-1$

だから，y の変域は $-1\leqq y\leqq2$

よって，正しい。

エ $x=1$ のとき $y=2$，$x=3$ のとき，

$y=-3\times3+5=-4$ だから，y の増加量は，

$-4-2=-6$　よって，正しくない。

3 (1) (0, −7)　(2) $a=2$，$b=-5$

(3) $y=10$

解説 (1) $y=\frac{5}{2}x+a$ に $x=4$，$y=3$ を代入すると，

$3=\frac{5}{2}\times4+a$，$3=10+a$，$a=-7$

この 1 次関数の式は，$y=\frac{5}{2}x-7$

よって，y 軸との交点の座標は，(0, −7)

(2) 関数 $y=ax+b$ の変化の割合は，$\frac{4}{2}=2$

だから，$a=2$

よって，この関数の式は $y=2x+b$ となる。

この式に $x=1$，$y=-3$ を代入すると，

$-3=2\times1+b$，$-3=2+b$，$b=-5$

(3) 2点$(-3,\ -8)$，$(1,\ 4)$を通る直線の式を
$y=ax+b$ とおく。
この直線は点$(-3,\ -8)$を通るから，
$-8=-3a+b$ ……①
また，点$(1,\ 4)$を通るから，$4=a+b$ ……②
①，②を連立方程式として解くと，
$a=3,\ b=1$
よって，直線の式は，$y=3x+1$
点Aは直線 $y=3x+1$ 上の点だから，y 座標は，
$y=3\times3+1=10$

別解 2点$(-3,\ -8)$，$(1,\ 4)$を通る直線の傾きは，
$\frac{4-(-8)}{1-(-3)}=\frac{12}{4}=3$
よって，直線の式は $y=3x+b$ とおける。
この式に $x=1$，$y=4$ を代入すると，
$4=3\times1+b$，$4=3+b$，$b=1$
よって，直線の式は，$y=3x+1$

4 (1) イ，ウ
(2) 右図

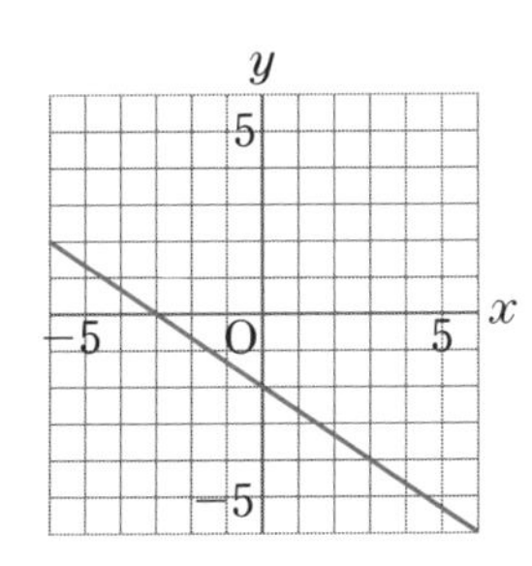

解説 (1) **ア〜エ**のそれぞれの式に $x=1$，$y=-2$ を代入して，等式が成り立つものを選ぶ。
ア 左辺$=3\times1-(-2)-1=3+2-1=4$
よって，左辺≠右辺
イ 左辺$=3\times1+2\times(-2)+1=3-4+1=0$
よって，左辺＝右辺
ウ 左辺$=3\times(-2)+6=-6+6=0$
よって，左辺＝右辺
エ 左辺$=1+1=2$
よって，左辺≠右辺

(2) $2x+3y=-6$ を y について解くと，
$3y=-2x-6$，$y=-\frac{2}{3}x-2$
よって，グラフは傾きが $-\frac{2}{3}$，切片が -2 の直線になる。

別解 $x=0$ のとき，$3y=-6$ より，$y=-2$
$y=0$ のとき，$2x=-6$ より，$x=-3$
よって，グラフは2点$(0,\ -2)$，$(-3,\ 0)$を通る直線になる。

5 ア　イ　㋒　エ

解説 $ax+by=1$ を y について解くと，
$by=-ax+1$，$y=-\frac{a}{b}x+\frac{1}{b}$
グラフから，この直線の切片は正だから，
$\frac{1}{b}>0$ より，$b>0$
また，右上がりの直線だから，$-\frac{a}{b}>0$
$b>0$ より，$a<0$
よって，a は負の数であり，b は正の数である。

6 (1) $(2,\ 1)$　(2) $-3\leqq y\leqq 3$
(3) $a=-\frac{1}{3}$

解説 (1) **2直線の交点の座標は，2直線の式を組とする連立方程式の解**である。解の x の値が x 座標，y の値が y 座標である。
$\begin{cases} y=3x-5 & \cdots\cdots① \\ y=-2x+5 & \cdots\cdots② \end{cases}$
①，②を連立方程式として解くと，$x=2$，$y=1$
よって，交点の座標は$(2,\ 1)$

(2) 関数 $y=-2x+1$ のグラフは右の図のようになる。
図で，x の変域は x 軸上の ━━ の部分である。
$x=-1$ のとき，
$y=-2\times(-1)+1=3$
$x=2$ のとき，
$y=-2\times2+1=-3$
だから，y の変域は y 軸上の ━━ の部分になる。
よって，y の変域は，$-3\leqq y\leqq 3$

(3) $a>0$ とすると，グラフは右上がりの直線になるから，$x=-3$ のとき $y=2$，$x=6$ のとき $y=5$ をとる。
$x=-3$ のとき $y=2$ だから，$2=-3a+4$，$a=\frac{2}{3}$
$x=6$ のとき $y=5$ だから，$5=6a+4$，$a=\frac{1}{6}$
a の値が一致しないから，$a>0$ のときは適していない。
$a<0$ とすると，グラフは右下がりの直線になるから，$x=-3$ のとき $y=5$，$x=6$ のとき $y=2$ をとる。
$x=-3$ のとき $y=5$ だから，
$5=-3a+4$，$a=-\frac{1}{3}$

$x=6$ のとき $y=2$ だから，$2=6a+4$，$a=-\frac{1}{3}$

a の値が一致するから，$a<0$ のときは適している。

よって，$a=-\frac{1}{3}$

{P.83}

6 関数 $y=ax^2$ の利用

1 (1) ア 16，イ 8

(2) ㋐ $y=x^2$　　㋑ $y=-4x+32$

(3) 右図

(4) 3 秒後，$\frac{23}{4}$ 秒後

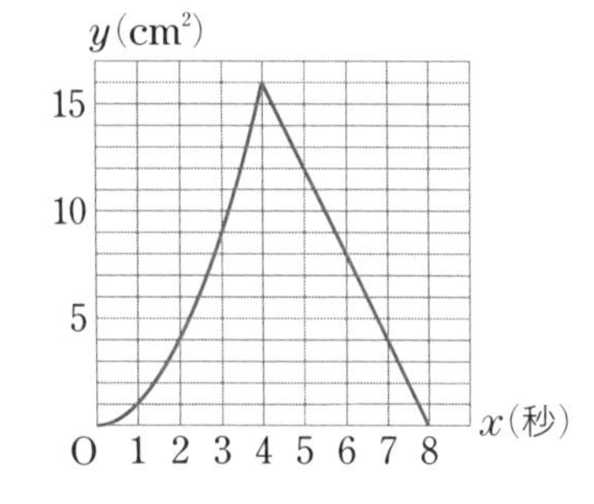

解説 (1) ア $x=4$ のとき，$AP=2\times4=8(cm)$

$AQ=1\times4=4(cm)$

よって，$y=\frac{1}{2}\times8\times4=16(cm^2)$

イ $x=6$ のとき，$AP=8\times2-2\times6=4(cm)$，点 Q は辺 DC 上にあるから，△APQ の高さは 4cm

よって，$y=\frac{1}{2}\times4\times4=8(cm^2)$

(2) ㋐ $AP=2x$cm，$AQ=x$cm だから，

$y=\frac{1}{2}\times2x\times x=x^2$

㋑ $AP=(8\times2-2x)$cm，点 Q は辺 DC 上にあるから，

$y=\frac{1}{2}\times(16-2x)\times4=-4x+32$

(4) 台形 ABCD の面積は，

$\frac{1}{2}\times(4+8)\times4=24(cm^2)$

面積の比から，△APQ は台形 ABCD の

$\frac{3}{3+5}=\frac{3}{8}$

よって，$△APQ=24\times\frac{3}{8}=9(cm^2)$

$0\leqq x\leqq4$ のとき，$△APQ=x^2(cm^2)$ だから，

$x^2=9$，$x=\pm3$　$0\leqq x\leqq4$ より，$x=3$

$4\leqq x\leqq8$ のとき，$△APQ=-4x+32(cm^2)$ だから，

$-4x+32=9$，$-4x=-23$，$x=\frac{23}{4}$

2 (1) $y=1$

(2) x の変域 … $0\leqq x\leqq13$

グラフは右図

(3) $x=\frac{7}{2}$，

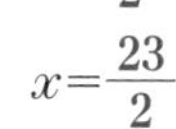
$x=\frac{23}{2}$

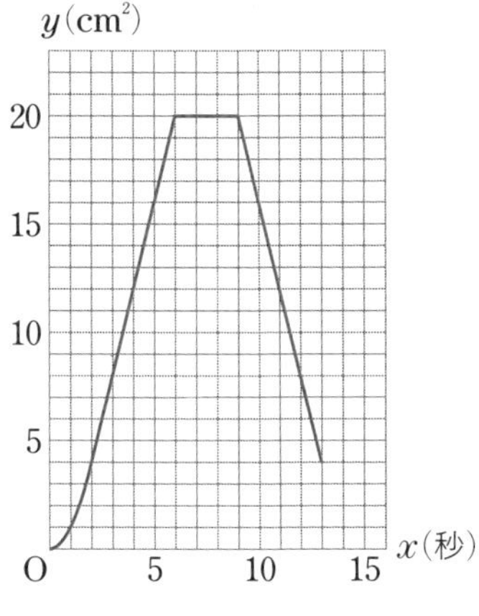

解説 (1) $x=1$ のとき，重なってできる図形は，下の図のような三角形になる。

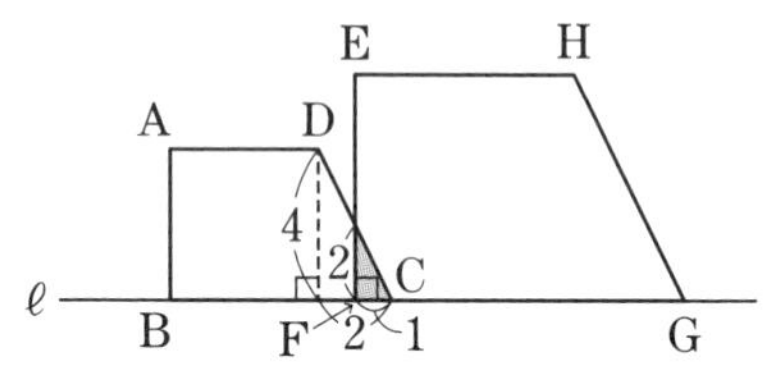

よって，$y=\frac{1}{2}\times1\times2=1$

(2) 台形 ABCD∽台形 EFGH で，相似比が 2 : 3 だから，台形 EFGH の辺の長さは，下の図のようになる。

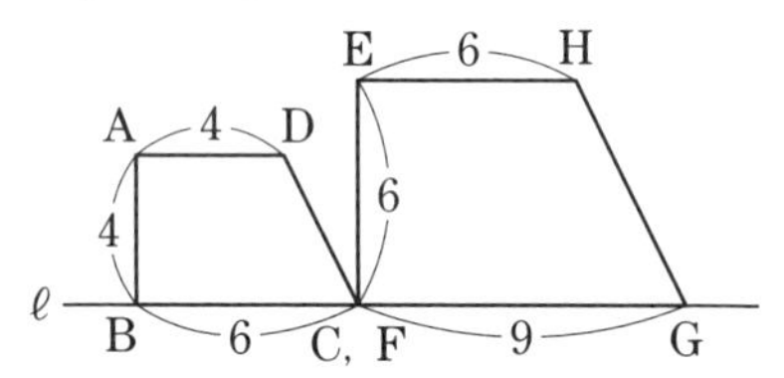

2 秒後に点 D が辺 EF 上にくるから，

$0\leqq x\leqq2$ のとき，重なってできる図形は，下の図のような直角三角形になる。

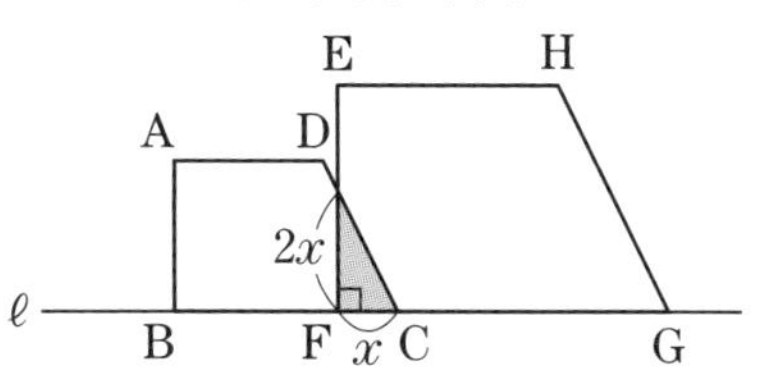

このとき，$y=\frac{1}{2}\times x\times2x=x^2$

次に，6 秒後に点 A が辺 EF 上にくるから，

$2\leqq x\leqq6$ のとき，重なってできる図形は，下の図のような台形になる。

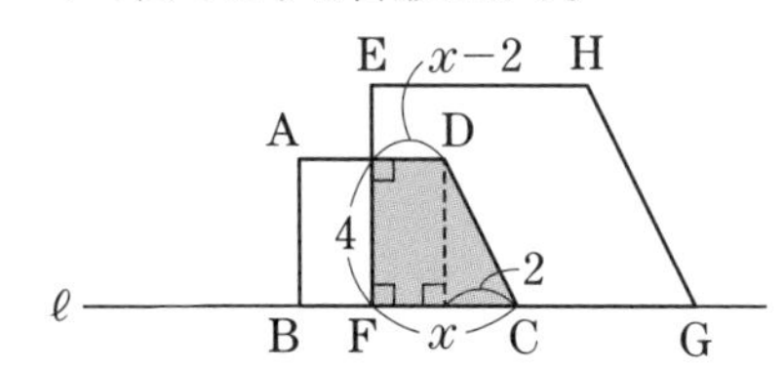

このとき，

$y=\frac{1}{2}\times\{x+(x-2)\}\times4=4x-4$

9秒後に辺DCは辺HGに重なるから，

$6\leqq x\leqq9$ のとき，重なってできる図形は，下の図のような台形になる。

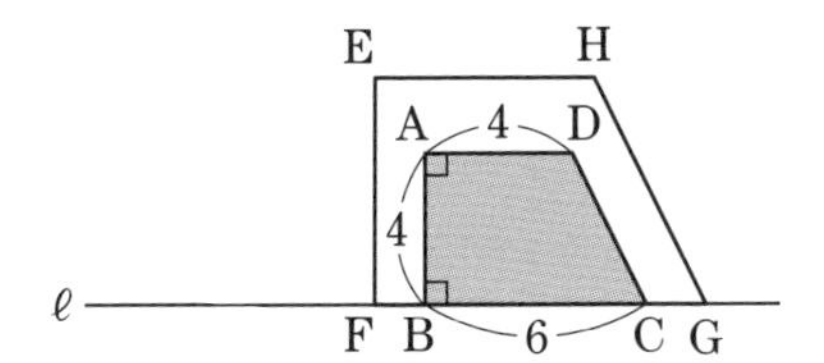

このとき，

$y=\frac{1}{2}\times(4+6)\times4=20$

点Aが辺HG上にくるのは，$6+9-2=$**13(秒後)** だから，$9\leqq x\leqq13$ のとき，重なってできる図形は，下の図のような台形になる。

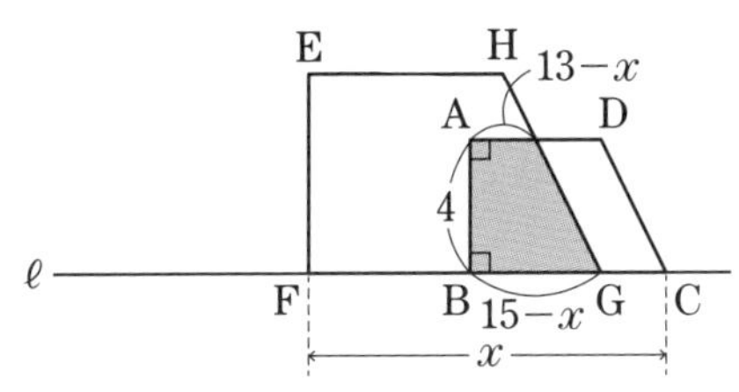

このとき，

$y=\frac{1}{2}\times\{(13-x)+(15-x)\}\times4$

$=-4x+56$

(3) 重なってできる図形の面積が $20\div2=10(\text{cm}^2)$ となるのは，(2)のグラフより，$2\leqq x\leqq6$ のときと，$9\leqq x\leqq13$ のときである。

$2\leqq x\leqq6$ のとき，

$4x-4=10$，$4x=14$，$x=\frac{7}{2}$(秒後)

$9\leqq x\leqq13$ のとき，

$-4x+56=10$，$-4x=-46$，$x=\frac{23}{2}$(秒後)

3 (1) $y=\frac{9}{2}$

(2) ① $y=\frac{1}{2}x^2$　② $a=4$，$b=\frac{11}{2}$

解説 (1) 重なっている部分は，等しい辺が3cmの直角二等辺三角形になる。

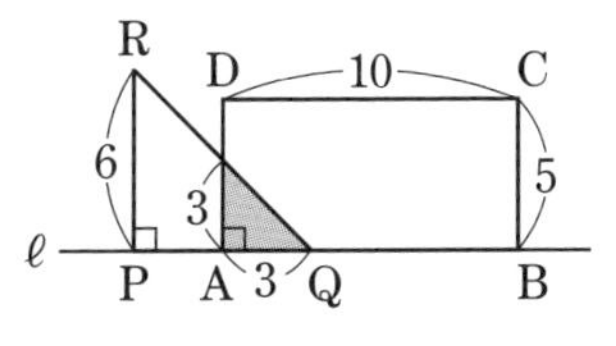

よって，$y=\frac{1}{2}\times3\times3=\frac{9}{2}$

(2) ① 求める放物線の式を $y=px^2$ とおくと，グラフから放物線は点(4，8)を通るから，

$8=p\times4^2$，$8=16p$，$p=\frac{1}{2}$

② グラフから，$x=4$ のとき辺RQは点Dに重なる。

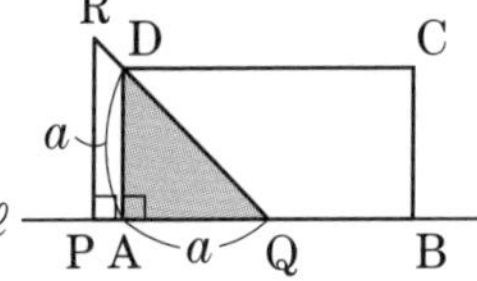

△DAQは直角二等辺三角形だから，$a=4$

$4\leqq x\leqq10$ で，点Pが点Aに重なったあとは，重なっている部分は，右の図のような台形になり，面積が一定になる。

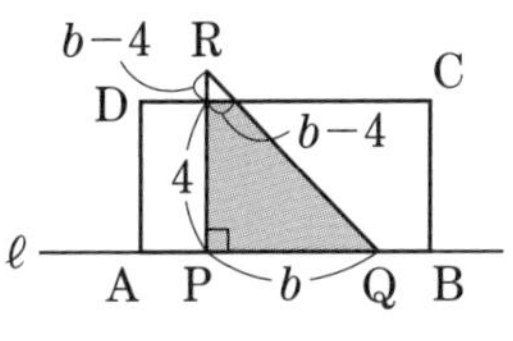

重なっている部分の面積は，

$\frac{1}{2}\times\{(b-4)+b\}\times4=4b-8(\text{cm}^2)$

グラフから，このときの重なっている部分の面積は 14cm^2 だから，

$4b-8=14$，$4b=22$，$b=\frac{11}{2}$

{P.86}

7 直線と図形

1 (1) (−2，3)

(2) ① 18　② $t=3+\sqrt{5}$

解説 (1) $\begin{cases} y=\frac{1}{2}x+4 & \cdots\cdots① \\ y=-\frac{1}{2}x+2 & \cdots\cdots② \end{cases}$

①，②を連立方程式として解くと，

$x=-2$，$y=3$　よって，P(−2，3)

(2) ① $t=6$ のとき，点Rの x 座標は，

$6=\frac{1}{2}x+4$，$x=4$

点Sの x 座標は，$6=-\frac{1}{2}x+2$，$x=-8$

よって，$RS=4-(-8)=12$

点PからRSに垂線をひき，その交点をHとすると，$PH=6-3=3$

したがって，$\triangle PRS=\frac{1}{2}\times12\times3=18$

②点Rの x 座標は，$t=\frac{1}{2}x+4$，$x=2t-8$

点Sの x 座標は，$t=-\frac{1}{2}x+2$，$x=-2t+4$

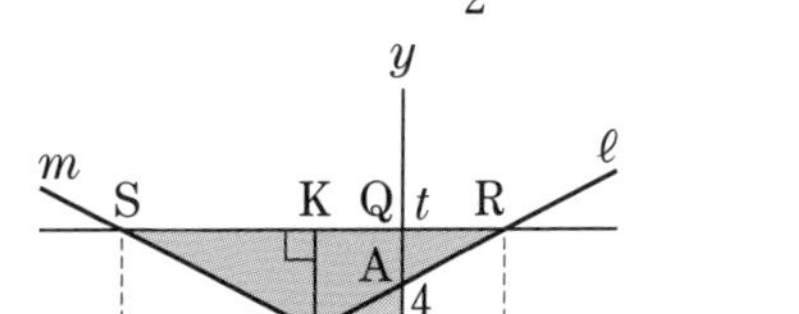
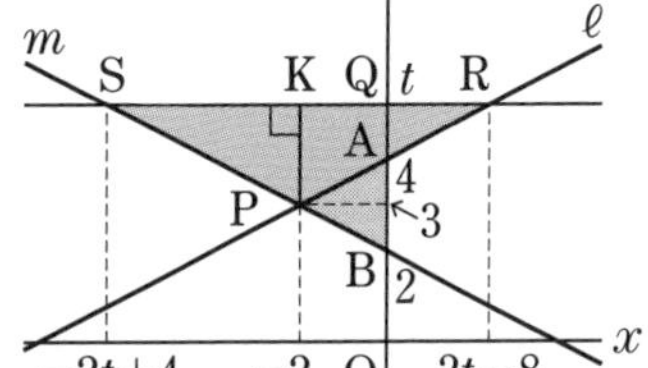

よって，$RS=(2t-8)-(-2t+4)=4t-12$
点 P から RS に垂線をひき，その交点を K とすると，$PK=t-3$
したがって，

$\triangle PRS=\frac{1}{2}\times(4t-12)\times(t-3)=2(t-3)^2$

また，$\triangle ABP=\frac{1}{2}\times(4-2)\times2=2$

$\triangle PRS=5\triangle ABP$ だから，$2(t-3)^2=2\times5$
これを解くと，$(t-3)^2=5$，$t-3=\pm\sqrt{5}$，
$t=3\pm\sqrt{5}$　$t>4$ だから，$t=3+\sqrt{5}$

2 (1) 2 点 B，C の間の距離 … 12
点 A と直線 BC との距離 … 8
(2) $y=\frac{23}{25}x-\frac{23}{5}$

解説 (1) 点 B の y 座標は，$y=\frac{1}{2}\times10+2=7$
点 C の y 座標は，$y=-10+5=-5$
よって，$BC=7-(-5)=12$
直線 AB と直線 AC の交点 A の座標を求める。

$$\begin{cases} y=\frac{1}{2}x+2 & \cdots\cdots① \\ y=-x+5 & \cdots\cdots② \end{cases}$$

①，②を連立方程式として解くと，
$x=2$，$y=3$ より，A(2，3)
したがって，点 A と直線 BC との距離は，
$10-2=8$

(2) (1) より，$\triangle ACB=\frac{1}{2}\times12\times8=48$
点 D を通り，△ACB の面積を 2 等分する直線と BC との交点を E とする。
D(5，0)だから，

$\triangle DEC=\frac{1}{2}\times EC\times(10-5)=\frac{5}{2}EC$

$\triangle DEC=48\div2=24$ だから，

$\frac{5}{2}EC=24$，$EC=\frac{48}{5}$

よって，点 E の y 座標は，$\frac{48}{5}-5=\frac{23}{5}$
直線 DE の式を $y=ax+b$ とおくと，

$$\begin{cases} 0=5a+b & \cdots\cdots③ \\ \frac{23}{5}=10a+b & \cdots\cdots④ \end{cases}$$

③，④を連立方程式として解くと，

$a=\frac{23}{25}$，$b=-\frac{23}{5}$

したがって，求める直線の式は，

$y=\frac{23}{25}x-\frac{23}{5}$

3 (1) $a=6$　(2) $b=-\frac{5}{3}$
(3) $-\frac{1}{2}$

解説 (1) 点 A は $y=x+5$ のグラフ上の点だから，
y 座標は，$y=1+5=6$　よって，A(1，6)
点 A は $y=\frac{a}{x}$ のグラフ上の点でもあるから，

$6=\frac{a}{1}$，$a=6$

(2) 点 C は $y=x+5$ のグラフ上の点だから，
C(−5，0)
点 C は $y=-\frac{1}{3}x+b$ のグラフ上の点だから，

$0=-\frac{1}{3}\times(-5)+b$，$b=-\frac{5}{3}$

(3) $\triangle ACO=\frac{1}{2}\times5\times6=15$
点 D は $y=\frac{6}{x}$ のグラフ上の点だから，
y 座標は，$y=\frac{6}{-5}=-\frac{6}{5}$
よって，$\triangle CDO=\frac{1}{2}\times5\times\frac{6}{5}=3$
したがって，四角形 ACDO の面積は，
$\triangle ACO+\triangle CDO=15+3=18$
点 C より右側の x 軸上に，$\triangle ACP=18$ となるような点 P をとると，
$\triangle ACP=\frac{1}{2}\times PC\times6=3PC$ だから，
$3PC=18$，$PC=6$
よって，点 P の x 座標は，$-5+6=1$
点 P を通り AC に平行な直線をひき，
$y=-\frac{1}{3}x-\frac{5}{3}$ のグラフとの交点を E とすると，
$\triangle ACP=\triangle ACE$
だから，四角形 ACDO の面積と △ACE の面積が等しくなる。

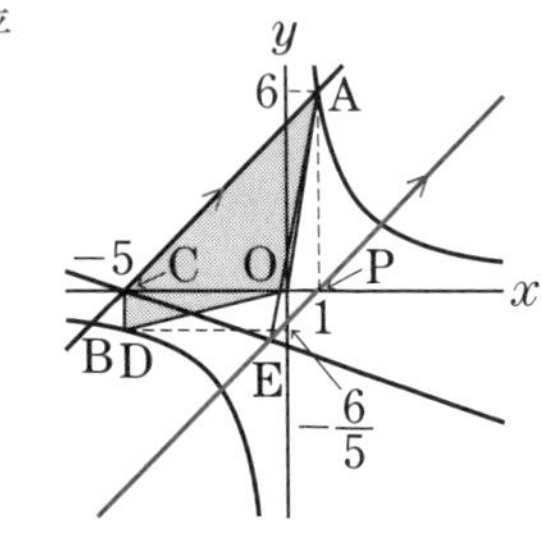

ここで，点 P(1，0)を通り，AC に平行な直線の式は，$y=x-1$ と求められる。
この式と $y=-\frac{1}{3}x-\frac{5}{3}$ を連立させて解き，
点 E の x 座標を求めると，

$x-1=-\frac{1}{3}x-\frac{5}{3}$，$3x-3=-x-5$，

$4x=-2$，$x=-\frac{1}{2}$

4 (1) ① 2　　② $y=-x+10$
(2) (20, 24)

解説 (1) ① 点Aは $y=4x$ のグラフ上の点だから，
$8=4x$, $x=2$
② AD=DCだから，2点A，Cを通る直線の傾きは -1
よって，直線ACの式は $y=-x+b$ とおける。
①より，点Aの座標は(2, 8)で，直線ACは点Aを通るから，$8=-2+b$, $b=10$
よって，直線ACの式は，$y=-x+10$
(2) 点A，Cの x 座標をそれぞれ a, c とすると，
$A(a,\ 4a)$, $C\left(c,\ \frac{1}{2}c\right)$ と表せる。
点Eは線分ACの中点だから，
$\frac{a+c}{2}=13$, $c=26-a$
これより，点Cの座標を a を使って表すと，
x 座標は $26-a$, y 座標は $\frac{1}{2}(26-a)$
点Bの x 座標は a だから，
$BC=(26-a)-a=26-2a$
点Bの y 座標は，$\frac{1}{2}(26-a)$ だから，
$AB=4a-\frac{1}{2}(26-a)=\frac{9}{2}a-13$
AB=BCだから，
$\frac{9}{2}a-13=26-2a$, $9a-26=52-4a$,
$13a=78$, $a=6$
よって，点Dの x 座標は，点Cの x 座標と等しいから，$26-6=20$, y 座標は，点Aの y 座標と等しいから，$4\times6=24$
したがって，D(20, 24)

平面図形

弱点チェック

{P.90}

1 円とおうぎ形
① 4πcm　③ 40°
② 12πcm^2　④ 90°

2 図形の相似
① 3, 比　② 2, その間の角
③ 2, 角

3 作図
① 垂直二等分線　② 二等分線

4 平面図形と三平方の定理
① 5　② $2\sqrt{2}$
③ $\sqrt{6}$

5 三角形
① 3, 辺　② 2, 角
③ 1, 両端

6 平面図形の基本性質
① 65°　④ 720°
② 105°　⑤ 120°
③ 40°　⑥ 45°

7 四角形
① 平行　② 対辺(対角)
③ 対角(対辺)　④ 対角線, 中点
⑤ 平行, 長さ

8 平行線と線分の比
① 6　② 12.5
③ 8

{P.93}

1 円とおうぎ形

1 (1) 50°　(2) 61°
(3) 28°　(4) 127°
(5) 65°　(6) 125°
(7) 31°　(8) 66°

解説 (1) $\overset{\frown}{AB}$ に対する円周角だから，
$\angle ADB=30°$
三角形の内角と外角の関係から，
$\angle x=80°-30°=50°$

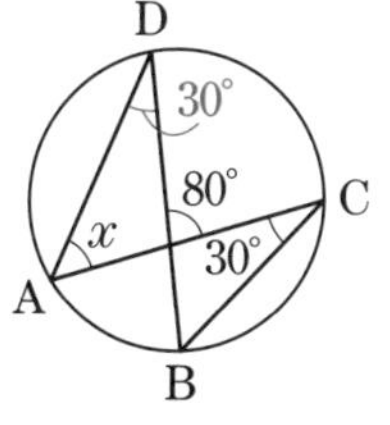

(2) $\overset{\frown}{BC}$ に対する円周角と中心角の関係から，

$\angle BOC=2\times29^\circ=58^\circ$

OB＝OC だから，

$\angle x=(180^\circ-58^\circ)\div2=61^\circ$

(3) $\overset{\frown}{BC}$ に対する円周角と中心角の関係から，

$\angle BAC=\dfrac{1}{2}\times124^\circ=62^\circ$

OA＝OB だから，

$\angle OAB=34^\circ$

$\angle OAC=62^\circ-34^\circ=28^\circ$

OA＝OC だから，$\angle x=28^\circ$

(4) 右の図の △ACE で，内角と外角の関係から，

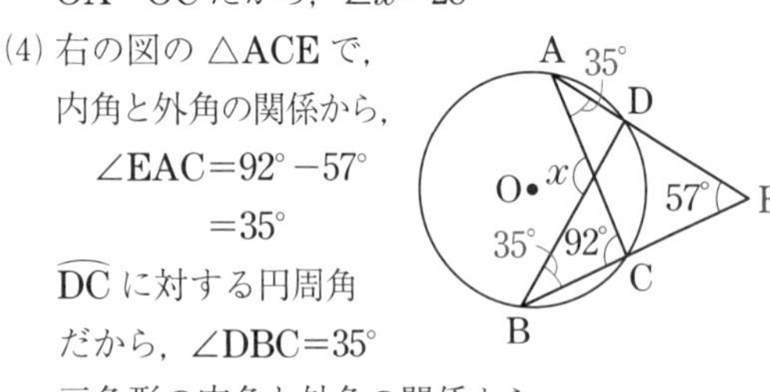

$\angle EAC=92^\circ-57^\circ$

$=35^\circ$

$\overset{\frown}{DC}$ に対する円周角だから，$\angle DBC=35^\circ$

三角形の内角と外角の関係から，

$\angle x=35^\circ+92^\circ=127^\circ$

(5) 半円の弧に対する円周角は 90° だから，

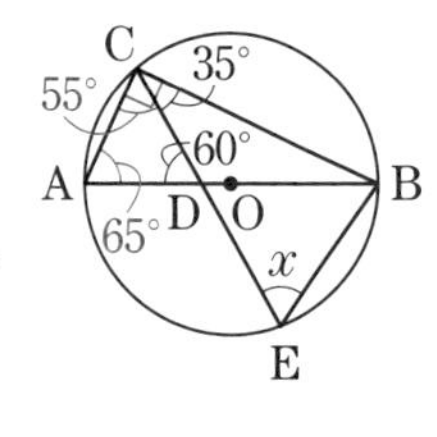

$\angle ACB=90^\circ$

$\angle ACE=90^\circ-35^\circ=55^\circ$

三角形の内角の和は 180° だから，

$\angle CAD=180^\circ-(60^\circ+55^\circ)=65^\circ$

$\overset{\frown}{CB}$ に対する円周角だから，

$\angle x=65^\circ$

(6) 直線 BD をひく。

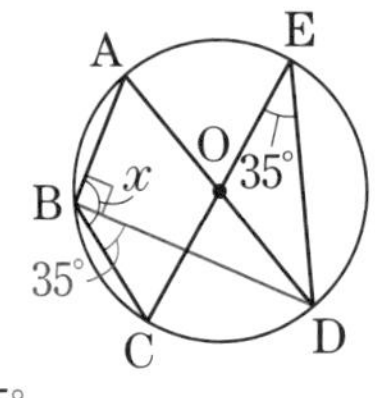

半円の弧に対する円周角は 90° だから，$\angle ABD=90^\circ$

$\overset{\frown}{CD}$ に対する円周角だから，

$\angle CBD=35^\circ$

よって，$\angle x=90^\circ+35^\circ=125^\circ$

(7) 円の接線は，接点を通る半径に垂直だから，$\angle PBO=90^\circ$

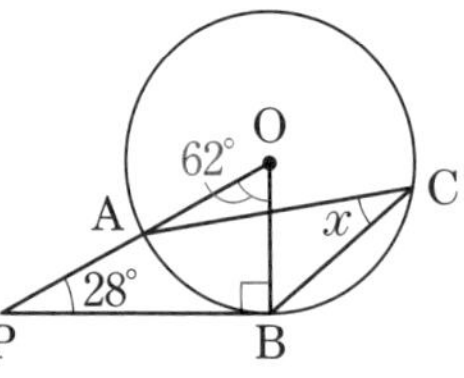

三角形の内角の和は 180° だから，

$\angle POB=180^\circ-(28^\circ+90^\circ)=62^\circ$

$\overset{\frown}{AB}$ に対する円周角と中心角の関係から，

$\angle x=\dfrac{1}{2}\times62^\circ=31^\circ$

(8) 点 C と 点 O，点 B と点 D をそれぞれ結ぶ。円の接線は，接点を通る半径に垂直だから，$\angle OCE=90^\circ$

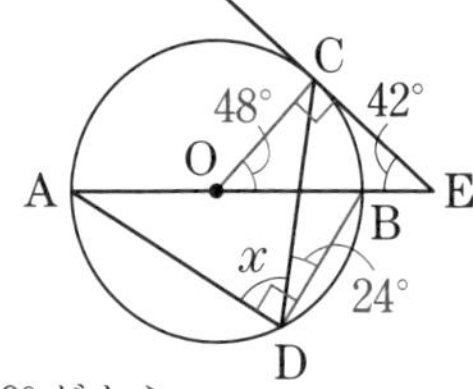

三角形の内角の和は 180° だから，

$\angle COE=180^\circ-(90^\circ+42^\circ)=48^\circ$

$\overset{\frown}{BC}$ に対する円周角と中心角の関係から，

$\angle CDB=\dfrac{1}{2}\times48^\circ=24^\circ$

半円の弧に対する円周角は 90° だから，

$\angle ADB=90^\circ$

よって，$\angle x=90^\circ-24^\circ=66^\circ$

2 イ

解説 ア AD∥BC で，錯角は等しいから，$\angle ADB=39^\circ$

よって，∠ADB と ∠ACB は等しくない。

したがって，4 点 A，B，C，D は 1 つの円周上にない。

イ 三角形の内角と外角の関係から，

$\angle ACB=90^\circ-38^\circ=52^\circ$

よって，∠ADB＝∠ACB で，$\overset{\frown}{AB}$ に対する円周角は等しい。

したがって，4 点 A，B，C，D は 1 つの円周上にある。

ウ AC⊥BD だから，

$\angle ADB=180^\circ-(90^\circ+57^\circ)=33^\circ$

また，AD∥BC で，錯角は等しいから，

$\angle CBD=33^\circ$

よって，∠DAC と ∠CBD は等しくない。

したがって，4 点 A，B，C，D は 1 つの円周上にない。

3 46°

解説 三角形の内角の和は 180° だから，△ABD で，

$\angle ADB=180^\circ-(34^\circ+90^\circ)=56^\circ$

よって，∠ACB＝∠ADB で，$\overset{\frown}{AB}$ に対する円周角は等しいから，4 点 A，B，C，D は 1 つの円周上にある。

三角形の内角と外角の関係から，△ABE で，

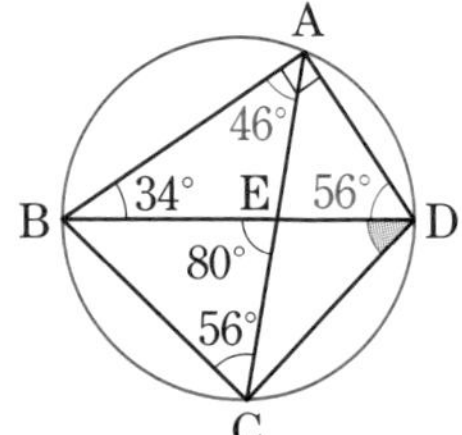

$\angle BAC=80^\circ-34^\circ=46^\circ$

$\overset{\frown}{BC}$ に対する円周角だから，

$\angle CDE=46^\circ$

4 (1) 3π cm　(2) 5π cm^2

(3) $\dfrac{48}{5}\pi$ cm

解説 半径 r，中心角 x° のおうぎ形について，

(弧の長さ)$=2\pi r\times\frac{x}{360}$，(面積)$=\pi r^2\times\frac{x}{360}$

(1) $2\pi\times9\times\frac{60}{360}=3\pi$(cm)

(2) $\pi\times5^2\times\frac{72}{360}=5\pi$(cm^2)

(3) $\overset{\frown}{AB}$ に対する円周角と中心角の関係から，

$\angle AOB=75°\times2=150°$

おうぎ形の弧の長さは，中心角の大きさに比例するから，$\frac{\overset{\frown}{AB}}{(円Oの周の長さ)}=\frac{150}{360}$

よって，円Oの周の長さは，

$4\pi\times\frac{360}{150}=4\pi\times\frac{12}{5}=\frac{48}{5}\pi$(cm)

5 54°

解説 円Oの周の長さは，$2\pi\times5=10\pi$(cm)

$\angle COD=x°$ とすると，弧の長さは，中心角の大きさに比例するから，$\frac{x}{360}=\frac{2\pi}{10\pi}$

よって，$\angle x=360°\times\frac{2\pi}{10\pi}=72°$

$\overset{\frown}{CD}$ に対する円周角と中心角の関係から，

$\angle EAD=\frac{1}{2}\times72°=36°$

また，半円の弧に対する円周角は 90° だから，$\angle ADB=90°$

△EAD で，内角と外角の関係から，

$\angle CED=90°-36°=54°$

6 (証明)△ABC と △ADB において，

共通な角だから，∠BAC＝∠DAB ……①

辺 AB は円 O の直径だから，

∠ACB＝90° ……②

円の接線は，接点を通る半径に垂直だから，

∠ABD＝90° ……③

②，③より，∠ACB＝∠ABD ……④

①，④より，2 組の角がそれぞれ等しいから，

△ABC∽△ADB

7 (1) (証明)△AGD と △ECB において，

AD＝AF より，∠ADG＝∠AFD ……①

$\overset{\frown}{AD}$ に対する円周角だから，

∠AFD＝∠ABD ……②

仮定より，∠ABD＝∠EBC ……③

①，②，③より，∠ADG＝∠EBC ……④

また，∠DAG＝∠DAC＋∠BAC ……⑤

三角形の内角と外角の関係から，△ABE で，

∠BEC＝∠ABD＋∠BAC ……⑥

$\overset{\frown}{DC}$ に対する円周角だから，

∠DAC＝∠EBC ……⑦

③，⑤，⑥，⑦より，

∠DAG＝∠BEC ……⑧

④，⑧より，2 組の角がそれぞれ等しいから，

△AGD∽△ECB

(2) 36°

解説 (2) $\overset{\frown}{AF}:\overset{\frown}{FB}=5:3$ より，∠ADF の大きさを $5x$ とすると，∠FAB の大きさは $3x$ と表せる。

AD＝AF より，

$\angle AFD=\angle ADF=5x$

(1)より，

$\angle GAD=\angle CEB=76°$

三角形の内角の和は 180° だから，△AFD で，

$76°+3x+5x+5x=180°$

$13x=104°$，$x=8°$

また，(1)より，$\angle EBC=\angle ADG=5x$

$\overset{\frown}{CD}$ に対する円周角だから，

$\angle DAC=\angle DBC=5x=5\times8°=40°$

よって，

$\angle BAC=\angle BAD-\angle DAC=76°-40°=36°$

8 (1) (証明)△ABC と △AGE において，

仮定より，AC＝AE ……①

$\overset{\frown}{AB}$ に対する円周角だから，

∠ACB＝∠AEG ……②

$\overset{\frown}{BC}=\overset{\frown}{DE}$ より，1 つの円で，等しい弧に対する円周角は等しいから，

∠BAC＝∠GAE ……③

①，②，③より，1 組の辺とその両端の角がそれぞれ等しいから，△ABC≡△AGE

(2) ① $\frac{24}{7}$ cm　② 28：27

解説 (2) ① $\overset{\frown}{BC}=\overset{\frown}{DE}$ だから，∠BEC＝∠ECD

錯角が等しいから，BE∥CD

よって，AF：AC＝AG：AD

ここで，(1)より，△ABC≡△AGE だから，

AC＝AE＝6 cm，AG＝AB＝4 cm

したがって，AF：6＝4：(4＋3)，

AF：6＝4：7，7AF＝24，AF＝$\frac{24}{7}$(cm)

② △ABG と △ACE において，

$\overset{\frown}{AE}$ に対する円周角だから，

∠ABG＝∠ACE ……(i)

△ABG，△ACE はそれぞれ AB＝AG，AC＝AE の二等辺三角形だから，

∠AGB＝∠AEC ……(ii)

(ⅰ)，(ⅱ)より，2組の角がそれぞれ等しいから，

△ABG∽△ACE

よって，

△ABG：△ACE$=4^2:6^2=16:36=4:9$，

△ABG$=\frac{4}{9}$△ACE

①より，FC$=6-\frac{24}{7}=\frac{18}{7}$(cm)

よって，

△CEF：△ACE＝FC：AC

$=\frac{18}{7}:6=18:42=3:7$

△CEF$=\frac{3}{7}$△ACE

したがって，

△ABG：△CEF$=\frac{4}{9}:\frac{3}{7}=28:27$

9 (1) (証明)**△BOE と △DOG において，**

OB，OD はどちらも円 O の半径だから，

OB＝OD ……①

$\overset{\frown}{CD}$ に対する円周角だから，

∠OBE＝∠CFD ……②

OD∥FC で，平行線の錯角は等しいから，

∠CFD＝∠ODG ……③

②，③より，∠OBE＝∠ODG ……④

$\overset{\frown}{AB}$ に対する円周角と中心角の関係から，

∠BOE＝2∠ACB ……⑤

OC＝OA だから，∠ACB＝∠OAC ……⑥

仮定から，∠OAC＝∠CAD ……⑦

$\overset{\frown}{CD}$ に対する円周角と中心角の関係から，

∠DOG＝2∠CAD ……⑧

⑤，⑥，⑦，⑧より，∠BOE＝∠DOG ……⑨

①，④，⑨より，1組の辺とその両端の角がそれぞれ等しいから，

△BOE≡△DOG

(2) $\frac{14}{5}\pi$ **cm**

解説 (2) 右の図で，•のついた角はすべて等しい。これらの角の大きさを x とする。三角形の内角と外角の関係から，△BGD で，

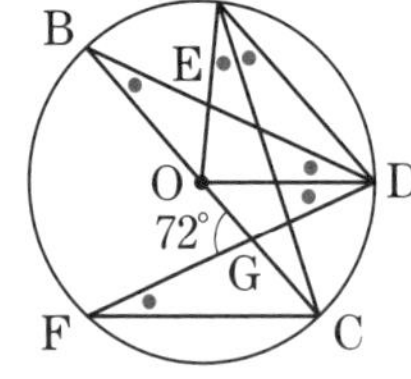

$x+2x=72°$，$x=24°$

△OAD は，OA＝OD の二等辺三角形だから，

∠OAD＝∠ODA$=24°\times2=48°$

よって，∠AOD$=180°-48°\times2=84°$

したがって，

$\overset{\frown}{AD}=2\pi\times6\times\frac{84}{360}=\frac{14}{5}\pi$(cm)

{P.98}

2 図形の相似

1 (1) $x=\frac{8}{5}$　(2) $\frac{25}{6}$ **cm**

解説 相似な図形の**対応する線分の長さの比は，すべて等しい**ことを利用する。

(1) AB：DE＝AC：DF だから，

$5:4=2:x$，$5x=8$，$x=\frac{8}{5}$

(2) △ABC と △ACD において，

仮定から，∠ABC＝∠ACD

共通な角だから，∠BAC＝∠CAD

2組の角がそれぞれ等しいから，

△ABC∽△ACD

よって，AB：AC＝AC：AD，

$6:5=5:$AD，6AD$=25$，AD$=\frac{25}{6}$(cm)

2 (証明)**△ABC と △ADE において，**

共通な角だから，∠BAC＝∠DAE ……①

DE∥BC で，平行線の同位角は等しいから，

∠ABC＝∠ADE ……②

①，②より，2組の角がそれぞれ等しいから，

△ABC∽△ADE

3 (証明)**△AEC と △ABD において，**

半円の弧に対する円周角は 90° だから，

∠ACE＝∠ADB(＝90°) ……①

AC∥OD で，平行線の錯角は等しいから，

∠CAE＝∠ADO ……②

OA＝OD だから，∠ADO＝∠DAB ……③

②，③より，∠CAE＝∠DAB ……④

①，④より，2組の角がそれぞれ等しいから，

△AEC∽△ABD

4 (1) $\frac{25}{9}$ **倍**　(2) $S:T=35:4$

(3) 375π **cm³**　(4) $\frac{350}{27}$ **cm³**

解説 相似な2つの図形では，**相似比が $m:n$ ならば，面積の比は $m^2:n^2$**

また，相似な2つの立体では，**相似比が $m:n$ ならば，体積の比は $m^3:n^3$**

(1) △ABC：△DEF$=3^2:5^2=9:25$，

25△ABC＝9△DEF，△DEF$=\frac{25}{9}$△ABC

(2) AD∥BC だから，△ABE＝△DBE$=S$

△GEF と △GDB において，

対頂角は等しいから，∠EGF＝∠DGB

BD//EF で，平行線の錯角は等しいから，

$\angle GEF=\angle GDB$

2 組の角がそれぞれ等しいから，

$\triangle GEF \backsim \triangle GDB$

よって，DG：GE=BG：GF=5：2 だから，

$\triangle GDB : \triangle DBE = DG : DE = 5 : (5+2)$
$=5 : 7$

よって，$\triangle GDB=\dfrac{5}{7}\triangle DBE=\dfrac{5}{7}S$

また，$\triangle GEF : \triangle GDB = GF^2 : GB^2$
$=2^2 : 5^2 = 4 : 25$ だから，

$\triangle GEF=\dfrac{4}{25}\triangle GDB$

したがって，$T=\dfrac{4}{25}\times\dfrac{5}{7}S=\dfrac{4}{35}S$

すなわち，$S : T = 35 : 4$

(3) (F の体積)：(G の体積)$=3^3 : 5^3 = 27 : 125$

よって，81π：(G の体積)=27：125,

$81\pi\times125$=(G の体積)×27

(G の体積)$=\dfrac{81\pi\times125}{27}=375\pi$(cm^3)

(4) 正四角錐 A−FHJL を P，正四角錐 A−GIKM を Q, 正四角錐 A−BCDE を R とすると, P, Q, R はどれも相似な立体で，相似比は，1：2：3

よって，P，Q，R の体積の比は，

$1^3 : 2^3 : 3^3 = 1 : 8 : 27$

(R の体積)$=\dfrac{1}{3}\times5^2\times6=50$(cm^3) だから，

(P の体積)$=\dfrac{1}{27}\times50=\dfrac{50}{27}$(cm^3)

(Q の体積)$=\dfrac{8}{27}\times50=\dfrac{400}{27}$(cm^3)

よって，立体 FHJL−GIKM の体積は，

(Q の体積)−(P の体積)

$=\dfrac{400}{27}-\dfrac{50}{27}=\dfrac{350}{27}$(cm^3)

5 (説明)**S と M の体積比は $3^3 : 4^3 = 27 : 64$**

価格の比は 160：320=1：2

価格が 2 倍なのに対して，体積は 2 倍より大きいので，M の方が割安。

M と L の底面積の比は $4^2 : 5^2 = 16 : 25$

L の高さは M の 2 倍なので，体積比は

16：50=8：25

価格の比は 320：960=1：3

価格が 3 倍なのに対して，体積は 3 倍よりも大きいので，L の方が割安。

したがって，最も割安なのは L サイズ。

(答)　**L サイズ**

6 (証明)**△AGL と △BIH において，**

△ABC は正三角形だから，

$\angle LAG=\angle HBI=60°$ ……①

よって，$\angle ALG+\angle AGL=120°$ ……②

△DEF は正三角形だから，

$\angle GDH=60°$

よって，$\angle DGH+\angle DHG=120°$ ……③

対頂角は等しいから，

$\angle AGL=\angle DGH$ ……④

②，③，④より，$\angle ALG=\angle DHG$ ……⑤

また，対頂角は等しいから，

$\angle DHG=\angle BHI$ ……⑥

⑤，⑥より，$\angle ALG=\angle BHI$ ……⑦

①，⑦より，2 組の角がそれぞれ等しいから，

△AGL∽△BIH

7 **(1)** (証明)**△ABE と △ECF において，**

正方形の内角はすべて 90° だから，

$\angle ABE=\angle ECF$ ……①

三角形の内角の和は 180° だから，

$\angle BAE=180°-(\angle ABE+\angle AEB)$
$=180°-(90°+\angle AEB)$
$=90°-\angle AEB$ ……②

3 点 B，E，C は一直線上にあるから，

$\angle CEF=180°-(\angle AEF+\angle AEB)$
$=180°-(90°+\angle AEB)$
$=90°-\angle AEB$ ……③

②，③より，$\angle BAE=\angle CEF$ ……④

①，④より，2 組の角がそれぞれ等しいから，

△ABE∽△ECF

(2) AG：GD=13：14

解説 (2) (1)より，△ABE∽△ECF だから，

AB：EC=BE：CF,

3：1=2：CF,

3CF=2,

CF$=\dfrac{2}{3}$(cm)

A　G　D　3　$\frac{7}{3}$　F　$\frac{2}{3}$　B　2　E　1　C

よって，

FD$=3-\dfrac{2}{3}=\dfrac{7}{3}$(cm)

(1)と同様に考えて，△ABE∽△FDG だから，

AB：FD=BE：DG,

$3 : \dfrac{7}{3}=2 :$ DG，3DG$=\dfrac{14}{3}$，DG$=\dfrac{14}{9}$(cm)

よって，AG$=3-\dfrac{14}{9}=\dfrac{13}{9}$(cm)

したがって，

AG：GD$=\dfrac{13}{9} : \dfrac{14}{9}=13 : 14$

8 (1) 3cm

(2) (証明)△ADH と △ACF において,

仮定から, ∠DAH＝∠CAF ……①

三角形の内角と外角の関係から, △DBC で,

∠ADH＝∠ABC＋∠BCD ……②

∠ACF＝∠ACD＋∠BCD ……③

仮定から, ∠ABC＝∠ACD ……④

②, ③, ④より, ∠ADH＝∠ACF ……⑤

①, ⑤より, 2 組の角がそれぞれ等しいから,

△ADH∽△ACF

(3) $\frac{6}{5}$cm²

解説 (1) △ABC と △ACD において,

仮定から, ∠ABC＝∠ACD

共通な角だから, ∠BAC＝∠CAD

2 組の角がそれぞれ等しいから,

△ABC∽△ACD

よって, AB：AC＝AC：AD,

AB：6＝6：4, 4AB＝36, AB＝9(cm)

これより, DB＝9−4＝5(cm)

また, BC：CD＝6：4＝3：2

CE は ∠BCD の二等分線だから,

BE：ED＝BC：CD＝3：2

よって, $BE=5\times\frac{3}{3+2}=3$(cm)

(3) 右の図のように, E と F を結ぶ。

AE＝4＋2＝6(cm),

AC＝6cm より,

△AEC は, AE＝AC の二等辺三角形で,

AF は ∠BAC の二等分線だから, EG＝CG

EC：CG＝(1＋1)：1＝2：1 だから,

△EFC：△GFC＝2：1

よって, $\triangle GFC=\frac{1}{2}\triangle EFC$ ……①

BF：FC＝AB：AC＝9：6＝3：2 だから,

△EBC：△EFC＝BC：FC＝(3＋2)：2

＝5：2

よって, $\triangle EFC=\frac{2}{5}\triangle EBC$ ……②

AB：EB＝9：3＝3：1 だから,

△ABC：△EBC＝AB：EB＝3：1

よって, $\triangle EBC=\frac{1}{3}\triangle ABC$ ……③

①, ②, ③より,

$\triangle GFC=\frac{1}{2}\times\frac{2}{5}\times\frac{1}{3}\triangle ABC=\frac{1}{15}\triangle ABC$

$=\frac{1}{15}\times18=\frac{6}{5}$(cm²)

9 (1) (証明)△AEG と △FCG において,

対頂角は等しいから,

∠AGE＝∠FGC ……①

△ABC は AB＝AC の二等辺三角形だから,

∠ABD＝∠ACB ……②

△BAD≡△ACE だから,

∠ABD＝∠CAE ……③

②, ③より, ∠ACB＝∠CAE

よって, 錯角が等しいから, AE∥BF

平行線の錯角は等しいから,

∠EAG＝∠CFG ……④

①, ④より, 2 組の角がそれぞれ等しいから,

△AEG∽△FCG

(2) $\frac{96}{35}$cm

解説 (2) △FAB と △ABC は, どちらも二等辺三角形である。

∠FBA＝∠ABC で, 底角の 1 つが等しいから, もう 1 つの底角も等しいので,

△FAB∽△ACB

よって, FB：AB＝AB：CB,

FB：8＝8：7, 7FB＝64, $FB=\frac{64}{7}$(cm)

(1)より, △AEG∽△FCG だから,

AG：FG＝AE：FC

ここで, AE＝BD＝5cm

また, $CF=FB-BC=\frac{64}{7}-7=\frac{15}{7}$(cm)

よって, AG：GF＝5：$\frac{15}{7}$＝7：3

GF：AF＝3：(7＋3)＝3：10 だから,

10GF＝3AF, $GF=\frac{3}{10}AF$

$AF=FB=\frac{64}{7}$cm だから,

$GF=\frac{3}{10}\times\frac{64}{7}=\frac{96}{35}$(cm)

{P.103}

1 (1)

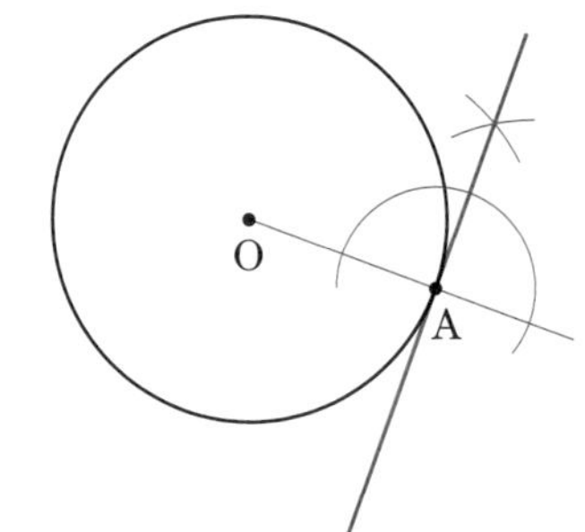

(2)

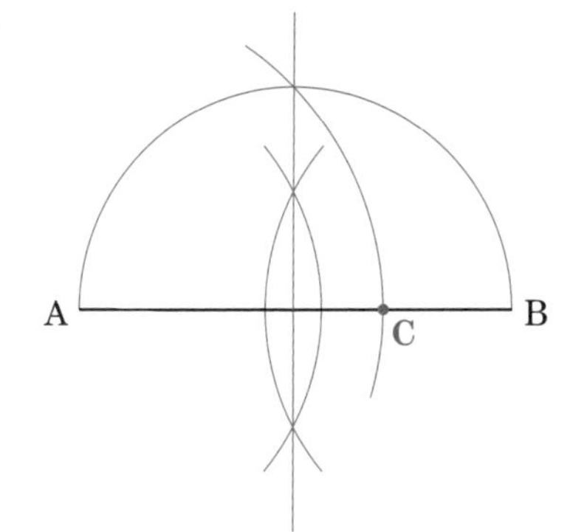

(3)

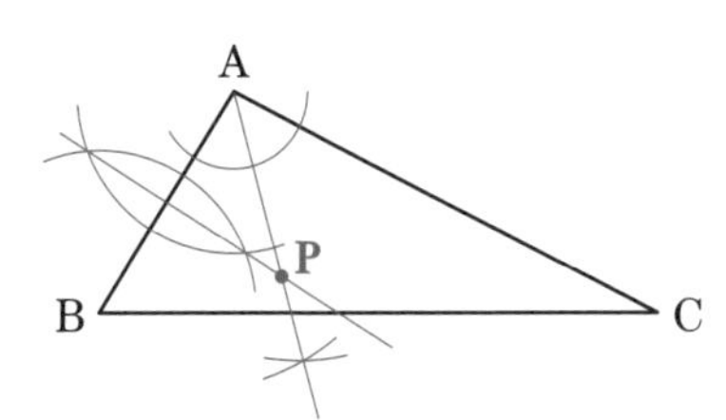

(4)

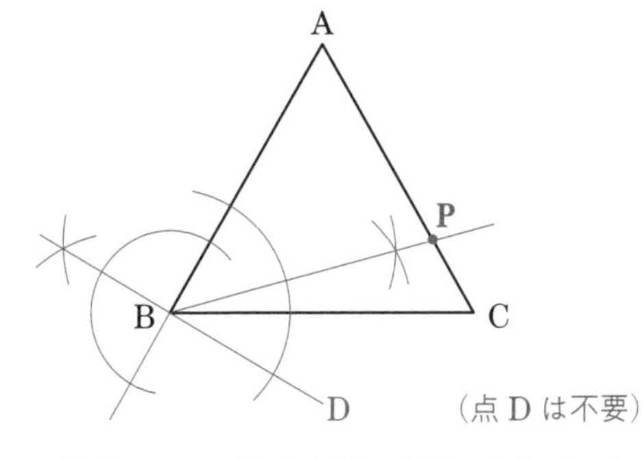

（点 D は不要）

解説 (1) 円の接線は，その接点を通る半径に垂直だから，点 A を通る直線 OA の垂線を作図する。

(2) AB を斜辺とする直角二等辺三角形を △ABD とすると，AD : AB=1 : $\sqrt{2}$ となる。よって，AD=AC となる点 C を直線 AB 上にとればよい。

（作図の手順）

❶線分 AB の垂直二等分線を作図し，AB との交点を O とする。

❷点 O を中心にして半径 OA の半円をかき，❶の垂直二等分線との交点を D とする。半円の弧に対する円周角は 90° だから，∠ADB=90° になる。

❸点 A を中心にして半径 AD の半円をかき，線分 AB との交点を C とする。

(3) 2 辺から等しい距離にある点は，その 2 辺がつくる角の二等分線上にある。
また，2 点から等しい距離にある点は，その 2 点を結ぶ線分の垂直二等分線上にある。

（作図の手順）

❶∠BAC の二等分線を作図する。

❷線分 AB の垂直二等分線を作図する。

❸❶の角の二等分線と❷の垂直二等分線との交点を P とする。

(4) △ABP で，∠BAP=60°，∠APB=75° のとき，
∠ABP
=180° −(60° +75°)
=45°
となる。

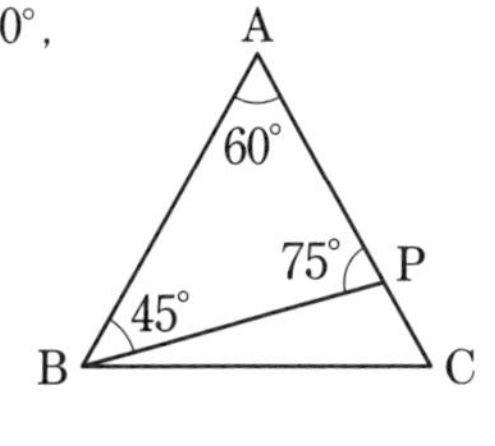

（作図の手順）

❶点 B を通る直線 AB の垂線 BD を作図する。

❷∠ABD の二等分線を作図する。

別解 △PBC で，∠PBC=15°，∠PCB=60° のとき，三角形の内角と外角の関係から，
∠APB=15° +60°
=75° となる。

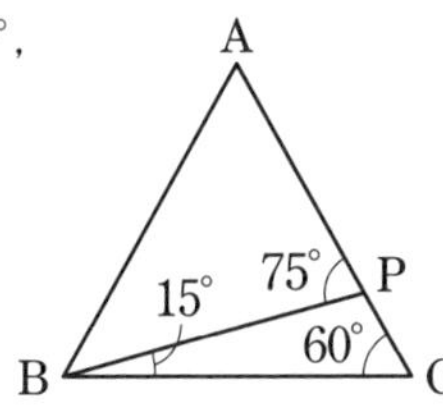

（作図の手順）

❶∠ABC の二等分線を作図し，辺 AC との交点を E とする。（∠EBC=30°）

❷∠EBC の二等分線を作図し，辺 AC との交点を P とする。（∠PBC=15°）

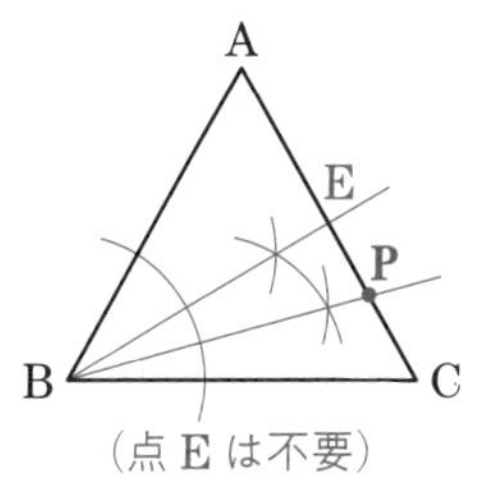

（点 E は不要）

2

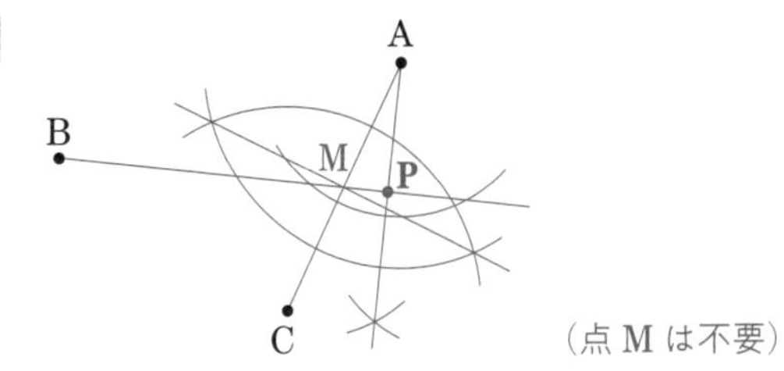

（点 M は不要）

解説 線分 AC の中点は，線分 AC の垂直二等分線と AC との交点である。

（作図の手順）

❶線分 AC の垂直二等分線を作図し，AC との交点を M とする。

❷直線 BM をかく。

❸点 A から直線 BM への垂線を作図し，BM との交点を P とする。

3

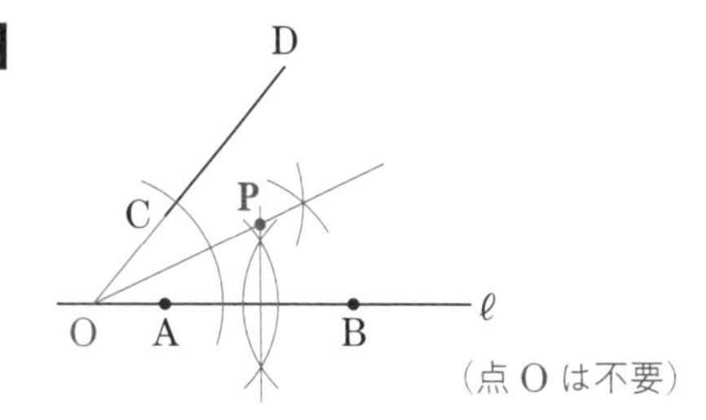

（点 O は不要）

解説 △PAB で，AB を底辺とみたときの高さは点 P から AB までの距離である。また，△PCD で，CD を底辺とみたときの高さは点 P から CD までの距離である。

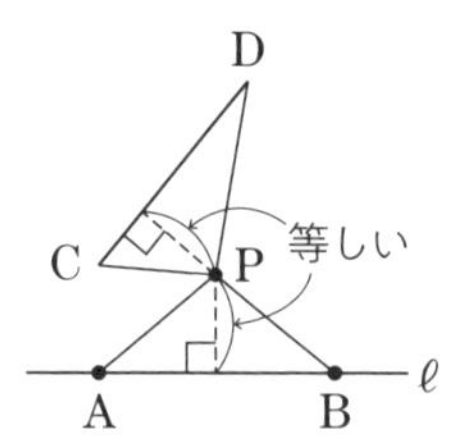

よって，△PAB=△PCD となるとき，点 P は AB, CD から等しい距離にある点だから，2 辺 AB, CD がつくる角の二等分線上にある。

(作図の手順)

❶線分 AB の垂直二等分線を作図する。

❷直線 AB と直線 CD の交点を O として，∠DOB の二等分線を作図する。

❸❶の垂直二等分線と❷の角の二等分線との交点を P とする。

4

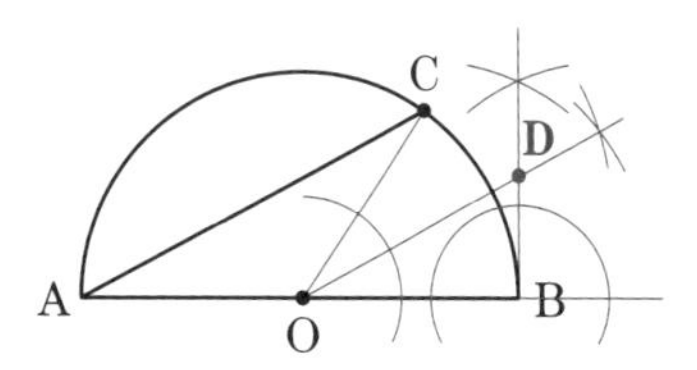

解説 円周角と中心角の関係から，

$$\angle CAO=\frac{1}{2}\angle COB$$

∠COB の二等分線 OD をひくと，

$$\angle DOB=\frac{1}{2}\angle COB$$

よって，∠CAO=∠DOB となるとき，点 D は ∠COB の二等分線上にある。

(作図の手順)

❶点 B を通る直線 AB の垂線を作図する。

❷点 O と C を結び，∠COB の二等分線を作図する。

❸❶の垂線と❷の角の二等分線との交点を D とする。

5

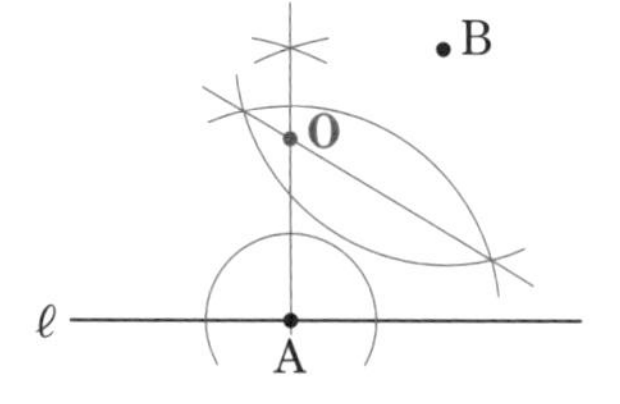

解説 円の接線は，その接点を通る半径に垂直だから，OA⊥ℓ。また，OA=OB だから，点 O は線分 AB の垂直二等分線上にある。

(作図の手順)

❶点 A を通る直線 ℓ の垂線を作図する。

❷線分 AB の垂直二等分線を作図する。

❸❶の垂線と❷の垂直二等分線との交点を O とする。

{P.106}

4 平面図形と三平方の定理

1 (1) $\sqrt{13}$ cm

(2) 8 cm

(3) 右図

(4) $4\sqrt{3}$ cm

(5) $\sqrt{29}$

(6) イ，オ

(例)

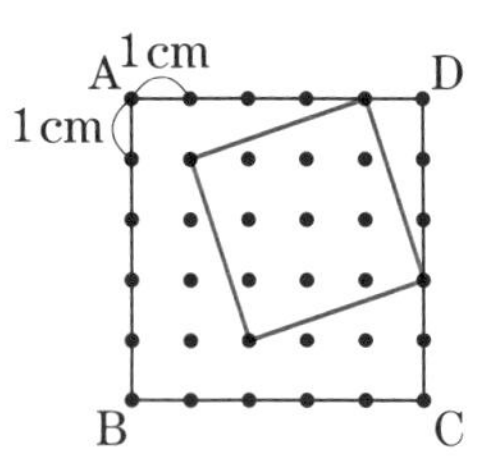

解説 (1) $BC^2=AB^2+AC^2=2^2+3^2=4+9=13$

BC > 0 だから，BC=$\sqrt{13}$ cm

(2) $AC^2=BC^2-AB^2$

$=10^2-6^2$

$=100-36=64$

AC > 0 だから，

AC=$\sqrt{64}$=8(cm)

(3) 面積が 10 cm^2 の正方形の 1 辺の長さは，$\sqrt{10}$ cm

$\sqrt{1^2+3^2}=\sqrt{10}$ だから，直角をはさむ 2 辺の長さが 1 cm，3 cm の直角三角形の斜辺を 1 辺とする正方形をかけばよい。

(4) 右の図で，△ABD は直角二等辺三角形だから，AB : AD : BD $=1:1:\sqrt{2}$

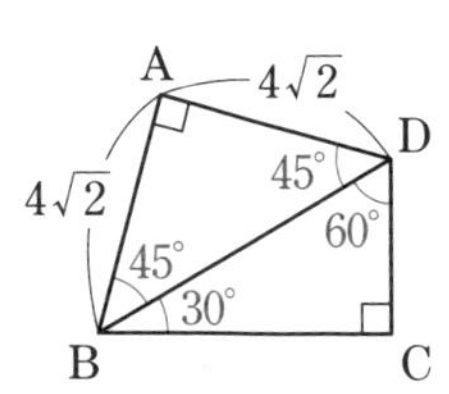

よって，

BD=$4\sqrt{2}\times\sqrt{2}$=8(cm)

また，△BDC は 3 つの角が 30°，60°，90° の直角三角形だから，

BD : DC : BC $=2:1:\sqrt{3}$

よって，8 : BC $=2:\sqrt{3}$，$8\sqrt{3}$=2BC,

BC=$4\sqrt{3}$(cm)

(5) 右の図で，

BC=3−1=2

AC=7−2=5

△ABC で，三平方の定理より，

$AB^2=2^2+5^2=4+25=29$

AB > 0 だから，AB=$\sqrt{29}$

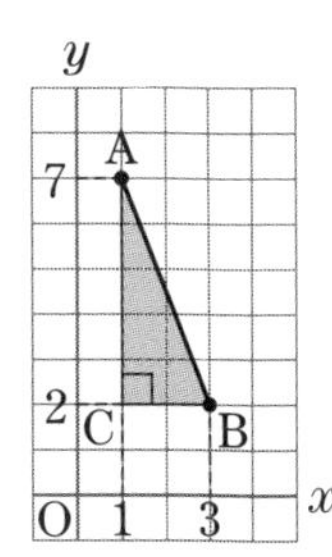

(6) 最も長い辺を斜辺として，三平方の定理が成り立つかを調べる。

ア $2^2+7^2=4+49=53$，$8^2=64$ より，直角三角形ではない。

イ $3^2+4^2=9+16=25$，$5^2=25$ より，
$3^2+4^2=5^2$ が成り立つから，直角三角形である。

ウ $5<\sqrt{30}$ より，$\sqrt{30}$cm の辺が最も長い。
$3^2+5^2=9+25=34$，$(\sqrt{30})^2=30$ より，
直角三角形ではない。

エ $(\sqrt{2})^2+(\sqrt{3})^2=2+3=5$，$3^2=9$ より，
直角三角形ではない。

オ $(\sqrt{3})^2+(\sqrt{7})^2=3+7=10$，$(\sqrt{10})^2=10$
$(\sqrt{3})^2+(\sqrt{7})^2=(\sqrt{10})^2$ が成り立つから，
直角三角形である。

2 **17 cm**

解説 辺 AC の長さを $x$cm とすると，BC$=x+7$(cm)，AB$=$BC$+2=(x+7)+2=x+9$(cm)と表せるから，

$x^2+(x+7)^2=(x+9)^2$

これを解くと，

$x^2+x^2+14x+49$
$=x^2+18x+81$，
$x^2-4x-32=0$，
$(x+4)(x-8)=0$，$x=-4$，$x=8$
$x>0$ より，$x=8$
斜辺は，最も長い辺 AB だから，
AB$=8+9=17$(cm)

3 **(1) 6 cm**　**(2) $2\pi-2\sqrt{3}$ (cm^2)**

解説 (1) △OAB は 3 つの角が 30°，60°，90° の直角三角形だから，AO : OB : AB$=2:1:\sqrt{3}$
よって，AO$=2\times2=4$(cm)
OD は円 O の半径だから，OD$=2$cm
したがって，AD$=$AO$+$OD$=4+2=6$(cm)

(2) △OCB は正三角形になるから，
CB$=2$cm，∠DCB$=60°$
半円の弧に対する円周角だから，∠DBC$=90°$
△DCB は 3 つの角が 30°，60°，90° の直角三角形だから，DC : CB : DB$=2:1:\sqrt{3}$
よって，DB$=2\times\sqrt{3}=2\sqrt{3}$ (cm)

$\triangle$DCB$=\dfrac{1}{2}\times2\times2\sqrt{3}=2\sqrt{3}$ (cm^2)

したがって，求める面積は，

$\dfrac{1}{2}\times\pi\times2^2-2\sqrt{3}=2\pi-2\sqrt{3}$ (cm^2)

4 $(2\sqrt{3}，2)$

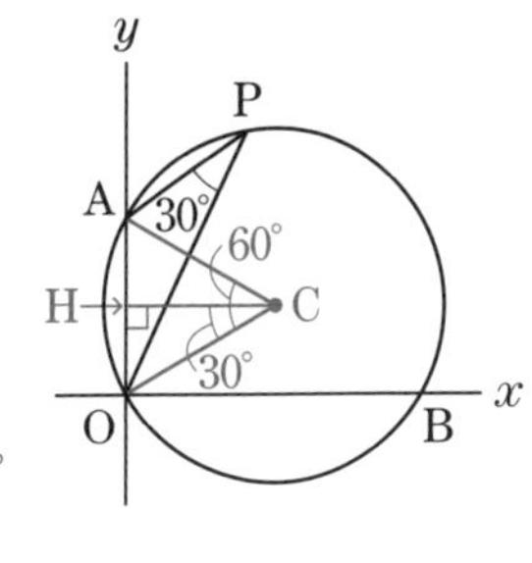

解説 円の中心を C，点 C から線分 OA に垂線をひき，AO との交点を H とする。
$\overset{\frown}{\text{AO}}$ に対する円周角と中心角の関係から，
∠ACO$=2\times30°=60°$
CH は ∠ACO の二等分線だから，∠OCH$=30°$
CH は線分 AO を 2 等分するから，
OH$=4\div2=2$
△COH は 3 つの角が 30°，60°，90° の直角三角形だから，CO : OH : CH$=2:1:\sqrt{3}$
よって，CH$=2\times\sqrt{3}=2\sqrt{3}$
したがって，C$(2\sqrt{3}，2)$

別解 2 点 A，B を結ぶ。
∠AOB$=90°$ だから，AB は円の直径になる。この円の中心を C とする。
$\overset{\frown}{\text{AO}}$ に対する円周角だから，

∠ABO$=$∠APO$=30°$
△AOB は 3 つの角が 30°，60°，90° の直角三角形だから，AB : OA : OB$=2:1:\sqrt{3}$
よって，OB$=4\times\sqrt{3}=4\sqrt{3}$
点 C の x 座標は，$\dfrac{1}{2}$OB$=\dfrac{1}{2}\times4\sqrt{3}=2\sqrt{3}$
y 座標は，$\dfrac{1}{2}$OA$=\dfrac{1}{2}\times4=2$
したがって，C$(2\sqrt{3}，2)$

5 $\dfrac{9\sqrt{3}}{13}$ **cm^2**

解説 点 A から辺 BC に垂線をひき，BC との交点を H とする。
△ABH は 3 つの角が 30°，60°，90° の直角三角形だから，
AB : BH : AH
$=2:1:\sqrt{3}$
よって，BH$=4\times\dfrac{1}{2}=2$(cm)
AH$=2\times\sqrt{3}=2\sqrt{3}$ (cm)
よって，$\triangle$ABC$=\dfrac{1}{2}\times4\times2\sqrt{3}=4\sqrt{3}$ (cm^2)
BD : DC$=3:1$，BH : HC$=1:1$ より，HD$=$DC$=1$cm
BC : DC$=4:1$ だから，
$\triangle$ADC$=\dfrac{1}{4}\triangle$ABC$=\dfrac{1}{4}\times4\sqrt{3}=\sqrt{3}$ (cm^2)

また，△BED と △ACD は，

∠BED＝∠ACD，∠EBD＝∠CAD より，

2 組の角がそれぞれ等しいから，

$\triangle BED \backsim \triangle ACD$

これより，$\triangle BED : \triangle ACD = BD^2 : AD^2$

ここで，$AD^2=(2\sqrt{3})^2+1^2=13$ だから，

$\triangle BED : \triangle ACD=(2+1)^2 : 13=9 : 13$

したがって，$\triangle BED=\frac{9}{13}\times\sqrt{3}=\frac{9\sqrt{3}}{13}(cm^2)$

6 (1) $4\sqrt{3}$ cm　　(2) $2\sqrt{2}$ cm^2

解説 (1) $AC^2=OA^2+OC^2=4^2+(4\sqrt{2})^2=16+32=48$

$AC>0$ だから，$AC=\sqrt{48}=4\sqrt{3}(cm)$

(2) 長方形の対角線の長さは等しいから，(1)より，

$OB=AC=4\sqrt{3}$ cm

長方形OABC∽長方形ODEB だから，

$CA : BD=OC : OB$,

$4\sqrt{3} : BD=4\sqrt{2} : 4\sqrt{3}$，$48=4\sqrt{2}BD$,

$BD=\frac{48}{4\sqrt{2}}=\frac{12}{\sqrt{2}}=\frac{12\sqrt{2}}{2}=6\sqrt{2}(cm)$

長方形の対角線はそれぞれの中点で交わるから，

長方形ODEB で，$BH=6\sqrt{2}\div2=3\sqrt{2}(cm)$

よって，

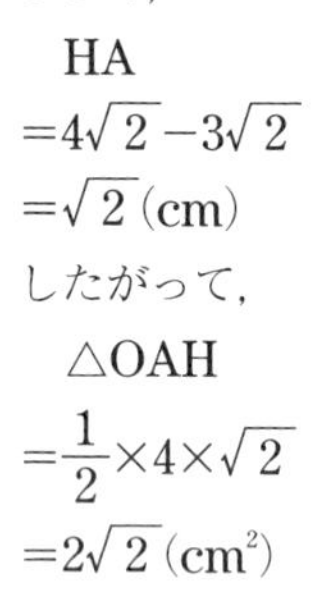

HA
$=4\sqrt{2}-3\sqrt{2}$
$=\sqrt{2}(cm)$

したがって，

$\triangle OAH$
$=\frac{1}{2}\times4\times\sqrt{2}$
$=2\sqrt{2}(cm^2)$

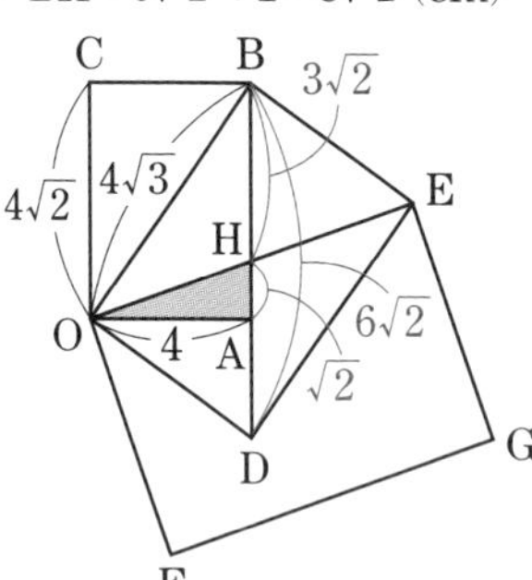

7 $6\sqrt{5}$ cm

解説 AQ＝$x$cm とする。

点 A から円 O にひいた 2 つの接線の長さは等しいから，

$AP=AQ=x(cm)$

同様に，点 D から円 O にひいた 2 つの接線の長さは等しいから，DP＝DS＝3cm

これより，$DA=x+3(cm)$

次に，点 D から AB に垂線をひき，AB との交点を H とすると，DH＝CB＝12cm

また，HQ＝DS＝3cm より，$AH=x-3(cm)$

直角三角形 DAH で，$12^2+(x-3)^2=(x+3)^2$

これを解くと，$144+x^2-6x+9=x^2+6x+9$,

$12x=144$，$x=12$

直角三角形 OAQ で，

$AO^2=6^2+12^2=36+144=180$

$AO>0$ だから，$AO=\sqrt{180}=6\sqrt{5}(cm)$

8 $\frac{12\sqrt{5}}{5}$ cm

解説 点 E から直線 BC に垂線をひき，BC との交点を H とする。

△ABC で，三平方の定理より，

$AC^2=AB^2-BC^2=5^2-3^2=16$

$AC>0$ だから，$AC=\sqrt{16}=4(cm)$

また，仮定から，∠ABD＝∠CBE

AB∥EC で，平行線の錯角は等しいから，

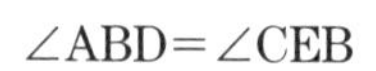

∠ABD＝∠CEB

よって，∠CBE＝∠CEB

だから，EC＝BC＝3cm

$\triangle ABC \backsim \triangle ECH$ だから，

$EC : CH : EH=5 : 3 : 4$

よって，$CH=3\times\frac{3}{5}=\frac{9}{5}(cm)$ だから，

$BH=3+\frac{9}{5}=\frac{24}{5}(cm)$

また，$EH=3\times\frac{4}{5}=\frac{12}{5}(cm)$

したがって，△EBH で，三平方の定理より，

$BE^2=BH^2+EH^2=\left(\frac{24}{5}\right)^2+\left(\frac{12}{5}\right)^2$

$=\frac{576}{25}+\frac{144}{25}=\frac{720}{25}$

$BE>0$ だから，$BE=\sqrt{\frac{720}{25}}=\frac{12\sqrt{5}}{5}(cm)$

別解 △ABC で，三平方の定理より，

$AC^2=AB^2-BC^2=5^2-3^2=16$

$AC>0$ だから，$AC=\sqrt{16}=4(cm)$

また，仮定から，∠ABD＝∠CBE

AB∥EC で，平行線の錯角は等しいから，

∠ABD＝∠CEB

よって，∠CBE＝∠CEB

だから，EC＝BC＝3(cm)

AB∥EC だから，

$AD : CD=AB : CE=5 : 3$

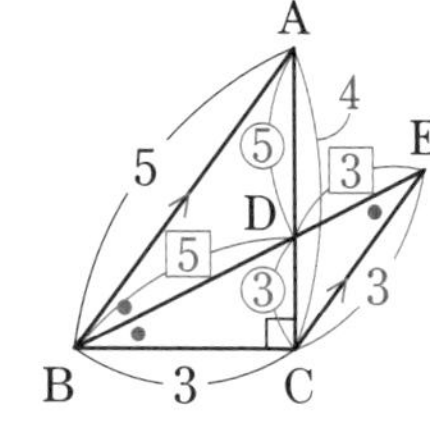

よって，$CD=4\times\frac{3}{5+3}=4\times\frac{3}{8}=\frac{3}{2}(cm)$

△DBC で，三平方の定理より，

$BD^2=BC^2+CD^2=3^2+\left(\frac{3}{2}\right)^2=9+\frac{9}{4}=\frac{45}{4}$

$BD>0$ だから，$BD=\sqrt{\frac{45}{4}}=\frac{3\sqrt{5}}{2}(cm)$

また，BD：ED＝AB：CE＝5：3 だから，

BE：BD＝(5+3)：5＝8：5

したがって，

$$BE=\frac{8}{5}\times BD=\frac{8}{5}\times\frac{3\sqrt{5}}{2}=\frac{12\sqrt{5}}{5}\text{(cm)}$$

{P.110}

5 三角形

1 ウ

解説 ア 3 組の辺がそれぞれ等しいから，

△ABC≡△DEF

イ 2 組の辺とその間の角がそれぞれ等しいから，

△ABC≡△DEF

ウ 下の図のように，△ABC と △DEF が合同にならない場合がある。

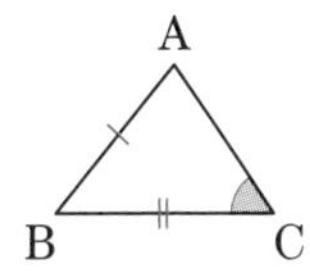

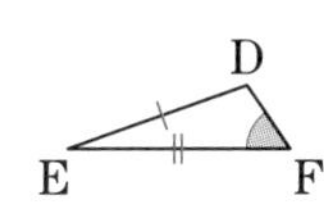

エ 1 組の辺とその両端の角がそれぞれ等しいから，

△ABC≡△DEF

2 (証明)△ABF と △DBG において，

△ABC≡△DBE だから，

AB＝DB ……①

∠BAF＝∠BDG ……②

∠ABC＝∠DBE ……③

また，

∠ABF＝∠ABC－∠EBC ……④

∠DBG＝∠DBE－∠EBC ……⑤

③，④，⑤より，∠ABF＝∠DBG ……⑥

①，②，⑥より，1 組の辺とその両端の角がそれぞれ等しいから，△ABF≡△DBG

合同な図形の対応する辺は等しいから，

AF＝DG

解説 図形の証明問題では，図の中の等しい辺や等しい角に，同じ印をつけて表すとよい。等しい辺や角の情報が視覚的にとらえやすくなる。

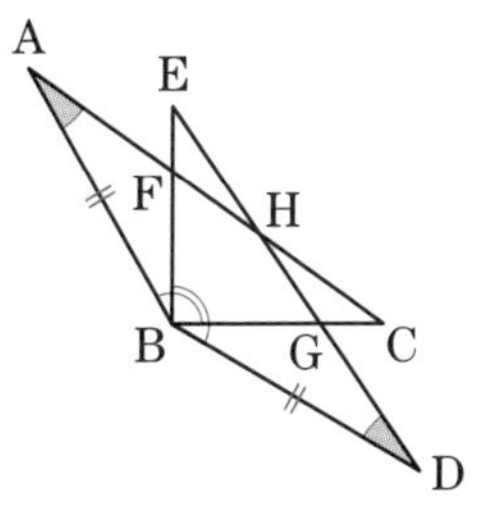

3 (証明)△FDA と △FGB において，

△DBE≡△ABC だから，

∠BDE＝∠BAC ……①

DE∥AB で，平行線の錯角は等しいから，

∠BDE＝∠FBA ……②

∠FGD＝∠BAC ……③

①，②より，∠FAB＝∠FBA

よって，△FAB は二等辺三角形だから，

FA＝FB ……④

①，③より，∠FDG＝∠FGD

よって，△FDG は二等辺三角形だから，

FD＝FG ……⑤

対頂角は等しいから，

∠DFA＝∠GFB ……⑥

④，⑤，⑥より，2 組の辺とその間の角がそれぞれ等しいから，△FDA≡△FGB

解説 **2 つの角が等しい三角形は，その 2 つの角を底角とする二等辺三角形である**ことを利用して，△FAB，△FDG がどちらも二等辺三角形であることを導く。

4 (証明)△ABD と △ACD において，

共通な辺だから，AD＝AD ……①

AE は ∠BAC の二等分線だから，

∠BAD＝∠CAD ……②

AC∥BE で，平行線の錯角は等しいから，

∠CAD＝∠BED ……③

②，③より，∠BAD＝∠BED

よって，△ABE は二等辺三角形だから，

AB＝BE ……④

仮定から，AC＝BE ……⑤

④，⑤より，AB＝AC ……⑥

①，②，⑥より，2 組の辺とその間の角がそれぞれ等しいから，△ABD≡△ACD

解説 等しい辺や，等しい角に同じ印をつけて表すと，右の図のようになる。

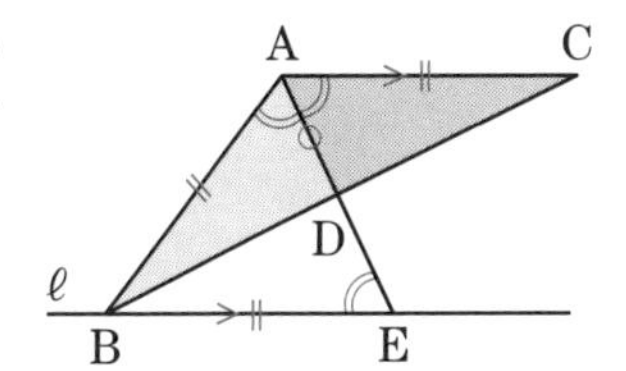

5 (証明)△ABH と △AGH において，

共通な辺だから，AH＝AH ……①

正方形 ABCD≡ 正方形 AEFG だから，

AB＝AG ……②

正方形の内角は 90° だから，

∠ABH＝∠AGH＝90° ……③

①，②，③より，直角三角形の斜辺と他の 1 辺がそれぞれ等しいから，△ABH≡△AGH

合同な図形の対応する辺は等しいから，

BH＝GH

解説 BH と GH をそれぞれ辺にもつ，△ABH と△AGH に着目して，この 2 つの三角形が合同であることを証明する。

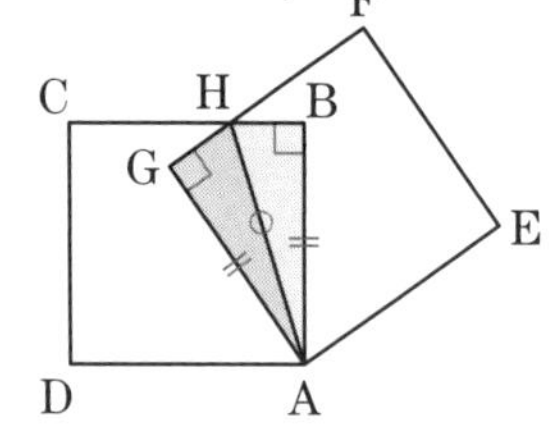

△ABH と △AGH は直角三角形なので，直角三角形の合同条件を考えるとよい。

6 (証明) **△ABF と △DAG において，**

仮定から，∠AFB＝∠DGA＝90° ……①

正方形の 4 辺は等しいから，AB＝DA ……②

∠BAF＝∠BAD－∠DAG

＝90°－∠DAG ……③

三角形の内角の和は 180° だから，△DAG で，

∠ADG＝180°－(∠AGD＋∠DAG)

＝180°－(90°＋∠DAG)

＝90°－∠DAG ……④

③，④より，∠BAF＝∠ADG ……⑤

①，②，⑤より，直角三角形の斜辺と 1 つの鋭角がそれぞれ等しいから，

△ABF≡△DAG

解説 等しい辺や，等しい角に同じ印をつけて表すと，右の図のようになる。

7 **(1)** 48°　**(2)** 60°
(3) 55°　**(4)** 55°
(5) 30°

解説 (1) ∠ACB＝180°－114°＝66°
AB＝AC だから，∠ABC＝∠ACB＝66°
三角形の内角の和は 180° だから，
∠BAC＝180°－66°×2＝48°

(2) △ABD と △CBD において，
仮定から，AB＝CB，AD＝CD
共通な辺だから，BD＝BD
よって，3 組の辺がそれぞれ等しいから，
△ABD≡△CBD

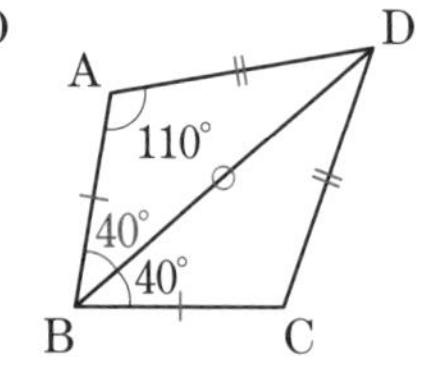

よって，
∠ABD＝∠CBD＝40°
三角形の内角の和は 180° だから，
∠ADB＝180°－(110°＋40°)＝30°
したがって，
∠ADC＝2∠ADB＝2×30°＝60°

(3) AB＝DB だから，
∠ADB＝(180°－50°)÷2＝65°
AD//BC で，平行線の錯角は等しいから，
∠CBD＝∠ADB＝65°
三角形の内角の和は 180° だから，
∠BCD＝180°－(60°＋65°)＝55°

(4) DB＝DC だから，
∠DCB＝∠DBE＝47°
三角形の内角と外角の関係から，
∠FEC
＝∠DBE＋∠DAF
＝47°＋31°＝78°
三角形の内角の和は 180° だから，
∠EFC＝180°－(78°＋47°)＝55°

(5) △DAB は DA＝DB の二等辺三角形だから，
∠DBA＝∠DAB
＝∠x
三角形の内角と外角の関係から，
∠BDC＝∠x＋∠x＝2∠x
△BDC は DB＝CB の二等辺三角形だから，
∠BCD＝∠BDC＝2∠x
三角形の内角の和は 180° だから，
∠x＋2∠x＋90°＝180°，3∠x＝90°，
∠x＝30°

{P.114}

6 平面図形の基本性質

1 **(1)** 75°　**(2)** 35°
(3) 27°　**(4)** 108°
(5) 47°　**(6)** 86°

解説 (1) 右の図のように，直線 ℓ，m に平行な直線 n をひいて，平行線の錯角は等しいことを利用する。
∠a＝∠x，∠b＝35° だから，
∠x＝110°－35°＝75°

別解 右の図のような補助線をひく。
ℓ//m で，平行線の錯角は等しいから，∠a＝35°

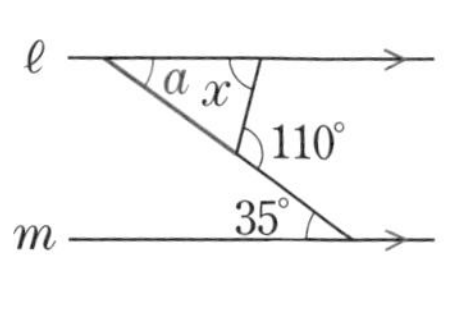

三角形の内角と外角の関係から，

$\angle x=110^\circ-35^\circ=75^\circ$

(2) $\ell /\!/ m$ で，平行線の同位角は等しいから，

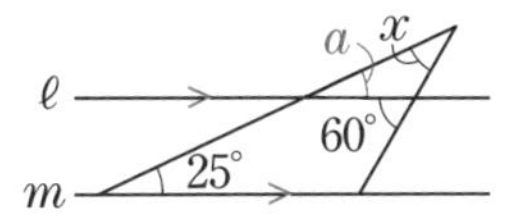

$\angle a=25^\circ$

三角形の内角と外角の関係から，

$\angle x+25^\circ=60^\circ$，$\angle x=60^\circ-25^\circ=35^\circ$

(3) $\ell /\!/ m$ で，平行線の同位角は等しいから，

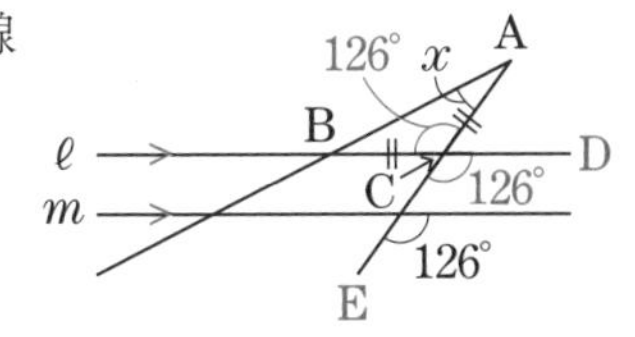

$\angle \mathrm{DCE}=126^\circ$

対頂角は等しいから，

$\angle \mathrm{ACB}=\angle \mathrm{DCE}=126^\circ$

AC=BC より，△CBA は二等辺三角形だから，

$\angle x=(180^\circ-126^\circ)\div 2=27^\circ$

(4) 右の図のような補助線をひく。

$\ell /\!/ m$ で，平行線の錯角は等しいから，$\angle a=93^\circ$

また，$\angle b=180^\circ-131^\circ=49^\circ$

四角形の内角の和は 360° だから，

$\angle x=360^\circ-(110^\circ+93^\circ+49^\circ)=108^\circ$

(5) 三角形の内角と外角の関係から，

$\angle a=28^\circ+80^\circ=108^\circ$

$\ell /\!/ m$ で，平行線の同位角は等しいから，

$\angle b=108^\circ$

三角形の内角の和は 180° だから，

$\angle x=180^\circ-(25^\circ+108^\circ)=47^\circ$

(6) 右の図のような補助線をひく。

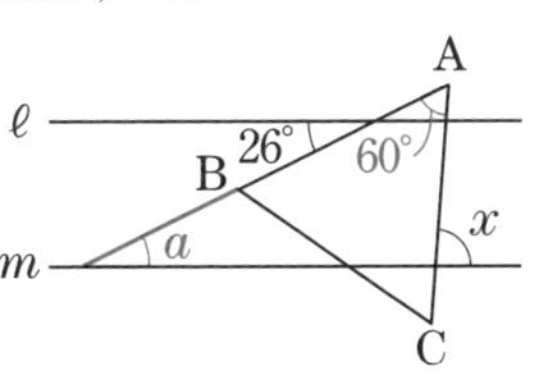

$\ell /\!/ m$ で，平行線の錯角は等しいから，

$\angle a=26^\circ$

正三角形の 1 つの内角は 60° だから，

$\angle \mathrm{BAC}=60^\circ$

三角形の内角と外角の関係から，

$\angle x=26^\circ+60^\circ=86^\circ$

2 (1) 720°　　(2) 1260°

解説 (1) **n 角形の内角の和は，$180^\circ\times(n-2)$**

六角形の内角の和は，

$180^\circ\times(6-2)=180^\circ\times 4=720^\circ$

(2) **正 n 角形の 1 つの内角の大きさは，$\dfrac{180^\circ\times(n-2)}{n}$**

この正多角形を正 n 角形とすると，

$\dfrac{180^\circ\times(n-2)}{n}=140^\circ$

これを解くと，$180^\circ\times(n-2)=140^\circ\times n$，

$40^\circ\times n=360^\circ$，$n=9$

よって，正九角形の内角の和は，

$140^\circ\times 9=1260^\circ$

別解 この正多角形の 1 つの外角の大きさは，

$180^\circ-140^\circ=40^\circ$

この正多角形を正 n 角形とすると，**正 n 角形の 1 つの外角の大きさは $\dfrac{360^\circ}{n}$** だから，

$\dfrac{360^\circ}{n}=40^\circ$，$n=9$

よって，正九角形の内角の和は，

$140^\circ\times 9=1260^\circ$

3 17°

解説 右の図のような補助線をひく。

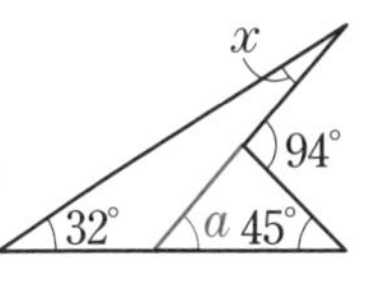

三角形の内角と外角の関係から，

$\angle a=\angle x+32^\circ$，$\angle a+45^\circ=94^\circ$

だから，

$\angle x+32^\circ+45^\circ=94^\circ$，$\angle x=94^\circ-77^\circ=17^\circ$

別解 右の図のような補助線をひく。

三角形の内角と外角の関係から，

$\angle d=\angle x+\angle b$

$\angle e=\angle c+45^\circ$

$\angle d+\angle e=94^\circ$ だから，

$\angle x+\angle b+\angle c+45^\circ=94^\circ$

$\angle b+\angle c=32^\circ$ だから，

$\angle x+32^\circ+45^\circ=94^\circ$，$\angle x=94^\circ-77^\circ=17^\circ$

4 50°

解説 **多角形の外角の和は 360°** だから，

$\angle x=360^\circ-(110^\circ+40^\circ+90^\circ+70^\circ)=50^\circ$

5 105°

解説 四角形の内角の和は 360° だから，

$\angle \mathrm{BAD}+\angle \mathrm{ABC}=360^\circ-(90^\circ+120^\circ)=150^\circ$

$\angle a+\angle b$

$=\dfrac{1}{2}(\angle \mathrm{BAD}+\angle \mathrm{ABC})$

$=\dfrac{1}{2}\times 150^\circ=75^\circ$

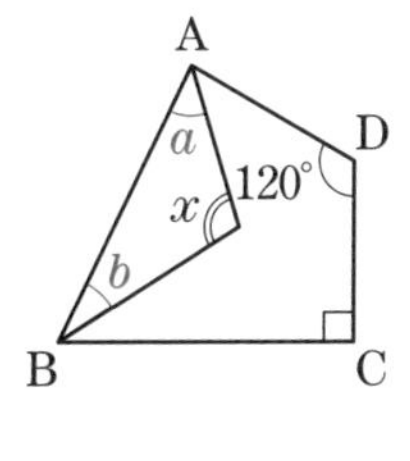

三角形の内角の和は 180° だから，

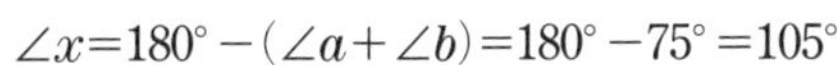

$\angle x=180^\circ-(\angle a+\angle b)=180^\circ-75^\circ=105^\circ$

6 57°

解説 右の図のような補助線をひく。
正五角形の1つの内角の大きさは，

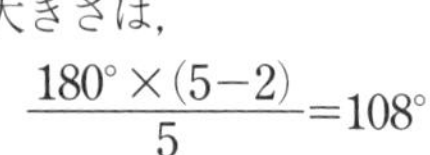

$\dfrac{180°\times(5-2)}{5}=108°$

$\angle a=180°-(21°+108°)=51°$
したがって，
AD∥BC で，平行線の錯角は等しいから，$\angle b=51°$
三角形の内角と外角の関係から，
$\angle \mathrm{FGB}=108°-51°=57°$

7 72

解説 正五角形の1つの内角の大きさは，
$\dfrac{180°\times(5-2)}{5}=108°$
△BCD は CB=CD の二等辺三角形だから，
$\angle \mathrm{BDC}=(180°-108°)\div2=36°$
同様にして，△EDC で，$\angle \mathrm{ECD}=36°$
三角形の内角と外角の関係から，
$x°=36°+36°=72°$

{P.117}

7 四角形

1 (1) 63°　(2) 24°　(3) 55°

解説 (1) AD∥BC で，平行線の錯角は等しいから，

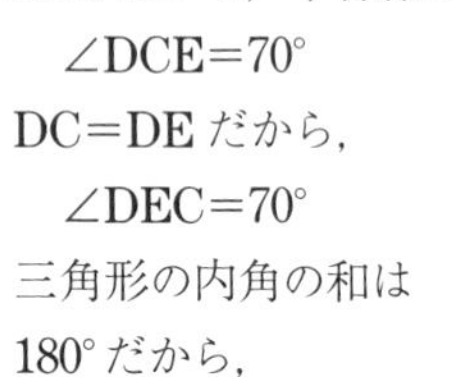

$\angle \mathrm{DCE}=70°$
DC=DE だから，
$\angle \mathrm{DEC}=70°$
三角形の内角の和は 180° だから，
$\angle \mathrm{CDE}=180°-70°\times2=40°$

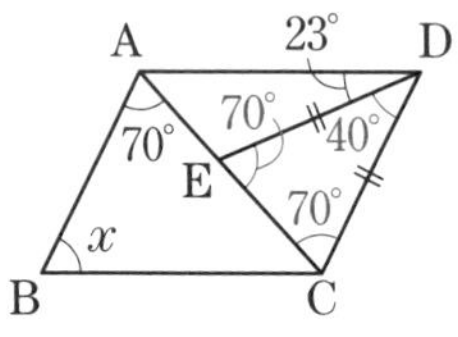

よって，$\angle \mathrm{ADC}=23°+40°=63°$
平行四辺形の対角は等しいから，$\angle x=63°$

(2) 平行四辺形の対角は等しいから，
$\angle \mathrm{ABC}=\angle \mathrm{ADC}=68°$
AC=AD だから，$\angle \mathrm{DAC}=180°-68°\times2=44°$
AD∥BC で，平行線の錯角は等しいから，
$\angle \mathrm{ECB}=\angle \mathrm{DAC}=44°$
EB=EC だから，
$\angle \mathrm{EBC}=\angle \mathrm{ECB}=44°$
よって，
$\angle \mathrm{ABE}$
$=\angle \mathrm{ABC}-\angle \mathrm{EBC}$
$=68°-44°=24°$

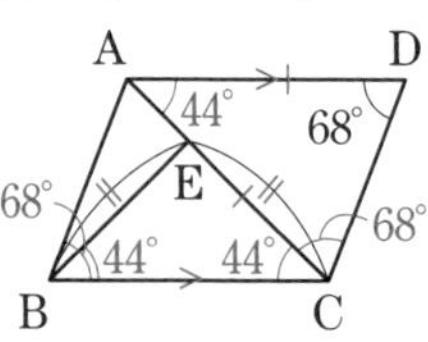

(3) 平行四辺形の対角は等しいから，
$\angle \mathrm{BAD}$
$=\angle \mathrm{DCB}=130°$
EA=EF だから，
$\angle \mathrm{EAF}$
$=(180°-30°)\div2$
$=75°$

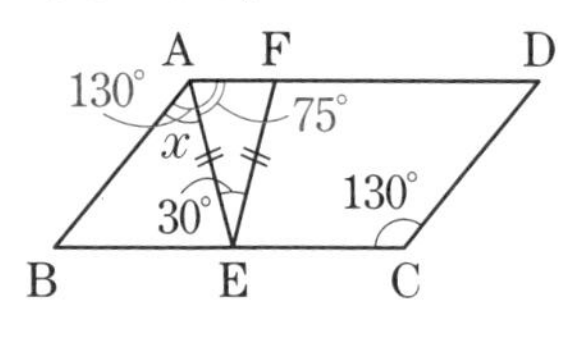

よって，$\angle x=\angle \mathrm{BAD}-\angle \mathrm{EAF}=130°-75°=55°$

2 イ，エ

解説 ア 図1のような四角形(台形)になる場合がある。
イ 1組の対辺が平行でその長さが等しいから，四角形 ABCD は平行四辺形である。
ウ 図2のような四角形(台形)になる場合がある。
エ 図3のように，錯角が等しくなるから，AB∥DC となり，2組の対辺がそれぞれ平行だから，四角形 ABCD は平行四辺形である。
オ 図4のような四角形(台形)になる場合がある。

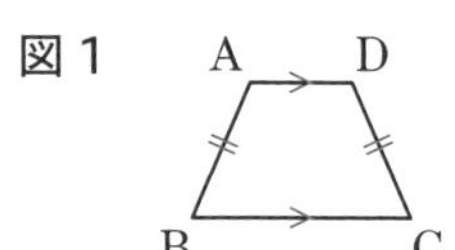

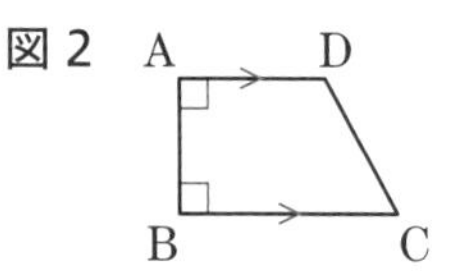

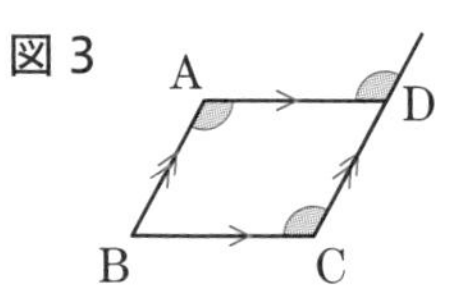

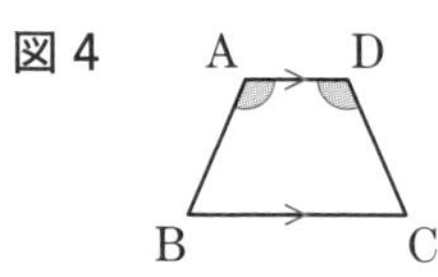

3 ウ

解説 ア となり合う2辺が等しい平行四辺形はひし形である。
イ 対角線が垂直に交わる平行四辺形はひし形である。
ウ 対角線の長さが等しい平行四辺形は長方形である。
エ 右の図で，△ABD≡△CBD となるから，AB=CB
よって，平行四辺形 ABCD はひし形になる。

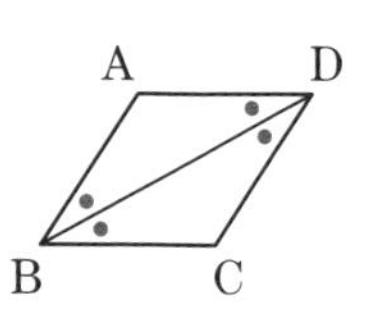

4 ウ

解説 ア △ABC と △ACE で，AB，EC をそれぞれ底辺とみると，高さは等しいが，底辺 AB と EC が等しくない。よって，△ABC≒△ACE
イ △ABC と △BCE で，BC をそれぞれの底辺とみると，高さは等しくない。よって，
△ABC≒△BCE

ウ △ABC と △ABE で，AB をそれぞれの底辺とみると，高さは等しい。よって，△ABC＝△ABE

エ △ABC と △BCF で，BC をそれぞれの底辺とみると，高さは等しくない。よって，

△ABC≠△BCF

5 (1) (証明)△ABG と △CDH において

平行四辺形 ABCD の 2 組の対辺はそれぞれ等しいから，

AB＝CD ……①

AB∥DC より，平行線の錯角が等しいから，

∠BAG＝∠DCH ……②

AD∥BC より，平行線の錯角が等しいから，

∠AEB＝∠CBE ……③

BE∥FD より，平行線の同位角が等しいから，

∠CBE＝∠CFD ……④

③，④より，∠AEB＝∠CFD ……⑤

平行四辺形 ABCD の 2 組の対角はそれぞれ等しいから，∠BAD＝∠DCB ……⑥

また，

∠ABG＝180°－∠AEB－∠BAD

∠CDH＝180°－∠CFD－∠DCB

これと⑤，⑥より，∠ABG＝∠CDH ……⑦

①，②，⑦より，1 組の辺とその両端の角がそれぞれ等しい。

したがって，△ABG≡△CDH

(2) 72 倍

解説 (1) 等しい辺や，等しい角に同じ印をつけて表すと，右の図のようになる。

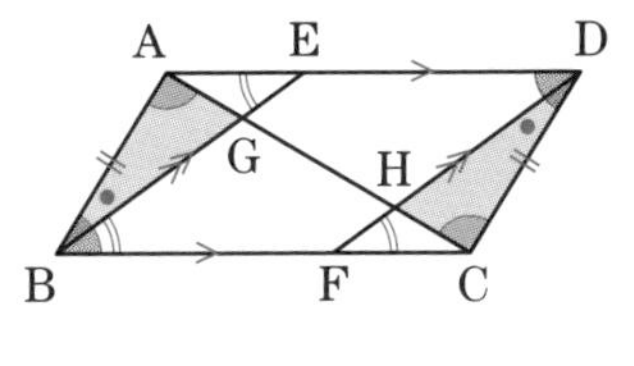

別解 ∠ABG＝∠CDH となることは，次のように導くこともできる。

BE∥FD より，平行線の同位角は等しいから，

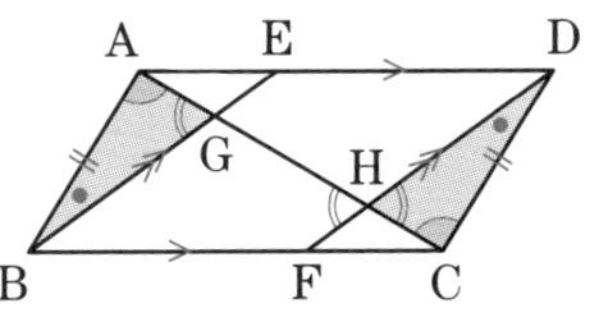

∠AGB＝∠GHF

対頂角は等しいから，∠GHF＝∠CHD

よって，∠AGB＝∠CHD

したがって，

∠ABG＝180°－∠AGB－∠BAG

∠CDH＝180°－∠CHD－∠DCH

よって，∠ABG＝∠CDH

(2) △IHC∽△EGC で，相似比は，

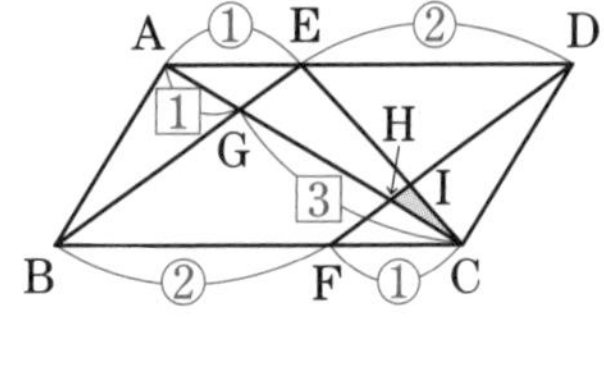

CH：CG

＝CF：CB

＝1：(1+2)

＝1：3

よって，△IHC：△EGC＝1^2：3^2＝1：9 だから，

△EGC＝9△IHC

ここで，△GAE∽△GCB で，相似比は，

GA：GC＝AE：CB＝1：3

△EGC：△EAC＝GC：AC＝3：(3+1)＝3：4

だから，△EAC＝$\frac{4}{3}$△EGC

△EAC：△ACD＝AE：AD＝1：(1+2)＝1：3

だから，△ACD＝3△EAC

△ACD：(平行四辺形 ABCD の面積)＝1：2

だから，(平行四辺形 ABCD の面積)＝2△ACD

したがって，

(平行四辺形 ABCD の面積)

＝2×3×$\frac{4}{3}$×9△IHC＝72△IHC

6 (証明)**四角形 DHBF において，**

仮定から，HD∥BF，HD＝BF

1 組の対辺が平行でその長さが等しいので，

四角形 DHBF は平行四辺形になる。

△BEI と △DGJ において，

仮定から，AB＝CD，AE＝CG なので，

BE＝DG ……①

AB∥DC から，錯角なので，∠BEI＝∠DGJ ……②

BH∥FD から，同位角，対頂角なので，

∠EIB＝∠EJF＝∠GJD ……③

②，③から，∠EBI＝∠GDJ ……④

①，②，④から，1 組の辺とその両端の角がそれぞれ等しいので，△BEI≡△DGJ

解説 等しい辺や，等しい角に同じ印をつけて表すと，右の図のようになる。

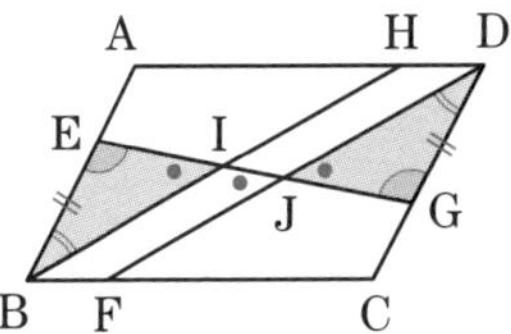

④で，右の図で，

∠EBI＝180°－(∠BEI＋∠EIB)

∠GDJ＝180°－(∠DGJ＋∠GJD)

これと②，③より，∠EBI＝∠GDJ

{P.120}

8 平行線と線分の比

1 (1) $x=10$　(2) $x=6$

解説 **平行線と比の定理**を利用する。

(1) $18:12=15:x$, $18x=12\times15$,

$x=\dfrac{12\times15}{18}=10$(cm)

(2) $(20-8):8=9:x$, $12:8=9:x$,

$12x=8\times9$, $x=\dfrac{8\times9}{12}=6$(cm)

2 14 cm

解説 **三角形と比の定理**を利用する。

AD∥BC だから，

AE : EC＝AD : BC,

3 : 7＝6 : BC,

3BC＝7×6,

$BC=\dfrac{7\times6}{3}=14$(cm)

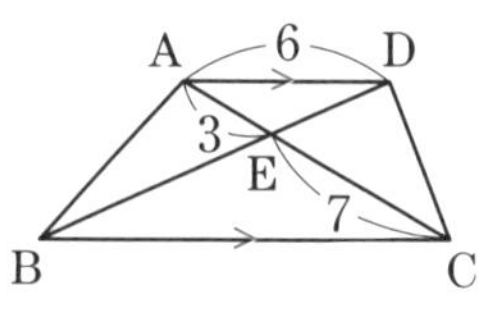

3 8 cm

解説 BE＝x cm とすると，

DE＝$(12-x)$cm と表せる。

AD∥BC だから，

DE : BE＝AD : BC,

$(12-x):x=4:8$,

$8(12-x)=4x$, $96-8x=4x$,

$96=12x$, $x=8$(cm)

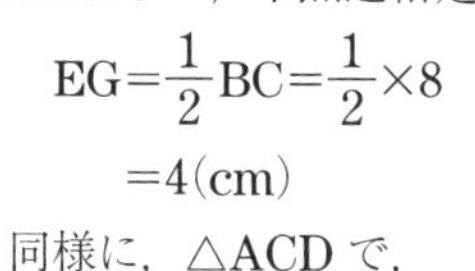

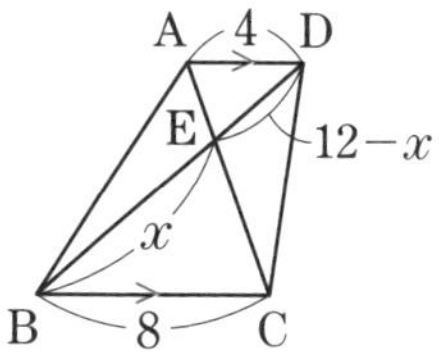

4 $\dfrac{3}{2}$ cm

解説 AE＝6÷2＝3(cm),

AF＝6−2＝4(cm)

AB∥GD だから，

AF : FD＝AE : DG,

4 : 2＝3 : DG,

$4DG=6$, $DG=\dfrac{6}{4}=\dfrac{3}{2}$(cm)

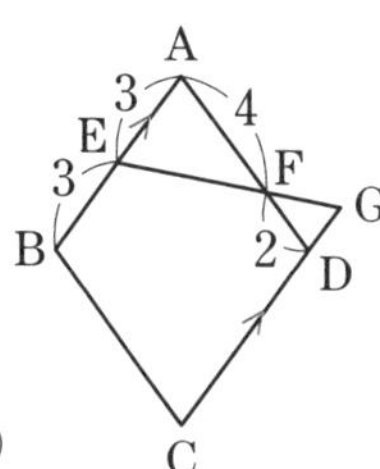

5 $\dfrac{6}{5}$ cm

解説 AB∥CD だから，

BE : EC

＝AB : CD

＝2 : 3

EF∥CD だから，

BE : BC＝EF : CD, 2 : (2+3)＝EF : 3,

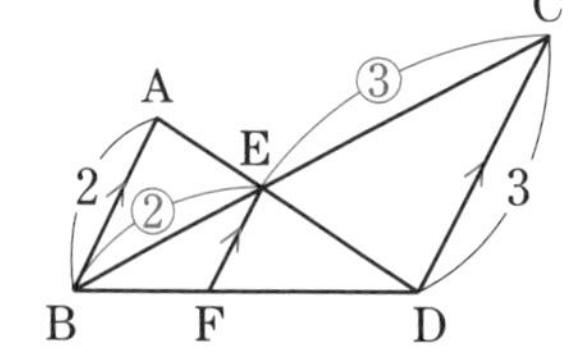

2 : 5＝EF : 3, 6＝5EF, $EF=\dfrac{6}{5}$(cm)

6 16 cm

解説 DE∥BC だから，AF : AB＝FG : BC,

2 : (2+3)＝FG : 10, 20＝5FG, FG＝4(cm)

ここで，四角形 DBCG と四角形 FBCE は平行四辺形だから，

DG＝BC＝FE＝10 cm

したがって，

DF＝GE＝10−4＝6(cm)

よって，DE＝6+4+6＝16(cm)

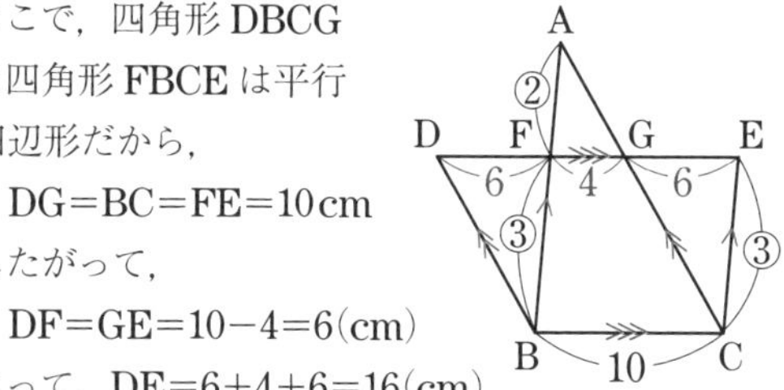

7 $\dfrac{13}{2}$ cm

解説 下の図のように，対角線 AC をひき，EF との交点を G とする。

EF∥BC で，AE＝EB より，AG＝GC

△ABC で，中点連結定理より，

$EG=\dfrac{1}{2}BC=\dfrac{1}{2}\times8$

$=4$(cm)

同様に，△ACD で，

中点連結定理より，

$GF=\dfrac{1}{2}AD=\dfrac{1}{2}\times5=\dfrac{5}{2}$(cm)

よって，$EF=EG+GF=4+\dfrac{5}{2}=\dfrac{13}{2}$(cm)

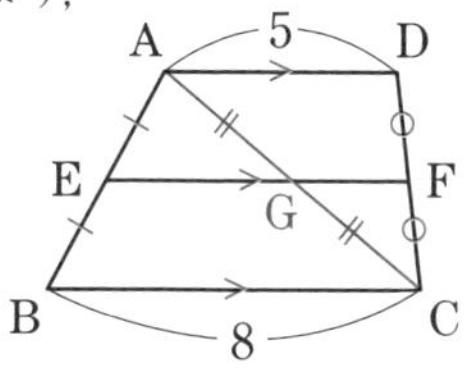

8 (証明)**△DGE と △FGC において，**

△ABC で，点 D，E はそれぞれ辺 AB，AC の中点だから，中点連結定理より，

DE∥BC ……①

$\mathbf{DE=\dfrac{1}{2}BC}$ ……②

①より，平行線の錯角は等しいから，

∠EDG＝∠CFG ……③

∠DEG＝∠FCG ……④

BC : CF＝2 : 1 より，$\mathbf{CF=\dfrac{1}{2}BC}$ ……⑤

②，⑤より，DE＝FC ……⑥

③，④，⑥より，1 組の辺とその両端の角がそれぞれ等しいから，△DGE≡△FGC

解説 等しい辺や，等しい角に同じ印をつけて表すと，右の図のようになる。

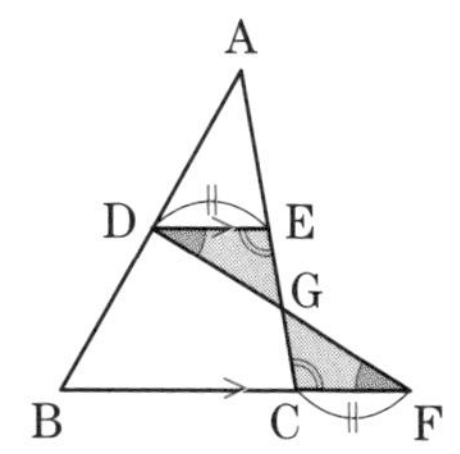

空間図形

{P.124}

弱点チェック

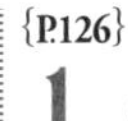

1 空間図形の基礎

① 面 AEHD，面 BFGC
② 辺 CG，辺 DH，辺 EH，辺 FG
③ 面 ABCD，面 AEHD，面 BFGC，面 EFGH

2 空間図形と三平方の定理

① 7 cm　② $4\sqrt{3}$ cm
③ 8 cm　④ 96π cm^3
⑤ 96π cm^2　⑥ $3\sqrt{2}$ cm
⑦ $36\sqrt{2}$ cm^3　⑧ $3\sqrt{3}$ cm
⑨ $36\sqrt{3}$ cm^2

{P.126}

1 空間図形の基礎

1 (1) エ
(2) 辺 CF，辺 DF，辺 EF
(3)

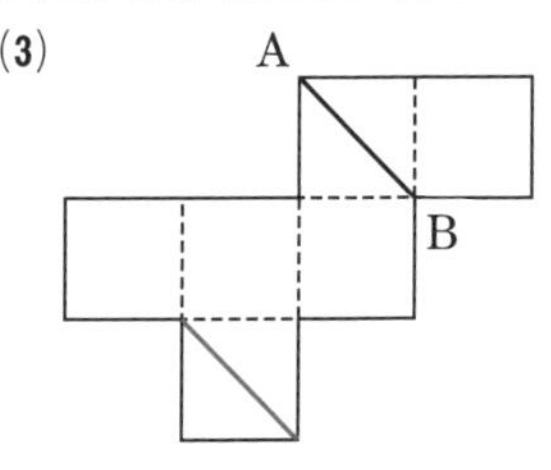

(4) ウ

解説 (1) 次のように，直方体の辺を直線，面を平面とみて考える。

ア 右の図のように，平面 A と平面 B は平行であるが，直線 ℓ と直線 m は平行でない。

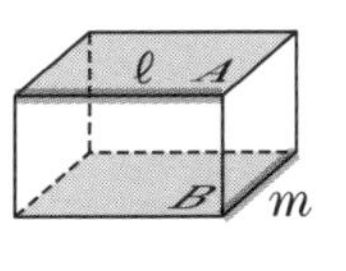

イ 右の図のように，直線 ℓ と直線 m は平行であるが，平面 A と平面 B は平行でない。

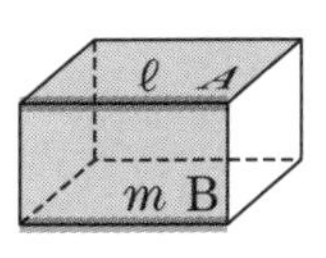

ウ 右の図のように，平面 A と平面 B は垂直であるが，直線 ℓ と平面 B は垂直でない。

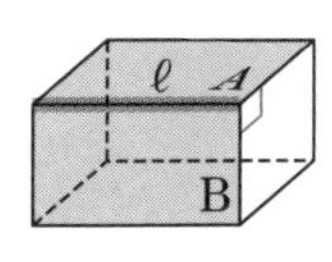

エ 右の図のように，直線 ℓ と平面 B が垂直であるならば，平面 A と平面 B は垂直である。

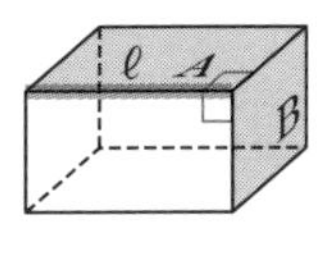

(2) **平行でなく，交わらない 2 直線をねじれの位置にある**という。

辺 AB と平行でなく，交わらない辺は，辺 CF，辺 DF，辺 EF である。

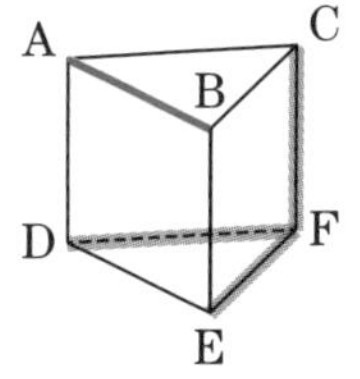

(3) 立方体とその展開図は，下の図のようになる。線分 AB と平行で，長さが等しくなる線分は線分 EG である。

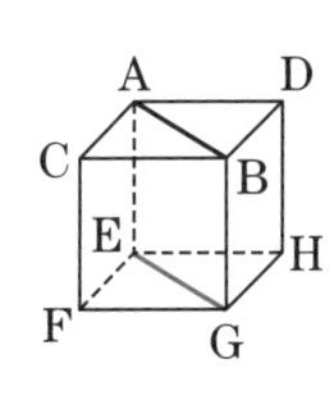

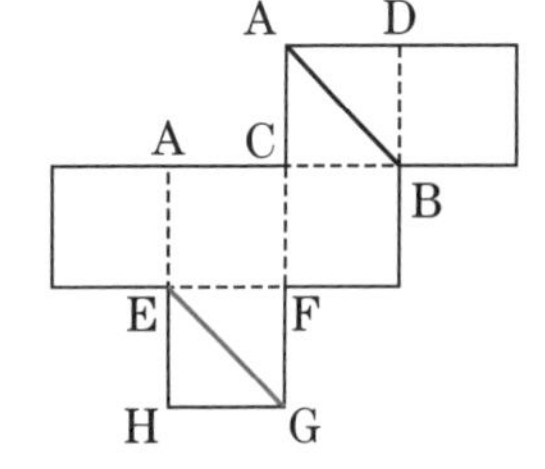

(4) 展開図を組み立ててできる立方体は，下の図のようになる。

ア 線分 PA は立方体の 1 辺の長さ。
イ 線分 PB は立方体の面の対角線の長さ。
ウ 線分 PC は立方体の対角線の長さ。
エ 線分 PD は立方体の面の対角線の長さ。
よって，**ウ**が最も長い線分になる。

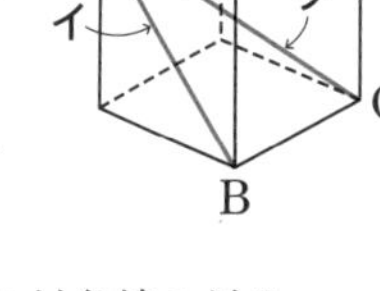

2 (1) 135°　(2) 7π cm

解説 (1) 側面のおうぎ形の $\overset{\frown}{AB}$ の長さは，底面の円の円周の長さに等しいから，

$\overset{\frown}{AB}=2\pi\times3=6\pi$(cm)

また，円 O の円周は，

$2\pi\times8=16\pi$(cm)

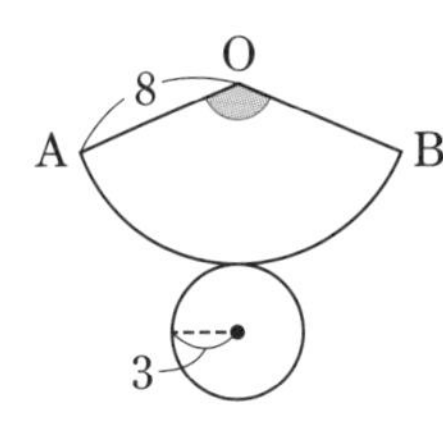

よって，$\overset{\frown}{AB}$ は円 O の円周の $\dfrac{6\pi}{16\pi}=\dfrac{3}{8}$

おうぎ形の弧の長さは中心角に比例するから，

中心角は，$360°\times\dfrac{3}{8}=135°$

別解 側面のおうぎ形 OAB の中心角を $x°$ とすると，側面のおうぎ形の弧の長さは，

$2\pi\times8\times\dfrac{x}{360}$(cm)

底面の円の円周は，$2\pi\times3$(cm)

この 2 つの長さは等しいから，

$2\pi\times8\times\dfrac{x}{360}=2\pi\times3$

これを解くと，$x=360\times\dfrac{6\pi}{16\pi}=135$

(2) 右の図のおうぎ形 OBB′ で，$\overset{\frown}{BB'}$ の長さは直径 5cm の円の周の長さと等しいから，

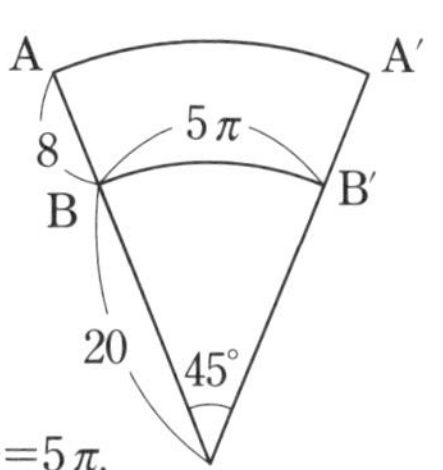

$\overset{\frown}{BB'}=\pi\times5=5\pi$(cm)

よって，$2\pi\times OB\times\dfrac{45}{360}=5\pi$,

$OB=5\pi\div2\pi\div\dfrac{45}{360}=20$(cm)

したがって，おうぎ形 OAA′ で，

$\overset{\frown}{AA'}=2\pi\times(20+8)\times\dfrac{45}{360}=7\pi$(cm)

3 (1) **イ** (2) **4cm**

解説 (1) **ア**～**エ**の立体について，それぞれの体積を求めると，

ア $1\times1\times1=1$(cm³)

イ $\dfrac{1}{3}\times2\times2\times1=\dfrac{4}{3}$(cm³)

ウ $\dfrac{1}{3}\pi\times1^2\times1=\dfrac{1}{3}\pi$(cm³)

エ $\pi\times\left(\dfrac{1}{2}\right)^2\times1=\dfrac{1}{4}\pi$(cm³)

よって，体積が最も大きいのは**イ**

(2) 正方形(ひし形)の面積は，

対角線 × 対角線 ÷2 で求められる。

正方形 ABCD の面積は，$4\times4\div2=8$(cm²)

正四角錐の高さを $h$cm とすると，

角錐の体積 ＝$\dfrac{1}{3}$×底面積×高さ より，

$\dfrac{1}{3}\times8\times h=\dfrac{32}{3}$

これを解くと，$h=4$

4 (1) **90πcm³** (2) $\dfrac{27}{4}$**cm**

(3) **ウ**

解説 (1) 右の図のような円柱である。

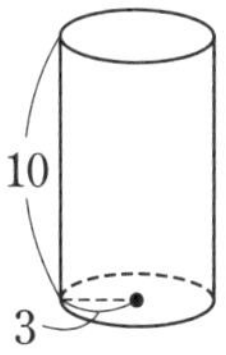

この円柱の体積は，

$\pi\times3^2\times10=90\pi$(cm³)

(2) **立体ア**は円錐(えんすい)だから，その体積は，

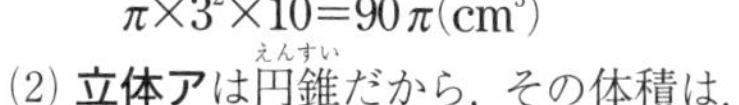

$\dfrac{1}{3}\pi\times4^2\times h=\dfrac{16}{3}\pi h$(cm³)

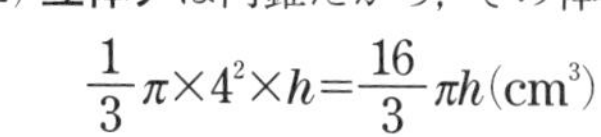

立体イは球だから，その体積は，

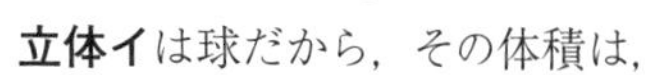

$\dfrac{4}{3}\pi\times3^3=36\pi$(cm³)

立体アと**立体イ**の体積は等しいから，

$\dfrac{16}{3}\pi h=36\pi$

よって，$h=36\pi\div\dfrac{16}{3}\pi=\dfrac{27}{4}$(cm)

(3) 立体 X は立方体から三角錐を取り除いた立体で，右の図の色のついた部分になる。また，立体 Y は取り除いた三角錐になる。

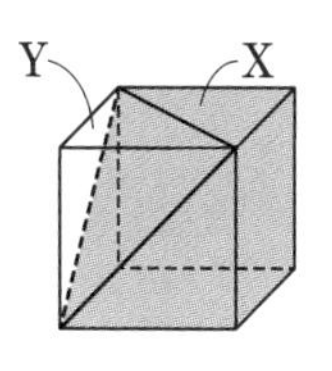

$V'=\dfrac{1}{3}\times\left(\dfrac{1}{2}\times1\times1\right)\times1=\dfrac{1}{6}$(m³)

$V=1\times1\times1-\dfrac{1}{6}=\dfrac{5}{6}$(m³)

よって，$V:V'=\dfrac{5}{6}:\dfrac{1}{6}=5:1$

5 **72πcm²**

解説 円 O の円周は，円錐の底面の円の円周の $3\dfrac{1}{2}$ 倍だから，$2\pi\times4\times3\dfrac{1}{2}=28\pi$(cm)

円 O の半径は，$28\pi\div2\pi=14$(cm)

よって，円錐の母線の長さは 14cm だから，

円錐の側面積は，

$\dfrac{1}{2}\times2\pi\times4\times14=56\pi$(cm²)

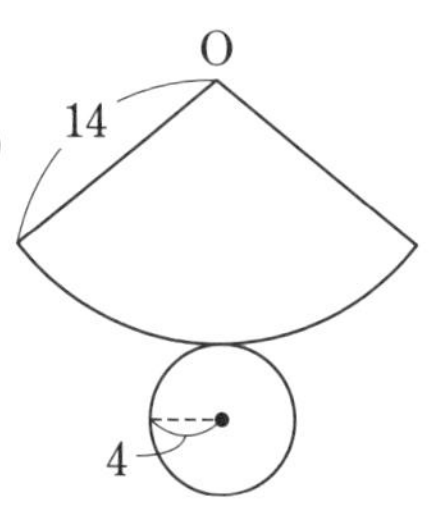

円錐の底面積は，

$\pi\times4^2=16\pi$(cm²)

よって，円錐の表面積は，

$56\pi+16\pi=72\pi$(cm²)

6 (1) **24π** (2) $\dfrac{128}{3}$**πcm³**

(3) $\dfrac{3}{2}$**倍** (4) **33πcm²**

解説 (1) できる立体は，右の図のように，円柱から円錐を取り除いた立体になる。

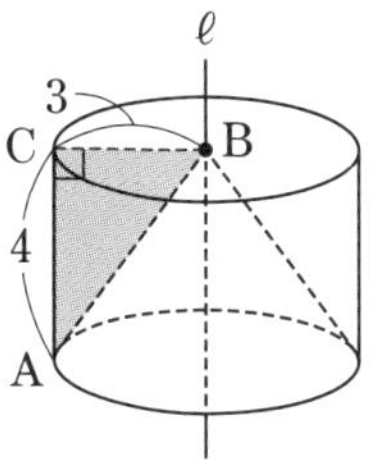

円柱の体積は，

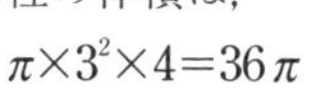

$\pi\times3^2\times4=36\pi$

円錐の体積は，

$\dfrac{1}{3}\pi\times3^2\times4=12\pi$

よって，求める立体の体積は，

$36\pi-12\pi=24\pi$

(2) できる立体は，右の図のような半球である。

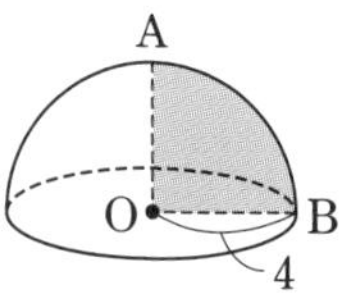

この半球の体積は，

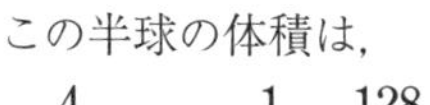

$\dfrac{4}{3}\pi\times4^3\times\dfrac{1}{2}=\dfrac{128}{3}\pi$(cm³)

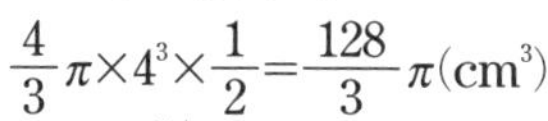

(3) 辺 AB を軸(じく)として 1 回転させてできる立体は，右の図のような円錐である。

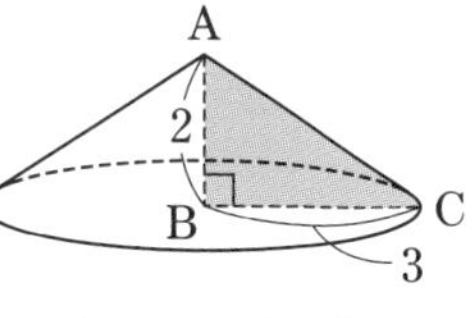

この円錐の体積は，$\dfrac{1}{3}\pi\times3^2\times2=6\pi$(cm³)

辺 BC を軸として 1 回転させてできる立体は，右の図のような円錐である。

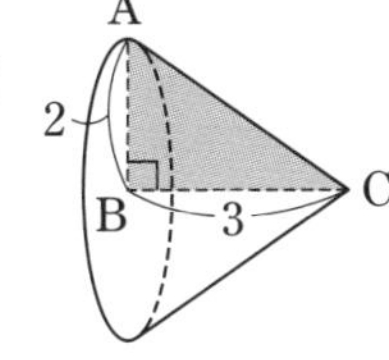

この円錐の体積は，

$\frac{1}{3}\pi\times2^2\times3=4\pi(\text{cm}^3)$

よって，$6\pi\div4\pi=\frac{3}{2}$(倍)

(4) できる立体は，右の図のように，大きい円錐から小さい円錐を取り除いた立体になる。

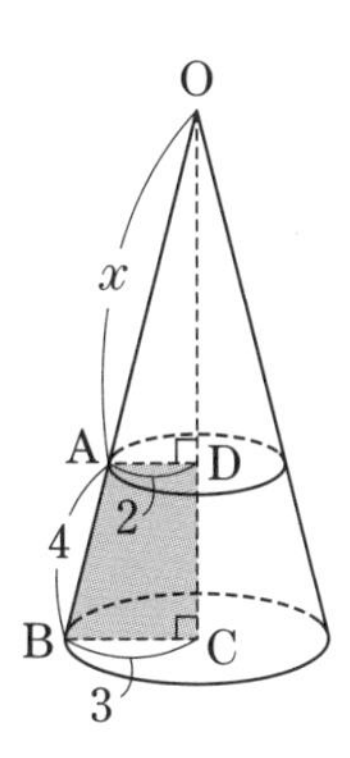

OA$=x$cm とすると，

AD∥BC だから，

$x:(x+4)=2:3$,

$3x=2(x+4)$，$x=8$(cm)

大きい円錐の側面積は，

$\frac{1}{2}\times2\pi\times3\times(8+4)$

$=36\pi(\text{cm}^2)$

底面積は，$\pi\times3^2=9\pi(\text{cm}^2)$

小さい円錐の側面積は，

$\frac{1}{2}\times2\pi\times2\times8=16\pi(\text{cm}^2)$

底面積は，$\pi\times2^2=4\pi(\text{cm}^2)$

よって，求める立体の表面積は，

$36\pi-16\pi+9\pi+4\pi=33\pi(\text{cm}^2)$

{P.131}

2 空間図形と三平方の定理

1 (1) $18\sqrt{3}$ cm³

(2) **(説明)△ABO で，∠AOB=90° だから，三平方の定理より，**

$\text{AO}=\sqrt{7^2-3^2}=\sqrt{49-9}=\sqrt{40}=2\sqrt{10}(\text{cm})$

よって，円錐の体積は，

$\frac{1}{3}\pi\times3^2\times2\sqrt{10}=6\sqrt{10}\pi(\text{cm}^3)$

(答)$6\sqrt{10}\pi$cm³

(3) $3\sqrt{55}\pi$ cm³

(4) $36\sqrt{3}$ cm³

解説 (1) △ABC は 3 つの角が 30°，60°，90° の直角三角形だから，

AB : AC=2 : 1，6 : AC=2 : 1,

$\text{AC}=\frac{6\times1}{2}=3(\text{cm})$

AB : BC$=2:\sqrt{3}$，6 : BC$=2:\sqrt{3}$,

$\text{BC}=\frac{6\times\sqrt{3}}{2}=3\sqrt{3}(\text{cm})$

よって，$\triangle\text{ABC}=\frac{1}{2}\times3\times3\sqrt{3}=\frac{9\sqrt{3}}{2}(\text{cm}^2)$

したがって，三角柱の体積は，

$\frac{9\sqrt{3}}{2}\times4=18\sqrt{3}(\text{cm}^3)$

(3) 円錐の母線の長さを ℓ とする。

展開図で，側面のおうぎ形の弧の長さは，底面の円の円周の長さに等しいから，

$2\pi\times3=6\pi(\text{cm})$

よって，$\frac{1}{2}\times6\pi\times\ell=24\pi$

これを解くと，$\ell=8$(cm)

円錐の高さを $h$cm とすると，

三平方の定理より，

$\sqrt{8^2-3^2}=\sqrt{64-9}=\sqrt{55}(\text{cm})$

よって，円錐の体積は，

$\frac{1}{3}\pi\times3^2\times\sqrt{55}=3\sqrt{55}\pi(\text{cm}^3)$

(4) この正四角錐の底面積は，$6\times6=36(\text{cm}^2)$

高さは，1 辺が 6cm の正三角形の高さだから，

$\sqrt{6^2-3^2}=3\sqrt{3}(\text{cm})$

よって，正四角錐の体積は，

$\frac{1}{3}\times36\times3\sqrt{3}=36\sqrt{3}(\text{cm}^3)$

2 (1) $\frac{32}{3}$ cm³　(2) $8\sqrt{3}$ cm²

(3) $\frac{4\sqrt{3}}{3}$ cm

解説 (1) 正三角錐 ABDE で，

△ABD を底面，AE を高さとみると，

その体積は，

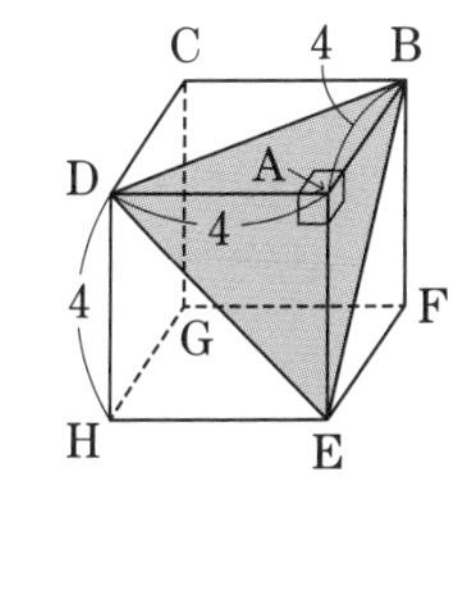

$\frac{1}{3}\times\triangle\text{ABD}\times\text{AE}$

$=\frac{1}{3}\times\left(\frac{1}{2}\times4\times4\right)\times4$

$=\frac{32}{3}(\text{cm}^3)$

(2) DE は 1 辺の長さが 4cm の正方形の対角線の長さだから，$\text{DE}=\sqrt{4^2+4^2}=4\sqrt{2}(\text{cm})$

同様にして，$\text{BD}=\text{BE}=4\sqrt{2}(\text{cm})$

よって，△BDE は，下の図のような 1 辺が $4\sqrt{2}$ cm の正三角形である。

この正三角形の高さは，

$\sqrt{(4\sqrt{2})^2-(2\sqrt{2})^2}$

$=2\sqrt{6}(\text{cm})$

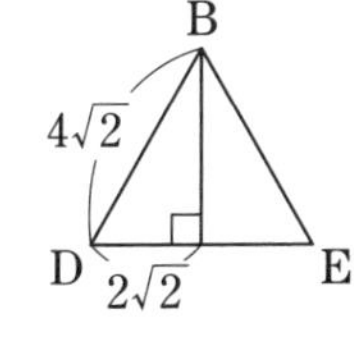

よって，

$\triangle\text{BDE}=\frac{1}{2}\times4\sqrt{2}\times2\sqrt{6}=8\sqrt{3}(\text{cm}^2)$

(3) 点 A と △BDE との距離は，正三角錐 ABDE で，△BDE を底面とみたときの高さである。

この高さを $h$cm とすると，

$\frac{1}{3}\times\triangle BDE\times h=\frac{32}{3}$，$\frac{1}{3}\times 8\sqrt{3}\times h=\frac{32}{3}$

これを解くと，$h=\frac{32}{8\sqrt{3}}=\frac{4}{\sqrt{3}}=\frac{4\sqrt{3}}{3}$(cm)

3 $33\pi\,\text{cm}^2$

解説 球の中心をO，切り口の円の半径をABとすると，△OABは右の図のような直角三角形になる。

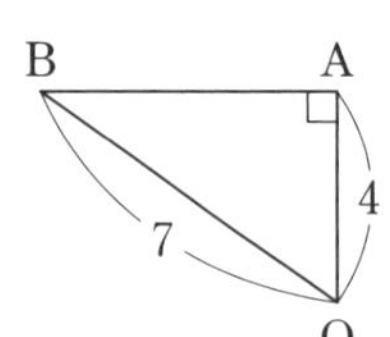

△OABで，三平方の定理より，

$AB=\sqrt{7^2-4^2}=\sqrt{33}$(cm)

よって，切り口の円の面積は，

$\pi\times(\sqrt{33})^2=33\pi(\text{cm}^2)$

4 (1) $3\sqrt{2}$ cm

(2) ① $5\sqrt{2}$ cm　② $\frac{12\sqrt{2}}{5}$ cm

解説 (1) △BACは，下の図のような直角二等辺三角形だから，$AC=\sqrt{6^2+6^2}=6\sqrt{2}$(cm)

点Mは線分ACの中点だから，

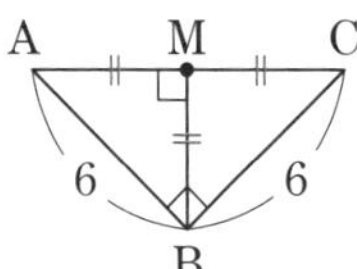

$AM=6\sqrt{2}\div 2$

$=3\sqrt{2}$(cm)

よって，$BM=AM=3\sqrt{2}$(cm)

(2) ① $\triangle APC=30\text{cm}^2$ だから，

$\frac{1}{2}\times 6\sqrt{2}\times PM=30$

よって，

$PM=\frac{30}{3\sqrt{2}}=\frac{10\sqrt{2}}{2}$

$=5\sqrt{2}$(cm)

② △BPMで，三平方の定理より，

$BP=\sqrt{PM^2-BM^2}$

$=\sqrt{(5\sqrt{2})^2-(3\sqrt{2})^2}$

$=\sqrt{32}=4\sqrt{2}$(cm)

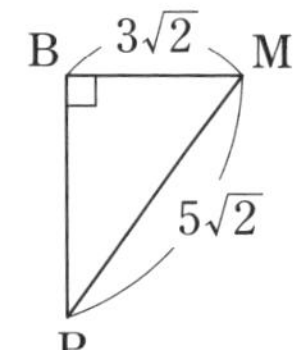

△ABCを底面とみると，三角錐ABCPの体積は，

$\frac{1}{3}\times\triangle ABC\times BP$

$=\frac{1}{3}\times\left(\frac{1}{2}\times 6\times 6\right)\times 4\sqrt{2}$

$=24\sqrt{2}(\text{cm}^3)$

また，△APCを底面とみて，高さをhとすると，三角錐ABCPの体積は，

$\frac{1}{3}\times\triangle APC\times h=\frac{1}{3}\times 30\times h=10h$

よって，$10h=24\sqrt{2}$，$h=\frac{12\sqrt{2}}{5}$(cm)

5 (1) $13\pi\,\text{cm}^2$　(2) $\frac{38\sqrt{2}}{3}\pi\,\text{cm}^3$

解説 (1) 円Pの円周は$\overset{\frown}{AB}$の長さに等しく6πcmだから，円Pの半径は，$6\pi\div 2\pi=3$(cm)

よって，円Pの面積は，$\pi\times 3^2=9\pi(\text{cm}^2)$

円Qの円周は$\overset{\frown}{DC}$の長さに等しく4πcmだから，円Qの半径は，$4\pi\div 2\pi=2$(cm)

よって，円Qの面積は，$\pi\times 2^2=4\pi(\text{cm}^2)$

したがって，求める面積の和は，

$9\pi+4\pi=13\pi(\text{cm}^2)$

(2) 展開図を組み立ててできる立体は，下の図のように，大きい円錐から小さい円錐を取り除いた立体である。

△ODQ∽△OAPだから，

OD：OA＝DQ：AP，

OD：(OD＋3)＝2：3，

3OD＝2(OD＋3)，

3OD＝2OD＋6，

OD＝6(cm)

OA＝6＋3＝9(cm)

△OAPで，三平方の定理より，

$OP=\sqrt{9^2-3^2}=\sqrt{72}=6\sqrt{2}$(cm)

△ODQで，三平方の定理より，

$OQ=\sqrt{6^2-2^2}=\sqrt{32}=4\sqrt{2}$(cm)

よって，求める立体の体積は，

$\frac{1}{3}\pi\times 3^2\times 6\sqrt{2}-\frac{1}{3}\pi\times 2^2\times 4\sqrt{2}$

$=18\sqrt{2}\pi-\frac{16\sqrt{2}}{3}\pi=\frac{38\sqrt{2}}{3}\pi(\text{cm}^3)$

6 (1) $2\sqrt{2}$ cm　(2) $\sqrt{14}\,\text{cm}^2$

(3) $\frac{32\sqrt{7}}{27}\,\text{cm}^3$

解説 (1) 線分ACは1辺の長さが2cmの正方形の対角線だから，$AC=\sqrt{2^2+2^2}=2\sqrt{2}$(cm)

よって，$AE=AC=2\sqrt{2}$(cm)

(2) 点OからACに垂線をひき，ACとの交点をHとする。

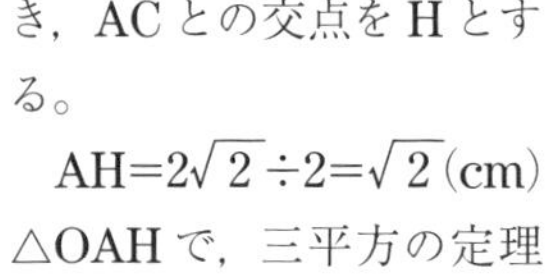

$AH=2\sqrt{2}\div 2=\sqrt{2}$(cm)

△OAHで，三平方の定理より，

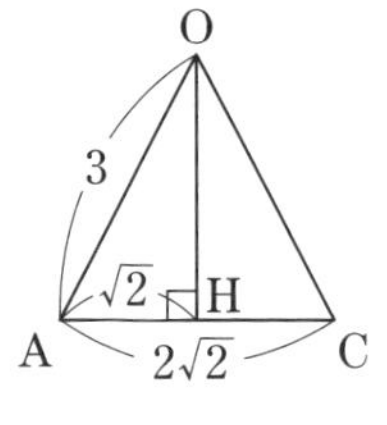

$OH=\sqrt{3^2-(\sqrt{2})^2}=\sqrt{7}$(cm)

$\triangle OAC=\frac{1}{2}\times 2\sqrt{2}\times\sqrt{7}=\sqrt{14}(\text{cm}^2)$

(3) 点Aから辺OCに垂線をひき，OCとの交点をFとする。

△OAC$=\sqrt{14}$cm^2 だから，

$\frac{1}{2}\times3\times AF=\sqrt{14}$,

$AF=\frac{2\sqrt{14}}{3}$(cm)

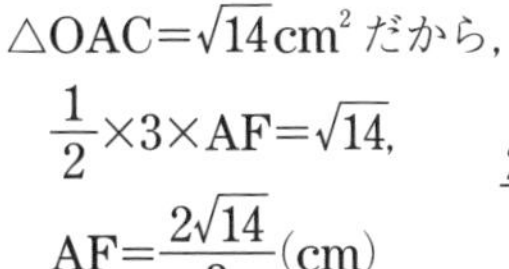

△ACFで，三平方の定理より，

$CF=\sqrt{(2\sqrt{2})^2-\left(\frac{2\sqrt{14}}{3}\right)^2}$

$=\sqrt{8-\frac{56}{9}}=\sqrt{\frac{16}{9}}=\frac{4}{3}$(cm)

AC＝AEより，AFは線分ECを垂直に2等分するから，$EC=2CF=2\times\frac{4}{3}=\frac{8}{3}$(cm)

点Eから辺ACに垂線をひき，ACとの交点をGとすると，

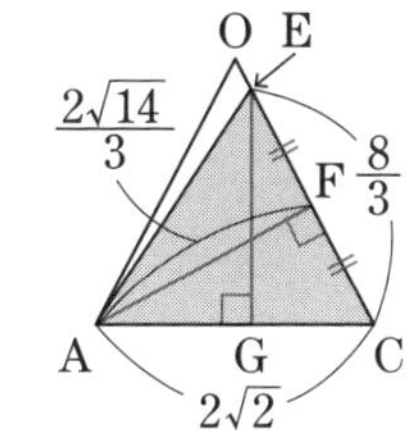

$\frac{1}{2}\times AC\times EG$

$=\frac{1}{2}\times EC\times AF$ より，

$\frac{1}{2}\times2\sqrt{2}\times EG=\frac{1}{2}\times\frac{8}{3}\times\frac{2\sqrt{14}}{3}$,

$2\sqrt{2}\,EG=\frac{16\sqrt{14}}{9}$，$EG=\frac{8\sqrt{7}}{9}$(cm)

よって，四角錐EABCDの体積は，

$\frac{1}{3}\times2\times2\times\frac{8\sqrt{7}}{9}=\frac{32\sqrt{7}}{27}$(cm^3)

別解 △OACと△AECはどちらも二等辺三角形で，∠OCA＝∠ACEだから，2組の角がそれぞれ等しいので，△OAC∽△AEC

よって，AC : EC＝OA : AE,

$2\sqrt{2}$: EC＝3 : $2\sqrt{2}$，8＝3EC，$EC=\frac{8}{3}$(cm)

点Eから AC に垂線をひき，ACとの交点をKとする。

EK//OH だから，

EK : OH＝EC : OC,

EK : $\sqrt{7}=\frac{8}{3}$: 3,

$3EK=\frac{8\sqrt{7}}{3}$,

$EK=\frac{8\sqrt{7}}{9}$(cm)

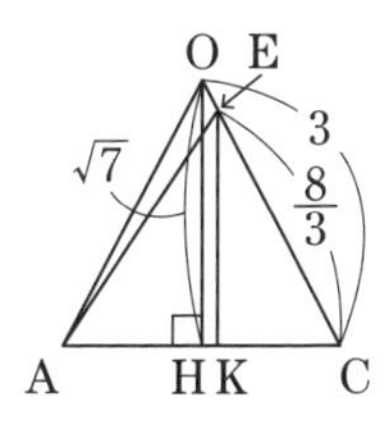

よって，四角錐EABCDの体積は，

$\frac{1}{3}\times2\times2\times\frac{8\sqrt{7}}{9}=\frac{32\sqrt{7}}{27}$(cm^3)

7 **108cm^3**

解説 BD，DM，BMはどれも等しい辺が6cmの直角二等辺三角形の斜辺だから，その長さは，

$\sqrt{6^2+6^2}=6\sqrt{2}$(cm)

よって，△MBDは1辺の長さが$6\sqrt{2}$cmの正三角形で，高さが$3\sqrt{6}$cmだから，

$\triangle MBD=\frac{1}{2}\times6\sqrt{2}\times3\sqrt{6}$

$=18\sqrt{3}$(cm^2)

△BMGで,

$BM=6\sqrt{2}$(cm)

$MG=\sqrt{6^2+(6\sqrt{2})^2}=\sqrt{108}=6\sqrt{3}$(cm)

$BG=\sqrt{6^2+12^2}=\sqrt{180}=6\sqrt{5}$(cm)

$BM^2+MG^2=(6\sqrt{2})^2+(6\sqrt{3})^2=72+108=180$,

$BG^2=(6\sqrt{5})^2=180$ だから，$BM^2+MG^2=BG^2$

よって，三平方の定理の逆より，△BMGは∠BMG＝90°の直角三角形である。

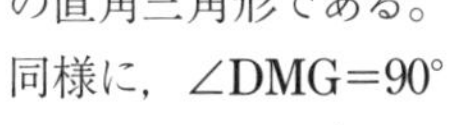

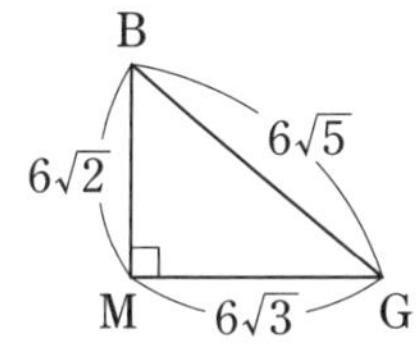

同様に，∠DMG＝90°

よって，MG⊥面MBD

したがって，四面体BDGMは底面が△MBDで，高さがMGの三角錐だから，その体積は，

$\frac{1}{3}\times18\sqrt{3}\times6\sqrt{3}=108$(cm^3)

別解 直方体ABCD−EFGHの体積は，

$6\times6\times12=432$(cm^3)

三角錐M−ABDの体積は，

$\frac{1}{3}\times\frac{1}{2}\times6\times6\times6=36$(cm^3)

三角錐G−BCDの体積は，

$\frac{1}{3}\times\frac{1}{2}\times6\times6\times12=72$(cm^3)

四角錐G−BMEF，G−DMEHの体積は，

$\frac{1}{3}\times\frac{1}{2}\times(6+12)$

$\times6\times6=108$(cm^3)

よって，四面体BDGMの体積は，

$432-(36+72+108\times2)=108$(cm^3)

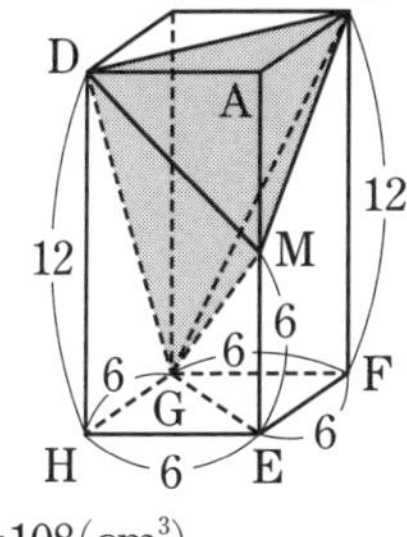

8 (1) **$9\sqrt{2}$ cm**

(2) 三角錐AEPQ … **81cm^3**

三角錐RFPS … **3cm^3**

(3) **$\frac{21\sqrt{17}}{2}$cm^2**　　(4) **48cm^3**

解説 (1) △EPQは∠PEQ＝90°の直角二等辺三角形だから，EP : PQ＝1 : $\sqrt{2}$

よって，$PQ=\sqrt{2}\,EP=\sqrt{2}\times9=9\sqrt{2}$(cm)

(2) 三角錐 AEPQ の体積は，

$\frac{1}{3}\times\triangle EPQ\times AE$

$=\frac{1}{3}\times\left(\frac{1}{2}\times9\times9\right)\times6=81(cm^3)$

RF∥AE だから，RF : AE=PF : PE，

RF : 6=3 : 9，9RF=18，RF=2(cm)

また，FS : EQ=PF : PE，

FS : 9=3 : 9，9FS=27，FS=3(cm)

三角錐 RFPS の体積は，

$\frac{1}{3}\times\triangle FPS\times RF$

$=\frac{1}{3}\times\left(\frac{1}{2}\times3\times3\right)\times2=3(cm^3)$

別解 三角錐 RFPS と三角錐 AEPQ は相似で，相似比は 1 : 3 だから，体積の比は，

$1^3 : 3^3=1 : 27$

よって，三角錐 RFPS の体積は，

$81\times\frac{1}{27}=3(cm^3)$

(3) △RPF で，三平方の定理より，

$RP=\sqrt{3^2+2^2}=\sqrt{13}(cm)$

同様に，$RS=\sqrt{13}(cm)$

△FPS は PF=FS=3cm の直角二等辺三角形だから，$PS=3\sqrt{2}$ cm

よって，△RPS は右の図のような二等辺三角形になる。

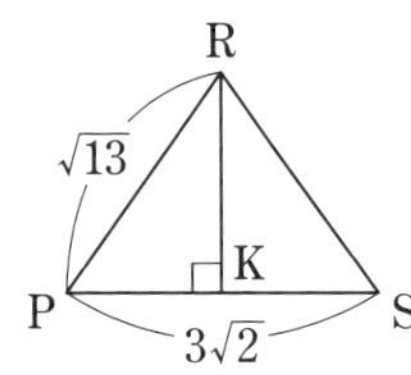

点 R から PS に垂線をひき，PS との交点を K とする。

$PK=\frac{3\sqrt{2}}{2}$ cm だから，

△RPK で，三平方の定理より，

$RK=\sqrt{(\sqrt{13})^2-\left(\frac{3\sqrt{2}}{2}\right)^2}=\sqrt{\frac{34}{4}}=\frac{\sqrt{34}}{2}(cm)$

よって，

$\triangle RPS=\frac{1}{2}\times3\sqrt{2}\times\frac{\sqrt{34}}{2}=\frac{3\sqrt{17}}{2}(cm^2)$

また，△RPS と △APQ において，

∠RPS=∠APQ

PR : PA=PF : PE=1 : 3

PS : PQ=PF : PE=1 : 3

2 組の辺の比とその間の角がそれぞれ等しいから，△RPS∽△APQ

相似比は 1 : 3 より，面積の比は，

$1^2 : 3^2=1 : 9$ だから，

$\triangle APQ=9\triangle RPS=9\times\frac{3\sqrt{17}}{2}=\frac{27\sqrt{17}}{2}(cm^2)$

また，△RPS≡△TQU だから，

△RPS=△TQU

したがって，五角形 ARSUT の面積は，

△APQ−2△RPS

$=\frac{27\sqrt{17}}{2}-2\times\frac{3\sqrt{17}}{2}=\frac{21\sqrt{17}}{2}(cm^2)$

(4) 右の図のように，点 R を通り面 ABCD に平行な面 RWTV で切断する。四面体 ACRT は，直方体から合同な 4 つの三角錐を取り除いた立体である。

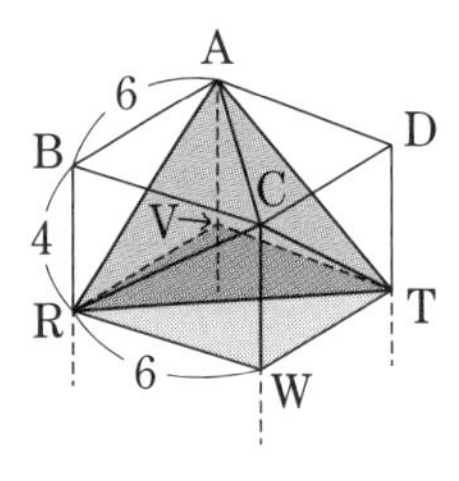

直方体 ABCD−VRWT の体積は，

$6\times6\times4=144(cm^3)$

三角錐 ABCR の体積は，

$\frac{1}{3}\times\left(\frac{1}{2}\times6\times6\right)\times4=24(cm^3)$

よって，求める立体の体積は，

$144-24\times4=48(cm^3)$

9 (1) $\sqrt{29}$ m

(2) ① 記号 … **ア**，糸の長さ … $\sqrt{41}$ m

② $\frac{6\sqrt{5}}{5}$ m

解説 (1) 直角三角形 AEG で，

$AG^2=AE^2+EG^2=AE^2+(EF^2+FG^2)$

$=3^2+(2^2+4^2)=9+4+16=29$

AG > 0 だから，$AG=\sqrt{29}(m)$

(2) ① **ア**の方法で糸をかけたとき，最も短い糸の長さは，**図 1** の線分 AG の長さになる。

$AG^2=(2+3)^2+4^2$

$=25+16=41$

AG > 0 だから，

$AG=\sqrt{41}(m)$

図 1

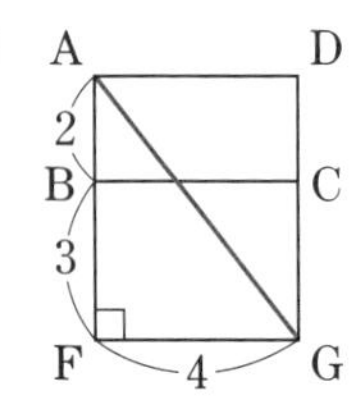

イの方法で糸をかけたとき，最も短い糸の長さは，**図 2** の線分 AG の長さになる。

$AG^2=3^2+(2+4)^2$

$=9+36=45$

AG > 0 だから，

$AG=\sqrt{45}(m)$

図 2

A B C / 3 / E 2 F 4 G

よって，短い方の糸のかけ方は**ア**で，その長さは　$\sqrt{41}$ m

② かけた糸の長さが長い方は**イ**。

イの方法で糸をかけたとき，点 C と直線 ℓ との距離は，**図 3** のように，点 C から線分 AG にひいた垂線の長さ CI になる。

△AGC で，AC を底辺とみると，

△AGC

$=\frac{1}{2}\times(2+4)\times3$

図 3

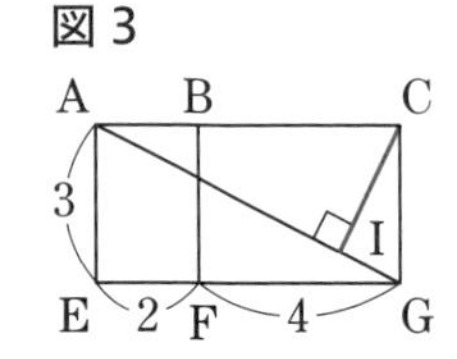

$=9(\text{m}^2)$

△AGC で，AG を底辺とみると，

$\frac{1}{2}\times 3\sqrt{5}\times \text{CI}=9$,

$\text{CI}=9\times\frac{2}{3\sqrt{5}}=\frac{6}{\sqrt{5}}=\frac{6\sqrt{5}}{5}(\text{m})$

10 $\sqrt{37}$ cm

解説 正四角錐 OABCD の側面の展開図の一部は，下の図のようになる。AQ+QP が最小となるとき，AQ+QP の長さは，下の図の線分 AP の長さになる。

点 A から直線 CO に垂線をひき，CO との交点を H とすると，△AOH は，3 つの角が 30°，60°，90° の直角三角形だから，

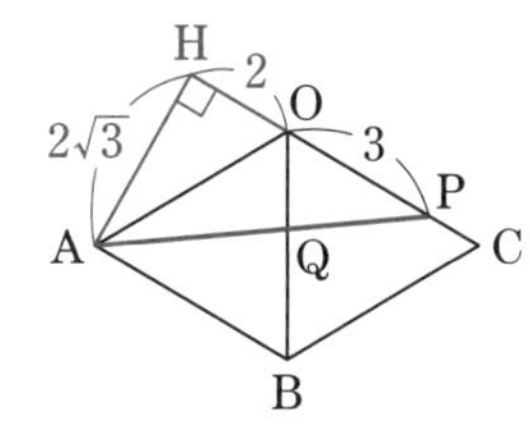

$\text{AO}:\text{AH}:\text{OH}=2:\sqrt{3}:1$

よって，OH=2cm　また，AH=$2\sqrt{3}$ cm

△APH で，三平方の定理より，

$\text{AP}=\sqrt{(2+3)^2+(2\sqrt{3})^2}=\sqrt{37}(\text{cm})$

11 (1) $\frac{4}{3}$ cm　　(2) $2\sqrt{13}$ cm

解説 (1) 正四角錐 ABCDE の側面の展開図の一部は，下の図のようになる。線分 EH，HG，GF の長さの和が最も小さくなるとき，この長さの和は，下の図の線分 EF の長さになる。

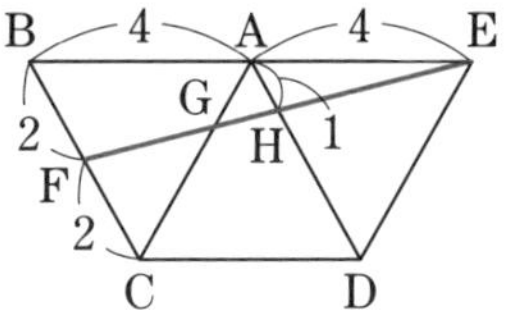

AD∥BC だから，

$\text{AH}:\text{BF}$
$=\text{EA}:\text{EB}$
$=4:8=1:2$

よって，

$\text{AH}=\frac{1}{2}\text{BF}=\frac{1}{2}\times 2=1(\text{cm})$

BF=CF=2cm だから，

$\text{AG}:\text{CG}=\text{AH}:\text{CF}=1:2$

よって，$\text{AG}:\text{AC}=1:(1+2)=1:3$,

$\text{AG}:4=1:3$，$3\text{AG}=4$，$\text{AG}=\frac{4}{3}(\text{cm})$

(2) ∠EBC=60°，∠BEC=30° より，△BCE は，3 つの角が 30°，60°，90° の直角三角形だから，

$\text{EB}:\text{BC}:\text{EC}=2:1:\sqrt{3}$

よって，EC=$4\sqrt{3}$ cm

△EFC で，三平方の定理より，

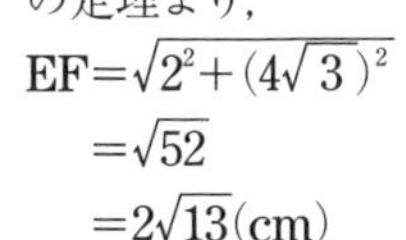

$\text{EF}=\sqrt{2^2+(4\sqrt{3})^2}$
$=\sqrt{52}$
$=2\sqrt{13}(\text{cm})$

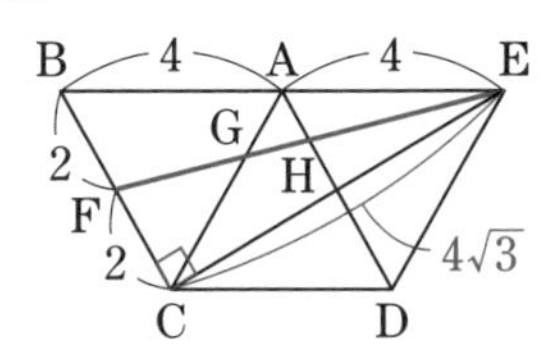

確率とデータの活用

弱点チェック

{P.138}

1 確率

① 4 通り　② $\frac{1}{4}$

③ $\frac{1}{2}$　④ 20 通り

⑤ $\frac{1}{10}$　⑥ $\frac{7}{10}$

⑦ 36 通り　⑧ $\frac{1}{9}$

⑨ $\frac{1}{4}$　⑩ 10 通り

⑪ $\frac{7}{10}$　⑫ $\frac{2}{5}$

2 データの活用

① 15 分以上 20 分未満の階級

② 12.5 分　③ 0.32　④ 18 人

⑤ 第 1 四分位数 … 16 m，
第 2 四分位数 … 21 m，
第 3 四分位数 … 24 m

⑥ 8 m

⑦

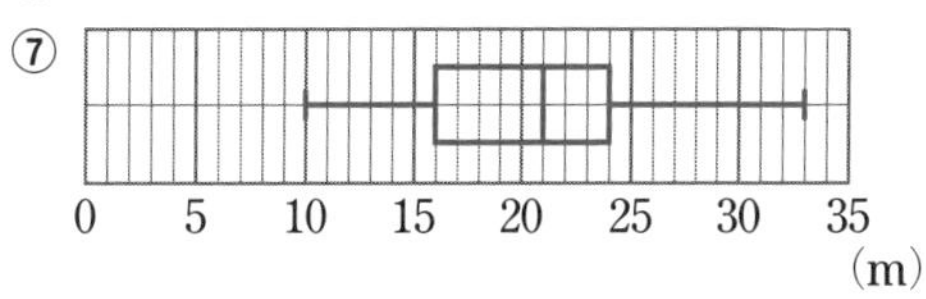

⑧ ある都市の有権者全体

⑨ 300 人

{P.141}

1 確率

1 (1) $\frac{5}{8}$　(2) $\frac{15}{16}$　(3) $\frac{3}{8}$

解説 (1) 3 枚の硬貨の表と裏の出方を樹形図に表すと，次のようになる。

100円　50円　50円　合計金額

表 ― 表 ― 表　200円 ○
表 ― 表 ― 裏　150円 ○
表 ― 裏 ― 表　150円 ○
表 ― 裏 ― 裏　100円 ○
裏 ― 表 ― 表　100円 ○
裏 ― 表 ― 裏　50円
裏 ― 裏 ― 表　50円
裏 ― 裏 ― 裏　0円

表と裏の出方は，全部で 8 通り。

このうち，表が出た硬貨の合計が 100 円以上になる表と裏の出方は，○のついた 5 通り。

よって，求める確率は $\frac{5}{8}$

(2) A の起こる確率を p とすると，

A の起こらない確率 $=1-p$ を利用する。

4 枚の硬貨の表と裏の出方を樹形図に表すと，次のようになる。

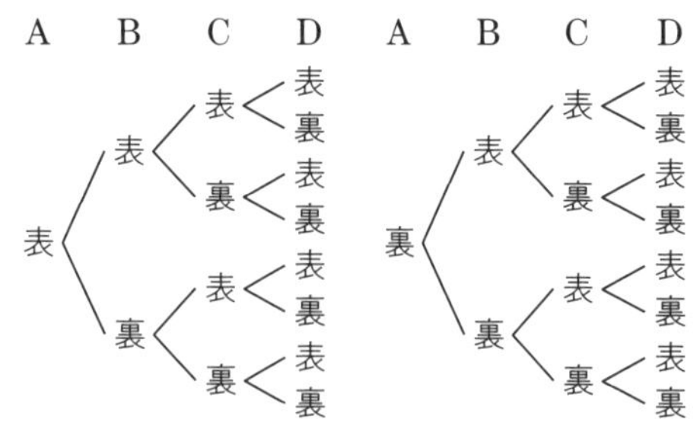

表と裏の出方は，全部で 16 通り。

このうち，4 枚とも裏が出る出方は 1 通りだから，4 枚とも裏が出る確率は $\frac{1}{16}$

よって，求める確率は，$1-\frac{1}{16}=\frac{15}{16}$

(3) 硬貨を 3 回投げたときの表と裏の出方を樹形図に表すと，次のようになる。

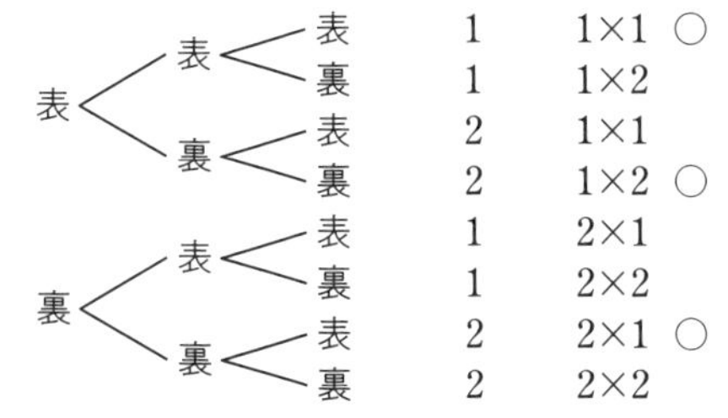

表と裏の出方は，全部で 8 通り。

このうち，$b=ac$ になる表と裏の出方は，○のついた 3 通り。

よって，求める確率は $\frac{3}{8}$

2 (1) $\frac{2}{7}$　(2) $\frac{1}{21}$　(3) $\frac{4}{7}$　(4) $\frac{5}{7}$

解説 (1) 1 本のくじのひき方は全部で 7 通り。

このうち，2 等のあたりくじのひき方は 2 通りだから，求める確率は $\frac{2}{7}$

(2) 1 等のあたりくじを❶，2 等のあたりくじを②，③，4 本のはずれくじを 4，5，6，7 として，2 本のくじのひき方を樹形図に表すと，次のようになる。

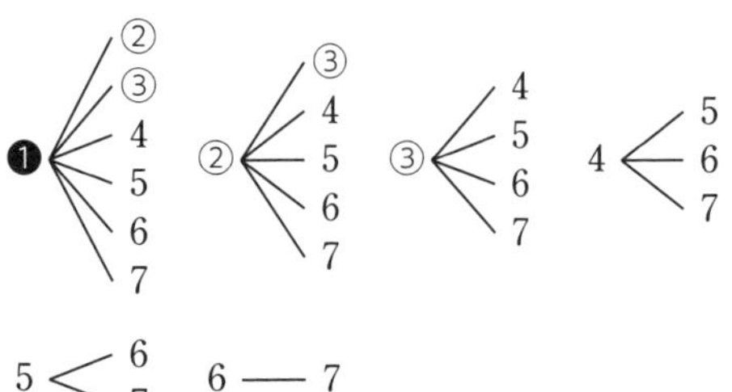

2 本のくじのひき方は，全部で 21 通り。

このうち，2 本とも 2 等のあたりくじのひき方は 1 通り。

よって，求める確率は $\frac{1}{21}$

(3) 1 本はあたりくじで，1 本ははずれくじのひき方は 12 通り。

よって，求める確率は，$\frac{12}{21}=\frac{4}{7}$

(4) 2 本ともはずれくじのひき方は 6 通り。

よって，2 本ともはずれくじをひく確率は，

$\frac{6}{21}=\frac{2}{7}$

少なくとも 1 本はあたりくじである確率は，

1−(2 本ともはずれくじをひく確率)だから，

$1-\frac{2}{7}=\frac{5}{7}$

3 (1) $\frac{7}{36}$　(2) $\frac{5}{12}$　(3) $\frac{1}{9}$　(4) $\frac{4}{9}$

解説 2 つのさいころの目の出方は全部で，

$6\times6=36$(通り)

2 つのさいころの目の出方と出た目の数の和を表にまとめると，右のようになる。

大＼小	1	2	3	4	5	6
1	2	3	4	5	6	7
2	3	4	5	6	7	8
3	4	5	6	7	8	9
4	5	6	7	8	9	10
5	6	7	8	9	10	11
6	7	8	9	10	11	12

(1) 2 から 12 までの整数のうちで，5 の倍数は，5，10

和が 5 の倍数になるのは，右の表の■の場合の 7 通り。

大＼小	1	2	3	4	5	6
1						
2						
3						
4						
5						
6						

よって，求める確率は $\frac{7}{36}$

(2) 2 から 12 までの整数のうちで，素数は，

2，3，5，7，11

和が素数になるのは，右の表の■の場合で 15 通り。

大＼小	1	2	3	4	5	6
1						
2						
3						
4						
5						
6						

よって，求める確率は，

$\frac{15}{36}=\frac{5}{12}$

2 つのさいころの目の出方と出た目の数の積を表にまとめると，右のようになる。

大＼小	1	2	3	4	5	6
1	1	2	3	4	5	6
2	2	4	6	8	10	12
3	3	6	9	12	15	18
4	4	8	12	16	20	24
5	5	10	15	20	25	30
6	6	12	18	24	30	36

(3) 積が 25 以上になるのは，右の表の■の場合の 4 通り。
よって，求める確率は，
$\frac{4}{36}=\frac{1}{9}$

大\小	1	2	3	4	5	6
1						
2						
3						
4						
5					■	■
6					■	■

(4) 積が 12 の約数(1, 2, 3, 4, 6, 12)になるのは，右の表の■の場合の 16 通り。よって，求める確率は，$\frac{16}{36}=\frac{4}{9}$

大\小	1	2	3	4	5	6
1	■	■	■	■		■
2	■	■	■			■
3	■	■		■		
4	■		■			
5						
6	■	■				

4 (1) $\frac{17}{36}$　(2) $\frac{7}{36}$

解説 2 つのさいころの目の出方は全部で 36 通り。

(1) $\frac{24}{a+b}$ が整数になるのは，$a+b$ が 24 の約数の場合である。
2 から 12 までの整数のうちで，24 の約数は，
2, 3, 4, 6, 8, 12
これより，$\frac{24}{a+b}$ が整数になるのは，右の表の■の場合の 17 通り。
よって，求める確率は $\frac{17}{36}$

a\b	1	2	3	4	5	6
1	■	■	■		■	
2	■	■		■		■
3	■		■		■	
4		■		■		
5	■		■			
6		■				■

(2) $\sqrt{a+b}$ が整数になるのは，$a+b$ が平方数の場合である。
2 から 12 までの整数のうちで，平方数は，4, 9
これより，$\sqrt{a+b}$ が整数になるのは，右の表の■の場合の 7 通り。
よって，求める確率は $\frac{7}{36}$

a\b	1	2	3	4	5	6
1			■			
2		■				
3	■					■
4					■	
5				■		
6			■			

5 (1) $\frac{3}{5}$　(2) $\frac{11}{15}$

解説 (1) 赤玉を赤①，赤②，青玉を青①，青②，青③として，2 個の玉の取り出し方を樹形図に表すと，次のようになる。
玉の取り出し方は，全部で 10 通り。
このうち，2 個の玉の色が異なる取り出し方は，○のついた 6 通り。
よって，求める確率は，
$\frac{6}{10}=\frac{3}{5}$

1回目　2回目
- 赤① ― 赤②，青① ○，青② ○，青③ ○
- 赤② ― 青① ○，青② ○，青③ ○
- 青① ― 青②，青③
- 青② ― 青③

(2) 赤玉を赤①，赤②，赤③，白玉を白①，白②，青玉を青①として，2 個の玉の取り出し方を樹形図に表すと，右のようになる。
玉の取り出し方は，全部で 15 通り。
このうち，2 個の玉の色が異なる取り出し方は，○のついた 11 通り。
よって，求める確率は，
$\frac{11}{15}$

- 赤① ― 赤②，赤③，白① ○，白② ○，青① ○
- 赤② ― 赤③，白① ○，白② ○，青① ○
- 赤③ ― 白① ○，白② ○，青① ○
- 白① ― 白②，青① ○
- 白② ― 青① ○

別解 上の樹形図から，2 個の玉の色が同じになる取り出し方は，
(赤①，赤②)，(赤①，赤③)，
(赤②，赤③)，(白①，白②)　の 4 通り。
よって，求める確率は，$1-\frac{4}{15}=\frac{11}{15}$

6 (1) $\frac{1}{5}$

(2) (説明)**2 けたの整数が 4 の倍数になる確率は，$\frac{7}{25}$**
2 けたの整数が 6 の倍数になる確率は，$\frac{5}{25}$
4 の倍数になる確率が 6 の倍数になる確率よりも大きいので，アの方が起こりやすい。

解説 (1) 2 枚のカードの取り出し方を樹形図に表すと，次のようになる。

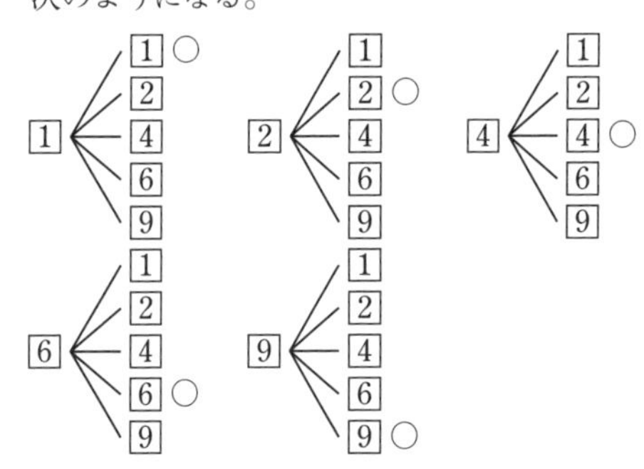

カードの取り出し方は全部で 25 通り。
このうち，2 枚のカードの数字が同じであるのは，○のついた 5 通り。
よって，求める確率は，$\frac{5}{25}=\frac{1}{5}$

(2)

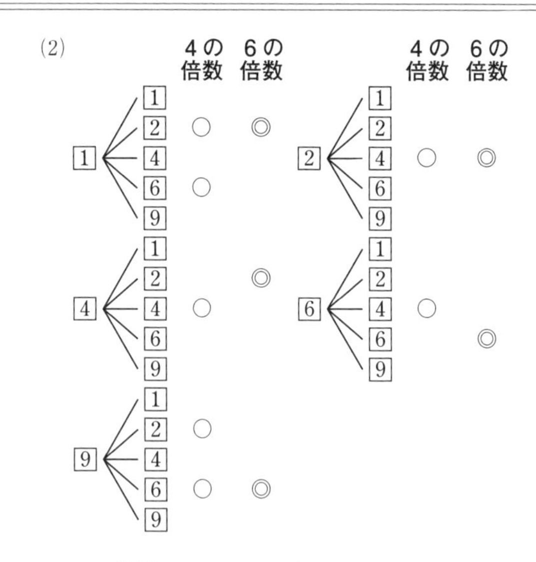

4の倍数になるのは，○のついた7通りだから，

4の倍数になる確率は $\frac{7}{25}$

6の倍数になるのは，◎のついた5通りだから，

6の倍数になる確率は $\frac{5}{25}$

7 **(1)** **36通り**　**(2)** $\frac{1}{6}$

(3) $\frac{11}{36}$

解説 2つのさいころの目の出方は全部で36通り。

(1) つくることのできる直線は，2つのさいころの目の出方と同じだから，36通り。

(2) 傾きが1の直線ができるのは，$a=1$ のときである。

$a=1$ となる目の出方は，

$(a,\ b)=(1,\ 1),(1,\ 2),(1,\ 3),(1,\ 4),(1,\ 5),(1,\ 6)$ の6通り。

よって，求める確率は，$\frac{6}{36}=\frac{1}{6}$

(3) 3直線を

$y=x+2$ ……①

$y=-x+2$ ……②

$y=ax+b$ ……③

として，3直線で三角形ができない場合について考える。

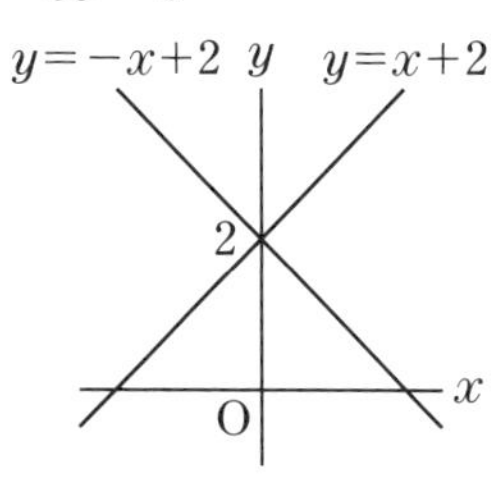

①と③が平行であるとき，三角形はできない。

このとき，①と③の傾きは等しくなるから，

$a=1$

このような目の出方は，(2) より，6通り。

また同様に，②と③が平行であるときも三角形はできないが，a は1から6までの整数だから，このような目の出方はない。

次に，③が①と②の交点(0, 2)を通るとき，3直線は1点で交わるから，三角形はできない。

このとき，$b=2$

このような目の出方は，

$(a,\ b)=(1,\ 2),(2,\ 2),(3,\ 2),(4,\ 2),(5,\ 2),(6,\ 2)$ の6通り。

$a=1$ のときの目の出方と，$b=2$ のときの目の出方のうち，$(a,\ b)=(1,\ 2)$ が重複しているから，三角形ができない目の出方は，

$6+6-1=11$（通り）

よって，求める確率は $\frac{11}{36}$

8 記号 … **A**，確率 … $\frac{1}{3}$

解説 2枚のカードの取り出し方とその数の和，そのときの点Pが止まる頂点の記号を樹形図に表すと，次のようになる。

カードの取り出し方は全部で6通り。

このうち，点Pが頂点Aに止まるのは2通り，頂点B～Eに止まるのはそれぞれ1通りずつだから，最も起こりやすいのはAに止まるとき。

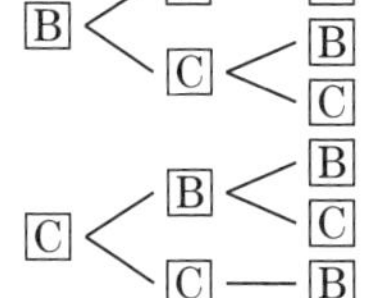

また，このときの確率は，$\frac{2}{6}=\frac{1}{3}$

9 **(1)** **3通り**

(2) **① 6通り**　**② 8通り**　**③** $\frac{14}{45}$

解説 (1) 3つの袋からすべて B のカードを取り出す場合の数は1通り。同様に，C，D のカードについても1通りずつあるので，全部で3通り。

(2) ① 図形Xが線分BCになるのは，3枚のカードが B と C だけの場合である。

このような取り出し方を樹形図に表すと，右のように6通りある。

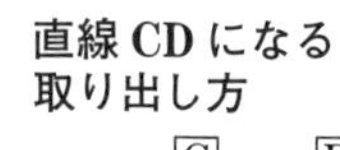

② 直線ABとねじれの位置にある直線は，直線CD，CE，DE

図形Xが直線CDになる3枚のカードの取り出し方は6通り。

直線CEになる3枚のカードの取り出し方は1通り。

直線CDになる取り出し方

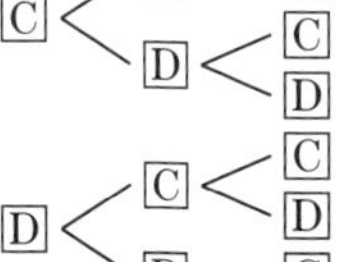

直線DEになる3枚のカードの取り出し方は1通り。

よって，求めるカードの取り出し方は，

$6+1+1=8$(通り)

直線CEになる取り出し方

E ── C ── C

直線DEになる取り出し方

E ── D ── D

③ まず，面積が2cm^2の三角形を見つけ出す。四角形BCDEは1辺が2cmの正方形だから，△BCD，△BCE，△BDE，△CDEは面積が2cm^2の三角形になる。

また，△ABD，△ACEは，右の図のような直角二等辺三角形だから，面積が2cm^2の三角形になる。

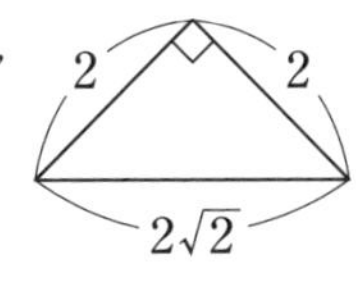

3枚のカードの取り出し方を樹形図に表すと，次のようになる。

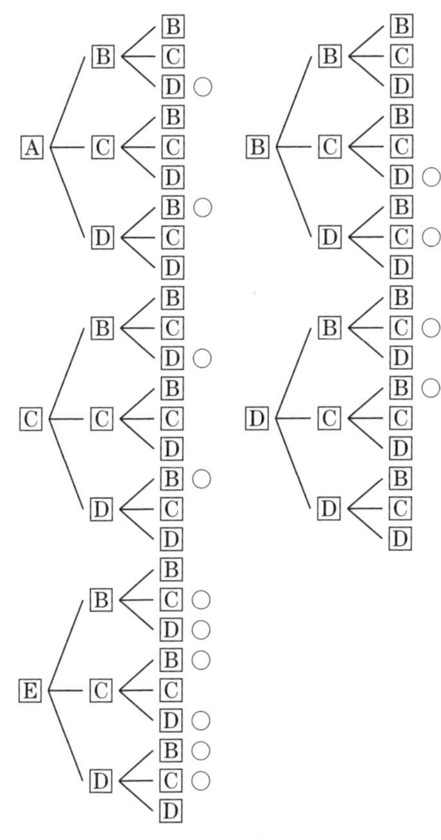

カードの取り出し方は全部で45通り。

このうち，図形Xが面積が2cm^2の三角形になる取り出し方は，○のついた14通り。

よって，求める確率は$\dfrac{14}{45}$

{P.146}

2 データの活用

1 ウ

解説 平均値は，

$$\frac{0\times1+1\times3+2\times3+3\times5+4\times6+5\times2}{20}$$

$$=\frac{0+3+6+15+24+10}{20}=\frac{58}{20}=2.9(\text{問})$$

中央値は，10番目と11番目の値の平均値で，10番目の値も11番目の値も3問だから，中央値は3問。

最頻値は，最も度数の大きい値だから，4問。

よって，その値が最も大きいのは最頻値。

2 イ

解説 **ア** A中学校の最頻値は，6時間以上7時間未満の階級の階級値，B中学校の最頻値は，7時間以上8時間未満の階級の階級値。

よって，A中学校とB中学校の最頻値は等しくない。

イ 8時間以上9時間未満の階級の相対度数は，

A中学校は，$\dfrac{7}{30}=0.233\cdots$

B中学校は，$\dfrac{21}{90}=0.233\cdots$

だから，等しい。

ウ A中学校の7時間未満の生徒の人数は，

$0+3+10=13$(人)

この割合は，$\dfrac{13}{30}\times100=43.3\cdots(\%)$

よって，A中学校の7時間未満の生徒の割合は，40%以下ではない。

エ B中学校の中央値は45番目と46番目の値の平均値で，45番目の値も46番目の値も7時間以上8時間未満の階級に入っている。

3 **(1) 約480人**

(2) 度数の関係から，

$8+x+y+27+13=100$

これを整理すると，$x+y=52$ ……①

平均値が54分だから，

$$\frac{10\times8+30\times x+50\times y+70\times27+90\times13}{100}=54$$

これを整理すると，$3x+5y=226$ ……②

②−①×3より，

$$\begin{array}{rr} & 3x+5y=226 \\ -) & 3x+3y=156 \\ \hline & 2y=70 \\ & y=35 \end{array}$$

①に $y=35$ を代入して，
$x+35=52$，$x=52-35=17$
人数は自然数だから，これらは問題に適している。

（答） $x=17$，$y=35$

解説 (1) 無作為に抽出した100人について，学習時間が60分以上の生徒の割合は，

$\frac{27+13}{100}=\frac{2}{5}$

A市の中学生1200人で，学習時間が60分以上の生徒の割合も$\frac{2}{5}$と推定できるから，

その人数は，$1200\times\frac{2}{5}=480$(人)

(2) 度数分布表から平均値を求める場合には，次の式を利用する。

$$\textbf{平均値}=\frac{\textbf{(階級値×度数)の総和}}{\textbf{度数の合計}}$$

4 $a=8$

解説 6人の生徒の平均値は，

$\frac{1+3+5+a+10+12}{6}=\frac{a+31}{6}$(冊)

中央値は，3番目と4番目の値の平均値だから，

$\frac{5+a}{2}$(冊)

この2つの値が等しいから，$\frac{a+31}{6}=\frac{5+a}{2}$

これを解くと，$a+31=3(5+a)$，

$a+31=15+3a$，$-2a=-16$，$a=8$

5 相対度数 … 0.30，累積相対度数 … 0.55

解説 20m以上24m未満の階級の度数は6人だから，

この階級の相対度数は，$\frac{6}{20}=0.30$

24m以上28m未満の階級の累積度数は，

$4+6+1=11$(人)

よって，28m未満の累積相対度数は，

$\frac{11}{20}=0.55$

6 **イ，エ，オ**

解説 **ア** 中央値は，累積相対度数が0.50を含む階級に入っている。

グラフの縦軸の0.50のところに着目すると，1年生のグラフは横軸の10分と15分の間にある。よって，1年生の累積相対度数0.50は10分以上15分未満の階級に含まれるから，1年生の中央値は，10分以上15分未満の階級に入っているとわかる。

同じようにして，3年生の累積相対度数0.50は15分以上20分未満の階級に含まれるから，3年生の中央値は，15分以上20分未満の階級に入っているとわかる。

したがって，通学時間の中央値は，1年生の方が3年生よりも小さい。

または，グラフの縦軸の0.50のところから横に見ると，3年生のグラフは1年生のグラフより右側にあることから，3年生の中央値の方が1年生の中央値よりも大きいと考えてもよい。

イ 15分以上20分未満の階級の累積相対度数が0.50を超えていれば，20分未満の生徒が半分以上いると考えられる。

1年生の15分以上20分未満の階級の累積相対度数は0.66だから，1年生では，20分未満の生徒が半分以上いる。

3年生の15分以上20分未満の階級の累積相対度数は0.52だから，3年生でも，20分未満の生徒が半分以上いる。

したがって，通学時間が20分未満の生徒は，1年生も3年生も半分以上いる。

ウ 1年生と3年生の20分以上25分未満の階級の累積相対度数はどちらも0.76で同じだが，1年生と3年生では度数の合計が異なるので，25分未満の生徒の人数は異なる。

エ 1年生の20分以上25分未満の階級の累積相対度数は0.76，25分以上30分未満の階級の累積相対度数は0.80だから，25分以上30分未満の階級の相対度数は，

$0.80-0.76=0.04$

よって，1年生のこの階級の生徒の人数は，

$75\times0.04=3$(人)

3年生の20分以上25分未満の階級の累積相対度数は0.76，25分以上30分未満の階級の累積相対度数は0.90だから，25分以上30分未満の階級の相対度数は，

$0.90-0.76=0.14$

よって，3年生のこの階級の生徒の人数は，

$90\times0.14=12.6$(人)

したがって，通学時間が25分以上30分未満の生徒の人数は，3年生の方が1年生より多い。

このように，1年生と3年生の25分以上30分未満の階級の人数をそれぞれ求めて比べてもよいが，

1年生の人数(75人) ＜ 3年生の人数(90人)

1年生の相対度数(0.04) ＜ 3年生の相対度数(0.14)

より，通学時間が25分以上30分未満の生徒の人数は，3年生の方が1年生より多いことがわ

かる。

オ 25 分未満の累積相対度数が 1 年生も 3 年生も 0.76 だから，1 年生も 3 年生も全体の 76%の生徒の通学時間が 25 分未満であることがわかる。よって，この 75%の生徒の通学時間の傾向から全体の傾向を推測することができる。25 分未満では，1 年生のグラフが 3 年生のグラフの左側にあることから，1 年生の方が 3 年生よりも通学時間が短いと考えられる。
よって，全体の傾向も，1 年生の方が 3 年生よりも通学時間が短いと考えられる。

7 **5 回**

解説 11 人のシュートの成功した回数を少ない方から順に並べると，

2　3　4　5　5　6　7　8　9　9　10

（4 ↑ 第 1 四分位数，6 ↑ 第 2 四分位数，9 ↑ 第 3 四分位数）

四分位範囲＝第 3 四分位数－第 1 四分位数
だから，9－4＝5(回)

8 **(1) 50 冊**
(2)

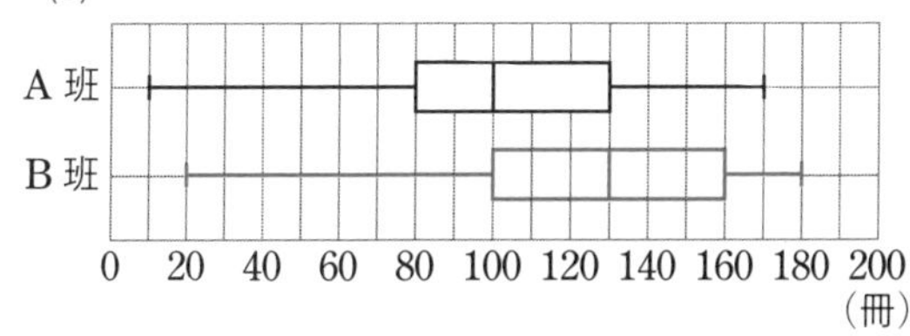

解説 (1) A 班のデータの第 1 四分位数は 80 冊，第 3 四分位数は 130 冊だから，四分位範囲は，
130－80＝50(冊)

(2) B 班のデータから，最小値，最大値，第 1 四分位数，第 2 四分位数，第 3 四分位数を求める。

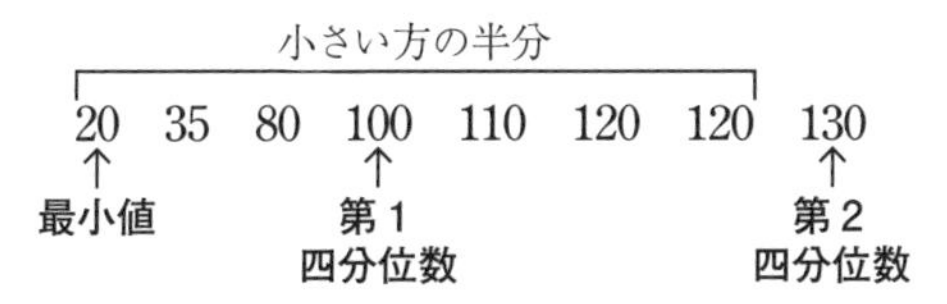

大きい方の半分

140　145　155　160　170　170　180

（160 ↑ 第 3 四分位数，180 ↑ 最大値）

9 **エ**

解説 生徒 30 人の図書館の利用回数を少ない方から順に，①，②，③，…として並べると，次のようになる。

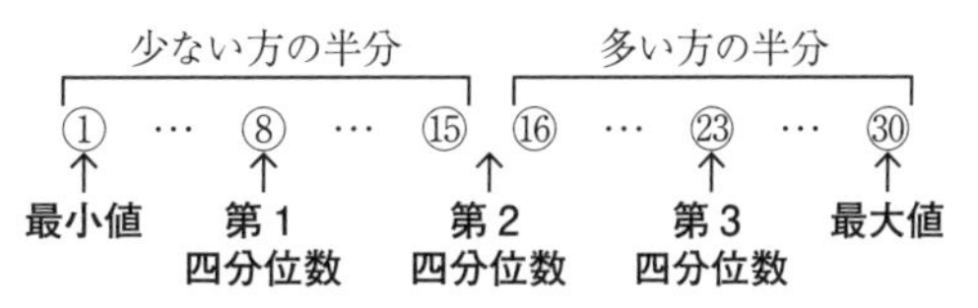

第 2 四分位数(中央値)は，少ない方から 15 番目と 16 番目の平均値だから，ヒストグラムから，8 回以上 10 回未満の階級に入っていることがわかる。
箱ひげ図で，第 2 四分位数が 8 回以上 10 回未満の階級に入っているのは，**ウ**と**エ**。
第 1 四分位数は，少ない方から 8 番目の値だから，ヒストグラムから，6 回以上 8 回未満の階級に入っていることがわかる。
ウ，**エ**について，箱ひげ図で，第 1 四分位数が 6 回以上 8 回未満の階級に入っているのは，**エ**。

10 **イ，エ**

解説 **ア** それぞれの箱ひげ図から平均点を読み取ることはできない。

イ 国語の最低点は 30 点以上，数学の最低点は 20 点，英語の最低点は 20 点以上。
30＋20＋20＝70(点)より，3 教科の合計点の最低は 70 点以上だから，合計点が 60 点以下の生徒はいない。

ウ 第 2 四分位数は，全体の真ん中の得点，すなわち 13 番目の得点である。これより，第 2 四分位数が 60 点より高いとき，13 人以上の生徒が 60 点以上であると考えられる。
国語の第 2 四分位数は 60 点より高いので，13 人以上の生徒が 60 点以上であるといえる。

エ 第 3 四分位数は，得点の高い方から 6 番目と 7 番目の平均値だから，箱ひげ図の右のひげの部分に 6 人の得点が含まれる。
英語の第 3 四分位数は 80 点より高いので，80 点以上の生徒が 6 人以上いる。

11 **(1) 6 点**　　**(2)** $m=3$，$n=17$
(3) 6，7，8
(4) ① ア　　**② ウ**

解説 (1) A 班の箱ひげ図の箱の左側の線の目もりを読む。

(2) B 班のデータの最小値は 3 点だから，
$m=3$
n を除いた 7 人の得点を小さい方から順に並べると，
3　12　14　15　17　17　19
第 2 四分位数が 16 点で最大値が 19 点だから，n の値は 16 以上 19 以下の整数である。
よって，n=16，17，18，19 について，第 2 四

分位数を調べると，

$n=16$ のとき，$\dfrac{15+16}{2}=15.5$(点)であてはまらない。

$n=17$，18，19 のとき，$\dfrac{15+17}{2}=16$(点)であてはまる。

次に，第3四分位数が17点だから，

$n=17$，18，19 のそれぞれについて，第3四分位数を調べると，

$n=17$ のとき，$\dfrac{17+17}{2}=17$(点)

$n=18$ のとき，$\dfrac{17+18}{2}=17.5$(点)

$n=19$ のとき，$\dfrac{17+19}{2}=18$(点)

以上から，$n=17$

(3) C班のデータの値を小さい順に並べると，

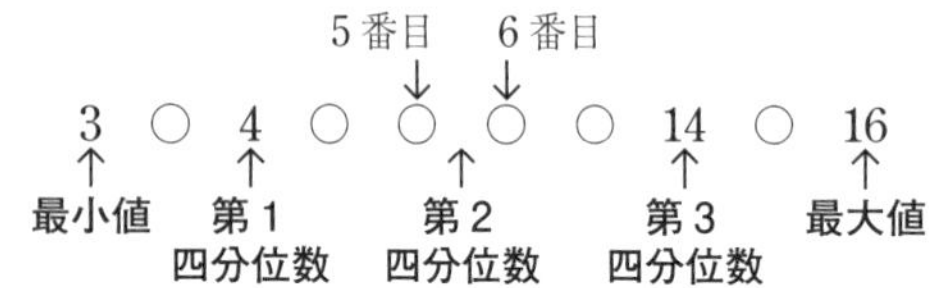

第2四分位数は6点だから，5番目と6番目の値の平均は6点になる。

また，5番目の値は4点以上6点以下，6番目の値は6点以上14点以下である。

このような5番目と6番目の値の組を求めると，

(5番目の値，6番目の値)

=(4，8)，(5，7)，(6，6)

よって，6番目の数は，6，7，8

(4) ① A班の範囲は，$18-2=16$(点)，B班の範囲は，$19-3=16$(点)だから，範囲は同じである。

② B班については，**図2** から14点の人がいることがわかる。A班，C班については，**図1** の箱ひげ図から得点の分布のようすはわかるが，1つ1つの得点についてはわからない。

12 (1) **ア，ウ**　(2) **およそ240個**
(3) **ウ**　(4) **およそ169匹**

解説 (1) **ア** 河川の水全体を調べることは現実的でない。

イ 健康診断は，学校の生徒全員について行う調査である。

ウ テレビのある全世帯について調査を行うことは，手間や時間，費用がかかりすぎる。

エ 国勢調査は，日本に住んでいるすべての人について行う調査である。

(2) よくかき混ぜた後に取り出した50個のキャップに含まれる赤色のキャップの割合は，

$\dfrac{15}{50}=\dfrac{3}{10}$

袋の中の800個のキャップに含まれる赤色のキャップの割合も $\dfrac{3}{10}$ と等しいと考えられるから，赤色のキャップの個数は，

$800\times\dfrac{3}{10}=240$(個)

(3) 度数分布表から，糖度が10度以上14度未満のイチジクの個数は，$4+11=15$(個)

その割合は，$\dfrac{15}{50}=\dfrac{3}{10}$

1000個のイチジクのうち，糖度が10度以上14度未満のイチジクの割合も $\dfrac{3}{10}$ と等しいと考えられるから，その個数は，

$1000\times\dfrac{3}{10}=300$(個)

よって，およそ300個と推定される。

(4) 数日後に捕獲した23匹の魚と，印のついた魚の数の割合は，23：3

養殖池にいる魚の総数を x 匹とする。

養殖池にいる魚に含まれる印のついた魚の数の割合は，数日後に捕獲した23匹の魚に含まれる印のついた魚の数の割合に等しいと考えられるから，

$x:22=23:3$

これを解くと，$3x=22\times23$，

$x=\dfrac{22\times23}{3}=168.6\cdots$(匹)

よって，およそ169匹と推定される。

模擬試験 第1回

{P.152}

1

(1) 10　(2) 8

(3) $-\frac{5}{12}$　(4) $18a^3b^2$

(5) $-x+y$　(6) $\sqrt{3}$

解説 (1) $7-(-3)=7+3=10$

(2) $4-8\div(-2)=4-(-4)=4+4=8$

(3) $\frac{1}{4}-\frac{2}{3}=\frac{3}{12}-\frac{8}{12}=-\frac{5}{12}$

(4) $2a\times(-3ab)^2=2a\times9a^2b^2=2\times9\times a\times a^2b^2$
$=18a^3b^2$

(5) $3(2x-9y)-7(x-4y)$
$=6x-27y-7x+28y=-x+y$

(6) $\sqrt{27}-\frac{6}{\sqrt{3}}=3\sqrt{3}-\frac{6\times\sqrt{3}}{\sqrt{3}\times\sqrt{3}}$
$=3\sqrt{3}-\frac{6\sqrt{3}}{3}=3\sqrt{3}-2\sqrt{3}=\sqrt{3}$

2

(1) $4\sqrt{2}$　(2) $(x-7)^2$

(3) $x=\frac{5\pm\sqrt{13}}{6}$　(4) 2個

解説 (1) 代入する式を因数分解してから，文字の値を代入する。

$x^2-y^2=(x+y)(x-y)$

この式に $x=\sqrt{2}+1$, $y=\sqrt{2}-1$ を代入して，

$(\sqrt{2}+1+\sqrt{2}-1)\{(\sqrt{2}+1)-(\sqrt{2}-1)\}$
$=2\sqrt{2}\times(\sqrt{2}+1-\sqrt{2}+1)=2\sqrt{2}\times2$
$=4\sqrt{2}$

(2) $x^2-14x+49=x^2-2\times7\times x+7^2=(x-7)^2$

(3) 2次方程式の解の公式を利用する。

$x=\frac{-(-5)\pm\sqrt{(-5)^2-4\times3\times1}}{2\times3}$
$=\frac{5\pm\sqrt{25-12}}{6}=\frac{5\pm\sqrt{13}}{6}$

(4) 各数をそれぞれ2乗すると，

$(\sqrt{10})^2 < x^2 < (\sqrt{30})^2$, $10 < x^2 < 30$

x は自然数だから，x の値は4，5の2個。

3

(1) $\frac{3}{16}$　(2) 5つ

(3) 60°

解説 (1) 2枚のカードの取り出し方を樹形図に表すと，次のようになる。

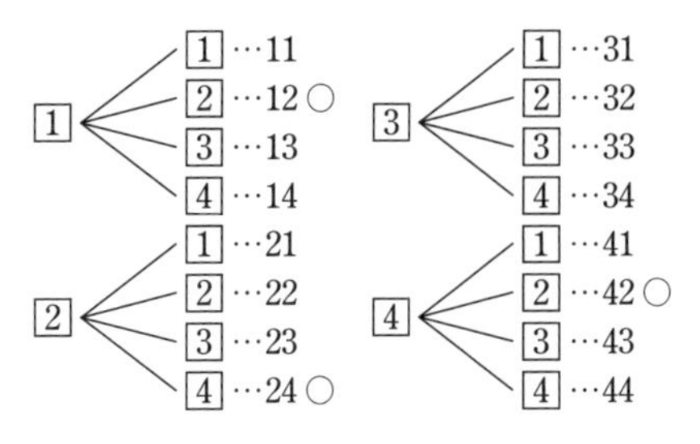

カードの取り出し方は全部で16通り。

このうち，できた整数が6の倍数であるのは，○のついた3通り。

したがって，求める確率は$\frac{3}{16}$

(2) 辺CGとねじれの位置にある辺は，辺CGと平行な辺(DH)，および交わる辺(BC，FG，CD，GH，BF)を除いた辺だから，AB，AD，AE，EF，EHの5つ。

(3) 下の図で，

$\overset{\frown}{ADC}$ に対する中心角 ∠AOC の大きさは，

∠AOC＝2∠ABC＝2×100°＝200°

$\overset{\frown}{ABC}$ に対する中心角 ∠AOC の大きさは，

∠AOC＝360°－200°＝160°

よって，

∠ADC＝$\frac{1}{2}$∠AOC＝$\frac{1}{2}$×160°＝80°

これより，∠ODC＝80°－50°＝30°

OC＝ODより，△OCDは二等辺三角形だから，

∠COD＝180°－30°×2＝120°

したがって，

∠x＝$\frac{1}{2}$∠COD＝$\frac{1}{2}$×120°＝60°

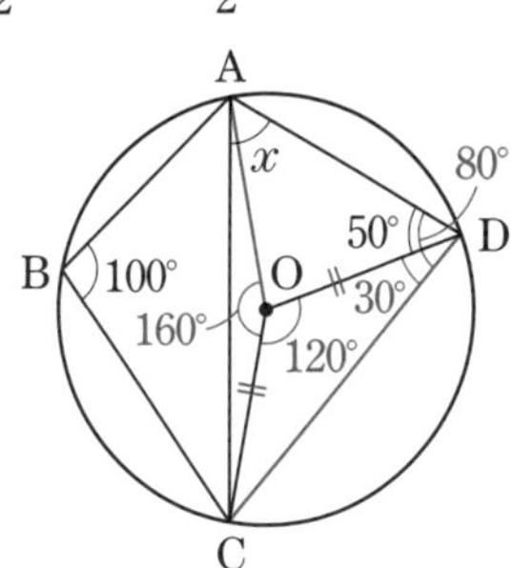

4

イ，エ

ア Aグループの最頻値は，25m以上30m未満の階級の階級値，Bグループの最頻値は，20m以上25m未満の階級の階級値。

よって，AグループとBグループの最頻値は等しくない。

イ Aグループの中央値は，13番目の記録で，これは，25m以上30m未満の階級に入る。

Bグループの中央値は，20番目と21番目の記録の平均値で，これは，20m以上25m未満の

階級に入る。

よって，中央値は，A グループの方が B グループより大きい。

ウ 15m 以上 20m 未満の階級の相対度数は，

A グループ $\cdots\dfrac{5}{25}=0.20$

B グループ $\cdots\dfrac{8}{40}=0.20$

よって，この階級の相対度数は，A グループと B グループで等しい。

エ 30m 以上 35m 未満の階級の累積相対度数を比べればよい。

累積度数は，

A グループ $\cdots 1+5+6+9+2=23$(人)

B グループ $\cdots 3+8+10+9+6=36$(人)

これより，この階級の累積相対度数は，

A グループ $\cdots\dfrac{23}{25}=0.92$

B グループ $\cdots\dfrac{36}{40}=0.90$

よって，この階級の累積相対度数は，A グループの方が B グループより大きい。

5

(1) $\begin{cases} x+y=5500 \\ 1.2x-0.9y=930 \end{cases}$

(2) 上式×9＋下式×10 より，

$$\begin{array}{rrl} & 9x+9y & =49500 \\ +) & 12x-9y & =9300 \\ \hline & 21x & =58800 \\ & x & =2800 \end{array}$$

上式に $x=2800$ を代入して，

$2800+y=5500$，$y=2700$

人数は自然数だから，これらは問題にあてはまる。

(答)子ども…**2800 人**，大人…**2700 人**

解説 (1) 1 月の入場者数の関係から，

$x+y=5500$

2 月の入場者数は，

子ども $\cdots x\times(1+0.2)=1.2x$(人)

大人　 $\cdots y\times(1-0.1)=0.9y$(人)

2 月の入場者数の関係から，

$1.2x-0.9y=930$

6

(1) (証明)　**$\triangle$ABC と $\triangle$CHD において，**

仮定より，$\angle$ABC＝$\angle$CHD＝90° ……①

四角形 ACDE は正方形だから，

AC＝CD ……②

また，一直線の角は 180° だから，

$\angle$ACB＝180°－$\angle$ACD－$\angle$DCH

＝180°－90°－$\angle$DCH

＝90°－$\angle$DCH ……③

三角形の内角の和は 180° だから，

$\angle$CDH＝180°－$\angle$DHC－$\angle$DCH

＝180°－90°－$\angle$DCH

＝90°－$\angle$DCH ……④

③，④より，$\angle$ACB＝$\angle$CDH ……⑤

①，②，⑤より，直角三角形の斜辺と 1 つの鋭角がそれぞれ等しいから，

$\triangle$ABC≡$\triangle$CHD

(2) $\sqrt{39}$ **cm**

解説 (1)

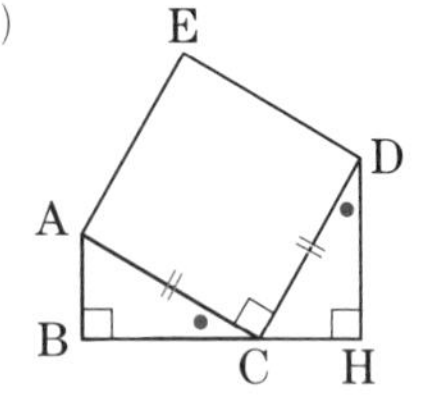

(2) DH と FG の延長の交点を P とすると，

AC＝$2\sqrt{3}$ cm

$\angle$ACB＝30° より，

$\triangle$ABC は 3 つの角が 30°，60°，90° の直角三角形。

よって，

AB＝CH＝GP

$=2\sqrt{3}\times\dfrac{1}{2}=\sqrt{3}$(cm)

また，

BC＝DH＝BF＝HP＝$2\sqrt{3}\times\dfrac{\sqrt{3}}{2}=3$(cm)

$\triangle$DGP において，三平方の定理より，

$DG^2=(\sqrt{3})^2+(3+3)^2=3+36=39$

DG＞0 より，DG＝$\sqrt{39}$(cm)

7

(1) $y=2x-2$　　**(2)** $(q,\ q^2)$

(3) $\sqrt{2}$　　**(4)** (6，4)

解説 (1) 直線 AQ の傾きは，

$\dfrac{0-(-2)}{1-0}=2$，

切片は -2 だから，

求める直線の式は，

$y=2x-2$

(2) 点 P の x 座標は点 Q の x 座標に等しい。

また，点 P は $y=x^2$ のグラフ上の点だから，

y 座標は，$y=x^2$ に $x=q$ を代入して，$y=q^2$

よって，点 P の座標は$(q,\ q^2)$

(3) OA//PQ だから，OA＝PQ のとき，四角形 OAQP は平行四辺形になる。

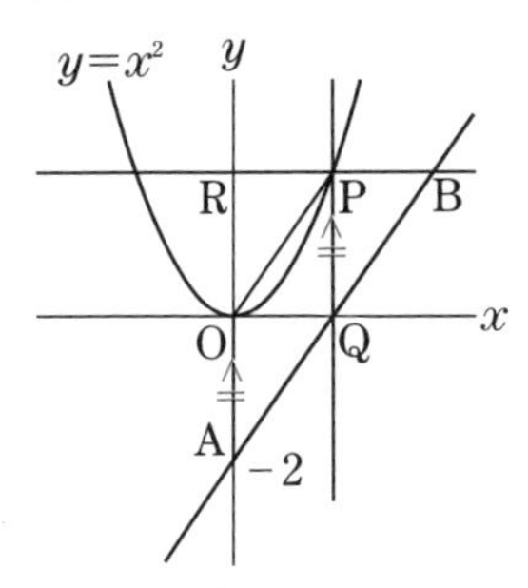

よって，点 P の y 座標は 2

点 P の x 座標は，$2=x^2$ より，$x=\pm\sqrt{2}$

$x>0$ だから，$x=\sqrt{2}$

(4) RP : PB＝1 : 2 のとき，四角形 OQPR の面積と △PQB の面積は等しくなる。

一方，△BRA で，

BP : BR＝PQ : RA＝2 : 3

よって，点 $P(q,\ q^2)$ とすると，

$q^2:(q^2+2)=2:3$，$3q^2=2(q^2+2)$，

$q^2=4$，$q=\pm2$

$q>0$ より，$q=2$

よって，点 B の x 座標は，$2+2\times2=6$

y 座標は，4

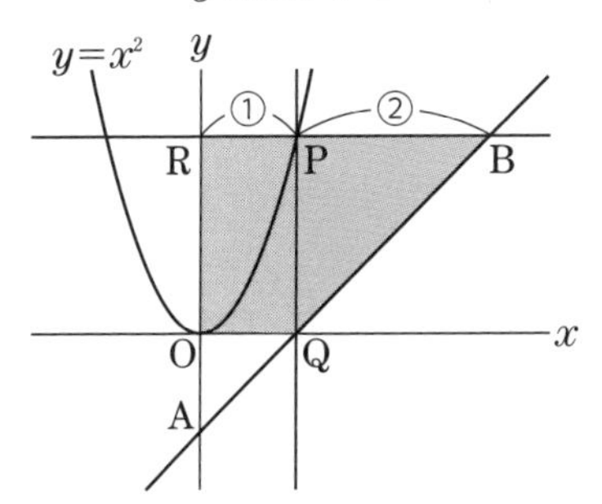

模擬試験 第 2 回

{P.156}

1

(1) -11	(2) $\dfrac{4}{3}b$
(3) 2	(4) $x=3$
(5) $x=-4$，$x=3$	(6) ウ
(7) $y=-\dfrac{16}{x}$	(8) $-9\leqq y\leqq0$
(9) 30°	(10) $81\pi\text{cm}^3$

解説 (1) $-3-8=-(3+8)=-11$

(2) $12a^2b\div(-3a)^2=12a^2b\div9a^2=\dfrac{12a^2b}{9a^2}=\dfrac{4}{3}b$

(3) $(\sqrt{8}+2)(\sqrt{2}-1)=4-2\sqrt{2}+2\sqrt{2}-2=2$

別解 $(\sqrt{8}+2)(\sqrt{2}-1)=(2\sqrt{2}+2)(\sqrt{2}-1)$
$=2(\sqrt{2}+1)(\sqrt{2}-1)=2(2-1)=2$

(4) $(3x-1):4=2:1$ より，

$(3x-1)\times1=4\times2$，$3x-1=8$，$3x=9$，$x=3$

(5) $(x+3)(x-2)=6$, $x^2+x-6=6$, $x^2+x-12=0$,

$(x+4)(x-3)=0$，$x=-4$，$x=3$

(6) $(\sqrt{3.6})^2=3.6$

一方，$0.6^2=0.36$，$1.8^2=3.24$，$1.9^2=3.61$，$2^2=4$ だから，3.6 に最も近い数は 3.61

(7) y は x に反比例するから，$y=\dfrac{a}{x}$ とおける。

$x=2$ のとき $y=-8$ だから，

$-8=\dfrac{a}{2}$，$a=-16$

したがって，式は，$y=-\dfrac{16}{x}$

(8) 関数 $y=-x^2$ で，

x の変域が

$-3\leqq x\leqq2$

のとき，グラフは右の図の実線部分のようになる。

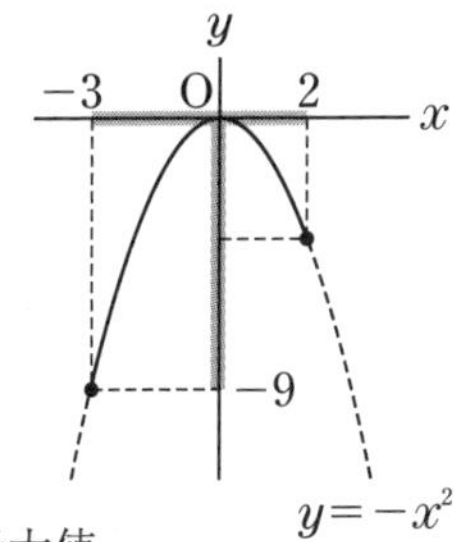

よって，

$x=0$ のとき，$y=0$ … 最大値

$x=-3$ のとき，$y=-(-3)^2=-9$ … 最小値

したがって，y の変域は $-9\leqq y\leqq0$

(9) 68° の角の頂点を通り，直線 ℓ に平行な直線をひくと，錯角は等しいから，

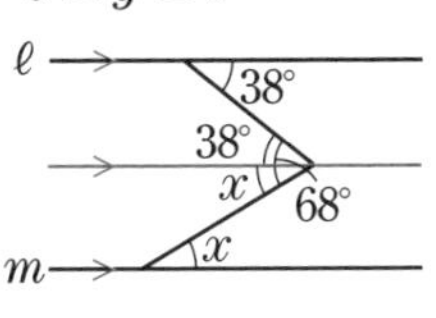

$\angle x=68°-38°=30°$

(10) 球は相似な立体である。

(球 A の体積) : (球 B の体積)

$=2^3:3^3=8:27$

したがって，

24π :(球Bの体積)$=8:27$,

(球Bの体積)$=\dfrac{24\pi\times27}{8}=81\pi$(cm^3)

2 (1) 8分　(2) $\dfrac{1}{2}$

(3) ア，ウ

解説 (1) 地点Aから地点Bまで自転車で行くのにかかった時間を x 分とする。

地点Bから地点Cまで自転車で行ったときにかかる時間は，$15-x$(分)

歩いたときにかかる時間は，自転車のときにかかる時間の，$60\div15=4$(倍)

よって，地点Bから地点Cまで歩いて行くのにかかる時間は，$4(15-x)$(分)

したがって，$x+4(15-x)=36$

これを解くと，

$x+60-4x=36$，$-3x=-24$，$x=8$

これは問題にあてはまる。

(2) Aの袋の赤玉を赤①，赤②，白玉を白①，白②，Bの袋の赤玉を赤❶，赤❷，赤❸，白玉を白❶として，玉の取り出し方を樹形図に表すと，次のようになる。

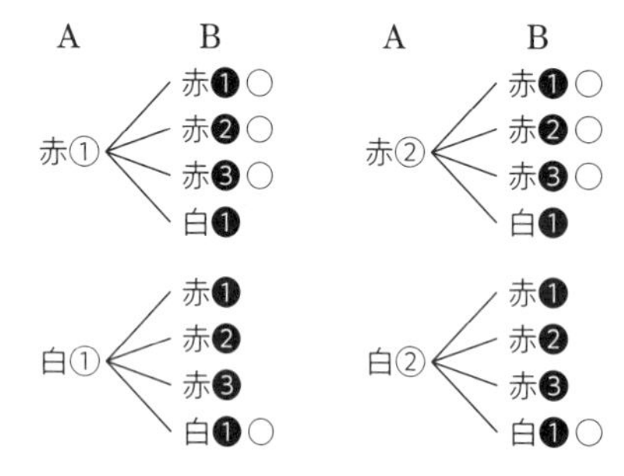

玉の取り出し方は，全部で16通り。

このうち，2個の玉の色が同じになる取り出し方は，○のついた8通り。

したがって，求める確率は，$\dfrac{8}{16}=\dfrac{1}{2}$

(3) **ア** 左のひげの左端が最小値，右のひげの右端が最大値を表す。最高点は数学がいちばん高く，最低点は国語がいちばん高い。

イ 範囲は，左のひげの左端から右のひげの右端までの長さである。この長さがいちばん長いのは数学。

四分位範囲は，箱の左右の長さである。

この長さがいちばん長いのは国語。

ウ 左のひげの部分に，得点が低い方から数えて9人の得点が含まれる。これより，第1四分位数が50点より低いとき，50点以下の生徒が9人以上いると考えられる。数学の第1四分位数は50点より低いので，50点以下の生徒が9人以上いる。

エ 第2四分位数は，全体の真ん中の得点，すなわち18番目の得点である。これより，第2四分位数が70点より高いとき，18人以上の生徒が70点以上であると考えられる。国語の第2四分位数は70点以上なので，70点以上の生徒が18人以上いるといえる。

3

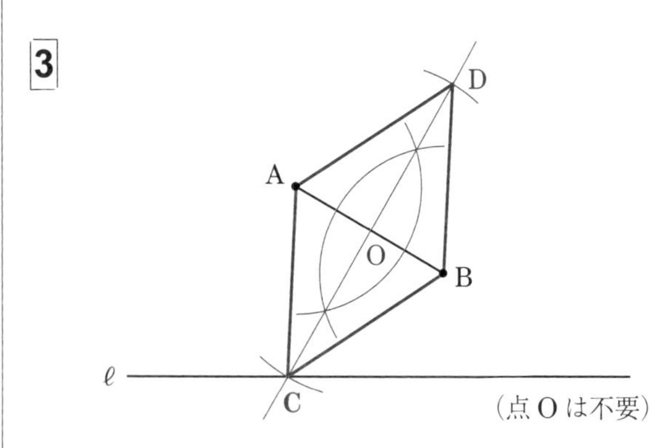

解説 ひし形の対角線はそれぞれの中点で垂直に交わるから，点Cは，線分ABの垂直二等分線と直線ℓとの交点である。

(作図の手順)

❶ 線分ABの垂直二等分線を作図し，直線ℓとの交点をC，線分ABとの交点をOとする。

❷ 点Oを中心として半径OCの円をかき，直線OCとの交点のうち，点Cでない方の点をDとする。

❸ 4点A，C，B，Dを順に直線で結ぶ。

4 (1) 6　(2) お

(3) $\dfrac{8\sqrt{2}}{3}$ cm^3

解説 (1) 展開図を組み立てると，右の図のような正八面体となる。

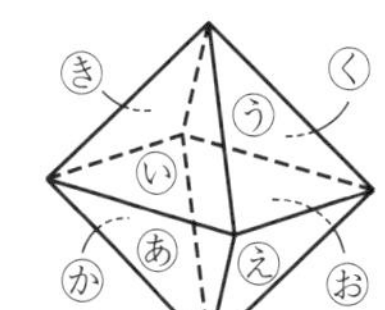

(2) 面いと平行な面は面お。

(3) この正八面体は，右の図のような正四角錐を2つ組み合わせた立体である。

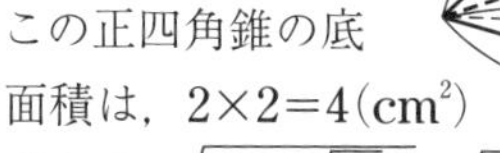
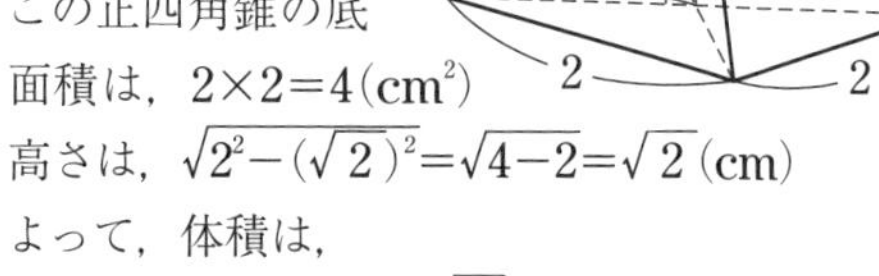

この正四角錐の底面積は，$2\times2=4$(cm^2)

高さは，$\sqrt{2^2-(\sqrt{2})^2}=\sqrt{4-2}=\sqrt{2}$(cm)

よって，体積は，

$\dfrac{1}{3}\times4\times\sqrt{2}\times2=\dfrac{8\sqrt{2}}{3}$(cm^3)

5 (1) 4

(2) (説明)　**最も小さい整数を n とすると，6つの整数は，小さい順に，**

n，$n+1$，$n+2$，$n+3$，$n+4$，$n+5$

と表せる。

この6つの整数の和は，

$n+n+1+n+2+n+3+n+4+n+5$

$=6n+15=6(n+2)+3$

これは，6の倍数に3をたした整数を表しているので，6の倍数ではない。

(3) **15枚**

解説 (1) 最も小さい整数を x とすると，

$x+(x+1)+(x+2)+(x+3)=22$，

$4x+6=22$，$4x=16$，$x=4$

(3) 取り出したカードの枚数を $2m+1$(枚)，真ん中の整数を p とすると，すべての整数の和は，

m 枚　　　m 枚

$p-m$，……，$p-1$，p，$p+1$，……，$p+m$

和は $2p$

和は $2p$

$2p\times m+p=(2m+1)p$

よって，$(2m+1)p=210$ となる整数 m，p の値を考える。

また，真ん中の整数 p より小さい整数のカードが m 枚あるから，$p>m$ である。

ここで，210 を素因数分解すると，

$210=2\times3\times5\times7$

$2m+1$ は奇数だから，

$2m+1=3\times5\times7=105$ のとき，$p=2$ となり，これは答えとして適さない。

$2m+1=5\times7=35$ のとき，$p=2\times3=6$ となり，これは答えとして適さない。

$2m+1=3\times7=21$ のとき，$p=2\times5=10$ となり，これは答えとして適さない。

$2m+1=3\times5=15$ のとき，$p=2\times7=14$ となり，これは答えとして適する。

したがって，取り出したカードの枚数は15枚。

6 (1) (証明)　**△ABC と △QPA において，**

BC は円 O の直径だから，∠BAC=90°

仮定より，∠PQA=90°

よって，∠BAC=∠PQA　　　……①

$\overset{\frown}{AC}$ に対する円周角だから，

∠ABC=∠QPA　　　……②

①，②より，2組の角がそれぞれ等しいから，

△ABC∽△QPA

(2) ① **45°**　② **$3\sqrt{6}$ cm**　③ **$(9\sqrt{3}+27)$ cm²**

(3) **$2\sqrt{3}\pi$ cm**

解説 (2) ① 直角三角形 ABH において，

∠ABH=60° だから，∠BAH=30°

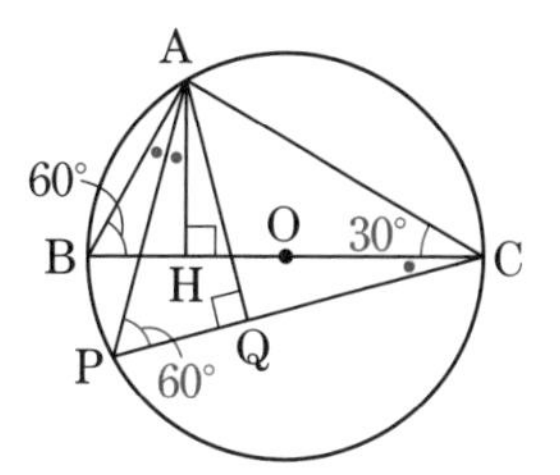

AP は ∠BAH の二等分線だから，

∠BAP=15°

$\overset{\frown}{BP}$ に対する円周角は等しいから，

∠BCP=∠BAP=15°

直角三角形 ABC において，

∠ABC=60° だから，∠ACB=30°

よって，

∠ACP=∠ACB+∠BCP=30°+15°=45°

② △ABC は3つの角が30°，60°，90° の直角三角形だから，AB : AC $=1:\sqrt{3}$

よって，AC$=\sqrt{3}$ AB$=\sqrt{3}\times6=6\sqrt{3}$ (cm)

∠ACP=45° より，△ACQ は直角二等辺三角形だから，AQ : AC $=1:\sqrt{2}$

よって，AQ$=\dfrac{1}{\sqrt{2}}$AC$=\dfrac{6\sqrt{3}}{\sqrt{2}}$

$=\dfrac{6\sqrt{6}}{2}=3\sqrt{6}$ (cm)

③ △ABC∽△QPA より，△QPA も3つの角が30°，60°，90° の直角三角形だから，

PQ$=\dfrac{1}{\sqrt{3}}$AQ$=\dfrac{3\sqrt{6}}{\sqrt{3}}=3\sqrt{2}$ (cm)

よって，

△APC$=\dfrac{1}{2}\times(3\sqrt{2}+3\sqrt{6})\times3\sqrt{6}$

$=\dfrac{9\sqrt{12}}{2}+\dfrac{54}{2}=9\sqrt{3}+27$ (cm²)

(3) ∠AQC=90° で，点 P が点 B にあるとき点 Q は点 H に，点 P が点 D にあるとき点 Q は点 C にあるから，点 Q のえがく曲線は，AC を直径とする円の $\overset{\frown}{HQC}$ になる。

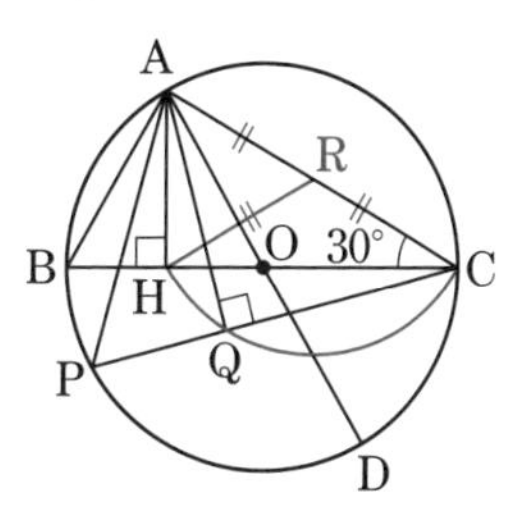

AC の中点を R とすると，上図より，

∠HRC=120° だから，求める $\overset{\frown}{HQC}$ の長さは，

$6\sqrt{3}\pi\times\dfrac{120}{360}=2\sqrt{3}\pi$ (cm)

②